Im Steinbruch der Zeit

Erdgeschichten und die Anfänge der Geologie

Kataloge der Franckeschen Stiftungen 37

Verlag der Franckeschen Stiftungen
Harrassowitz Verlag in Kommission

Im Steinbruch der Zeit

Erdgeschichten und die Anfänge der Geologie

Herausgegeben im Auftrag der Franckeschen Stiftungen von Tom Gärtig und Claus Veltmann

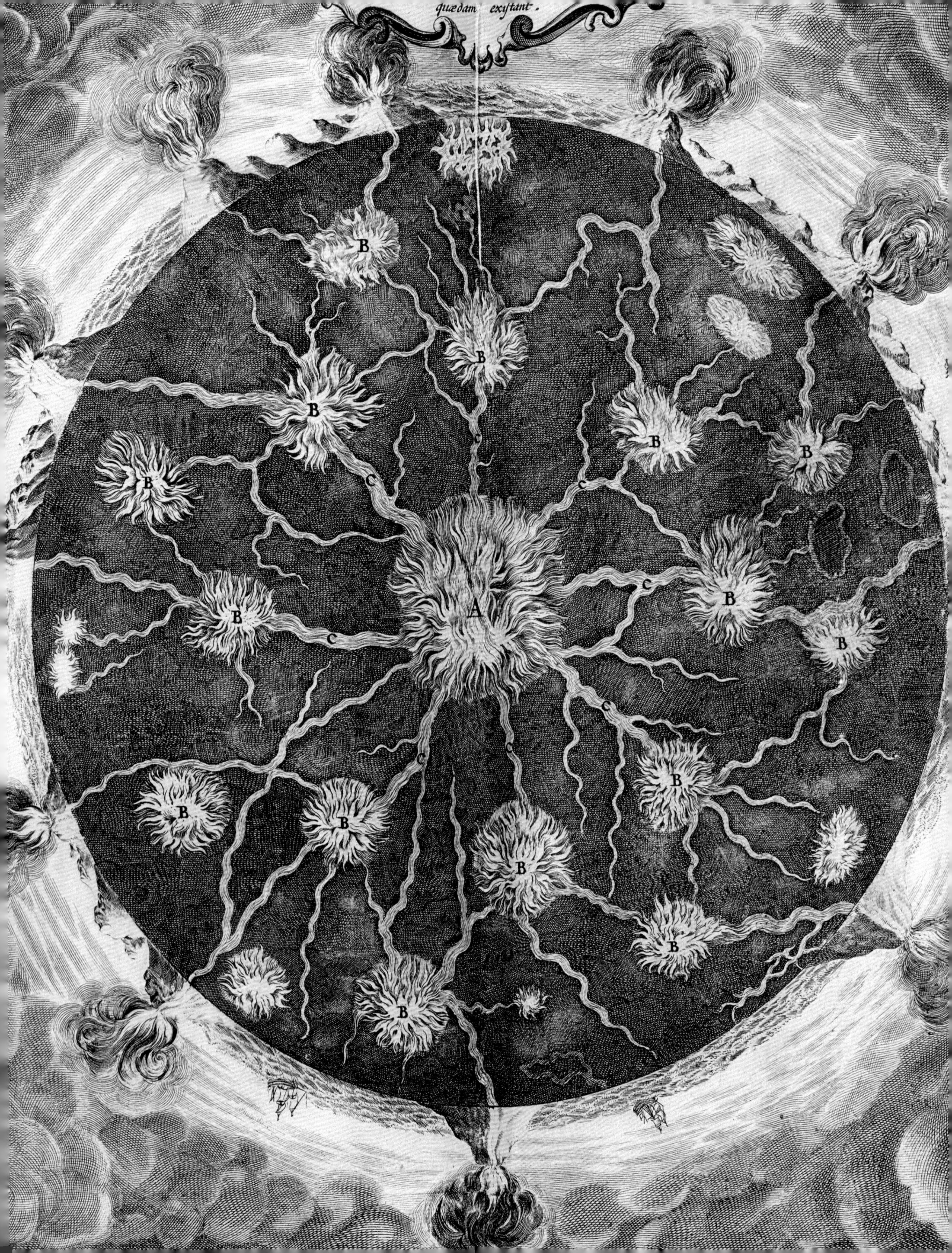
quædam exiſtant.
A
B
C

Geleitwort

Die Jahresausstellung der Franckeschen Stiftungen beschäftigt sich 2020 mit der Entstehung der Geologie als wissenschaftlicher Disziplin. Auf den ersten Blick scheint dieses Thema wenig mit dem Halleschen Pietismus oder der Geschichte der Franckeschen Stiftungen zu tun zu haben. Bei genauerem Hinsehen lässt sich allerdings eine ganze Reihe von hochinteressanten, teils sogar erstaunlich engen Bezügen herstellen. Die Franckeschen Stiftungen entstanden in einer Zeit, in der sich Wissenschaft, so wie wir sie heute verstehen und betreiben, erst allmählich aus der gelehrten Welt heraus zu entwickeln begann. Die Ausstellung zeigt am Beispiel der Geologie auf eindrucksvolle und facettenreiche Weise, wie sich aus der Neugier, die eigene Umgebung zu erkunden, im Laufe der Zeit ein komplexes und spannendes Forschungsfeld entwickelt, das sogar Parallelen zur Kosmologie aufzuweisen vermag. Wie auch bei anderen Disziplinen zu beobachten, treten auf dem Feld der geologischen Erkundungen sehr früh Hallesche Pietisten mit einschlägigen Publikationen hervor. Ihr Ziel ist es, die Allmacht Gottes aus dem Buch der Natur zu lesen. Ihre Erkundungen der heimischen Gesteinswelt verstehen sich als Gottesdienst, bei dem es darum geht, dem Herrn näher zu kommen, indem man sich mit seiner Schöpfung befasst, sie zu sammeln, beschreiben, ordnen und zu vergleichen beginnt. Das sind unverkennbar die ersten Schritte einer empirischen Methodik, wie sie die Wissenschaft nach unserem heutigen Verständnis auszeichnet. Eindrucksvollstes Resultat dieser frühen geologischen Befassungen im Halleschen Pietismus ist der Mineralienschrank in der Kunst- und Naturalienkammer der Franckeschen Stiftungen aus der ersten Hälfte des 18. Jahrhunderts, der mit seinen über 1.000 Objekten die mit Abstand größte Teilsammlung der gesamten Kammer enthält.

1.1.12 | Vulkanerde, Kupferstich in: Athanasius Kircher: Mundus subterraneus, 1678. Halle, Franckesche Stiftungen (Detail)

Nicht zufällig beginnt die Systematik der enzyklopädischen Gesamtsammlung mit der Gesteinskollektion als der im wörtlichen Sinne Basis allen Seins. Ihr Umfang, ihr Rang in der Gesamtordnung und nicht zuletzt der opulente dreiflügelige Schauschrank mit seinen zahllosen Schubladen, die meisterhaft vom Sockel aufwärts bis in den verglasten Schauteil hinein konstruiert sind, lassen an der hohen Bedeutung, die der geologischen Sammlung in der Wunderkammer des Halleschen Waisenhauses zukommt, keinen Zweifel. Die Ausstellung spannt den Bogen von diesem außergewöhnlichen Sammlungsschrank zu der geologischen Sammlung Christian Kefersteins (1784–1866), die er Mitte des 19. Jahrhunderts den Franckeschen Stiftungen vermachte, die heute allerdings Bestandteil der hiesigen Universitätssammlung ist. Mit Keferstein wird ein weiterer Akteur auf dem Weg zu einer modernen geologischen Wissenschaft beschrieben. Ihm verdanken die Stiftungen eine umfassende Bibliothek sowie eine bemerkenswerte Autographensammlung mit Briefen u. a. von Johann Wolfgang von Goethe und Alexander von Humboldt. Konsequenterweise richtet die Ausstellung ihren Blick im weiteren Verlauf auf das Anthropozän. In dem vorliegenden Katalog wird auf anregende Weise die Frage diskutiert, ob wir tatsächlich in der unvorstellbar langen Erdgeschichte jetzt von einem Zeitalter sprechen können, das so stark vom Menschen geprägt wird, dass es nach ihm benannt werden sollte. Angesichts der erdgeschichtlichen Zeiträume, die in Jahrmillionen gerechnet werden, und der vergleichsweise sehr kurzen Zeitspanne, die der Mensch die Erde bevölkert, ist diese Frage berechtigt. Die Fakten freilich, die dafür sprechen, sind gleichermaßen er- und bedrückend, wie der Beitrag von Christian Schwägerl und Reinhold Leinfelder überzeugend darlegt. Und spätestens hier entfaltet das Jahresthema der Franckeschen Stiftungen seine zweite Dimension. Unter dem Motto *Berge versetzen. Über Tatkraft in Geschichte und Gegenwart* haben wir 2020 einerseits den gelungenen Wiederaufbau der Franckeschen Stiftungen ins Zentrum gerückt, der ohne das zupackende Engagement vielfältiger Kräfte nicht gelungen wäre. Andererseits stellen wir mit dem Motto den Bezug zur Jahresausstellung her. Allerdings gewinnt der Ausspruch angesichts der gewaltigen Veränderungen, die wir Menschen an unserem Planeten vornehmen, indem wir Meere austrocknen, Flüsse umleiten, tiefe Bergwerkstollen in die Erde treiben und Berge versetzen, um unseren Hunger an Rohstoffen zu stillen, eine ganz neue Konnotation, die plötzlich als Warnung zu verstehen ist, nicht ungehemmt immer noch mehr Berge zu versetzen, um die Erde nicht vollends zu zerstören. An diesem Punkt stellt sich die Frage, ob es nicht an der Zeit ist, die religiöse Dimension des Lebens, die auch mit der Demut vor der Unvollkommenheit des Menschen einhergeht und die vor Herausbildung der modernen Wissenschaft, so wie sie am Beispiel der Geologie in dieser Ausstellung gezeigt wird, zum Selbstverständnis gelehrter Überlegungen gehörte, in einer zeitgemäßen Weise wieder aufzugreifen und stärker in die Konzepte der Zukunftsgestaltung mit einzuweben.

Allen, die an dieser Ausstellung mitgewirkt haben, sei an dieser Stelle sehr herzlich gedankt. Das gilt zuerst den beiden Kuratoren Dr. Claus Veltmann und Tom Gärtig zusammen mit den Mitarbeitern des Ausstellungsbüros Maxi Pasewaldt und Torsten Krüger. Für die Konzeption des Einführungsraums und die Mitarbeit an der Konzeption des letzten Raums der Ausstellung danke ich Florian Halbauer und Julia Reinboth von der Abteilung Vermittlung – Museum und Sammlungen. Ebenso herzlich möchte ich den Mitgliedern des wissenschaftlichen Beirats danken, die – auch bedingt durch die Corona-Pandemie – überwiegend aus der Ferne wichtigen fachlichen Rat gegeben haben. Genauso herzlich ist den Autorinnen und Autoren der durchweg hochinteressanten und spannenden Katalogbeiträge zu danken. Dazu zählt auch der Geologiestudent Bastian Bruckhoff, der die inhaltliche Analyse des Gesteinsschranks in der Kunst- und Naturalienkammer sowie die Auswahl der Gesteine, Mineralien und Fossilien für Raum 3 der Ausstellung vorgenommen hat. Klaus E. Göltz hat in bewährter Manier den Ausstellungskatalog gestaltet und zahlreiche eindrucksvolle Fotografien angefertigt, die für die Nachhaltigkeit dieser Ausstellung sorgen werden. Dafür sei ihm ebenso herzlich gedankt wie der Agentur anschlaege.de für die Gestaltung des Einbandes, der sich in das graphische Erscheinungsbild des gesamten Themenjahres einpasst. Metta Scholz und Helene Jung haben für die Redaktion des Katalogs sowie für dessen termingerechte und qualitätvolle Herstellung gesorgt. Helene Jung hat darüber hinaus den Nachlass Christian Kefersteins aufgenommen und dessen Bibliothek im Hinblick auf die Ausstellung durchforstet. Bei beiden Kolleginnen möchte ich mich sehr herzlich bedanken. Dem Gestaltungsbüro formikat ist für die Ausstellungsarchitektur ebenso sehr zu danken wie Tom Hanke für die Medientechnik, Dominik Eulberg für die Klang- und Murat Haschu für die Videoinstallationen. Dem kanadischen Fotografen Edward Burtynsky sind wir sehr dankbar für die beeindruckenden Bilder, die wir in einer interaktiven Installation verwenden dürfen. Ein ganz besonderer Dank richtet sich an Dr. Thomas Degen vom Institut für Geowissenschaften und Geographie der Martin-Luther-Universität Halle-Wittenberg, der das Ausstellungsprojekt auf vielfältige Weise unterstützt und befördert hat. Er gehört auch in die Schar der Leihgeber aus ganz Deutschland, ohne deren großzügige Zurverfügungstellung von Objekten diese Ausstellung nicht hätte zustande kommen können und denen ich dafür im Namen der Franckeschen Stiftungen meinen ganz herzlichen Dank sagen möchte. Zum ersten Mal nähert sich eine Ausstellung zur Geologie dem Thema aus kulturgeschichtlicher Perspektive und wirft damit wieder ein neues Licht auf die Bedeutung des Halleschen Pietismus für die Geistes- und Wissenschaftsgeschichte im 18. Jahrhundert mit Folgewirkungen weit darüber hinaus.

Prof. Dr. Thomas Müller-Bahlke
Direktor der Franckeschen Stiftungen

Übersicht typischer Fels- und Gesteinsstrukturen, Lithographie von Aimé Henry in: Naturhistorischer Atlas [Geognosie]. Hg. v. August Goldfuß. Düsseldorf: Arnz, [ca. 1828], Taf. 154, Geogn. III. Halle, Franckesche Stiftungen: BFSt: S/KEF:X 47-3

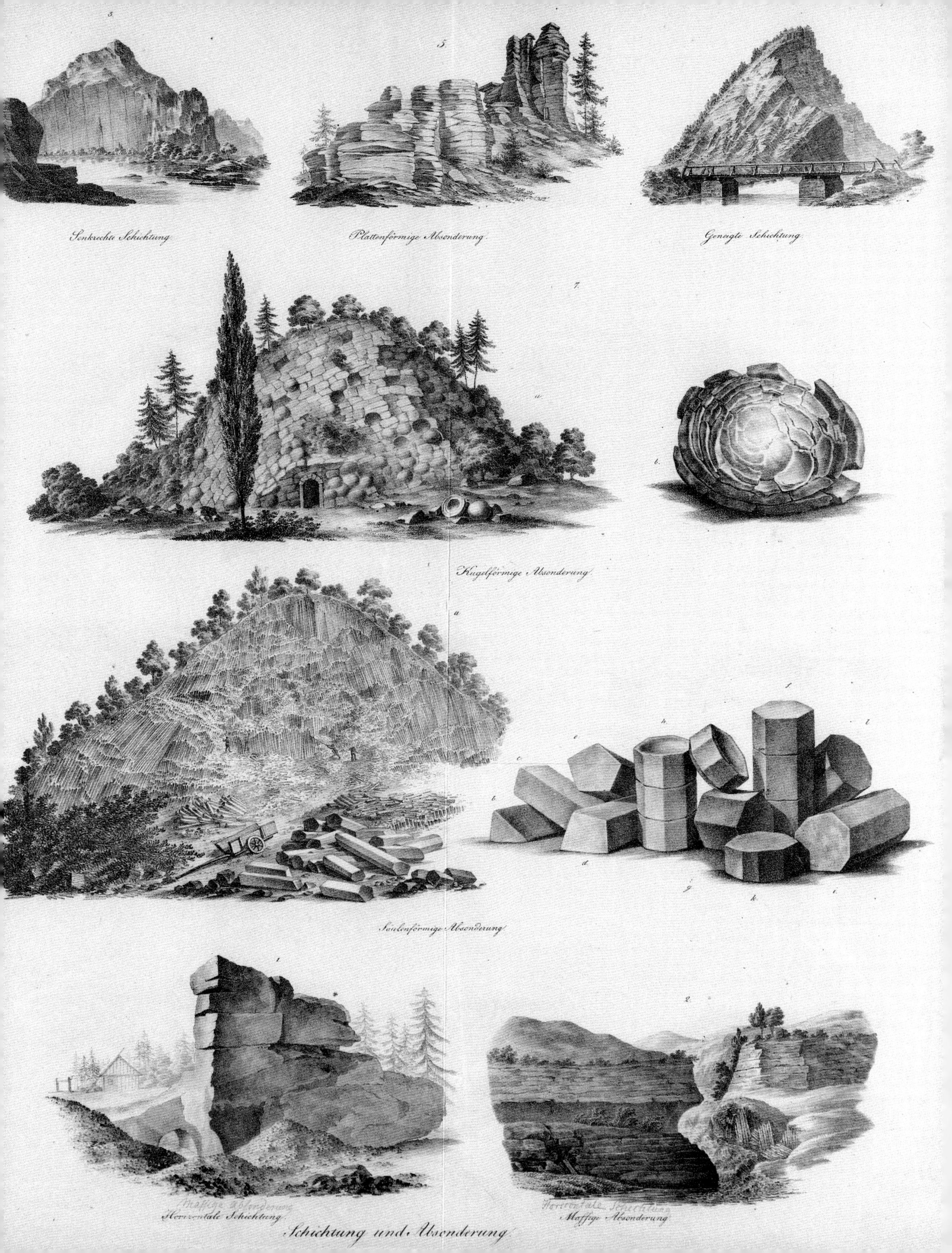

Senkrechte Schichtung

Plattenförmige Absonderung

Geneigte Schichtung

Kugelförmige Absonderung

Säulenförmige Absonderung

Horizontale Schichtung

Maſsige Absonderung

Schichtung und Absonderung

TOM GÄRTIG UND CLAUS VELTMANN

Einleitung

Im Jahre 1735 veröffentlichte der Nordhäuser Pfarrer Friedrich Christian Lesser (1692–1754) ein 1.300 Seiten umfassendes Kompendium des Reichs der Steine, dem er den Titel *Lithotheologie* gab.[1] Diese „Steintheologie" blieb im 18. Jahrhundert das umfangreichste Werk in deutscher Sprache, das sich mit geologischen Phänomenen auseinandersetzte. Es behandelt sein Thema erschöpfend, auch unter Gesichtspunkten, die uns heute absurd erscheinen, z. B.: „Von Steinen in der Lufft", „Von dem Gebrauch derer Steine in der Rechts-Gelahrtheit", „Von dem Missbrauch derer Steine in der Gottes-Gelahrtheit" und „Von den Wunder-Wercken so sich mit Steinen begeben".[2] Im Untertitel beschreibt Lesser sein Werk als eine „Natürliche Historie [...] derer Steine", jedoch war seine Intention keinesfalls, eine naturkundliche bzw. naturwissenschaftliche Abhandlung über Steine zu verfassen. Vielmehr bezweckte der Autor damit, wie der Untertitel weiter ausweist, „dass daraus die Allmacht, Weißheit, Güte und Gerechtigkeit des großen Schöpffers gezeuget wird", denn es sei „einem Theologo unentbehrlich, nebst gründlicher Erkänntniß anderer Wissenschaften sonderlich die Natur=Wissenschafft daraus zu lernen"[3].

Mit seinem Werk erweist sich Lesser, der selbst Theologie bei August Hermann Francke (1663–1727) in Halle studiert hatte, als Vertreter der sogenannten Physikotheologie, die zielgerichtet die Naturwissenschaften für den Beweis der Allmacht Gottes nutzbar machen wollte. Dieser theologische Ansatz war in der Frühen Neuzeit populär und gerade die Halleschen Pietisten folgten ihm in ihrer Argumentation. Darüber hinaus wird sein Kompendium gleichsam zum ‚Steinbruch' der Ideen für den nützlichen Umgang mit dem Mineralreich – genauso wie die im Steinbruch gebrochenen Steine in vielfacher Weise der menschlichen Zivilisation dienlich sind.

Wie aber geht Lesser mit dem Faktor Zeit um, der in den heutigen Geowissenschaften eine zentrale Rolle spielt? Zwar behandelt er das Entstehen und Vergehen von Steinen, Mineralen und Erden, aber erdgeschichtliche Entwicklungsprozesse sind ihm fremd, vor allem, weil für diesen pietistischen Denker, wie für viele seiner Zeitgenossen, der biblische Schöpfungsmythos noch das Maß aller Dinge war und nicht angezweifelt wurde. Auch wenn er in seinem Titel von der „Natürliche[n] Historie der Steine" spricht, so sind damit keinesfalls evolutionäre geologische Prozesse gemeint.[4] Denn in seinem Denken würden diese die Allmacht Gottes infrage stellen, der die Welt vollkommen eingerichtet hat, so dass es zwar ein Werden und Vergehen des ewig Gleichen, aber keine Veränderung in der Natur geben konnte.

Lessers Begeisterung für Steine zeigt sich auch in seiner Sammlung, die er voller Stolz der Öffentlichkeit im *Hamburgischen Magazin* vorstellt.[5] Aus diesem Beitrag geht auch hervor, dass Steine den größten Teil seiner Sammlung ausmachen. Zudem zeugt der Artikel von Lessers Bemühen um die Ordnung seiner Sammlung. Mit diesen Attitüden – dem theologisch motivierten, intensiven Interesse an Steinen und der auf Mineralien bezogenen Sammelleidenschaft – ist Lesser gleichsam Personifizierung einer zentralen Frage dieses Katalogs und dieser Ausstellung: Was motivierte die Menschen in der Frühen Neuzeit, sich mit der unbelebten Natur auseinanderzusetzen? Hauptsächlich war es die Suche nach und die Verherrlichung von Gott im Buch der Natur. Darüber hinaus spielten das Sammeln und Finden einer Ordnung eine zentrale Rolle bei der Erkenntnis und Aneignung der Natur. Diese Phänomene, einschließlich der Bedeutung von Steinen für die Alchemie, werden in den

2.13 | Amethyst-Druse aus Brasilien. Halle, Franckesche Stiftungen

3.9g | Hinterlassenschaften der Sintflut [Schweizer Berge], Kupferstich in: Johann Jacob Scheuchzer: Kupfer-Bibel, 1731. Halle, Franckesche Stiftungen

ersten beiden Abteilungen der Ausstellung und den entsprechenden Kapiteln in diesem Katalog vorgestellt.

Schon seit der Antike dient der Bergbau der Gewinnung von für Zivilisation und Wirtschaft bedeutenden Metallen und Salzen. Da er jedoch keine Wissenschaft, sondern ein praktisches Handwerk war, dessen Techniken mündlich tradiert wurden, schlug sich seine Bedeutung nicht in Form von entsprechender Literatur nieder. Dies änderte sich erst mit dem Arzt und Apotheker Georg Agricola (1494–1555), der in diversen Schriften das bergbauliche Wissen seiner Zeit zusammenfasste und sich im Zuge dessen intensiv mit mineralogischen und geologischen Themen beschäftigte. Seine Werke blieben bis ins 18. Jahrhundert hinein Standardliteratur.

Agricola wurde auch von den Pietisten rezipiert, denen die dritte Abteilung der Ausstellung und das dritte Kapitel dieses Katalogs gewidmet sind. Zwar war, wie auch bei Friedrich Christian Lesser, ihre physikotheologische Annäherung an Gott ein wichtiger Antrieb zur Auseinandersetzung mit dem Reich der Steine – dafür steht auch der Züricher Mediziner Johann Jakob Scheuchzer (1672–1733), der in Verbindung mit den Halleschen Pietisten stand –, aber genauso motivierte sie ihr Nützlichkeitsdenken, sich mit geologischen Themen auseinanderzusetzen. Dies gilt ebenso für Lesser, der in seinem Werk immer wieder auf den vielfältigen Nutzen der Steine für die menschliche Zivilisation eingeht. Auch Johann Joachim Lange (1699–1765), der Sohn eines engen Vertrauten von August Hermann Francke und Schüler des Waisenhauses, ist ein gutes Beispiel dafür. Als Professor an der hallischen Universität beschäftigte er sich nicht nur intensiv mit Systemen zur Ordnung von Steinen und Mineralien, sondern regte darüber hinaus Untersuchungen zur geologischen Prospektion der Region um Halle zur Auffindung von Bodenschätzen an. Zudem hielt er an der Universität montanwissenschaftliche Seminare ab. An ihm zeigt sich ein kameralistischer Aspekt des Pietismus, der die geologischen Ressourcen für die territoriale Wirtschaft optimal nutzbar machen wollte.[6] Damit entpuppt sich Johann Joachim Lange als Übergangsfigur, denn sein physikotheologischer Gottesbezug taucht allenfalls noch in den Vorworten seiner Veröffentlichungen auf, während die wissenschaftliche und kameralistische Auseinandersetzung mit geologischen wie mineralogischen Phänomenen im Zentrum seines Denkens steht.

Was sich bei Lange bereits andeutet, wird typisch für die Jahre zwischen 1750 und 1850, denen sich Ausstellung und Katalog in ihrer vierten Abteilung ausführlich zuwenden. Während sich die Geologie mit ihren Nachbardisziplinen Mineralogie und Paläontologie zu einer klassischen Naturwissenschaft entfaltete, die Mitte des 19. Jahrhunderts vielerorts mit eigenen Lehrstühlen an den Universitäten vertreten war, löste sie sich allmählich von religiös gepräg-

3.9c | Der dritte Schöpfungstag: Die Erschaffung von Land und Meer, Kupferstich in: Johann Jacob Scheuchzer: Kupfer-Bibel, 1731. Halle, Franckesche Stiftungen

TAB. VII.

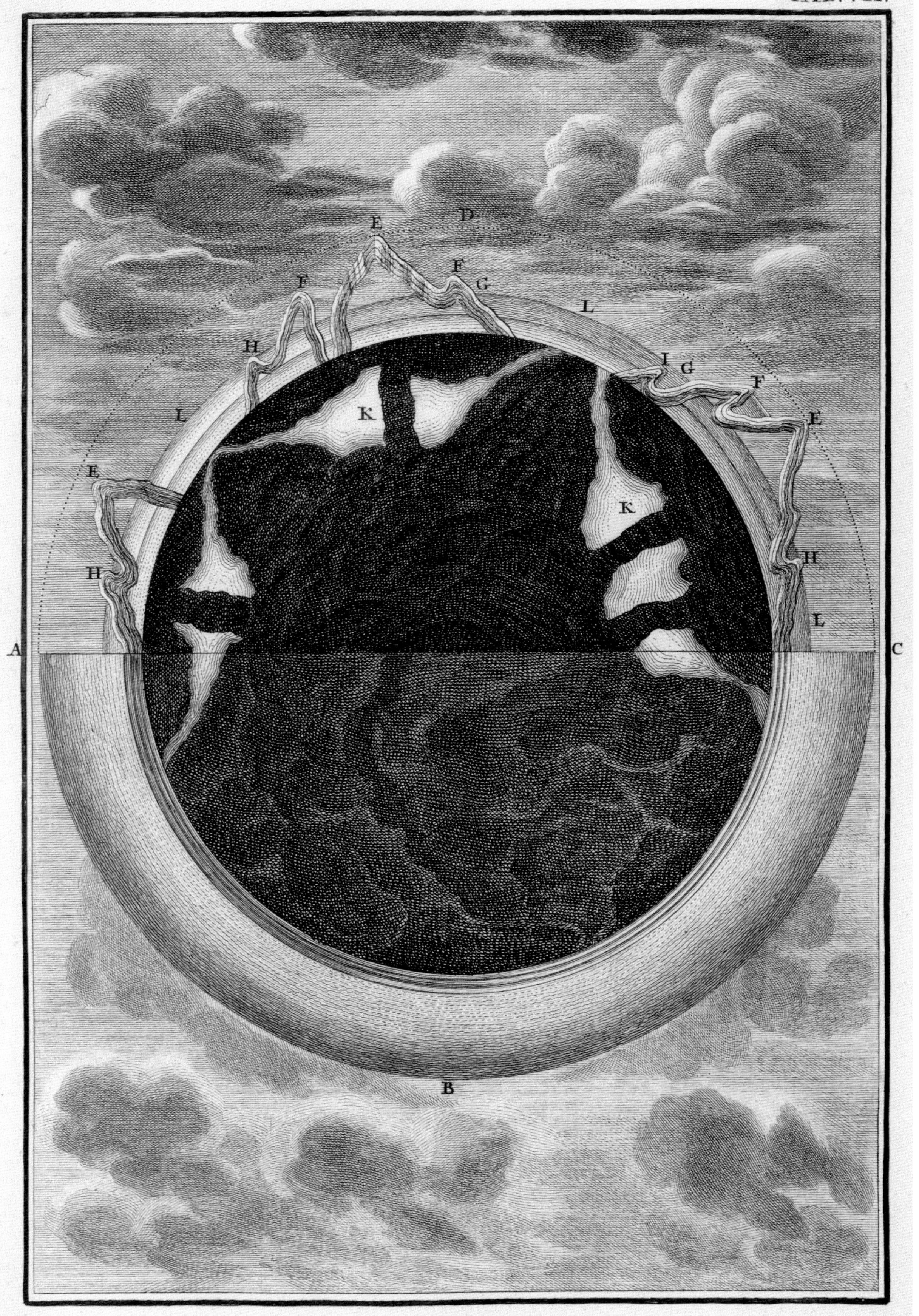

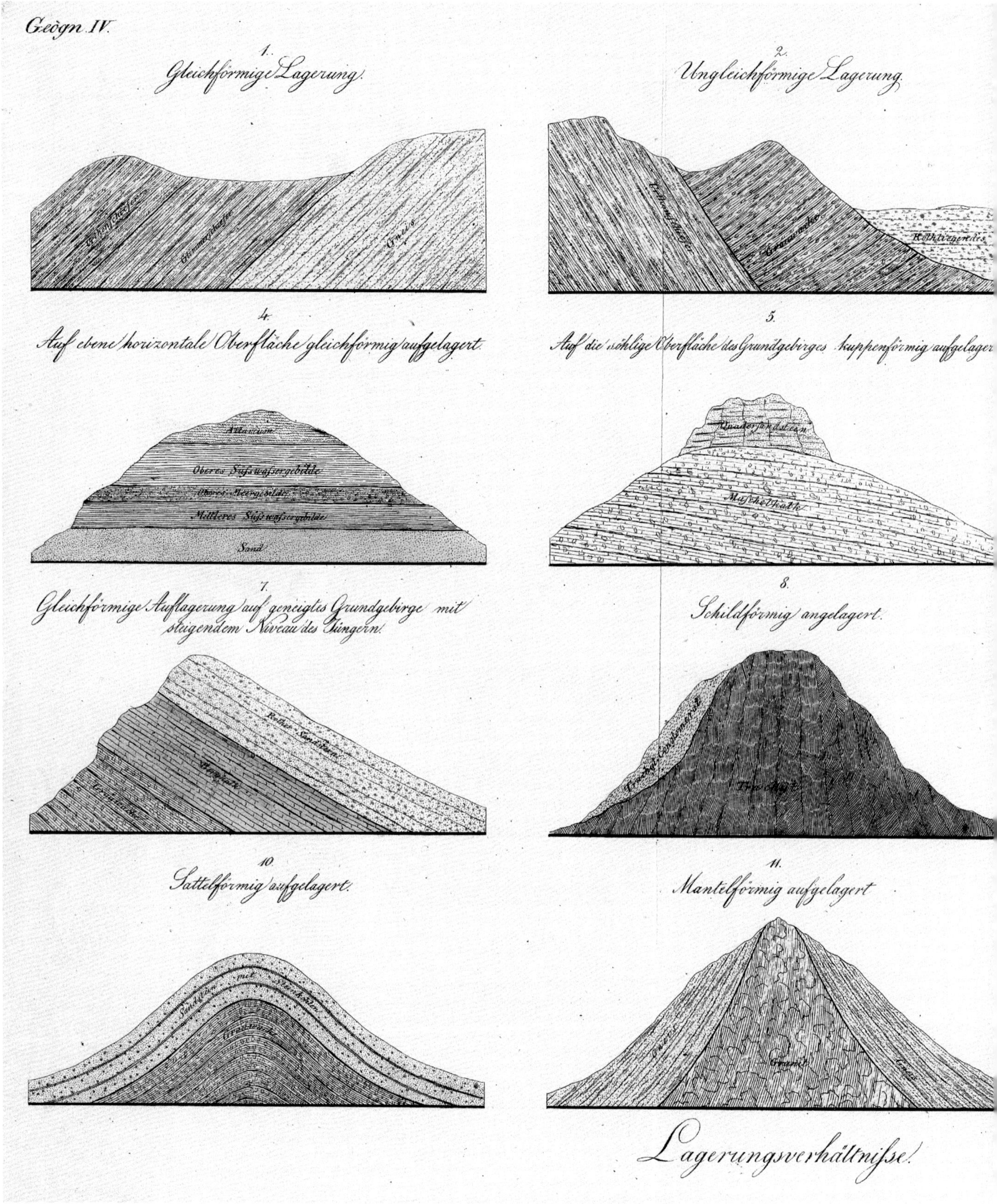

Geogn. IV.

1\. Gleichförmige Lagerung.

2\. Ungleichförmige Lagerung.

4\. Auf ebene horizontale Oberfläche gleichförmig aufgelagert.

5\. Auf die söhlige Oberfläche des Grundgebirges kuppenförmig aufgelager[t]

7\. Gleichförmige Auflagerung auf geneigtes Grundgebirge mit steigendem Niveau des Jüngern.

8\. Schildförmig angelagert.

10\. Sattelförmig aufgelagert.

11\. Mantelförmig aufgelagert

Lagerungsverhältnisse.

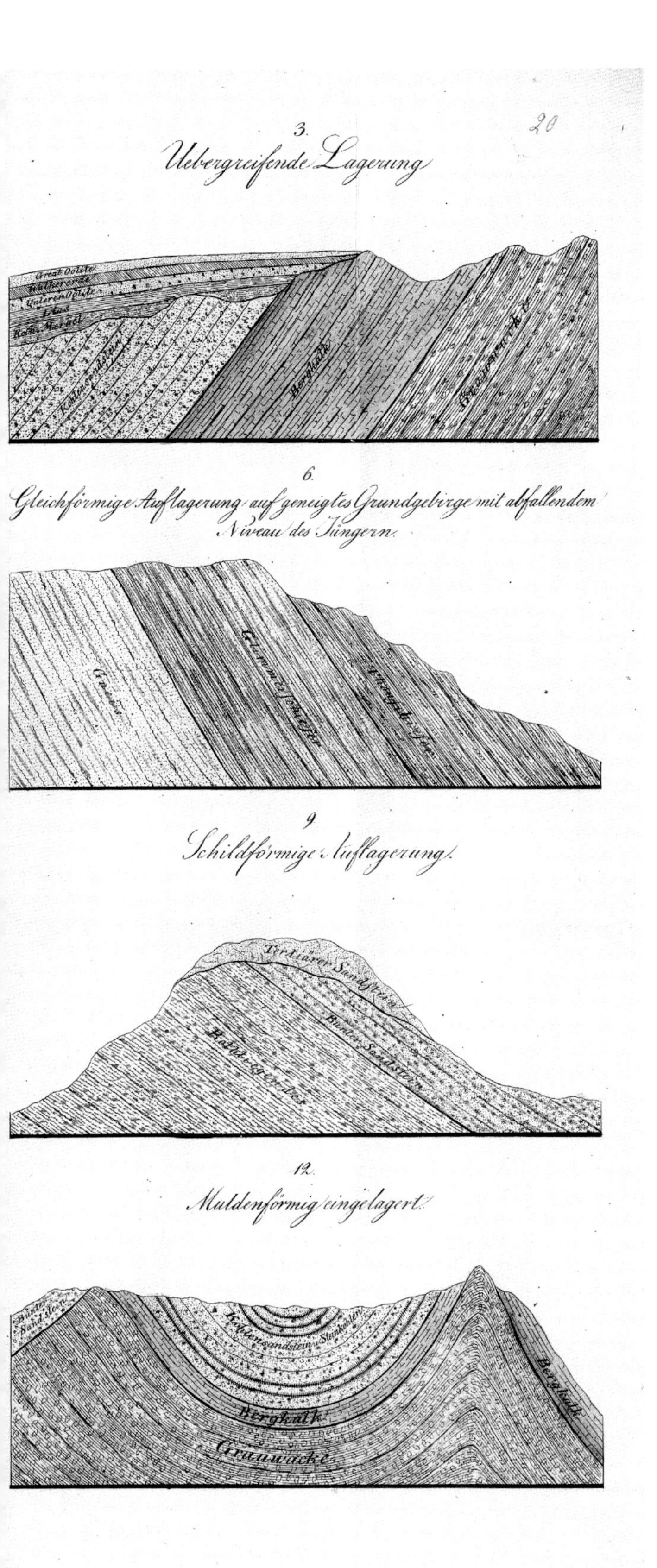

ten Vorstellungen. Gott und Schöpfung verschwanden dabei aber nicht einfach im Sinne einer radikalen Säkularisierung des geologischen Denkens, denn die auf dem Feld der Geologie auftretenden Akteure waren nach wie vor größtenteils tiefgläubige Christen. Durch die Verwissenschaftlichung wurden vielmehr Deutungshoheiten und Zuständigkeiten neu verteilt und explizite Glaubensbezüge an den Rand gedrängt oder auf Nebenschauplätze verschoben. Als eine Art Hintergrundrauschen blieben sie jedoch mehr oder minder deutlich hörbar. So mutete es im Jahr 1819 keineswegs seltsam an, wenn William Buckland (1784–1856), angesehener Geologe und Paläontologe sowie Inhaber des ersten Geologie-Lehrstuhls an der Universität Oxford, in seiner Antrittsvorlesung die junge Geologie emphatisch als eine Art Hilfswissenschaft in den Dienst der Naturtheologie stellte, deren Forschungsresultate in jeder Hinsicht mit dem mosaischen Schöpfungsbericht übereinstimmten.[7] Buckland, der auch Theologe war, verbrachte sein letztes Lebensjahrzehnt gar als Vorsteher von Westminster Abbey in London. Dass der alte Streit um die Frage, ob unsere Welt ein Produkt göttlicher Schöpfungs- und Gestaltungskraft oder eines natürlichen Evolutionsprozesses ist, noch immer nicht beigelegt werden konnte, zeigt der Katalog in einem kleinen Exkurs. Am Beispiel des Kreationismus und Intelligent Design, die sich je auf eigene Weise gegen die Evolutionstheorie richten und eine wachsende Anhängerschaft nicht zuletzt in fundamentalistischen evangelikalen Kreisen verzeichnen können, kommt dieser zu dem Schluss, dass die eklatanten Widersprüche zwischen Wissenschaft und Glauben unauflöslich bestehen bleiben werden und im Interesse einer friedlichen Koexistenz, wenngleich ohne falsche Kompromisse seitens der Wissenschaft, wohl oder übel ausgehalten werden müssen.

Zahlreiche seriöse Erklärungsansätze der Geologie jener Zeit, die aus heutiger Perspektive abwegig oder gar komisch anmuten, verdanken sich einer fruchtbaren Verbindung von religiös-spekulativen Erdgeschichtstheorien des

Lagerungsfolge verschiedener Gesteinsschichten, kolorierte Lithographie von Aimé Henry in: Naturhistorischer Atlas [Geognosie]. Hg. v. August Goldfuß. Düsseldorf: Arnz, [ca. 1828], Taf. 155, Geogn. IV. Halle, Franckesche Stiftungen: BFSt: S/KEF:X 47-4

späten 17. und frühen 18. Jahrhunderts mit konkreten empirischen Daten, die in praktischer Geländearbeit ermittelt wurden. In diesem Sinne war die einst populäre Sintfluttheorie eine wichtige Wegbereiterin der modernen Geologie, auf deren Basis erste stratigraphische Konzepte bestimmter Regionen entwickelt wurden. Als eine treibende Kraft in diesem langen Verwissenschaftlichungsprozess erwies sich – besonders im deutschsprachigen Raum – die Montanwissenschaft, die im Zuge des Kameralismus die Ausbeutung geologischer Ressourcen zum Besten der Volkswirtschaft optimieren wollte. Die Gründung der Kurfürstlich-Sächsischen Bergakademie zu Freiberg im Jahr 1765 ist Ausdruck dieser Entwicklung. Hier wurden die klassischen Themen und Methoden der Geologie erprobt, verfeinert und an Generationen von Schülern weitergegeben. Große Verdienste erwarb sich hierbei Abraham Gottlob Werner (1749–1817), der bedeutendste deutsche Mineraloge und Geologe jener Zeit, der seit 1775 als Lehrer an der Bergakademie wirkte und zu ihrem Aushängeschild mit internationaler Ausstrahlung wurde.

Während das vierte Kapitel mit Darstellungen geologischen Wissens in Büchern, Illustrationen und Karten sowie Arbeits- und Messinstrumenten den Alltag der Naturforscher und Frühgeologen – um 1800 gemeinhin noch Geognosten genannt – lebendig werden lässt, lenkt es zugleich den Blick auf die widerstreitenden Ideen und richtungsweisenden Forschungsdebatten, die um Fragen, Erklärungen und Begriffe rangen, die heute das Fundament der Geowissenschaften bilden: Woraus bestehen Minerale und Gesteine und wie sind sie entstanden? Wie hat sich das Aussehen der Erde im Laufe ihrer Geschichte verändert? Wodurch wurden diese Veränderungen hervorgerufen? Die verschiedenen Antworten auf diese Fragen zeigen, wie sich Wahrnehmungen und Deutungen von geologischen Beobachtungen wandelten, weg vom unmittelbar Sichtbaren und Augenscheinlichen hin zum theoriegeleiteten wissenschaftlichen Konstrukt. Die Entdeckung der

Trachyt-Steinbruch am Stenzelberg im Siebengebirge, Lithographie von Aimé Henry in: Naturhistorischer Atlas [Geognosie]. Hg. v. August Goldfuß. Düsseldorf: Arnz, [ca. 1828], Taf. 173, Geogn. XXII. Halle, Franckesche Stiftungen: BFSt: S/KEF:X 47-20

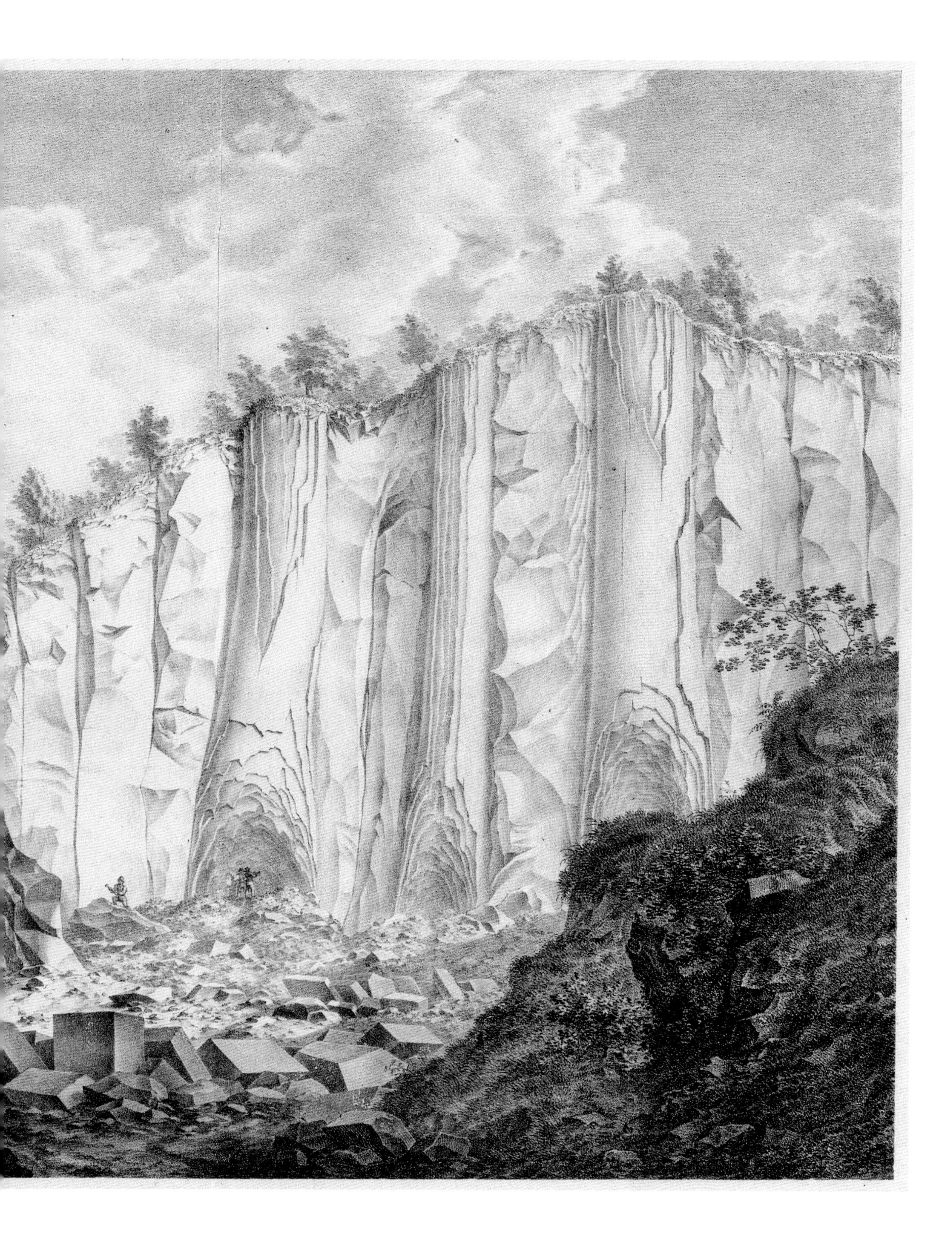

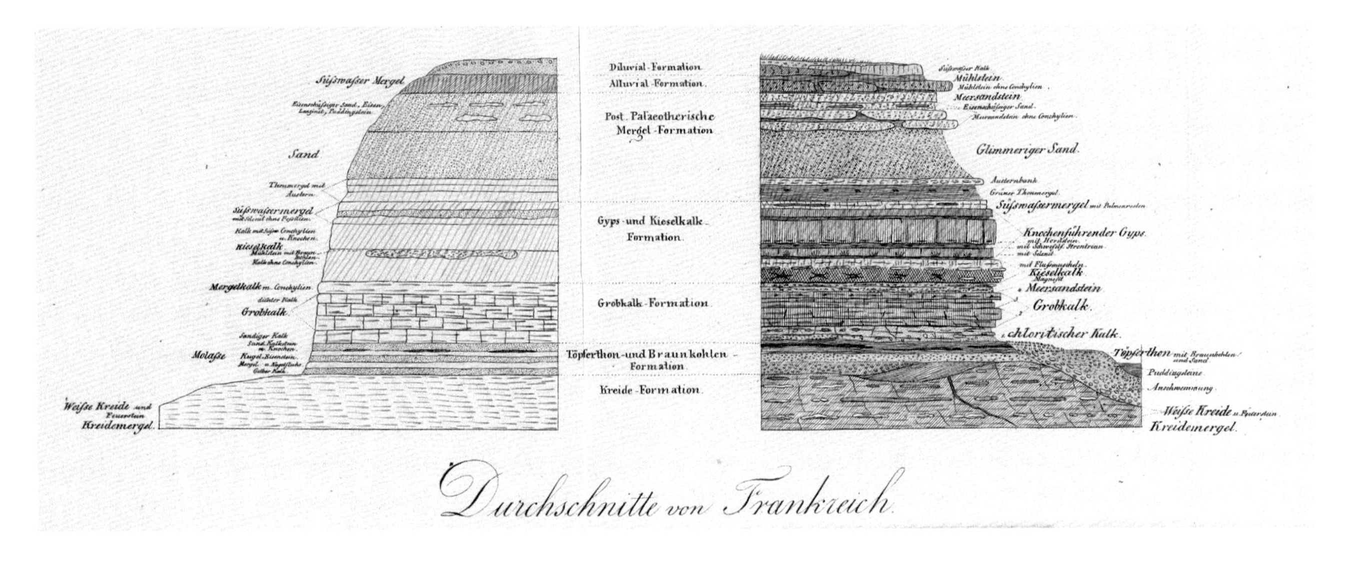

Ideale Stratigraphie von Frankreich, Farblithographie von Aimé Henry in: Naturhistorischer Atlas [Geognosie]. Hg. v. August Goldfuß. Düsseldorf: Arnz, [ca. 1828], Taf. 163, Geogn. XII. Halle, Franckesche Stiftungen: BFSt: S/KEF:X 47-10

Zeit, d. h. die Erkenntnis, dass das Alter der Erde nicht nur wenige tausend Jahre zählt, sondern sie unvorstellbar alt und der Mensch auf ihr eine sehr späte Erscheinung ist, war dabei eine der größten Errungenschaften auf dem Weg zur modernen Geologie, die die Bedeutung des Menschen und seiner Kultur in der Geschichte relativierte, ja geradezu marginalisierte. Im Sinnbild des schwindelerregenden Blicks in den gähnenden ‚Abgrund der Zeit' ist diese Erkenntnis, die auch in der Ausstellung nachvollzogen wird, geradezu sprichwörtlich geworden. Die enorme Anziehungskraft, die diese neue Naturwissenschaft namens Geologie im 19. Jahrhundert ausübte, veranlasste einen Zeitgenossen zu der Bemerkung, sie sei jedermanns „fashionable Liebhaberei geworden"[8].

Das fünfte Kapitel ist eine Begegnung mit dem hallischen Juristen, Mineraliensammler und Amateurgeologen Christian Keferstein (1784–1866), der die Entwicklung der Geologie in der ersten Hälfte des 19. Jahrhunderts forschend wie publizierend begleitete. Es würdigt erstmals sein Wirken mit einzigartigen Zeugnissen aus seinem reichen schriftlichen Nachlass, der im Archiv der Franckeschen Stiftungen erhalten ist. Als Geognost mit dem „Hammer in der Hand" und „mit Steinen beladen"[9] bereiste er nicht nur die Gebirgswelt Europas, sondern schuf sich ein beachtliches Netzwerk von Gleichgesinnten und korrespondierte mit den bekanntesten Naturforschern und Geologen seiner Zeit. Kefersteins ehrgeiziges Projekt der ersten geologischen Karte Deutschlands, koloriert nach Farbvorschlägen Johann Wolfgang von Goethes (1749–1832), wurde in Fachkreisen lobend zur Kenntnis genommen, der große Erfolg blieb jedoch aus, denn schon bald gab es wesentlich genauere Karten. Im sogenannten „heroischen Zeitalter"[10] der Geologie war es für gebildete Dilettanten wie Keferstein zwar durchaus noch möglich, auch ohne einschlägiges Studium Zugang zur Geologie zu finden, aber es wurde zugleich immer schwerer, mit der raschen Folge neuer Erkenntnisse und der zunehmenden Akademisierung der Forschung Schritt zu halten. In diesem Sinne ist er als ein Übergangsphänomen zu betrachten, als ‚aussterbende Spezies', als ‚letzter Dilettant', der erhellende Einblicke in das Denken und Tun einer Wissenschaft im Werden ermöglicht.

Mit einem Blick auf das Anthropozän (griech. anthropos = Mensch), das jüngst ausgerufene und noch immer umstrittene geologische Zeitalter, in dem der Mensch unwiderruflich der Erde seinen Stempel aufdrückt, entlässt das sechste Kapitel die Ausstellungsbesucherinnen und -besucher mit einem Denkanstoß, im Katalog repräsentiert durch einen Beitrag, der mit beunruhigenden Fakten die Dringlichkeit schnellen Handelns verdeutlicht. Mit seinen Technologien, auf maximale Erträge und Profite hin optimiert, verändert der Mensch die Erde heute in nie zuvor gekanntem Ausmaß. Er ist spätestens seit 1950 zum einflussreichsten geologischen Faktor geworden, mit globalen Folgen für die Strukturen und das Klima unseres Planeten. Genau aus diesem Grund steht am Beginn des 21. Jahrhunderts die Frage im Raum: Leben wir in einer neuen erdgeschichtlichen Epoche, im Zeitalter des Menschen, im Anthropozän? Der Zeitsprung, den die Ausstellung an dieser Stelle wagt, ist bei genauerem Hinsehen mehrfach gerechtfertigt. Bereits im späten 18. Jahrhundert formulierte der Dichterphilosoph Johann Gottfried Herder (1744–1803) in den *Ideen zu einer Philosophie der Geschichte der Menschheit* seine persönliche Einschätzung zum Einfluss des Menschen auf Erde und Klima: „Wir können also das Menschengeschlecht als eine Schar kühner, obwohl kleiner Riesen betrachten, die allmählich von den Bergen herabstiegen, die Erde zu unterjochen und das Klima mit ihrer schwachen Faust zu verändern. Wie weit sie es darin gebracht haben mögen, wird uns die Zukunft lehren.“[11] Damit ist der Bogen ins 21. Jahrhundert geschlagen, denn Herders ahnungsvolle Frage nach dem Ausmaß des menschlichen Eingreifens, in der die Idee des Anthropozäns schon aufscheint, ist bestechend aktuell. Darüber hinaus gibt das Anthropozän dem Menschen gewissermaßen wieder jene Bedeutsamkeit zurück, die ihm im Zuge der Entdeckung der geologischen Tiefenzeit genommen wurde und ihn zu einer winzigen Randerscheinung der Erdgeschichte gemacht hatte. Der Mensch hat sehr wohl Einfluss auf die Erde, im negativ-zerstörerischen, aber auch im positiv-bewahrenden Sinne. In der Ausstellung wird dieses Potential übersetzt in Bilder und Klänge, die Besucherinnen und Besucher durch ihre Bewegungen im Raum beeinflussen können. Damit bleiben sie nicht nur wahrnehmende Zuschauer, sondern werden bewusst wie unbewusst Handelnde, deren Tun Auswirkungen hat.

Der erste Raum der Ausstellung hingegen ist als Gegenpol zum letzten ganz der Faszination gewidmet. Wo der letzte Raum die Wirkung thematisiert, beschränkt der erste sich auf die reine Wahrnehmung. Faszination ist ein starker Motor, der uns antreibt, die Welt um uns herum zu erkunden, Fragen zu stellen und nach Antworten zu suchen. Oft steht sie ganz am Anfang einer Entdeckungsreise. Die Besucherinnen und Besucher tauchen in die geheimnisvolle Welt der Steine in ihrer ganzen Mannigfaltigkeit ein. Hier wird noch nichts erklärt, sondern mit möglichst vielen Sinnen erfahren: sehend, hörend, tastend und riechend. Die eigene Wahrnehmung steht im Mittelpunkt, als Einstimmung und Vorbereitung auf den Ausstellungsrundgang. Begleitet von geheimisvollen Klängen lädt der Raum ein, in den „Steinbruch der Zeit“ zu den Mineralen, Gesteinen und Fossilien hinabzusteigen und erste, individuelle Eindrücke zu sammeln.

1 Friedrich Christian Lesser: Friedrich Christian Leßers, der Kirchen am Frauenberge in der Kayserl. freyen Reichs-Stadt Nordhausen Pastoris, und des Waysen-Hauses daselbst Administratoris, Lithotheologie: das ist: Natürliche Historie und geistliche Betrachtung derer Steine, allso abgefaßt, daß daraus die Allmacht, Weisheit, Güte und Gerechtigkeit des grossen Schöpfers gezeuget wird, anbey viel Sprüche der Heiligen Schrift erklähret, und Menschen allesamt zur Bewunderung, Lobe und Dienste des grossen Gottes ermuntert werden. Hamburg: Brandt, 1735.

2 Lesser, Lithotheologie [s. Anm. 1], Überschriften diverser Kapitel.

3 Lesser, Lithotheologie [s. Anm. 1], VXII.

4 Der schon seit dem Altertum verwendete Begriff Naturgeschichte war bis zur Mitte des 18. Jahrhunderts ein Synonym für Naturkunde und implizierte niemals evolutionäre Prozesse in der Natur, da dies Gottes Vollkommenheit widersprochen hätte, vgl. Wolf Lepenies: Das Ende der Naturgeschichte. Wandel kultureller Selbstverständlichkeiten in den Wissenschaften des 18. und 19. Jahrhunderts. Berlin 1978, 41–51.

5 Friedr. Christian Lessers [...] Nachricht von seinem Naturalien= und Kunstcabinet. In: Hamburgisches Magazin, oder gesammlete Schriften, aus der Naturforschung und den angenehmen Wissenschaften überhaupt. 3. Bd. 1748, 549–558.

6 Siehe dazu Kat.-Nr. 3.14 Johann Joachim Lange: Grundriß einer Anweisung, wie man sich die in und um Halle vorkommende Naturalia und Artificialia zum künftigen Nutzen im gemeinen Leben bekant machen solle [...]. Berlin: Henning, 1749.

7 Vgl. William Buckland: Vindiciae Geologicae; or the Connexion of Geology with Religion explained [...]. Oxford: University Press, 1820.

8 Hermann Hauff: Geologische Briefe. In: Skizzen aus dem Leben und der Natur. Vermischte Schriften. Bd. 2. Stuttgart, Tübingen: Cotta, 1840, 413.

9 Christian Keferstein: Erinnerungen aus dem Leben eines alten Geognosten und Ethnographen mit Nachrichten über die Familie Keferstein; Skizze der literarischen Wirksamkeit. Halle: Anton, 1855, 52.

10 Karl Alfred von Zittel: Geschichte der Geologie und Paläontologie bis Ende des 19. Jahrhunderts. München, Leipzig: Oldenbourg, 1899, 76.

11 Johann Gottfried Herder: Ideen zur Philosophie der Geschichte der Menschheit. Zweiter Theil. In: Herders Werke IV, 2. Riga, Leipzig: Hartknoch, 1785, 258.

1

entdecken

A
B
C
D

RAINER SLOTTA UND CLAUS VELTMANN

Von der Naturgeschichte zu den Anfängen der Geowissenschaften im 17. Jahrhundert

Im hohen Mittelalter begannen gelehrte Kleriker in West- und Mitteleuropa das Wissen der Antike um die Entstehung und die Beschaffenheit der Erde zu rezipieren. Intensiv war beispielsweise die Auseinandersetzung mit Aristoteles (384–322),[1] der in seiner *Meteorologica* lehrte, dass sich die Elemente durch Sonneneinstrahlung umwandelten („Transmutatio"). Denn die Strahlung dringe tief in die Erde ein und erzeuge, je nach Grad der Feuchtigkeit, Gesteine und Metalle. Die Veränderungen der Erdoberfläche sah er als Resultat des Alterungsprozesses der Erde an. Auch aus der arabischen Naturphilosophie erfuhr das mittelalterliche Denken über Mineralien und die Erdgeschichte Impulse. So waren die Schriften von Avicenna / Ibn Sīnā (um 980–1037)[2] bekannt, der Erdbeben als Ursache von Gebirgsbildungs- sowie Wasser als Ursache von Sedimentationsprozessen annahm. Zudem hatte er eine Systematik des Mineralreichs entwickelt, die Steine, Metalle, Salze und Schwefel unterschied. Das bis weit in die Frühe Neuzeit einflussreichste antike naturgeschichtliche Werk, das auch Neuauflagen bis ins 18. Jahrhundert hinein erfahren sollte, war die *Naturalis Historia* von Plinius dem Älteren (23–79). Die letzten fünf Bücher dieser naturkundlichen Enzyklopädie beschreiben das Mineralienreich, außerdem behandelt er den antiken Goldbergbau sowie die Nutzung der Metalle und Gesteine.[3]

Der Universalgelehrte Albertus Magnus (1200–1280) beschrieb in seinem Werk *De Mineralibus*[4] u. a. die Entstehung von Erzlagerstätten und beschreibt dort nicht weniger als 70 Edelsteinarten, die für die damalige Alchemie[5] von großer Bedeutung waren. Den Edelsteinen und einigen Mineralien, zum Beispiel Alabaster und Kalk, sowie deren Heilwirkungen auf die Menschen und Tiere widmete Hildegard von Bingen (1098–1179) ihr Werk *Liber de Lapidibus*. Überhaupt existiert eine Fülle von mittelalterlichen „Steinbüchern" („Lapidarien"), die die magische und medizinische Wirkung der Edelsteine auf den Menschen und die Lebewesen beschreiben – wie etwa von Konrad von Me-

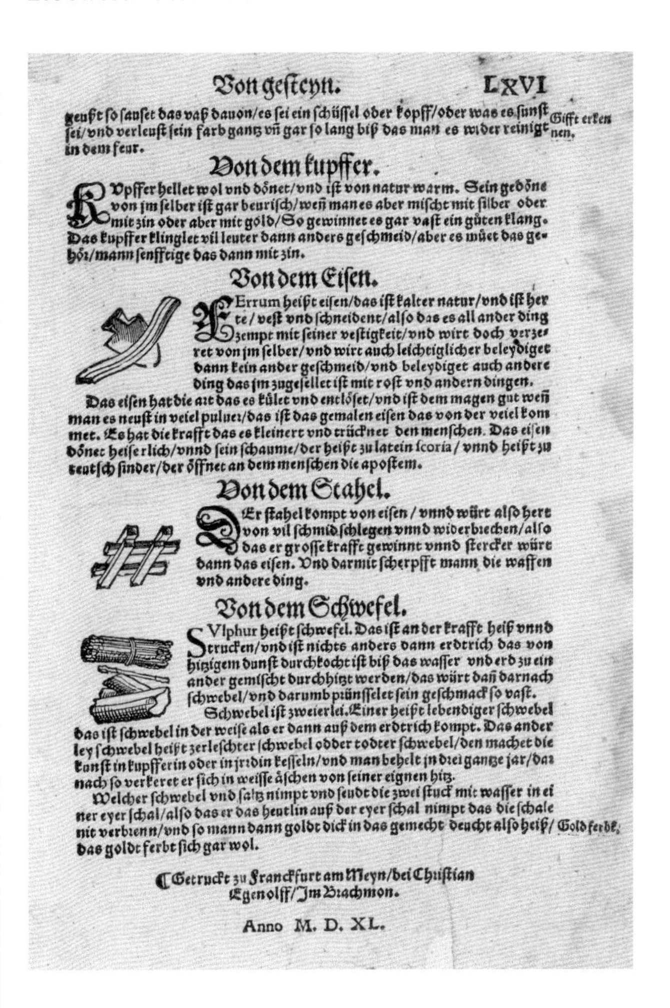

Von geſteyn. LXVI

geuſt ſo ſauſet das vaß dauon/es ſei ein ſchüſſel oder kopff/oder was es ſunſt ſei/vnd verleuſt ſein farb gantz vñ gar ſo lang biß das man es wider reinigt in dem feur. Gifft erkennen.

Von dem kupffer.

KVpffer hellet wol vnd dönet/vnd iſt von natur warm. Sein gedöne von jm ſelber iſt gar beuriſch/weñ man es aber miſcht mit ſilber oder mit zin oder aber mit göld/So gewinnet es gar vaſt ein güten klang. Das kupffer klinglet vil leuter dann anders geſchmeid/aber es müet das gehör/mann ſenfftige das dann mit zin.

Von dem Eiſen.

FErrum heißt eiſen/das iſt kalter natur/vnd iſt herte/ veſt vnd ſchneident/alſo das es all ander ding zempt mit ſeiner veſtigkeit/vnd wirt doch verzeret von jm ſelber/vnd wirt auch leichtiglicher beleydiget dann kein ander geſchmeid/vnd beleydiget auch andere ding das jm zugeſellet iſt mit roſt vnd andern dingen.

Das eiſen hat die art das es kület vnd entlöſet/vnd iſt dem magen gut weñ man es neuſt in veiel puluer/das iſt das gemalen eiſen das von der veiel kommet. Es hat die krafft das es kleinert vnd trücknet den menſchen. Das eiſen dönet heiſerlich/vnnd ſein ſchaume/der heißt zu latein ſcoria / vnnd heißt zu teutſch ſinder/der öffnet an dem menſchen die apoſtem.

Von dem Stahel.

DEr ſtahel kompt von eiſen / vnnd würt alſo hert von vil ſchmidſchlegen vnnd widerbrechen/alſo das er groſſe krafft gewinnt vnnd ſtercker würt dann das eiſen. Vnd darmit ſcherpfft mann die waffen vnd andere ding.

Von dem Schwefel.

SVlphur heißt ſchwefel. Das iſt an der krafft heiß vnnd trucken/vnd iſt nichts anders dann erdtrich das von hitzigem dunſt durchkocht iſt biß das waſſer vnd erd zu einander gemiſcht durchhitzt werden/das würt dañ darnach ſchwebel/vnd darumb prünſſelet ſein geſchmack ſo vaſt.

Schwebel iſt zweierlei. Einer heißt lebendiger ſchwebel das iſt ſchwebel in der weiſe als er dann auß dem erdtrich kompt. Das anderley ſchwebel heißt zerleſchter ſchwebel odder todter ſchwebel/den machet die kunſt in kupfferin oder in jrdin keſſeln/vnd man behelt jn drei gantze jar/darnach ſo verkeret er ſich in weiſſe äſchen von ſeiner eignen hitz.

Welcher ſchwebel vnd ſaltz nimpt vnd ſeudt die zwei ſtuck mit waſſer in einer eyer ſchal/alſo das er das heutlin auß der eyer ſchal nimpt das die ſchale nit verbrenn/vnd ſo mann dann goldt dick in das gemecht deucht alſo heiß/ das goldt ferbt ſich gar wol. Goldferbe.

¶ Getruckt zu Franckfurt am Meyn/bei Chriſtian Egenolff/Im Brachmon.

Anno M. D. XL.

1.1.5 | Anmerkungen zu diversen Metallen und zu Schwefel, Holzschnitt in: Conrad von Megenberg: Naturbuch, 1540. Göttingen, Niedersächsische Staats- und Universitätsbibliothek

Zu 1.2.6 | Arbeiten im Bergwerk, Holzschnitt in: Georg Agricola: De Re Metallica Libri XII, 1561. Halle, Franckesche Stiftungen (Detail)

genberg (1309–1374), der in seinem *Naturbuch*, einer Naturgeschichte in der Tradition von Plinius, das 6. Kapitel den „edelen stainen" gewidmet hat. Doch immer noch bestimmte der christliche Glaube an den allmächtigen Schöpfer die Vorstellungen von der Entstehung der Erde sowie als Auslöser aller Erscheinungen auf der Erde und auch die Reformatoren, besonders Martin Luther (1483–1546), hielten an den Angaben der Bibel und der sich daraus ergebenden Chronologie fest.

In der Zeit der Renaissance kam es zu entscheidenden Änderungen im Weltbild der Menschen und ihren Ansichten von der Erde. Auf den Bereich dessen bezogen, was einst zur Wissenschaft der Geologie werden sollte, sind diese Veränderungen vorrangig mit drei Namen verbunden: Leonardo da Vinci (1452–1519), Georgius Agricola (1494–1555) und Paracelsus (1493–1541).

Der als Universalgenie gefeierte Leonardo da Vinci erkannte die Bedeutung der Fossilien für die Bestimmung des Alters der Erde:

> „Viel älter sind die Gegenstände als die Berichte über sie. Daher ist es nicht wunderbar, dass in unseren Tagen kein Schriftstück Kunde von den Meeren gibt, die so viele Länder überflutet hatten. [...] Uns aber genügt das Zeugnis der im Meerwasser geborenen Lebewesen, die wir auf den hohen Bergen, so weit entfernt von den früheren Meeren, finden."[6]

In seinem berühmten *Codex Leicester*, einer Sammlung handschriftlicher Notizen und Skizzen zu allen wissenschaftlichen Themenbereichen, beschrieb er die organische Natur der Fossilien und bestritt entschieden die Bedeutung der in der Bibel beschriebenen Sintflut für deren Entstehungsprozess. In diesem Zusammenhang verwarf er auch die auf die biblischen Darstellungen zurückgehenden Berechnungen des Alters der Erde. Zu den von ihm durch Beobachtung, also durch Empirie, gewonnenen Erkenntnissen gehörte beispielsweise die Wirkung strömenden Wassers auf die Sedimentation von Sandkörnern. Welchen Eindruck die Beobachtungen und Gedanken da Vincis auf seine Zeitgenossen gemacht hätten, bleibt eine unbeantwortete Frage, da das große Universalgenie seine Notizen niemals veröffentlicht hat.

Im Gegensatz zu den deshalb praktisch wirkungslosen Schriften da Vincis gelten die Werke des Georg oder Georgius Agricola als Ausgangspunkt der neuzeitlichen Geologie.[7] Der im sächsischen Glauchau geborene Agricola wuchs in St. Joachimsthal in Böhmen auf und war später als Arzt und Apotheker in Chemnitz tätig. Wie zahlreiche der bereits genannten antiken und mittelalterlichen Gelehrten beschäftigte er sich mit der Erforschung der Gesteine und ihrer nutzbaren und profitablen Anwendung. Dabei unterschied er dezidiert zwischen den an der Erdoberfläche auffindbaren und den im Erdreich verborgenen Materialien und suchte insbesondere das „Unterirdische" (*subterranea*) zu ergründen. Der Umfang seiner Forschungen und die von ihm aufgeworfenen Fragen und Überlegungen sichern ihm einen Platz unter den wichtigsten Begründern der Disziplin der Geologie. Gegenüber den Werken früherer Autoren bestechen die Schriften Agricolas besonders durch ihren umfassenden Ansatz. Zu fast allen Bereichen der heute als exogene und endogene Prozesse[8] bekannten Erscheinungsformen hat er sich geäußert. Zu seinen bedeutendsten Werken zählen *De Natura Fossilium libri X* (Basel 1546) und *De Re Metallica libri XII* (Basel 1556). Während ersteres eine systematische Aufführung der mineralischen Substanzen präsentiert und deren Verbreitung und Nutzen beschreibt, zeigt das Buch über das Reich der Metalle auf, wie diese im Erdboden aufgespürt und abgebaut werden können. Beide Werke beziehen sich also direkt aufeinander und doch ist eine klare Trennung zwischen den systematisch-theoretischen Überlegungen Agricolas und den Anwendungsanweisungen auszumachen. Auf dem Feld der Beschäftigung mit der Geologie ist hierin ein wesentlicher Schritt zur Verwissenschaftlichung der Disziplin zu sehen.

Gerade *De Natura Fossilium* ist von stark didaktischen Zügen geprägt und kann deshalb als das vielleicht erste Lehrbuch der Mineralogie betrachtet werden. Das zehnbändige Werk widmet sich dabei ausführlich und systematisch allen Bereichen der Thematik. So befasst sich das erste Buch mit den Eigenschaften und Arten der Minerale, während das zweite die bekannten Erden aufschlüsselt und das siebente Buch etwa den verschiedenen Arten des Marmors gewidmet ist. Neben dem Wert der bis dato ein-

1.1.6 | Die Stigmatisierung des Heiligen Franziskus, Öl auf Holz von Jan van Eyck, um 1435. Auf diesem Bild werden erstmals in der abendländischen Malerei Versteinerungen in den Sedimentschichten hinter dem sitzenden Mönch dargestellt. Berlin, akg-images

zigartigen, umfassenden Zusammenschau des Mineralreichs zeichnet sich *De Natura Fossilium* auch dadurch aus, dass Agricola die bis in die Antike zurückführenden Diskurse über die Ursachen von Vulkanausbrüchen und Erdbeben wiederaufgreift und fortführt. Dabei entwickelte er Gedanken, die unserem modernen Wissen über den Magmatismus der Erde ähneln.

„Wenn die Hitze oder das Feuer unter der Erde eine Masse Dunst erzeugt [...], dann versucht dieser, wenn er keinen Ausweg findet, an der nächsten Stelle durchzubrechen. [...] Hitze und Kälte können nämlich nicht an ein und derselben Stelle bestehen, sondern sie vertreiben und verdrängen sich gegenseitig von dort. Während also [...] die Kraft hierhin und dorthin wirkt und der Luftstrom hin und her wandert, wird die Erde erschüttert, aber sobald er in den Fugen der Felsen eine Stelle findet, da zerbricht er die Felsen und entfernt und wirft alles hinaus, was entgegensteht und hindert.“[9]

Noch größere Bekanntheit als das Werk über das Mineralreich erlangte *De Re Metallica*. Diese zwölfbändige Schrift

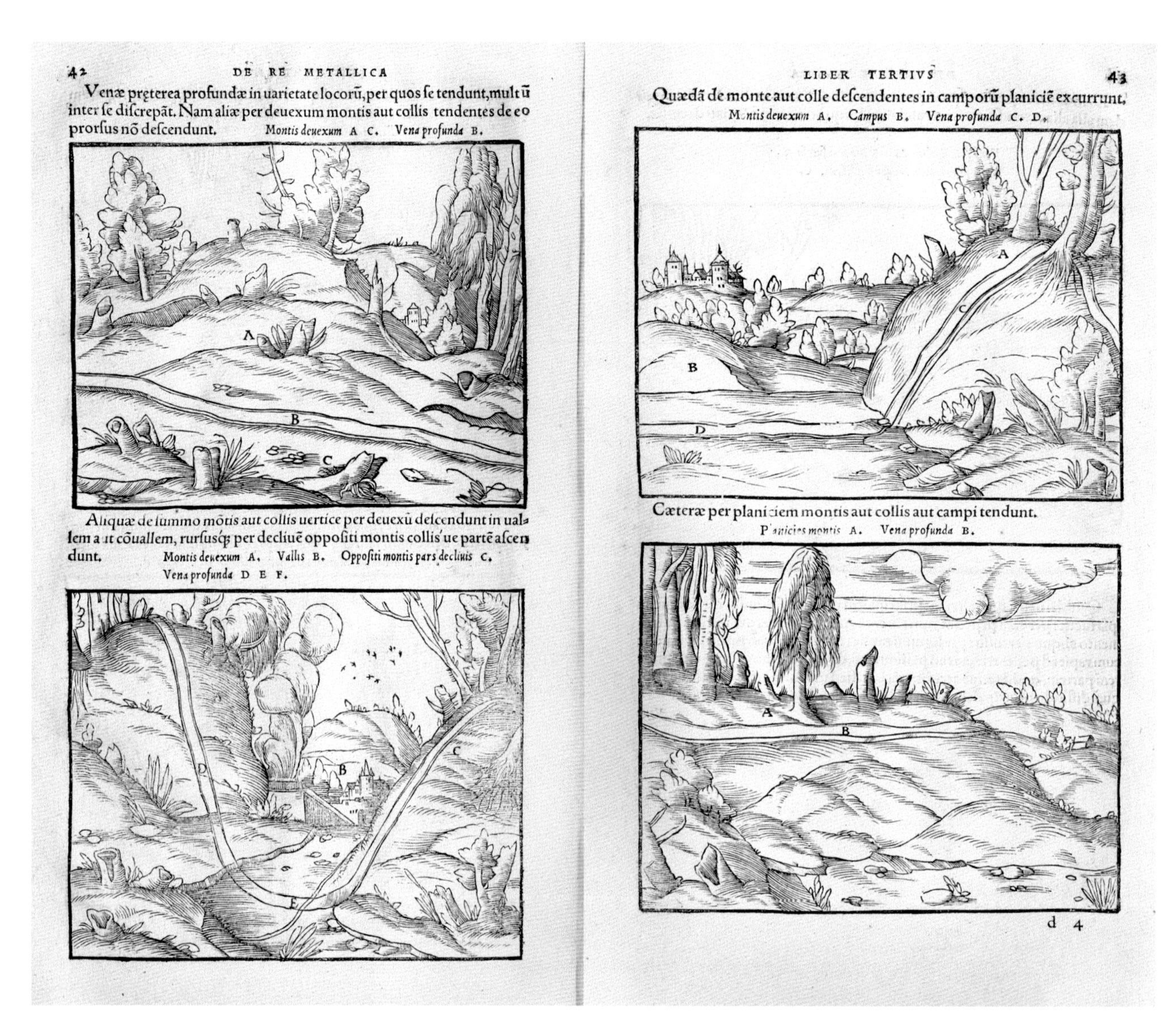
42 DE RE METALLICA

Venæ præterea profundæ in uarietate locorũ, per quos ſe tendunt, multũ inter ſe diſcrepãt. Nam aliæ per deuexum montis aut collis tendentes de eo prorſus nõ deſcendunt. *Montis deuexum* A C. *Vena profunda* B.

Aliquæ de ſummo mõtis aut collis uertice per deuexũ deſcendunt in uallem aut cõuallem, rurſusq; per decliuẽ oppoſiti montis collis'ue partẽ aſcendunt. *Montis deuexum* A. *Vallis* B. *Oppoſiti montis pars decliuis* C. *Vena profunda* D E F.

LIBER TERTIVS 43

Quædã de monte aut colle deſcendentes in camporũ planiciẽ excurrunt. *Montis deuexum* A. *Campus* B. *Vena profunda* C. D.

Cæteræ per planiciem montis aut collis aut campi tendunt. *Planicies montis* A. *Vena profunda* B.

d 4

1.2.5 | Erzgänge im Gelände, Holzschnitte in: Georg Agricola: Vom Bergk=werck XII Bücher, 1557. Halle, Franckesche Stiftungen

erschien ein Jahr nach dem Tod Agricolas und enthält 292 aufwendig gestaltete und detaillierte Holzschnitte, die u. a. die komplexen bergtechnischen Anlagen präsentieren. Das Werk ist nichts Geringeres als die vollständige Abbildung des Montanwesens der Zeit Agricolas. Zur Verdeutlichung soll dieser hier durch den Widmungsbrief seiner Schrift selbst zu Wort kommen:

„D[as] erste[ ] [Buch] enthält das, was gegen diese Kunst und gegen die Bergwerke und Bergleute […] gesagt werden kann. Das zweite entwirft ein Bild des Bergmannes und geht über zu den Erörterungen, wie man sie gewöhnlich über die Auffindung der Erzgänge anstellt. Das dritte handelt von den Gängen, Klüften und Gesteinsschichten. Das vierte entwickelt das Verfahren des Vermessens der Lagerstätten und legt auch die Ämter der Bergleute dar. Das fünfte lehrt den Aufschluss der Lagerstätten und die Kunst des Markscheidens (Vermessens). Das sechste beschreibt die Werkzeuge, Geräte und Erze. Das siebente handelt vom Probieren der Erze. Das achte gibt Vorschriften über die Arbeit des Röstens, des Pochens, des Waschens und des Dörrens.

> Das neunte entwickelt Verfahren des Erzschmelzens. Das zehnte unterrichtet die Bergbau Betreibenden darüber, wie man Silber von Gold und Blei von diesem und von Silber scheidet. Das elfte weist die Wege, wie man Silber von Kupfer trennt. Das zwölfte gibt Vorschrift für die Gewinnung von Salz, Soda, Alaun, Vitriol, Schwefel, Bitumen und Glas.“[10]

Agricola veröffentlichte zudem Überlegungen hinsichtlich der Entstehung der Stoffe im Innern der Erde (*De Ortu et Causis Subterraneorum libri V*, Basel 1546) und ging der Frage nach, warum und wie einige dieser Metalle, Mineralien, etc. auf natürlichem Wege an die Erdoberfläche gelangten

1.2.6a | Arbeiten im Bergwerk, Holzschnitt in: Georg Agricola: De Re Metallica Libri XII, 1561. Halle, Franckesche Stiftungen

1.2.6b | Arbeiten im Bergwerk, Holzschnitt in: Georg Agricola: De Re Metallica Libri XII, 1561. Halle, Franckesche Stiftungen

(*De Natura eorum, quae effluunt ex Terra libri IV*, Basel 1546). Für beide Themenbereiche hob Agricola insbesondere die Bedeutung des Wassers hervor.

Insgesamt betrachtet ist Agricolas geologisches Werk eine beeindruckende Zusammenfassung des damaligen Wissens, bei dem er selbst jedoch nicht stehen bleibt, sondern die Schriften der antiken und mittelalterlichen Gelehrten neu interpretiert und sukzessive weiterentwickelt. Letzteres galt besonders für die Stoffe und Strukturen unter der Erdoberfläche, die in den älteren Werken kaum oder nur mythologisch behandelt worden waren. Hiervon grenzte sich Agricola in seiner auf Empirie basierenden

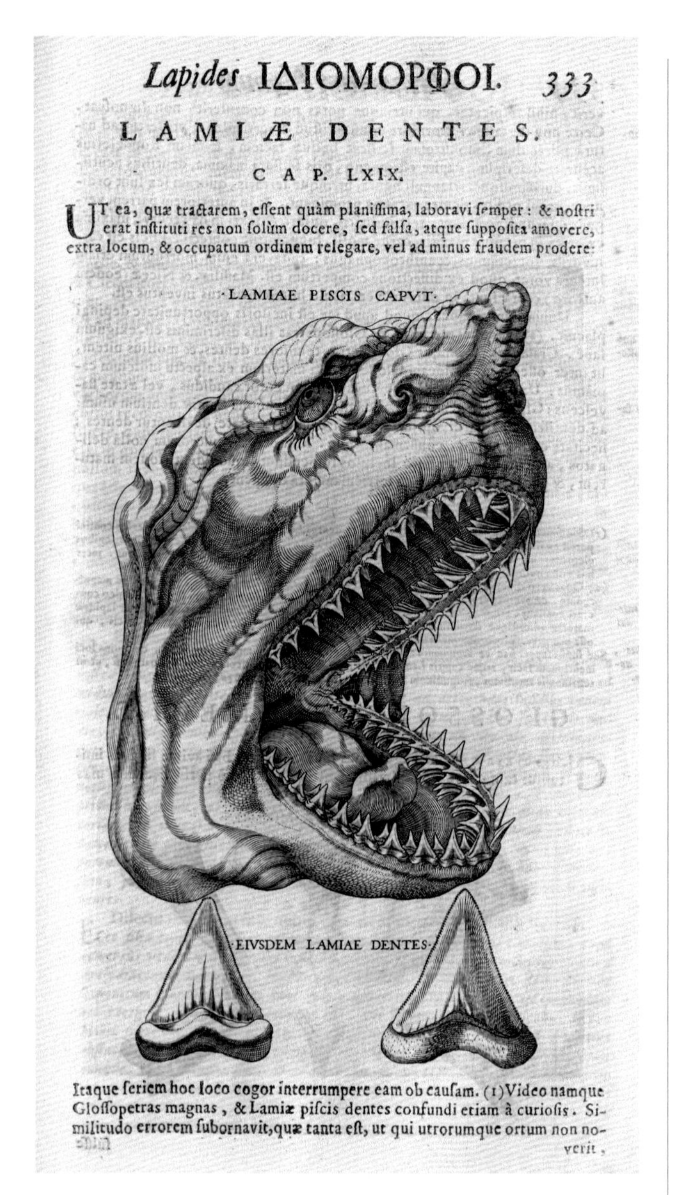

Lapides ΙΔΙΟΜΟΡΦΟΙ. *333*

LAMIÆ DENTES.

CAP. LXIX.

UT ea, quæ tractarem, eſſent quàm planiſſima, laboravi ſemper: & noſtri erat inſtituti res non solùm docere, ſed falſa, atque ſuppoſita amovere, extra locum, & occupatum ordinem relegare, vel ad minus fraudem prodere:

Itaque ſeriem hoc loco cogor interrumpere eam ob cauſam. (1) Video namque Gloſſopetras magnas, & Lamiæ piſcis dentes confundi etiam à curioſis. Similitudo errorem ſubornavit, quæ tanta eſt, ut qui utrorumque ortum non noverit,

Zu 1.1.8 | Haigebiss und Zungensteine/Glossopetren, Kupferstich in: Michele Mercati: Metallotheca, 1717, 333 nach Nicolaus Steno: Elementorum Myologiae Specimen, 1667. Halle, Martin-Luther-Universität Halle-Wittenberg, Universitäts- und Landesbibliothek Sachsen-Anhalt

Vorgehensweise und seinem Bemühen um Wissenschaftlichkeit in der Darstellung deutlich ab.

Damit stand Agricolas Arbeit auch im Gegensatz zu den Überlegungen seines humanistischen Zeitgenossen Theophrastus Bombast von Hohenheim, besser bekannt als Paracelsus,[11] der antike Traditionen mit alchemistischen Vorstellungen verband. Nach seiner Überzeugung habe Gott die Erde zunächst eben und ohne Täler und Berge geschaffen. Dann sei durch die Hitze der Sonne eine schwefelige, feuchte Wärme entstanden, die die Erde ganz durchdrungen habe. Durch Vermischung dieser Hitze mit Feuchtigkeit sei auch im Erdinneren immer mehr Dampf entstanden, dessen Druck beim Austreten an die Erdoberfläche Berge und Täler geformt habe.

Im 17. Jahrhundert war es der dänische Mediziner Niels Stensen (Nicolaus Steno; 1638–1686), der der Erforschung der Erdgeschichte neue Impulse zu geben vermochte.[12] Stensen konnte bei der Sektion eines ungewöhnlich großen Haifisches feststellen, dass dessen Zähne identisch mit den sog. Zungensteinen/Glossopetren waren, wie sie in großer Menge auf Malta gefunden wurden. Zudem wusste er aufgrund seiner Wanderungen durch die toskanische Landschaft, dass dort solche Glossopetren oft mit versteinerten Muscheln in bestimmten Sedimentschichten aufgefunden wurden. Seine Beobachtungen fasste er 1667 in seinem Werk *Canis Carchariae Dissectum Caput*[13] zusammen, das er mit folgenden Thesen hinsichtlich der Bildung der fossilführenden Sedimentschichten beschloss:

> „So schienen (1) die Sedimentschichten, die die Fossilreste enthielten, ‚nicht in unseren Tagen' entstanden zu sein. (2) Auch deute alles darauf hin, dass diese Sedimentschichten nicht bereits verfestigt waren, als die tierischen Reste in diese gelangt seien. (3) Das lege den Schluss nahe, dass die Erdoberfläche an dem Fundort der Fossilien einst von ‚Wasserfluten' bedeckt gewesen sein müsse. (4) Auch scheine die Annahme plausibel zu sein, dass die ‚Erde', also das Sediment, einst mit Wasser ‚gemischt gewesen' sei. (5) Dieses berechtige zu der Annahme, dass die Sedimentschichten, wie sie in der Natur beobachtet werden konnten, ‚ein nach und nach aufgehäuftes Sediment des Wassers' seien. (6) Damit sei die Schlussfolgerung zulässig, wonach ‚die aus der Erde gegrabenen, Tierteilchen ähnlichen Körper auch wirklich Teile von Tieren sind.' Abschließend fasste Stensen seine Überlegungen folgendermaßen zusammen: ‚Da also die aus der Erde ausgegrabenen Körper, welche Teilen von Tieren gleichen, für Tierteile angesehen werden können, da die Form der

> Zungensteine Haifischzähnen ähnlich ist wie ein Ei dem anderen, da weder ihre Zahl noch die Erdlagerung dagegen spricht, scheinen diejenigen, die die großen Zungensteine für Haifischzähne erklären, mir nicht sehr weit von der Wahrheit entfernt zu sein.'"[14]

Angesichts seiner Forschungsresultate und seiner Studien geologischer Formationen in der Toskana begann Stensen über die Geschichte der Erde nachzudenken, die seiner Meinung nach an den Bodenschichten ablesbar sei. Seine diesbezüglichen Thesen fasste er 1669 in seinem *Prodromus*[15] zusammen, der, wie der Titel „Vorveröffentlichung" besagt, nur die Kurzform einer späteren Veröffentlichung sein sollte, die dann jedoch niemals erschienen ist. Wichtigste Erkenntnis war das Prinzip der Überlagerung von Schichten, auch als stratigraphisches Grundgesetz bezeichnet. Danach wurde in einer ungestörten Sedimentfolge die unterste Schicht als erste und die oberste zuletzt abgelagert. Somit kann man aus der Analyse dieser Schichten eine Abfolge und damit eine relative Chronologie ableiten. Darüber hinaus erkannte Steno, dass das Wasser die Quelle der horizontalen Sedimentierung von Schichten war, so dass ein Kippen oder Falten von Schichten auf spätere Ereignisse zurückgeführt werden muss, die jedoch nicht durch das Wasser, sondern durch erdinnere Kräfte hervorgerufen wurden. Als drittes Prinzip benannte Stensen das der „lateralen Kontinuität", in dem er feststellte, dass identische Bodenschichten an den gegenüberliegenden Seiten eines Tals, die aber im Tal selber fehlen, ursprünglich miteinander verbunden waren, bevor sie durch erosive Ereignisse im Tal dort verschwunden sind. Mit der Formulierung dieser Prinzipien im *Prodromus* steht Steno am Anfang einer wissenschaftlichen Erforschung geologischer Schichten durch Beobachtung und Analyse des Beobachteten. Diese neue wissenschaftliche Herangehensweise an die Natur erschlosss „die Dimension der Zeit", denn „Steno zeigte, wie man aus wahrnehmbaren Dingen auch definitive Schlüsse auf das ziehen kann, was sich nicht wahrnehmen lässt. Aus der derzeitigen Welt ließen sich untergegangene Welten ableiten."[16] Auch für die moderne Kristallographie legte Stensen das Fundament durch Formulierung des Gesetzes der Winkelkonstanz, das er durch die Beobachtung von Quarz entwickelte.[17]

1 Vgl. Helmut Wilsdorf: Zu den wissenschaftstheoretischen Darlegungen über Metalle und Metallogenese bei Aristoteles. In: Aristoteles als Wissenschaftstheoretiker. Hg. v. Johannes Irmscher u. Reimar Müller. Berlin 1983 (Schriften zur Geschichte und Kultur der Antike, 22), 131–145; Frank Dawson Adams: The Birth and Development of the Geological Sciences. Baltimore: Williams & Wiskins, 1938, 12.

2 Mohamed Yahia Haschim: Die geologischen und mineralogischen Kenntnisse bei Ibn Sina. In: Zeitschrift der Deutschen Morgenländischen Gesellschaft 116, 1966, Nr. 1, 44–59.

3 Vgl. Franz Brunhölzl: Plinius der Ältere im Mittelalter. In: Lexikon des Mittelalters. Bd. 7, Sp. 21f.

4 Vgl. Walter Buckl: Mittelalterliche Naturkunde. In: Von der Augsburger Bibelhandschrift zu Bertolt Brecht. Hg. v. Helmut Gier u. Johannes Janota. Weißenhorn 1991, 143–148; Otfried Wagenbreth: Geschichte der Geologie in Deutschland. Stuttgart 1999, 8–11; Adams, Birth [s. Anm. 1], 144, 254, 335.

5 Zum Thema Steine und Alchemie siehe den Beitrag von Claudia Weiß in diesem Band.

6 Aus den Tagebüchern von Leonardo da Vinci; englische Version vgl. URL: https://en.wikisource.org/wiki/The_Notebooks_of_Leonardo_Da_Vinci Vol. 2, Chapter XVI [Seitenzählung nach Original: 984] (letzter Zugriff: 19.02.2020). Übersetzung des Autors; siehe auch Karl Alfred von Zittel: Geschichte der Geologie und Paläontologie bis Ende des 19. Jahrhunderts. München 1899, 16.

7 Einführend: Georgius Agricola. Bergwelten 1494–1994. Katalog zur Ausstellung des Schlossbergmuseums Chemnitz und des Deutschen Bergbau-Museums Bochum in Zusammenarbeit mit den Städtischen Kunstsammlungen Chemnitz. Hg. v. Bernd Ernsting. Essen 1994; Hans Prescher: Einführung in die geologischen Werke. In: Georgius Agricola. Ausgewählte Werke. Gedenkausgabe des Staatlichen Museums für Mineralogie und Geologie Dresden. Hg. v. Hans Prescher. Bd. 3: Schriften zur Geologie und Mineralogie. Übersetzt u. bearb. v. Georg Fraustadt u. Hans Prescher. Berlin 1956, 47–57.

8 Als exogene Dynamik (oder Prozesse) werden die auf die Erdoberfläche einwirkenden Kräfte wie Schwerkraft, Sonneneinstrahlung und Rotation der Erde bezeichnet, die zur Bildung von Sedimentgesteinen führen. Die endogene Dynamik hingegen beruht auf Kräften innerhalb der Erdkruste und resultiert u. a. in der Verformung von Gesteinen und der Rekristallisierung von Mineralien.

9 Georgius Agricola: De Natura Fossilium. In: Georgius Agricola. Ausgewählte Werke. [s. Anm. 7], Bd. 3, 118.

10 Georgius Agricola: Bergbau und Hüttenkunde. 12 Bücher. In: Georgius Agricola. Ausgewählte Werke [s. Anm. 7], Bd. 8, Berlin 1974, 32.

11 Zu Paracelsus siehe auch den Beitrag von Claudia Weiß in diesem Band; Adams, Birth [s. Anm. 1], 68, 91, 284.

12 Vgl. Max Bierbaum [u. a.]: Niels Stensen. Anatom, Geologe und Bischof. 1638–1686. Münster [3]1989; siehe auch den Beitrag von Dirk Evers in diesem Band.

13 Nicolaus Steno: Elementorum Myologiae Specimen, Seu Musculi descriptio Geometrica. Cui Accedunt Canis Carchariae Dissectum Caput Et Dissectus Piscis Ex Canum. Florenz: Stella, 1667.

14 Zitat nach Norbert Hauschke: Niels Stensen (1638–1686). Ein Europäer der Barockzeit als Wegbereiter der Geologie, Paläontologie und Mineralogie. In: Der Aufschluss 70, 2019, H. 6, 358–374, 363, die Zitate sind wörtlicheÜbersetzungen aus Steno, Canis Carchariae [s. Anm. 13].

15 Nicolaus Steno: De Solido Intra Solidum Naturaliter Contento Dissertationis Prodromus. Florenz: Stella, 1669; dazu: Alan Cutler: Die Muschel auf dem Berg. Über Nicolaus Steno und die Anfänge der Geologie. München 2004, 125–135.

16 Cutler, Muschel [s. Anm. 15], 135.

17 Unter Winkelkonstanz versteht man die Eigenheit aller Mineralkristalle, dass ihre Oberflächen immer im selben Winkel zueinander stehen, und zwar unabhängig von ihrer Größe oder Form.

DIRK EVERS

Religion und Wissenschaft in den Anfängen der Geologie

Bibel – Erde – Weltall

„Die Zeit können wir verstehen, sie ist ja nur fünf Tage älter als wir."[1] So fasste der englische Philosoph und Dichter Thomas Browne (1605–1682) im 17. Jahrhundert die allgemeine Überzeugung zusammen, dass gemäß der biblischen Schöpfungserzählung das Alter der Erde und das Alter der Menschheit nahezu übereinstimmen. Mit der Schöpfung am ersten Tag begann die Zeit, und am sechsten Tag kam die Menschheit hinzu. Bis weit ins 18. Jahrhundert hinein verstand man entsprechend die Geschichte der Menschheit und damit auch die Geschichte der Erde im Rahmen dieser biblischen Zeitangaben, und man nahm an, die Erde sei, wie aus einigen, allerdings lückenhaften Angaben der Heiligen Schrift ersichtlich, ca. 6.000 Jahre alt. Es schien kaum jemandem fraglich, dass Erde und Menschheit gewissermaßen ein gemeinsames Schicksal teilten.

Schon durch die später so genannte Kopernikanische Wende war allerdings auch ein neuer Blick auf die Erde als Himmelskörper möglich geworden. Seit Galileo Galileis (1564–1642) Entdeckungen, dass es auf dem Mond Gebirge gab, die Sonne ‚Flecken' aufwies und der Jupiter von Monden umkreist wurde, waren die Planeten von idealen ätherischen Kugeln zu erdähnlichen, physikalischen Körpern herabgestuft und umgekehrt die Erde in den Rang eines Planeten erhoben worden. Galilei folgerte aus der Tatsache, dass die Erde sich bewegt und stärker als der Mond das Sonnenlicht reflektiert, dass sie nicht länger als „eine Jauche aus Schmutz und Bodensatz der Welt" anzusehen sei.[2] So wurde im Laufe des 17. Jahrhunderts auch die Erde als ein würdiger Gegenstand eigener naturphilosophischer Reflexion und wissenschaftlicher Forschung entdeckt. Doch

1.1.2c | Die Schöpfung. Dritter Tag: Die Schöpfung von Land und Vegetation, Kupferstich von Nicolaes de Bruyn (Stecher) nach Maarten de Vos, 1. Hälfte 17. Jahrhundert. Braunschweig, Herzog Anton Ulrich-Museum (Detail)

wenn man die Erde mit ihren Strukturen der Berge, Täler, Gesteine, Mineralien und Meere als physikalischen Körper verstehen wollte, dann reichte es nicht, Newtonsche Mechanik zu betreiben, und es kam zur Abkoppelung kosmologischer und erdgeschichtlicher Diskurse. Standen biblische Aussagen wie die, dass die Sonne um die Erde läuft, der Durchsetzung des Kopernikanischen Modells von Anfang an entgegen, so lieferten nun die biblischen Texte einen ersten Schlüssel zum Verständnis der besonderen Gestalt der Erde. Die Erzählungen der Schöpfung und der Sintflut und die Einordnung der Geschichte der Menschheit in diese Zusammenhänge legten nahe, dass auch unser Planet eine Geschichte haben könnte, wie man sie zuvor eigentlich nur der Menschheit zugeschrieben hatte.

Einen wichtigen Impuls für eine eigenständige Betrachtung der Erde stellten René Descartes' (1596–1650) *Prinzipien der Philosophie* von 1644 dar. Nachdem Descartes im dritten Buch schon eine Entstehungshypothese für das Sonnensystem aus dem Wirbel einer anfänglichen chaotischen Materie aufgestellt hatte,[3] widmete sich der ganze vierte Teil des Werkes einer recht umständlichen Hypothese zur Entstehung und Geschichte der Erde aus den ursprünglichen Elementen, die er seiner Kosmologie zugrunde gelegt hatte.[4] Damit machte er ernst mit der Möglichkeit, dass die Sonne, die Sterne und die Planeten einschließlich der Erde aus denselben Stoffen gebildet sein könnten. Schon der feurige Kern der Erde bezeugte ihre kosmische Herkunft. Er war seinerseits in einer dicken Schale eingefasst, der die Metalle entsprangen. Auf sie folgten eine Wasserschicht und eine Luftschicht und schließlich eine gewölbeartige, zunächst glatte Oberfläche aus Steinen, Ton, Sand und Schlamm, die dann von der Atmosphäre, der Gashülle, umgeben war. In dieser Gesteinsschicht bildeten sich nach ihrer Entstehung Risse. Die darunterliegenden Wasser drangen hervor,

1.1.2a | Die Schöpfung. Erster Tag: Die Schöpfung von Himmel und Erde, Kupferstich von Nicolaes de Bruyn nach Maarten de Vos, 1. Hälfte 17. Jahrhundert. Braunschweig, Herzog Anton Ulrich-Museum

und es formten sich Gebirge, Meere und Ebenen. Descartes hatte weder ein besonderes Interesse an noch besondere Kenntnisse in geologischen Dingen. Anders als die Forscher einer Generation nach ihm wie Athanasius Kircher (1602–1680) oder Nicolaus Steno (1638–1686) bezog er weder Fossilien noch Mineralien oder Schichtenbildung mit ein. Dennoch waren die Grundlinien seiner Hypothese wegweisend, um die Reliefbildung der Erdoberfläche zu erklären, ohne dass damit schon wirklich klar war, aus welchen Kräften oder in welchen Zeiträumen sich dies vollzogen und ob es sich überhaupt so zugetragen hatte.[5]

Berechnungen des Alters der Erde

Von anderen wurden solche Ideen dann in den Zeitrahmen der biblischen Vorstellungen eingetragen. In Descartes' Todesjahr 1650 verkündete der Erzbischof von Armagh, James Ussher (1581–1656), dass nach seinen Berechnungen die Schöpfung am 23. Oktober 4004 vor Christi Geburt oder, besser, am ersten Tag der ersten Woche nach der Herbst-Tagundnachtgleiche stattgefunden habe, was dem Jüdi-

1.1.2b | Die Schöpfung. Zweiter Tag: Die Teilung des Wassers über und unter dem Firmament, Kupferstich von Nicolaes de Bruyn nach Maarten de Vos, 1. Hälfte 17. Jahrhundert. Braunschweig, Herzog Anton Ulrich-Museum

schen Neujahr in diesem Jahr entsprach. Diese exakte Zeitangabe hat später für einigen Spott einer solch biblizistischen Berechenbarkeit gegenüber gesorgt. Doch Ussher war kein religiöser oder biblizistischer Fundamentalist. Er war im Gegenteil ein anerkannter öffentlicher Intellektueller seiner Zeit und ist eher dem Mainstream zuzuordnen. Zwar weicht sein Blick auf die Erdgeschichte von dem modernen wissenschaftlichen Bild ganz erheblich ab und sind seine Quellen für die Berechnung des Erdalters nach heutigen Maßstäben unbrauchbar, doch zu seiner Zeit hatte man durchaus mit wissenschaftlichem Anspruch begonnen, eine Geschichte der Erde realistisch zu rekonstruieren, und Bischof Ussher ist ein illustratives Beispiel dafür. Denn wie manche anderen Philosophen und Naturforscher im Europa des 17. Jahrhunderts[6] betrieb auch Ussher den für die damalige Zeit durchaus wissenschaftlich zu nennenden Versuch, das Alter der Erde durch einen Abgleich der biblischen Geschichte mit anderen Quellen der Antike in griechischer, lateinischer und hebräischer Sprache sowie Übersetzungen ägyptischer und asiatischer Texte genauer zu

1.1.2c | Die Schöpfung. Dritter Tag: Die Schöpfung von Land und Vegetation, Kupferstich von Nicolaes de Bruyn nach Maarten de Vos, 1. Hälfte 17. Jahrhundert. Braunschweig, Herzog Anton Ulrich-Museum

1.1.2d | Die Schöpfung. Vierter Tag: Die Schöpfung von Sonne, Mond und Sternen, Kupferstich von Nicolaes de Bruyn nach Maarten de Vos, 1. Hälfte 17. Jahrhundert. Braunschweig, Herzog Anton Ulrich-Museum

bestimmen, soweit sie zu seiner Zeit greifbar waren. Ussher versuchte, vor allem genaue Jahreszahlen für wichtige Naturereignisse herauszufinden sowie Lücken in den biblischen Texten zu füllen. Letztlich war nur ein Sechstel seiner Daten der Bibel entnommen, der Rest entstammte anderen Quellen,[7] und Ussher stellte seine Ergebnisse in einem voluminösen Werk von über 550 Seiten zusammen.[8] Dass Usshers Chronologie besonders bekannt wurde, ist der Tatsache zu verdanken, dass seine Rekonstruktion etwa 50 Jahre nach seinem Tod in die Randspalte der offiziellen englischen Bibeldrucke aufgenommen wurde. Erst 1885 mit der Ausgabe der *Revised Version* der Englischen Bibel wurde sie entfernt. Man kann also davon ausgehen, dass noch Darwin (1809–1882) in den Bibeln seiner Zeit das Datum 4004 v. Chr. auf der ersten Seite gelesen haben dürfte.[9] In vielen Ausgaben blieben diese Angaben noch länger erhalten, so dass sie sich im ganzen Britischen Empire einschließlich der Kolonien verbreiteten.

Eine echte Alternative zu diesen Bemühungen um eine historische Berechnung des Erdalters stellten zu Usshers Zeit allenfalls kirchlich und religiös ungebundene Freidenker dar, die enorme Epochen oder gar die Ewigkeit der Welt behaupteten – eine Vorstellung, der wenige Zeitgenossen etwas abgewinnen konnten. Die Lektüre der Bibel als einer geologisch-erdgeschichtlichen Quelle war so einerseits für die frühen erdgeschichtlichen Überlegungen inspirierend, wirkte andererseits aber auch auf das Verständnis der biblischen Quellen zurück. Man betrachtete sie nicht mehr nur als Offenbarungsdokument, sondern auch als eine historische Quelle, die aufgrund der Lückenhaftigkeit und Interpretationsbedürftigkeit ihrer Angaben in den Kontext anderer Quellen der Menschheits- und Erdgeschichte eingeordnet werden musste. Und da die Erdgeschichte nur eine untergeordnete theologische Bedeutung hatte, war man bei der Datierungsfrage und zunehmend auch bei der Frage, ob mit den Schöpfungstagen des biblischen Berichts vielleicht sehr viel größere Epochen gemeint sein könnten, durchaus konziliant. Es entwickelte sich wohl in diesem Zusammenhang zum ersten Mal ein Blick auf die Heilige Schrift, der sie wie ein Buch und eine Quelle unter anderen betrachtete.

Athanasius Kircher

Eine Generation nach James Ussher wandte sich der Jesuitenpater Athanasius Kircher in seinem Werk *Über die unterirdische Welt* dem Erdinneren zu.[10] Er stammte aus der Rhön, trat dem Jesuitenorden bei, studierte Philosophie und Theologie und wurde in Würzburg Professor für Mathematik und Ethik. Durch die Wirren des Dreißigjährigen Kriegs zunächst an verschiedene Orte verschlagen, lehrte er von 1638 an Mathematik, Physik und orientalische Sprachen am Collegium Romanum (Gregoriana in Rom). Bald wurde er von aller Lehrtätigkeit freigestellt und konnte sich ganz seinen eigenen Forschungen widmen. Dabei erwies er sich als ein Universalgelehrter, der zu fast jedem Wissensgebiet Publikationen beitrug, ohne sich um Themen- und Fächergrenzen zu kümmern. So schrieb er Werke zur Ägyptologie, Sinologie, Musik, Medizin, Farbenlehre und anderem mehr und stieg zu einem der bekanntesten Gelehrten seiner Zeit auf.

Früh stieg Kircher auf den Vesuv und interessierte sich für das Innere des Vulkans. Es faszinierten ihn auch die Erschütterungen der Erde bei Erdbeben. In seinem bereits erwähnten Werk *Über die unterirdische Welt* stellte er recht spekulative Überlegungen zum Inneren der Erde an. So beschrieb er neben Kristallen und Versteinerungen auch Drachen, aber er vermutete im Innern der Erde auch Vorratskammern von Lava (*pyrophylacia*), die Vulkane speisen, und von heißem Wasser (*hydrophylacia*), das aus heißen Quellen emporsprudelt. Nach seiner Vorstellung war die Erdkruste nicht in Schalen aufgebaut, sondern der Erdkörper besaß wasser- und feuergefüllte Eingeweide. Ihm ging es nicht um eine Theorie der Erdentstehung, sondern um eine Beschreibung des gegenwärtigen „Geokosmos“ als eines wundervollen Handwerks Gottes,[11] wobei auch für Kircher der biblische Zeitrahmen unhinterfragte Gültigkeit hatte. Kircher war einflussreich für die Auffassung, dass die vulkanische Tätigkeit für die Gestaltung der Erdoberfläche entscheidend sein könnte. Vor allem aber wirkte er in katholischen Kreisen, besonders in Spanien bis in die Mitte des 18. Jahrhunderts, wo sich lange eine sehr biblisch orientierte, orthodox katholische Vorstellung vom Erdaufbau und von der Erdgeschichte hielt.[12]

Nicolaus Steno als Theologe

Stärker empirisch orientiert waren die Forschungen und Thesen, die der dänische Gelehrte und spätere katholische Bischof Nicolaus Steno (latinisiert von dän. Niels Stensen) verfolgte, der grundlegende Arbeiten zur Mineralogie, Geologie und vergleichenden Anatomie verfasste. Er gilt damit als ein Mitbegründer der wissenschaftlichen Geologie und Paläontologie. Bei einem Aufenthalt am Hof der Medici in der Toskana zum Katholizismus konvertiert, veröffentlichte er 1669 in Florenz eine kleine Schrift mit dem Titel *Vorläufer einer Dissertation über feste Körper*.[13] Auf zahlreichen Reisen durch Italien und Mitteleuropa hatte Steno erkannt, dass Erde und Gesteine über weite Entfernungen hinweg in analoger Reihenfolge geschichtet sind. Zur Erklärung stellte er das sogenannte Lagerungsgesetz auf: Ältere Schichten liegen unten, jüngere oben – eines der Grundprinzipien der Geologie. Was heute selbstverständlich klingt, bedeutete damals einen wichtigen Schritt zum Verständnis der Erdgeschichte. Dazu kam Stenos zweite wichtige Erkenntnis: Schichten lagerten sich ursprünglich horizontal ab. Und er folgerte völlig zutreffend, dass Unterbrechungen von gegenüberliegenden Schichten, z. B. durch ein Tal, sowie Risse und Faltungen darauf hinweisen, dass die Schichtenfolgen einmal verbunden waren und erst Erosion oder andere Kräfte der Erde sie getrennt oder verformt haben.

Außerdem erkannte der Däne, dass Fossilien versteinerte Lebewesen sind. Bei einem beeindruckenden Exemplar eines Haifisches, der ihm vom Florentiner Großherzog Ferdinand II. (1610–1670) zur Sektion übergeben wurde, fiel Steno die Ähnlichkeit der Zähne des Hais mit den sogenannten Zungensteinen auf, einer bekannten Art von Fossilien, die Steno schon in seiner Jugend im Kopenhagener Museum bewundert haben dürfte.[14] Zu Stenos Zeit tendierte man noch dazu, Fossilien wie manche andere Minerale als ‚Launen‘ und Spiel der Natur zu verstehen, die innerhalb der Gesteine hervorgebracht werden und nur zufällig Ähnlichkeiten mit biologischen Formen haben. Steno erkannte Fossilien grundsätzlich als Versteinerungen von einstigen Lebewesen an und wies nach, dass die entsprechenden Erd- oder Felsarten solche Formen gar nicht

Dixit etiam Deus producant aquæ reptile animæ viventis, & volatile super terram, sub firmamento cæli, creavitq Deus cete grandia, & omnem animam viventem atque motabilem etc. Gen. 1.
M de vos jnuentor , N de Bruyn fecit , excudebat 5

1.1.2e | Die Schöpfung. Fünfter Tag: Die Schöpfung von Vögeln und Fischen, Kupferstich von Nicolaes de Bruyn nach Maarten de Vos, 1. Hälfte 17. Jahrhundert. Braunschweig, Herzog Anton Ulrich-Museum

hervorbringen können. In den Gebirgen, Steinbrüchen und Bergwerken der Toskana fand er reichlich weiteres Anschauungsmaterial und verfasste auf dessen Grundlage den erwähnten Entwurf einer Dissertation über feste Körper. Er unterschied Süßwasser- und Salzwassersedimente und verstand fossilfreie Schichten als vor der Existenz von Lebewesen abgelagert. Ihm war klar, dass nach den Ablagerungen die heutigen Gebirge durch spätere Prozesse aufgefaltet und aufgebrochen wurden. Steno schickte sich an, aus diesen Überlegungen eine Erdgeschichte der Toskana zu rekonstruieren, und unterschied in deren Gebiet zwei

1.1.2f | Die Schöpfung. Sechster Tag: Die Schöpfung der Tiere, Adam und Evas, Kupferstich von Nicolaes de Bruyn nach Maarten de Vos, 1. Hälfte 17. Jahrhundert. Braunschweig, Herzog Anton Ulrich-Museum

Bedeckungen durch Meere in vier Perioden, in denen die Toskana teilweise trockengefallen war und wieder aufgefaltet wurde.[15] Er hatte vor, diese Epochen und Vorgänge später für die ganze Erde zu bestätigen.

Es mag aus heutiger Sicht erstaunen, dass Steno die Fossilien teilweise in eine Reihe mit in Sedimenten konservierten Schiffsplanken stellte. Doch er sah in der Tat die von ihm postulierten Überflutungen als nicht viel älter an als die Monumente der etruskischen Zivilisation, die sich in der Toskana finden. Auch er dachte noch in biblischen Größenordnungen und war weit entfernt davon, die

Möglichkeit einer langen vormenschlichen Geschichte der Erde anzunehmen. Für seinen Glauben bedeuteten seine Erkenntnisse deshalb auch keine Anfechtung. Die zweite Überflutung der Toskana rechnete er der biblischen Sintflut zu und berechnete deren Zeit mit etwa 4.000 Jahren vor heute, ohne sich hier genau festzulegen.[16] Darüber hinaus dachte er aber auch in geologischen Zyklen, so dass die Sintflut nur ein besonders markantes Ereignis unter anderen darstellte, von denen auch in Zukunft weitere zu erwarten sein sollten. Damit verließ er klar die biblischen Vorgaben. Zudem wurde von ihm die Sintflut als ein natürliches Phänomen in der Reihe analoger Vorgänge verstanden und nicht als ein schlechthin übernatürliches Wunder. Mit zunehmendem Alter wandte er sich ganz unabhängig von seinen Forschungen immer mehr der Religion zu, ließ sich 1675 zum Priester weihen, wurde schließlich Weihbischof in Münster und erfüllte missionarische Aufgaben in Norddeutschland. Bei Steno verband sich ein ausgeprägter wissenschaftlicher Sinn, der in Bezug auf die Empirie, auf die Genauigkeit der Beobachtung und Interpretation, unbestechlich war, mit einem religiösen Leben, das von Leibniz (1646–1716), mit dem er 1677 in Hannover zusammentraf, als eher eng wahrgenommen wurde.

Thomas Burnets *Sacred Theory of the Earth*

Eine Verbindung der biblischen Überlieferung mit naturwissenschaftlichen Erkenntnissen ganz eigener Art versuchte der englische Theologe und Kosmologe Thomas Burnet (1635–1715). Auch er wollte die Grundlinien der Cartesischen Erdentstehung mit den biblischen Zeitvorgaben in Einklang bringen und tat dies auf eine rationalistisch orientierte Weise, war er doch überzeugt: „'Tis a dangerous thing to engage the Authority of Scripture in Disputes about the Natural World, in Opposition to Reason"[17]. Dabei konzentrierte er sich auf die „great Turns of Fate, and the Revolutions of our natural World"[18], also diejenigen Umgestaltungen der Erde durch die göttliche Vorsehung, die in den biblischen Schriften bezeugt sind und das Gesicht der Erde bis heute prägen. Nach seiner Vorstellung trat die Erde nämlich bei der Schöpfung als vollkommene Kugel ins Dasein, bei der sich die Stoffe in sphärischen Schichten gemäß ihrer Dichte ordneten. Schwere Gesteine und Metalle bildeten den Kern, umgeben von einer flüssigen Schicht, die wiederum von einer Schicht aus Luft und Schwebstoffen umgeben war. Diese Schwebstoffe schlugen sich dann als feste Schicht auf der Wassersphäre nieder. Damit entstand die vollkommen kugelförmige feste Oberfläche der Ur-Erde, auf der sich das in den ersten Kapiteln der Bibel geschilderte Schöpfungsgeschehen abspielte, die Erschaffung der Lebewesen und des Menschen, die in der durch keine Spalten, Felsen, Berge oder Höhlen entstellten und üppig fruchtbaren, ewig jungen Natur existierten. Die Erdachse stand noch vollkommen senkrecht zu ihrer Bewegung um die Sonne, und deshalb gab es auch noch keine Jahreszeiten, sondern so etwas wie einen ewigen Frühling.

Doch das irdische Paradies wurde durch den Ungehorsam des Menschen zerstört. Als Strafe für seine Übertretung des Gottesgebots und die anschließende Bosheit des Menschengeschlechts setzte der Regen teilweise aus, die Oberfläche trocknete aus und bekam Risse. Die Sonne ließ einen Teil des Wassers unter der Erdkruste verdampfen, das durch die Risse aufsteigen und Wolken bilden konnte. Der nun umso heftiger einsetzende Regen verschloss die Risse zunächst wieder, aber darunter baute sich durch den Dampf noch größerer Druck auf, so dass die Oberfläche in einem gewaltigen Erdbeben schließlich zersprang. Das führte zu Überschwemmungen, Flutwellen und Verschiebungen der Erdkruste, so dass sich Gebirge und Meere bildeten. Die Vorgänge waren so heftig, dass sich die Erdachse schrägstellte, wie es bis heute der Fall ist. Die Wasser zogen sich schließlich zurück und hinterließen „the Ruins of a broken World"[19]: die nun in Meere und Landmassen zerteilte Erdoberfläche, mit Ebenen, Tälern und Gebirgen, mit Inseln und Felsen, mit eingestürzten Hohlräumen usf., außerdem sank die Lebenszeit der Menschen, die ursprünglich für paradiesische Zustände erschaffen waren, von neunhundert Jahren auf weniger als ein Zehntel.

Burnet wollte die Erdgeschichte nicht als eine Abfolge von wundersamen Eingriffen Gottes in die Natur darstellen, sondern als im großen und ganzen natürlichen Prozess, in dem Naturvorgänge wie Austrocknung, Verdunstung, Niederschlag, Druck usw. die Hauptrolle spielen. Gerade eine solche rationalistische Weltsicht aber sah Burnet als der Vorstellung eines vollkommenen Schöpfergottes entsprechend an: „We think him a better Artist that makes a Clock that strikes regularly at every Hour from the Springs and Wheels which he puts into the Work, than he that hath so made his Clock that he must put his Finger to it every Hour to make it strike“[20]. So fand er mit seinem rationalistischen Vermittlungsversuch auch die Zustimmung Newtons, der Burnet zugestand: „Of our present sea, rocks, mountains &c I think you have given the most plausible account“[21], der aber auch auf einige Schwierigkeiten und offene Fragen im Modell von Burnet hinwies. 1692 publizierte Burnet dann das Werk *Philosophische Archäologie, oder die alte Lehre vom Ursprung der Dinge,*[22] in welchem er nicht nur dafür plädierte, die sechs Tage aus der biblischen Schöpfungserzählung allegorisch als unbestimmte Zeiträume zu verstehen, sondern auch den Sündenfall eher als symbolisches denn als historisches Ereignis aufzufassen. Das brachte ihm erhebliche Opposition von Vertretern der anglikanischen Staatskirche ein, so dass er seinen Posten als königlicher Beichtvater (*Clerk of the Closet*) am Hof Williams III. (1650–1702) aufgeben musste. Burnet war kein Fundamentalist, kein Dogmatiker und Antirationalist, auch wenn er natürlich noch kein Wissenschaftler in einem modernen Sinne war. Er betrieb keine empirischen Studien und seine Theorien bestanden vor allem aus spekulativen Deutungen. Komplexe naturhistorische Vorgänge wie die der Geologie und der Lebensentwicklung sollten sich noch für einige Zeit an den biblischen Vorstellungen orientieren.

Leibniz' Synthese

Bei Steno aber hatten sich bereits einige neue Perspektiven angedeutet, die in der Folge weiter ausgearbeitet wurden. Nach seinen Grundsätzen ließen sich die Schichten der Erdoberfläche wie ein Buch lesen. Sie konnten verstanden werden als „Archive der Natur“[23], die die Epochen der Erdgeschichte bezeugten, und die – wenn sie in ihrer ursprünglichen Form vorlagen – von oben nach unten als in die Vergangenheit zurückreichend gelesen werden konnten. Je deutlicher es wurde, dass menschliche Artefakte in alten Schichten fehlten und dass ganz frühe Schichten überhaupt keine Fossilien aufwiesen, umso klarer wuchs die Erkenntnis, dass es lange vormenschliche Epochen und solche vor dem Erscheinen der Lebewesen gegeben haben musste. Außerdem begann man zu verstehen, dass man sich in der Geologie wissenschaftlich anders zu formieren hatte. Die Erdgeschichte folgte nicht einfach fundamentalen Naturgesetzen, sondern war wie eine individuelle Biographie oder die menschliche Historie als kontingentes, einmaliges und individuelles Geschehen anzusehen, von dem die geologischen Schichten Zeugnis ablegten. Dem hatte man durch Quellenstudium und entsprechende theoretische Modelle Rechnung zu tragen.

Eine entsprechende Synthese der verschiedenen Befunde findet sich bei Gottfried Wilhelm Leibniz (1646–1716). Er war von Stenos Einsichten als Naturforscher beeindruckt und entwickelte eigene Ideen zu einem erdgeschichtlichen Werk, das als Einleitung zu dem Auftragswerk seines Arbeitgebers Herzog Ernst August von Braunschweig-Lüneburg (1629–1698) dienen sollte, der von ihm eine Geschichte seiner Vorfahren erwartete. Zwischen 1691 und 1693 verfasste Leibniz die *Protogaea oder Abhandlung von der ersten Gestalt der Erde und den Spuren der Historie in Denkmalen der Natur,*[24] in die auch seine Kenntnisse vom Bergbau und der Mineralogie[25] einflossen und die er auf die Hypothesen Descartes' und Stenos aufbaute. Die Erdoberfläche war ursprünglich eine Art Glas, entstanden als Kruste auf der sich abkühlenden Erdkugel. Aus dem noch glühenden Erdkörper dampfte das Wasser aus, kondensierte und wusch Mineralien aus, so dass sich das Meerwasser bildete. Wie bei Descartes und Steno entstand das heutige Landschaftsrelief durch Absenkungen, Brüche, Erdbeben, Vulkanausbrüche, Überschwemmungen und andere erodierende Vorgänge, deren Spuren (*vestigia*) man im Erdreich findet. Dazu gehörten auch die Fossilien, die Leibniz sehr ausführlich behandelte. Sie zeigten seiner Auffassung nach, dass es deutlich mehr als zwei Überflutungen gegeben haben musste. Bei einer Bohrung in Amsterdam, die er analysierte, unterschied er 20 aufeinanderfolgende Sedimenttypen und er interpretierte die Fossilien als Überreste ausgestorbener Tierarten. Besonders ausführlich beschäftigte er sich mit den Berichten von einem ‚Einhorn',

Zu 1.1.13 | Die gegenwärtige Erde als ein Produkt des Zerbrechens der Erdrinde während der Sintflut, Kupferstich in: Thomas Burnet: Telluris Theoria Sacra, Bd. 1, 1689, 97. Halle, Franckesche Stiftungen

dessen versteinerte Überreste im Zeunikenberg bei Quedlinburg gefunden sein sollten und rekonstruierte dessen Skelett. Er war sich sicher, dass die großen geologischen Umwälzungen auch viele Tierarten verändert hatten. Auch wenn er sich selbst immer als christlichen Philosophen verstand, der nicht umsonst eine Verteidigung der Güte Gottes angesichts der Leiden und Übel der Welt, die so genannte *Theodizee*, als Hauptwerk geschrieben hatte, war ihm die Übereinstimmung mit den biblischen Schriften eine eher nachgeordnete Sorge. Zwar deutete er an, dass die „sacra monumenta", also die biblischen Zeugnisse, seiner Sicht einer natürlichen Erdentwicklung nicht unbedingt entgegen stünden, doch überließ er das Urteil darüber der Zukunft und denjenigen, die das Recht dazu haben, also den Theologen als den Auslegern der Schrift.[26]

Vier Arten des Einhorns, links ist das vermeintliche, bei Quedlinburg ausgegrabene Einhorn dargestellt, Kupferstich in: Michael Bernhard Valentini: Museum Museorum, oder Vollständige Schau-Bühne aller Materialien und Specereyen [...]. Frankfurt/Main: Zunner, 1704, 481. Halle, Franckesche Stiftungen: BFSt: 72 A 20

Schluss

Die Bibel hatte die Christenheit gelehrt, historisch über die Wirklichkeit zu denken und diese historische Sicht auch auf den eigenen Planeten und seine einzigartige Geschichte zu übertragen. Doch wirkte dies auf das Verständnis der heiligen Schriften zurück. Sie wurden zu einer Quelle unter vielen und mit einem naturkundlichen Blick gelesen. Zunehmend aber verlor die Bibel dadurch ihre zentrale Bedeutung. Die Archive der Natur selbst erwiesen sich als reichhaltiger und zuverlässiger, und sie widerlegten schließlich die biblische Urgeschichte im Detail, so dass sie erkennbar wurde als das, was sie ist, ein erzählender religiöser Text mit einer vorneuzeitlichen Kosmologie. So verdrängte das Buch der Natur das Buch der Schrift als Leitmedium bei der Erforschung der Erdgeschichte. Doch etwas anderes trat an diese Stelle. Nicht mehr die von Gott selbst initiierte und gelenkte Geschichte der Natur, sondern – wie es die Physikotheologen im 18. Jahrhundert propagieren sollten[27] – deren Funktionalität, Zweckmäßigkeit, Fülle und Schönheit verwiesen auf den Schöpfer – eine Sicht, die zwar für viele bis heute ihre Gültigkeit hat, aber durch die Entwicklungen der Physik und Biologie des 19. Jahrhunderts (Mechanismus und Darwin) aufgelöst und noch einmal neu problematisiert wurde.

[1] „Time we may comprehend: 'tis but five days elder than ourselves" (Thomas Browne, zitiert bei Martin J. S. Rudwick: Earth's Deep History. How It Was Discovered and Why It Matters. Chicago IL, London: University of Chicago, 2014, 9).

[2] Galileo Galilei: Sidereus Nuncius [...]. Venedig 1610, 16: „sordium, mundaranumque fecum sentina", Übersetzung nach Galileo Galilei: Sidereus Nuncius. Nachricht von neuen Sternen. Hg. v. Hans Blumenberg. Frankfurt/Main ²2002, 105.

[3] Descartes war wegen der Vorkommnisse um Galileis Kopernikanismus vorsichtig geworden und betrachtete alle diese Vorstellungen einer Erklärung und Entstehung aus ‚Naturgesetzen', die er Prinzipien nannte, als Hypothesen, „d. h. Annahmen, die nicht als wahr, sondern nur als zur Erklärung der Erscheinungen geeignet gelten sollen" (René Descartes: Principia Philosophiae. Amsterdam: Elzevir, 1644, 75 [III, 15]). Für die Schöpfung stellt er sicherheitshalber fest: „Denn es ist nicht zweifelhaft, dass die Welt von Anfang an in all ihrer Vollkommenheit erschaffen worden ist, so dass in ihr die Sonne, die Erde, der Mond und die Sterne bestanden und dass es auf der Erde nicht bloß Samen von Pflanzen, sondern diese selbst gab; auch sind Adam und Eva nicht als Kinder geboren, sondern erwachsen geschaffen worden. Dies lehrt uns die christliche Religion und auch der natürliche Verstand" (ebd., 89 [III, 45]), denn Gott als der Vollkommene wird als Schöpfung auch nur Vollkommenes, also in seiner Gestalt Fertiges geschaffen haben. Will man aber das innere Wesen der Natur besser verstehen, so muss man Hypothesen zu einer Entstehung aus allgemeinen Prinzipien aufstellen. Deshalb gilt es, „die Gestirne und die Erde und alles, was wir in der sichtbaren Welt antreffen," aus Prinzipien und einfachen Anfangszuständen hypothetisch abzuleiten, denn „wenn wir auch wissen, dass sie nicht so entstanden sind, so werden wir doch auf diese Weise ihre Natur weit besser erklären, als wenn wir sie nur so, wie sie jetzt sind, beschreiben" (ebd., 89f. [III, 45]). Man kann also für den Kosmos und die Erde zeigen, „dass ihre Natur nicht anders sei, als wären sie auf eben diese Weise erzeugt worden" (ebd., 190 [IV, 1]).

[4] Vgl. auch die Darlegung bei Martin Schmeisser: Erdgeschichte und Paläontologie im 17. Jahrhundert: Bernard Palissy, Agostino Scilla, Nicolaus Steno und Leibniz. In: Diskurse der Gelehrtenkultur in der Frühen Neuzeit. Ein Handbuch. Hg. v. Herbert Jaumann. Berlin 2011, 809–858, 811f.

[5] Descartes war an der Formung der Erde interessiert, nicht an einer chronologischen Altersbestimmung. Möglicherweise hat er die von ihm beschriebenen geologischen Vorgänge so verstanden, dass sie sich innerhalb von wenigen Jahren vollzogen haben, so z. B. David R. Oldroyd: Thinking About the Earth. A History of Ideas in Geology. London: Athlone, 1996, 47.

[6] Vgl. John G. C. M. Fuller: Before the hills in order stood: the beginning of the geology of time in England. In: Geological Society, London, Special Publications 190, 2001, H. 1, 15–23. Kurz vor Ussher publizierte z. B. der Vize-Kanzler der Universität Cambridge John Lightfood (1602–1675) eine ähnliche Chronologie, die die Schöpfung auf das Jahr 3929 v. Chr. bestimmte. Andere Vorläufer waren der Franzose Joseph Juste Scaliger (1540–1609; Schöpfung im Jahr 3949 v. Chr.) und der Deutsche Johannes Kepler (1571–1630; Schöpfung im Jahr 3992 v. Chr.).

[7] Simon J. Knell u. Cherry L. E. Lewis: Celebrating the age of the Earth. In: Geological Society [s. Anm. 6], 1–14, hier 3.

[8] James Ussher: Annales Veteris Testamenti. A Prima Mundi Origine Deducti: Una Cum Rerum Asiaticarum Et Aegyptiacarum Chronico, A Temporis Historici Principio usque ad Maccabaicorum initia. London: Flesher, Crook & Baker, 1650. Zu den Details von Usshers Chronologie vgl. z. B. James Barr: Why the World Was Created in 4004 BC. Archbishop Ussher and Biblical Chronology. In: Bulletin of the John Rylands University Library of Manchester 67, 1985, 575–608.

[9] Vgl. Rudwick, Earth [s. Anm. 1], 17 und Fuller, Before [s. Anm. 6], 23. Dass noch in der zweiten Hälfte des 19. Jahrhunderts viele geologische Forscher ein Interesse an einer Übereinstimmung zwischen den biblischen Berichten und der geologischen Wissenschaft hatten, wird daran deutlich, dass 1865 bei einem Treffen der British Association for the Advancement of Science in Birmingham von Englischen Naturwissenschaftlern (!) ein Manifest herausgegeben wurde, das feststellt: „it is impossible for the word of God as written in the book of Nature, and God's Word written in Holy Scripture, to contradict one another, however much they appear to differ" (Samuel Kinns: Moses and Geology; or, The Harmony of the Bible with Science. London [u. a.] ⁸1885, 5). Zu den 716 Unterzeichnern gehörten auch 111 Fellows der Geological Society und 72 Fellows der Royal Society. Zusammen mit einem umfangreichen apologetischen Kommentar, der die Übereinstimmung von Geologie und den ersten Kapiteln der Bibel zeigen sollte, wurde das Manifest herausgegeben von dem Lehrer Samuel Kinns (1826–1903), der in den Zeitangaben der „Tage" im biblischen Schöpfungsbericht allerdings unbestimmte Zeiträume sah.

[10] Athanasius Kircher: Mundus subterraneus, in XII Libros digestus [...]. 2 Bde. Amsterdam: Janssonius van Waesberge, ³1678.

[11] Vgl. z. B. das Kapitel „De Fine & Scope Geocosmi: Von Ziel und Zentrum des Geokosmos". In: Kircher, Mundus [s. Anm. 10], 55f.

[12] Vgl. Ezio Vaccari: European views on terrestrial chronology from Descartes to the mid-eighteenth century. In: Geological Society [s. Anm. 6], 25–37, 28 und die dort angegebenen Quellen.

[13] Nicolaus Steno: De solido intra solidum naturaliter contento dissertationis prodromus. Florenz: Stella, 1669; zweisprachige Ausgabe: Nicolaus Steno: De solido intra solidum naturaliter contento dissertationis prodomus / Vorläufer einer Dissertation über feste Körper. Hg. v. Eginhard Fabian. Berlin 1988.

[14] Vgl. Eginhard Fabian: Nicolaus Stenonis. Versuch einer Annäherung. In: Steno, solido 1988 [s. Anm. 13], 93–173, 119f.

[15] Steno, solido 1988 [s. Anm. 13], 68.

[16] Vgl. Schmeisser, Erdgeschichte [s. Anm. 4], 842.

[17] Thomas Burnet: The Sacred History of the Earth. Vol. I. London: Hooke, ⁴1719, XIX, zu Burnet siehe auch den Beitrag von Robert Felfe in diesem Band.

[18] Burnet, History [s. Anm. 17], XVII.

[19] Burnet, History [s. Anm. 17], 203.

[20] Burnet, History [s. Anm. 17], 146. Das erinnert an Leibniz' Bemerkung in der Auseinandersetzung mit Newton, der Schöpfer greife von Zeit zu Zeit stabilisierend in das Sonnensystem ein: „Herr Newton und seine Anhänger haben [...] eine sehr sonderbare Ansicht von Gottes Werk. Nach ihnen muß Gott von Zeit zu Zeit seine Uhr aufziehen. [...] Nach ihrer Ansicht ist diese Maschine Gottes sogar derart unvollkommen, daß er sie von Zeit zu Zeit durch einen außergewöhnlichen Eingriff reinigen und sogar flicken muß, wie ein Uhrmacher sein Werk" (Samuel Clarke: Der Briefwechsel mit G. W. Leibniz von 1715/1716. A collection of papers which passed between the late learned Mr. Leibniz and Dr. Clarke in the years 1715/1716 relating to the principles of natural philosophy and religion. Hg. v. Ed Dellian. Hamburg 1990 (Philosophische Bibliothek, 423), 10).

[21] Kopie eines Briefes von Isaac Newton an Thomas Burnet, nach dem 13. Januar 1680/81. In: URL: http://www.newtonproject.ox.ac.uk/view/texts/normalized/THEM00253 (letzter Zugriff: 07.01.2020).

[22] Thomas Burnet: Archaeologiae philosophicae: sive doctrina antiqua de rerum originibus. London: Kettilby, 1692.

[23] Als einer der ersten spricht Buffon von geologischen Formationen als „les archives du monde" (Georges Louis Leclerc Comte de Buffon: Histoire Naturelle Générale et Particulière. Supplément: Des époques de la nature. Paris: Imprimerie Royale, 1778, 1).

[24] Vgl. die deutsche Übersetzung aus der Mitte des 18. Jahrhunderts: Gottfried W. Leibniz: Protogaea Oder Abhandlung Von der ersten Gestalt der Erde und den Spuren der Historie in den Denkmaalen der Natur. Hg. v. Christian Ludwig Scheidt. Leipzig, Hof: Vierling, 1749.

[25] Zur Bedeutung von Bergbau und Mineralogie für die Entstehung der Geologie vgl. schon den Renaissance-Forscher Georgius Agricola (1494–1555), dazu Otfried Wagenbreth: Geschichte der Geologie in Deutschland. Berlin, Heidelberg 1999, 14–16.

[26] Leibniz, Protogaea [s. Anm. 24], 46.

[27] Vgl. den Beitrag von Claus Veltmann und Thomas Ruhland in diesem Band.

CLAUDIA WEISS

„In der Erde liegen die größten Geheimnisse" – Von ‚belebten' Steinen und Metallen und deren Bedeutung in der alchemistischen Arzneitradition

Die Vorstellungen über die Natur, über das, was uns Menschen umgibt, und auch über den menschlichen Organismus selbst unterschieden sich in der Frühen Neuzeit, welche üblicherweise von etwa 1500 bis 1800 angesetzt wird, deutlich von den heutigen Ansichten. Die aristotelische Naturphilosophie mit ihrer Lehre von den vier Elementen (Feuer, Wasser, Erde, Luft) hatte bereits seit Jahrhunderten die abendländische Beschäftigung mit den Naturphänomenen geprägt. Diese besagte, dass alles materiell Existierende aus derselben Urmaterie, der *Materia prima,* bestehe. Die vier Elemente waren demnach nur unterschiedliche Ausprägungen dieser Urmaterie, weshalb sie bei Veränderung der Eigenschaften (feucht, trocken, heiß, kühl) ineinander umwandelbar (transformierbar) sein sollten. Nach Aristoteles (384–322) waren alle Körper durch die *Materia prima* sowie eine jeweils eigene Form gebildet. Erst diese Form verlieh den Dingen ihre individuelle Gestalt und nach aristotelischer Annahme konnte es keine Materie ohne Form geben. Hier bestand ein Unterschied zur alchemistischen Vorstellung, formlose Materie herstellen zu können. Dies bildete sogar den ersten Schritt des Laborprozesses, welcher dazu dienen sollte, eine reine *Materia prima* zu erhalten, die erst danach mit bestimmten Eigenschaften versehen werden sollte.[1]

Die aristotelische Annahme einer Transformierbarkeit der Elemente ineinander war Voraussetzung für die alchemistische Laborpraxis, die sich einerseits der Aufbereitung und Umwandlung von Metallen und andererseits der Herstellung von Arzneimitteln widmete. Die metallurgische und die medizinische Alchemie verband dabei das Ziel, aus ‚unreineren' Stoffen ‚reinere' herzustellen. ‚Rein' bedeutete in diesem Zusammenhang ein Veredeln im Sinne größerer geistiger Makellosigkeit.[2]

Die frühneuzeitliche Alchemie nahm das Vorhandensein einer *anima mundi* (Weltseele) an – eine Vorstellung, die auf Platon (428/427–348/347) zurückging.[3] Unter ‚Natur'

Bildhafte Darstellung der Verbindung zwischen Mikrokosmos (Mensch) und Makrokosmos mit den sieben Planeten- bzw. Metallsymbolen. Die menschliche Figur in der Bildmitte steht sowohl mit der stellaren als auch der irdischen Sphäre in Beziehung; Holzschnitt in: Johannes Walch: Aperta Arca Arcani Artificiosissimi Oder: Des Grossen und Kleinen Bauers Eröffneter und offenstehender Kasten der allergrößten und künstlichsten Geheimnissen der Natur [...]. Hamburg: Liebezeit, 1705, 116. Halle, Franckesche Stiftungen: BFSt: 71 H 3 [3]

1.3.8 | Lesender Alchemist in seiner Stube, die ihm gleichzeitig als Laboratorium dient, Radierung, 18. Jahrhundert. Halle, Franckesche Stiftungen

Der Alchemist und Arzt Heinrich Cornelius Agrippa von Nettesheim, Kupferstich, um 1650. Halle, Franckesche Stiftungen: BFSt: Porträtsammlung: BÖTT: A 12

verstanden die alchemistischen Denker also weitaus mehr als eine durch räumliche Ausdehnung gekennzeichnete Materie. Die *anima mundi* sollte die Grundlage und der *spiritus mundi* (Weltgeist) das Steuerelement für alle Prozesse sein, die sich in der Natur vollzogen, für jegliches Wachstum und alle Umwandlungsprozesse. Man ging von der Idee eines Kosmos aus, welcher als zusammenhängender Organismus von Gott geschaffen worden war.[4] Hieraus resultierte auch die Vorstellung einer Korrespondenz zwischen Mikro- und Makrokosmos, wobei erstgenannter den Menschen als Spiegelbild des ihn umgebenden Makrokosmos meint. Das Lebens- und Bewegungsprinzip beider sollte eine ihnen innewohnende, von Gott verliehene Seele sein. Eine verbreitete Vorstellung war es, dass die Weltseele jegliche Materie und damit alle Körper wie ein Band durchziehe und miteinander verbinde.[5] Dies war auch eine Antwort auf die Frage, wie Gott fortwährend in seiner Schöpfung wirken könne.[6] Dadurch sollten Metalle und andere – aus heute gängiger Perspektive – als unbelebt angesehene Dinge beseelt werden. Man nahm an, alles in der Natur Existierende strebe einer größeren Vollkommenheit entgegen. Man ging also von einem natürlichen Reifungsprinzip aus. Dies stellte jedoch in der Frühen Neuzeit nicht die einzige Deutung der natürlichen Zusammenhänge dar. So entwickelten beispielsweise mechanistisch orientierte Philosophen jener Zeit wie René Descartes (1596–1650) im Unterschied und in Abgrenzung zur animistischen Naturauffassung ein Weltbild, in dem in der Natur nur der Mensch über eine von Gott verliehene rationale Seele verfügen sollte.

Nach animistisch-alchemistischer Vorstellung sollte das Innere der ‚lebendigen Erde' ein Ort ständiger Entstehungs- und Wachstumsprozesse, analog einer Gebärmutter, sein.[7] Solche Vorstellungen hatte es in unterschiedlicher Ausformung bereits seit der Antike gegeben. Sie hielten sich über das Mittelalter hinweg bis in die Frühe Neuzeit. Eindrücklich schildert beispielsweise der Alchemist und Arzt Heinrich Cornelius Agrippa von Nettesheim (1486–1535) in seinem Hauptwerk *De occulta Philosophia* (endgültige Fassung 1533/34) die Erde als Mutter bzw. Ursprung und Nährboden aller Dinge:

> „Aller Elemente Basis und Grundlage ist die Erde; denn sie ist Object, Subject und Behälter aller himmlischer Strahlen und Einflüsse; sie enthält in sich die Samen und Samenkräfte aller Dinge. [...] Von den sämmtlichen übrigen Elementen und Himmeln befruchtet, erzeugt sie Alles aus sich selbst. Sie nimmt alle befruchtenden Kräfte in sich auf und ist gleichsam die erste Gebärerin, der Mittelpunkt, das Fundament und die Mutter von Allem. Wasche, reinige, läutere ein abgesondertes Stück Erde noch so sehr, wenn du dasselbe eine Zeit lang unter freien Himmel legst, so wird es bald, von himmlischen Kräften befruchtet und schwanger, aus sich selbst Pflanzen, Würmchen und andere Thiere hervorbringen; es wird Steinchen und funkelnde Metalle erzeugen. In der Erde liegen die größten Geheimnisse [...]."[8]

Robert Boyle (1627–1692), der heute als einer der großen Vorreiter der modernen Chemie angesehen wird, ging davon aus, dass dem Mineralien- und Metallwachstum im Berg ein Zeugungsvorgang mittels eines befruchtenden Stoffes (eines Samens) im Zusammenspiel mit weiteren Ausgangsstoffen zugrunde liege.[9] Auf dieser Entstehungsbegründung basierte die Vorstellung, dass in Ruhephasen, in welchen im Bergwerk nicht gefördert wird, die Metalle und Mineralien wieder nachwachsen können. Bei Denkern und Praktikern der Alchemie wie Johann Joachim Becher

1.3.5 | Allegorie zum Wachstum der Metalle, Kupferstich in: Johann Joachim Becher: Natur-Kündigung Der Metallen, 1661. Halle, Franckesche Stiftungen

Der einflussreiche Alchemist, Arzt und Bergbaukundige Philipp Aureolus Theophrastus Paracelsus, Kupferstich von G[eorg] P[aul] Busch, um 1730. Halle, Franckesche Stiftungen: BFSt: Porträtsammlung: BÖTT: B 3779

(1635–1682) sind solche Vorstellungen vielfach nachzulesen. In der Schrift *Natur-Kündigung Der Metallen*[10] (erstmals erschienen 1661) behandelt Becher ausführlich „[w]ie die Metallen gezeuget/ dann geboren/ und endlich aufferzogen werden“[11]. Auch der dem Werk vorangestellte Kupferstich versinnbildlicht das Wachstum der Metalle. In der Krone des Baumes, welcher den größten Teil der Grafik einnimmt, befinden sich die alchemistischen Symbole der sechs Metalle Gold, Silber, Quecksilber, Kupfer, Eisen und Zinn jeweils auf einem sternförmigen Untergrund. Entsprechend des naturmagischen Weltbilds sollte es in der Natur Korrespondenzen, also Wechselbeziehungen zwischen unterschiedlichen Teilen des irdischen und stellaren Raums geben. Den Metallen wurden Himmelskörper zugeordnet, die deren Wachstum anregen sollten. Dabei korrespondierten Sonne und Gold (☉), Mond und Silber (☽), Merkur und Quecksilber (☿), Venus und Kupfer (♀), Mars und Eisen (♂) sowie Jupiter und Zinn (♃). Man nahm üblicherweise die Existenz von sieben unterschiedlichen irdischen Metallen an. In der bisherigen Aufzählung fehlt noch das siebente Metall: das Blei (♄). Der Zeugungsprozess dieses Metalls wird im Kupferstich sinnbildlich dargestellt. Der Einbeinige, der in der alchemistischen Bildsprache für Saturn steht, also den zum Blei gehörigen Planeten, lässt aus einem Gefäß mit dem Symbol für Blei eine die Erde befruchtende Flüssigkeit ausströmen („ALO“ = lat. für ich (er)nähre). Der Stamm des Baumes trägt die Aufschrift „CONCIPIO“. Dies bedeutet so viel wie „ich empfange“. Auf die Krone des Baums wiederum treffen die Strahlen der Sonne, in welchen das Wort „GIGNO“ steht: „ich (er)zeuge“. Die über die Weltseele verbundenen Körper von Himmel und Erde bringen so die Metalle hervor, welche der Bergmann (im Kupferstich rechts, auf einen Spaten gelehnt) fördern und weiter verarbeiten kann („Elaboro“ = ich (be)arbeite, ich strenge mich an), sobald er ihren Reifeprozess abgewartet hat.

Paracelsus (1493/94–1541, eigentlich Theophrast Bombast von Hohenheim), der eine entscheidende Rolle in der frühneuzeitlichen Alchemie spielte, sah die Natur einerseits als aus drei Teilen bestehend an (mineralisches, pflanzliches und animalisches Reich), andererseits aber auch als einig, da alles in ihr aus denselben Elementen gebildet sei.[12] Er war einer der einflussreichsten Vertreter der alchemistischen Medizin bzw. Pharmazie und erfuhr vor allem im Europa des 16. und 17. Jahrhunderts, aber auch noch darüber hinaus bis in unsere heutige Zeit enorme Verbreitung und Anerkennung.[13] Paracelsus sah zwischen der alchemistischen Heilkunst und dem Bergbau eine enge Verknüpfung. Erstere könne vom metallurgisch-chemischen Wissen der Bergleute entscheidend profitieren. So lernte Paracelsus selbst im Silberbergbau von Schwaz in Tirol entscheidende Prozesse der Metallgewinnung und -verarbeitung samt der angewendeten technischen Geräte und Instrumente sowie Chemikalien kennen.[14] In seinem Werk *Septem Defensiones* (entstanden 1538) äußert sich Paracelsus über den enormen Nutzen von Kenntnissen aus dem Bergwerks- und Hüttenwesen für die alchemistische Laborarbeit und Medizin folgendermaßen:

> „Weiter ist auch notwendig, dass der Arzt ein Alchemist ist. Will er einer sein, dann muss er das Muttergestein sehen, in dem die Mineralia wachsen. Doch laufen ihm die Berg nicht nach, sondern er muss ihnen nachlaufen!“[15]

Dem persönlichen Streben, dem Sammeln eigener Erfahrungen maß Paracelsus generell große Bedeutung bei, nicht nur in Bezug auf die Laborarbeit, sondern auch im Hinblick auf das Erkunden der unterschiedlichen Krankheiten und die Herstellung von Heilmitteln. Durch die Kenntnisse über die Mineralien, Metalle, die daraus abgeleiteten Chemikalien und die Labortechniken aus dem Bergbau entwickelte Paracelsus neue, sogenannte chemiatrische Arzneimittel. Er erfand die Spagyrik (Scheidekunst), die die Ausgangsstoffe zunächst in ihre Bestandteile auftrennte, um sie dann in ‚vollkommener Reinheit‘ wieder zusammenzubringen.[16] Hierfür wurden die Stoffe mittels Extraktion, Destillation und Verbrennung aufgespalten, denn im Innern der einzelnen Substanzen sollte ihr ‚vitales Wesen‘, ihr ‚Geist‘ bzw. ihre ‚Quintessenz‘ enthalten sein. Die Materie und der in ihr eingeschlossene ‚Geist‘ sollten voneinander getrennt werden.[17] So wurden aus Mineralien, Metallen, Arzneipflanzen und tierischen Substanzen Quintessenzen für Tinkturen, Öle und Balsame hergestellt. Mittels der Scheidekunst wurden auf dem eben beschriebenen Weg die sogenannten *arcana* (Geheimmittel) gewonnen, welche auf geistiger Ebene im Patienten wirksam werden sollten. Die Abtrennung der unreineren Stoffe von den reinen, wirksamen Bestandteilen erinnert an die Scheidung der Metalle aus ihren Erzen beim Vorgang des Verhüttens.

Die Nutzbarmachung von Nebenprodukten aus dem Bergbau und die Bearbeitung von heute als anorganisch und damit als unbelebt eingestuften Ausgangsstoffen wie Erzen, Erden und Metallen brachten in umfangreichen alchemistischen Laborprozessen bis dahin unbekannte Mittel in den Arzneischatz des 16. Jahrhunderts ein. Zu wichtigen Leitsubstanzen für die paracelsischen Mittel wurden Antimon und Quecksilber. Beide spielten beispielsweise bei der Herstellung von Paracelsus' berühmtestem Heilmittel, dem *Mercurius Vitae*, als Ausgangsstoffe eine Rolle.[18] Für diesen benötigte man *mercurius sublimatus* (Quecksilber(II)-chlorid), welcher mit *antimonium crudum* (Antimon(III)-sulfid, Spießglaserz) versetzt wurde. Am Ende einer Reihe von Schritten erhielt man den „Mercurius des Lebens" (Antimonoxichlorid), der im Gegensatz zu seinem Namen eine hochgiftige Substanz darstellte. Das Mittel war in niedriger Dosis ausscheidungsfördernd (harn- und stuhl- sowie schweißtreibend und erbrechenerregend), was der damaligen humoralmedizinischen Vorstellung von der Reinigung des Körpers von krankheitsstiftenden überschüssigen Säften entsprach. Auch äußerlich fand das Mittel bei Geschwüren Anwendung. Im Verlauf des 18. Jahrhunderts verzichtete man aufgrund ihrer großen Giftigkeit – eine Überdosierung war bei ihrer geringen therapeutischen Breite sehr schnell möglich – mehr und mehr auf diese Arzneimittel. Bereits im 17. Jahrhundert hatte es in Frankreich ein Verbot gegeben. Seit dem 20. Jahrhundert haben spezielle Antimonpräparate aber wieder an Bedeutung gewonnen, insbesondere zur Behandlung von bestimmten Tropenkrankheiten (Leishmania-Infektionen).[19]

Der Mediziner Johann Schröder (1600–1664) war ein Verfechter der paracelsischen Pharmazie und Autor eines der verbreitetsten Standardwerke deutscher Arzneikunst im 17. und 18. Jahrhundert – der *Pharmacopoeia Medico-Chymica* (erstmals erschienen 1641).[20] In einer Ausgabe aus dem Jahr 1685[21] gelangte es 1719 mit dem Nachlass des adligen Förderers der Glauchaschen Anstalten Carl Hildebrand von Canstein (1667–1719), gemeinsam mit zahlreichen anderen medizinisch-pharmazeutischen sowie

Zu 1.3.6 | Laborgeräte zur Herstellung spagyrischer Arzneimittel, Kupferstich in: Johann Schröder: Vollständige und Nutzreiche Apotheke, 1693, zw. 56 u. 57. Halle, Franckesche Stiftungen

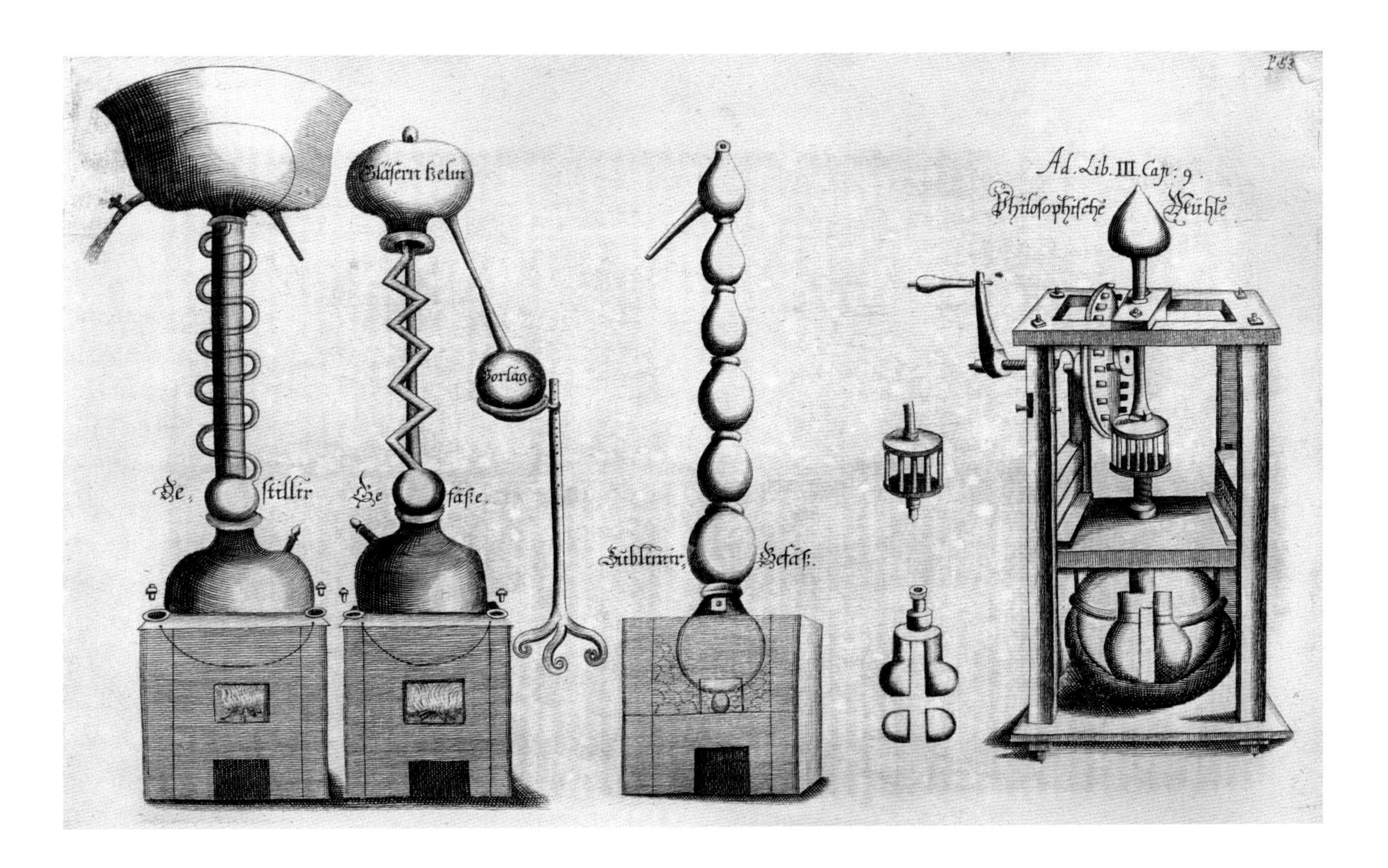

1.3.6 | Frontispiz mit der Darstellung einer Apothekenoffizin und Allegorien aus der alchemistischen Bildsprache, Kupferstich in: Johann Schröder: Vollständige und Nutzreiche Apotheke, 1693. Halle, Franckesche Stiftungen

alchemistischen und physikotheologischen Werken, in die Bibliothek des Halleschen Waisenhauses. Das Arzneibuch beinhaltet unter anderem Ausführungen zu zahlreichen pharmazeutischen Ausgangsstoffen der Bergwelt wie Erden und Mineralien, Metallen, aber auch Heilwassern und Edelsteinen. Schröder vertrat wie Paracelsus animistische Vorstellungen in Bezug auf die Deutung der Naturzusammenhänge, wie sie zu Beginn beschrieben wurden. Die wirksamen Kräfte, die den montanen Stoffen innewohnen sollten, begründete er mit dem Weltgeist (von ihm auch als Dampf charakterisiert), welcher alle Erderscheinungen durchziehe und belebe. So schrieb er in einem Kapitel über die verschiedenen Erden in der *Pharmacopoeia Medico-Chymica*:

> „Mortua enim rectè à Paracelso perhibetur, vivere autem Elemento invisibili, id est, vapore seu spiritu universali infuso: quippe hujus virtute, terra aliàs mortua vivificatur [...].“
> (Gerade das Tote wird nämlich von Paracelsus als etwas beschrieben, was dennoch belebt wird durch ein unsichtbares Element, das heißt, es wird mit Dampf oder Weltgeist angefüllt: durch dessen Kraft wird ansonsten tote Erde belebt [...].)[22]

Das Beispiel des Arzneibuchs von Johann Schröder zeigt, wie sich alchemistische Naturvorstellungen und die Arzneimittelherstellung verknüpften. Die Wirkbegründung der Ausgangsstoffe und dann auch der fertigen Arzneimittel hätte ohne die dahinterstehende naturphilosophische Theorie keinen Sinn ergeben. Deshalb verwundert es keineswegs, dass auch die Mediziner am Halleschen Waisenhaus, die bereits kurz nach dessen Gründung 1698 an der Herstellung eigener Präparate arbeiteten, nicht nur alchemistische Labortechniken und -geräte anwendeten, sondern auch einige Vorstellungen der alchemistischen Natursicht übernahmen. Christian Friedrich Richter (1676–1711), der Entwickler der ersten hauseigenen Präparate um 1700, orientierte sich nachweislich sowohl praktisch als auch theoretisch an der alchemistischen Tradition.[23] Im 18. Jahrhundert gab es innerhalb der Glauchaschen Anstalten zwei pharmazeutische Einrichtungen, die in ihren jeweiligen Aufgabenbereichen weitgehend voneinander geschieden waren: die Waisenhaus-Apotheke und die Medikamenten-Expedition. Während die Versorgung von anstaltsinternen und -externen PatientInnen der Waisenhaus-Apotheke zukam, war die Medikamenten-Expedition für die Entwicklung und den Vertrieb der hauseigenen Arzneimittel zuständig. Die Anlehnungen an die alchemistische Arzneitradition führt vor allem das im 18. Jahrhundert so erfolgreiche und bis in ferne Weltregionen wie Indien, Russland oder Nordamerika versendete Waisenhaus-Medikament *Essentia Dulcis* vor Augen. Hierbei handelte es sich um eine Goldtinktur, also eine flüssige goldhaltige

Arzneizubereitung. In der Alchemie wurde Gold als das reinste und wirkmächtigste Metall angesehen. Entsprechend dem früher beschriebenen Reifeprinzip war es unter den Metallen das ausgereifteste bzw. vollkommenste. Ein Goldarzneimittel sollte demnach besonders heilkräftig sein. Hinzu kam, dass in der *Essentia Dulcis* entsprechend der paracelsischen Arzneitradition nur der reine wirksame Geist des Goldes enthalten sein sollte, d. h. keine verunreinigenden sogenannten Schlacken. Letztere sollten, wie es die Scheidekunst (Spagyrik) nach Paracelsus vorsah, zuvor abgetrennt werden. Da das Gold laut Christian Friedrich Richter „subtil aufgeschlossen"[24] bzw. „im Grunde auffgeschlossen"[25] sei, könne die in ihm „enthaltene spirituöse und subtile Kraft"[26] arzneilich genutzt werden. Ohne den besonderen alchemistischen Prozess des ‚Aufschließens', dem Herauslösen des geistigen Wesenskerns, wäre das Medikament in Richters Augen wirkungslos gewesen.[27] Wie Paracelsus nahm er eine Wirkung auf geistiger Ebene als Voraussetzung für das Ingangsetzen heilender Prozesse im Körper an. Richter vertrat eine animistisch beeinflusste Vorstellung von der seelischen Verbundenheit zwischen Gott und den Lebewesen, die für ihn auch eine entscheidende Grundlage für die Genesung Kranker war, da alle Heilung letztlich immer nur von Gott kommen könne. Aufgrund seiner Orientierung am Vitalismuskonzept des Mediziners Georg Ernst Stahl (1659–1734), bei welchem er Medizin studiert hatte, gab es bei Richter jedoch eine deutliche Unterscheidung zwischen unbelebter und belebter Materie – anders als bei alchemistischen Denkern, wie sie oben vorgestellt wurden. Obwohl die Mineralien und Metalle von Gott verliehene geistige Wirkkräfte in sich trügen, seien sie doch als tote Dinge zu betrachten. Der Lebensgeist, den Richter und Stahl als das alle Körperprozesse steuernde, belebende Prinzip ansahen, machte für sie den entscheidenden Unterschied zwischen den Lebewesen und der restlichen unbelebten Natur aus.[28]

Im Archiv der Franckeschen Stiftungen haben mehrere handschriftliche Rezeptsammlungen von Leitern und Mitarbeitern der Medikamenten-Expedition aus dem 18. Jahrhundert die Zeit überdauert.[29] Sie liefern uns heute Einblicke in die Rezepturen, nach denen die hauseigenen

Aufbewahrungsgefäß für die *Essentia Dulcis* des Halleschen Waisenhauses, Glas, Thüringen, um 1760. Halle, Waisenhausapotheke

Waisenhaus-Medikamente hergestellt wurden. Eine Ausnahme bildet innerhalb dieser handschriftlichen Rezeptsammlungen jene des bekennenden Alchemisten Samuel Richter (geb. in der 2. Hälfte des 17. Jahrhunderts, gest. nach 1722, Pseudonym: Sincerus Renatus) von 1712.[30] Er gehörte nicht zum Personal der Medikamenten-Expedition, stand jedoch nachweislich mit dem Halleschen Waisenhaus in Kontakt und tauschte sich mit diesem auf pharmazeutisch-alchemistischem Gebiet aus.[31] Bei ihm sind neben Rezepturen, die sich mit dem sogenannten *Lapis Philosophorum*, also dem Stein der Weisen, beschäftigen, auch zahlreiche Vorschriften zum ‚Verbessern' der Metalle (ihrer Umwandlung in jeweils reinere, edlere Metalle wie

Allegorische Darstellung der Herstellung des Steins der Weisen mithilfe des sogenannten philosophischen Quecksilbers (Mercurius), verbildlicht durch den Gott Merkur (Hermes) in einem Glasgefäß, Kupferstich in: Baron Urbigero: Besondere Chymische Schrifften / Wie nemlich I. Die Medicina Universalis zu praepariren damit alle Metalle und Kranckheiten können curirt werden […]. Hamburg: Schiller, 1705, zw. 10 u. 11. Halle, Franckesche Stiftungen: BFSt: 71 H 3 [1]

Silber oder Gold) enthalten. Die metallurgische Alchemie war neben der medizinischen der zweite der beiden großen Hauptstränge, in welche man die gesamte Alchemie unterteilte. Die Vorstellung der Umwandelbarkeit der Metalle ineinander beruhte auf der oben erläuterten aristotelischen Annahme der Transformierbarkeit der vier Elemente. Der Stein der Weisen sollte einerseits unedlere Metalle in edlere umwandeln können und andererseits als Universalarznei (*panacea*) fungieren. Man stellte ihn sich üblicherweise als roten, festen Körper oder als rotes Pulver vor.[32]

In Samuel Richters umfangreicher Rezeptsammlung finden sich ebenfalls zahlreiche auf mineralischen und metallischen Ausgangsstoffen beruhende Arzneirezepturen, was auch auf die oben erwähnten Handschriften zu den Waisenhaus-Medikamenten zutrifft. Die Schätze des Bodens und der Berge, die Gesteine, Salze und Metalle dienten als wichtige Rohstoffquellen für die Arzneimittelherstellung. In der letzten Eintragung seiner Rezeptsammlung führt Samuel Richter einzelne Edelsteine und deren Heilwirkung auf:

„Tugenden der Edelsteine.
Der Jaspis macht vom Bluten frey,
Des Hyacinthus Gaben besämftigen
die kalte Pest,
Der Amethist hält Nüchtern,
Ein Türckis heilt die Wunden fest,
Saphir dint den Gesichtern, Er
ändert deren Pocken Spur, daß
Sie nicht mehr Zusehen.
Smaragd ist wieder rothe ruhr,
Onix läst Urin gehen
Dorth steht der Diamant oben an,
dem weichet alle Stärcke, weil
man Ihn nicht bezwingen kan durch
Macht der Hände Wercke.“[33]

Die uns heute fremd klingenden Indikationen der Edelsteine und die recht vermäntelte, teilweise gereimte Sprache machen den Zugang zu dieser lithotherapeutischen Beschreibung schwer (Lithotherapie = Behandlung mit Steinen). Noch immer haben die Edelsteine ihre Bedeutung in alternativ-naturheilkundlichen bzw. esoterischen (im heute gängigen Wortsinn) Kreisen. Dahingegen spielen Edelsteinamulette, -essenzen, -pulver oder -öle, für die die Steine vielfach umfangreichen alchemistischen Laborprozessen ausgesetzt wurden, heute in den schulmedizinisch geprägten Arzneibüchern keine Rolle mehr. Anders verhielt es sich jedoch in der Frühen Neuzeit. Edelsteinen kam in der medizinischen Alchemie eine große Bedeutung zu und von der alchemistischen Arzneitradition geprägte Arzneibuchautoren wie der zuvor erwähnte Johann Schröder widmeten ihnen in ihren Schriften ganze Kapitel. So ist in seiner Schrift *Vollständige und nutzreiche Apotheke* über den Jaspis (auch Blutstein), den Samuel Richter in seinem ,Edelsteingedicht' zuerst nennt, zu lesen: „Der Jaspis/ besonders wann er [...] schön roth ist/ soll im Bluten sehr viel nutzen/ wann man ihn anhenget [...].“[34] Der Jaspis sollte eine blutstillende und auch generell wundheilungsfördernde Wirkung haben. Die Verbindung zwischen seiner roten Farbe und der ihm nahegelegten Wirkung auf das Blut entsprach dabei dem oben beschriebenen gängigen frühneuzeitlichen Denken in Analogien in Bezug auf die natürlichen Erscheinungen.

Es soll hier noch kurz der zweite in Samuel Richters ,Arzneigedicht' benannte Edelstein erläutert werden: Der Hyazinth „[i]st ein durchscheinend gelblichtrothes Edelgestein/ das der Flammen gleichet“[35] – so beschreibt ihn Johann Schröder. Bei der „kalten Pest“, gegen die der Stein nach Richter wirken sollte, handelt es sich um die Cholera, also eine schwere bakterielle Durchfallerkrankung, wie wir heute wissen. Diese zeigte teilweise ähnliche Symptome wie die (Beulen-)Pest, nämlich bläuliche Hautverfärbung, blutige Brechdurchfälle und Bauchschmerzen, ging aber im Unterschied zu dieser ohne Fieber einher, wodurch sich der Name „kalte Pest“ erklären lässt. Der edelste der edlen Steine sollte der Diamant sein, der in den „Tugenden der Edelsteine“ als letztes aufgeführt wird. Analog zum Gold bei den Metallen stellte man sich den Diamant als den vollkommensten und reinsten Edelstein vor. Keine äußere Einwirkung konnte ihm, dem Unbezwingbaren, etwas anhaben und so schrieb man ihm auch besondere Heilkräfte zu.

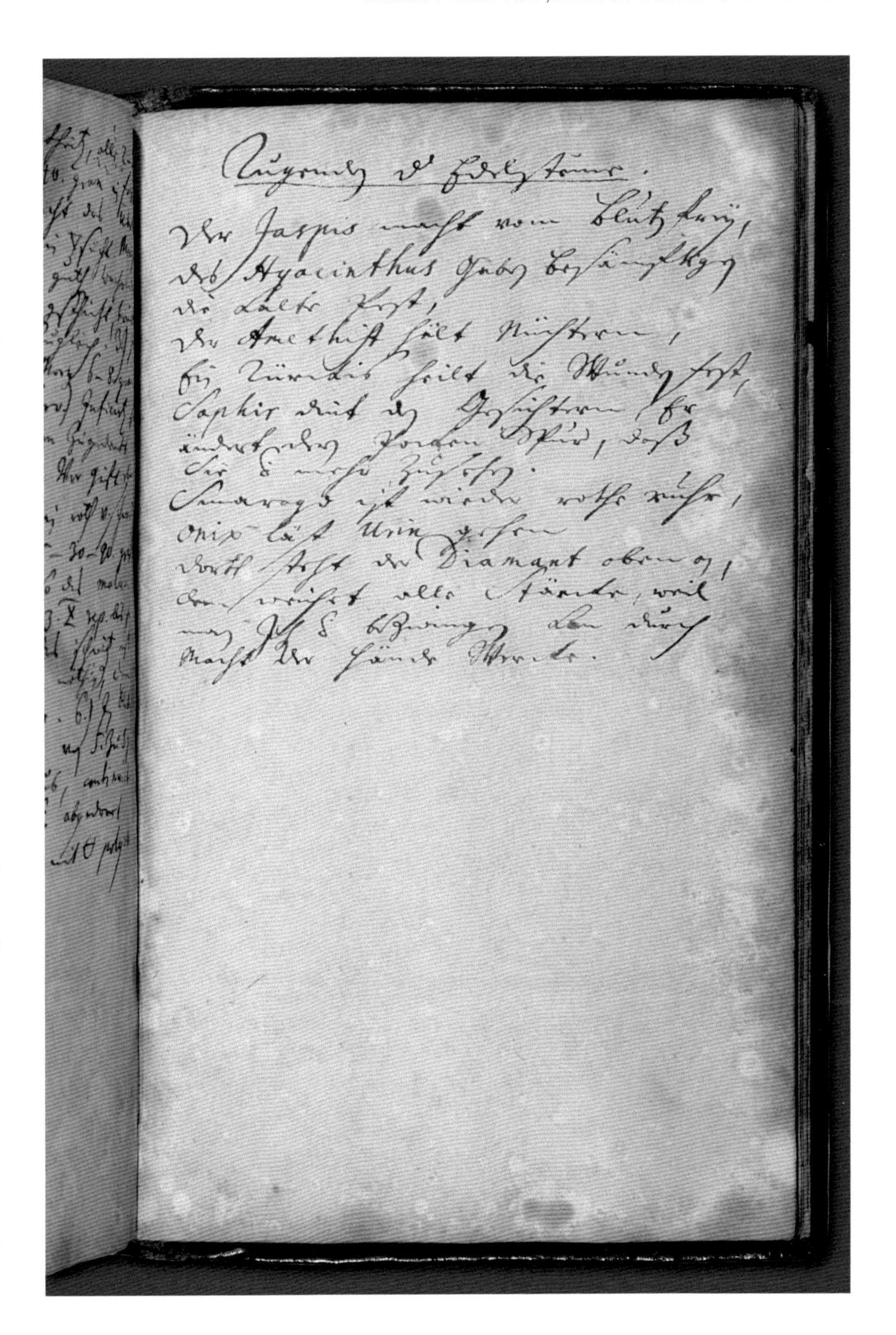

1.3.7 | Eintragung zu den „Tugenden der Edelsteine“, in: Samuel Richter: Rezeptsammlung, Manuskript, 1712. Halle, Franckesche Stiftungen

Zusammenfassend kann man feststellen, dass die frühneuzeitliche Alchemie – die medizinische wie die metal-

1.3.1 | Der Jaspis hatte für die Alchemie eine große Bedeutung. Halle, Franckesche Stiftungen

lurgische – grundlegend auf Kenntnissen über die heute als anorganisch bezeichneten Mineralien, Metalle und (Edel-)Steine fußte. Diese spielten sowohl in Form von Ausgangs- als auch von Hilfsstoffen bei den oft langwierigen alchemistischen Umwandlungs- und Herstellungsprozessen im Labor eine zentrale Rolle. Außer der genannten pharmazeutischen und metallurgischen Verwendung kamen auch noch andere nutzbringende Gebiete wie die Herstellung von Farbstoffen hinzu. An die Erscheinungen, die man diesbezüglich in der Natur und im Labor beobachtete, knüpften sich wiederum weiterführende naturphilosophische Gedanken. So war die Natur nach alchemistischer Sicht durchdrungen von einem belebenden Geist sowie kosmischen Wechselwirkungen und allen Dingen sollte ein spezifischer Wesenskern innewohnen, an welchen sich Heilkräfte knüpfen konnten. Steine wurden, wenn auch nicht als Lebewesen, so doch auch nicht als bloße tote Dinge betrachtet. Die Trennlinie zwischen belebter und unbelebter Natur wurde nicht so scharf gezogen. Dies verblüfft uns heute, denn im Chemieunterricht lernen wir zwischen organischer (kohlenwasserstoffbasierter) und anorganischer Materie zu unterscheiden und im Fach Biologie werden uns die besonderen Merkmale der Lebewesen näher gebracht, welche sie abheben von dem, was wir als nicht belebt einordnen. Doch gerade diese anderen Denkweisen sind es auch, die uns heute bei der Beschäftigung mit der Alchemie faszinieren.

[1] Vgl. Hans-Werner Schütt: Aristotelismus. In: Alchemie. Lexikon einer hermetischen Wissenschaft. Hg. v. Claus Priesner u. Karin Figala. München 1998, 59–61, hier 60.

[2] Vgl. Heinz Schott: Heil und Heilung. Zur Ideengeschichte der Alchemie in der frühen Neuzeit. In: Goldenes Wissen. Die Alchemie – Substanzen, Synthesen, Symbolik. Hg. v. Petra Feuerstein-Herz u. Stefan Laube. Wiesbaden 2014 (Ausstellungskataloge der Herzog August Bibliothek, 98), 99–110, hier 99.

[3] Vgl. Bernard Joly: Weltseele. In: Alchemie [s. Anm. 1], 372–374, hier 373.

[4] Vgl. Luboš Antonín: Alchemie, Magie und Wissenschaft. In: Magia Naturalis. Alchemie. Magie und Wissenschaft in der Frühen Neuzeit. Hg. v. Günter Scholz. Böblingen 2000 (Böblinger Museumsschriften, 21), 17–58, hier 23.

[5] Vgl. Bernard Joly: Seele. In: Alchemie [s. Anm. 1], 329f., hier 329.

[6] Anne-Charlott Trepp: Alchemie und Religion in der Frühen Neuzeit. Das Reine vom Unreinen trennen. In: Goldenes Wissen [s. Anm. 2], 67–72, hier 72.

[7] Vgl. Stefan Laube: Das Erdinnere als *Magna Mater*. In: Goldenes Wissen [s. Anm. 2], 180f., hier 180.

[8] Heinrich Cornelius Agrippa's von Nettesheim Magische Werke. Sammt den geheimnisvollen Schriften des Petrus von Abano, Pictorius von Villingen, Gerhard von Cremona, Abt Tritheim von Spanheim, das Buche Arbatet, die sogenannte Heil. Geist-Kunst und verschiedenen anderen. Zum ersten Male vollständig in's Deutsche übersetzt. Vollständig in fünf Theilen, mit einer Menge Abbildungen. Bd. 1. Stuttgart: Scheible, 1855, 57f.; URL: http://resolver.sub.uni-hamburg.de/goobi/PPN104357106X (letzter Zugriff: 07.01.2020).

[9] Vgl. Laube, Erdinnere [s. Anm. 7], 181.

[10] Johann Joachim Becher: Natur-Kündigung Der Metallen. Mit vielen Curiosen/ Beweißthumben/ Natürlichen Gründen/ Gleichnüssen/ Erfahrenheiten/ und bißhero Ohngemeinen Auffmerckungen vor Augen gestellet / Zur Erhaltung der Warheit [...]. Frankfurt/Main: Ammon, Serlin, 1661. Das Buch (Halle, Bibliothek der Franckeschen Stiftungen: BFSt: 72 H 23) ging mit dem Nachlass des Theologen Justus Lüders (gest. 1708) in die Bestände der Bibliothek des Halleschen Waisenhauses ein.

[11] Becher, Natur-Kündigung [s. Anm. 10], unpag. Vorrede [Seite 2].

[12] Vgl. Bernard Joly: Natur. In: Alchemie [s. Anm. 1], , 250f., hier 251.

[13] Vgl. Wolf-Dieter Müller-Jahnke: Paracelsus. In: Alchemie [s. Anm. 1], 267–270, hier 268.

[14] Vgl. R. Werner Soukup: Chemie in Österreich. Von den Anfängen bis zum Ende des 18. Jahrhunderts. Bergbau, Alchemie und frühe Chemie. Geschichte der frühen chemischen Technologie und Alchemie des ostalpinen Raumes unter Berücksichtigung von Entwicklungen in angrenzenden Regionen. Wien [u. a.], 2007 (Beiträge zur Wissenschaftsgeschichte und Wissenschaftsforschung, 7), 195.

[15] Paracelsus: Septem Defensiones. Die Selbstverteidigung eines Aussenseiters. Übertragung und Einführung von Gunhild Pörksen. Mit einem Reprint der Ausgabe Basel 1589. Basel 2003, 75.

[16] Vgl. Florian Ebeling: Ägypten als Heimat der Alchemie. In: Goldenes Wissen [s. Anm. 2], 23–34, hier 26.

[17] Müller-Jahnke, Paracelsus [s. Anm. 13], 268.

[18] Vgl. Soukup, Chemie [s. Anm. 14], 203.

[19] Vgl. Norbert Marxer: Heilen mit Antimon. Von der Chemiatrie zur Chemotherapie. In: Pharmazeutische Zeitung 10 (2000); URL: https://www.pharmazeutische-zeitung.de/inhalt-10-2000/titel-10-2000/ (letzter Zugriff: 07.01.2020).

[20] Vgl. Sascha Salatowsky: Wissen für den Apotheker. In: Eine göttliche Kunst. Medizin und Krankheit in der Frühen Neuzeit. Katalog zur Ausstellung der Forschungsbibliothek Gotha und des Instituts für die Geschichte der Medizin der Julius-Maximilians-Universität Würzburg vom 14. April bis 23. Juni 2019. Hg. v. Sascha Salatowsky u. Michael Stolberg. Erfurt 2019 (Veröffentlichungen der Forschungsbibliothek Gotha, 55), 132f., hier 132.

[21] Johann Schröder: Pharmacopoeia Medico-Chymica, Sive Thesaurus Pharmacologicus. Quo composita quaeque celebriora; hinc Mineralia, Vegetabilia, et Animalia, Chymico-Medice describuntur, atque insuper Principia Physicae Hermetico-Hippocraticae candide exhibentur [...]. Ulm: Görlin, Wagner, 1685 (gedruckt mit einem ergänzenden Anhang von Friedrich Hoffmann d. Ä. (1626–1675)), Exemplar der Bibliothek der Franckeschen Stiftungen: BFSt: 73 M 8.

[22] Schröder, Pharmacopoeia [s. Anm. 21], 307.

[23] Siehe hierzu: Claudia Weiß: Göttliche Arzneien oder Häresie? Alchemistische Pharmaka am Halleschen Waisenhaus in der ersten Hälfte des 18. Jahrhunderts. In: Pietismus und Neuzeit. Ein Jahrbuch zur Geschichte des neueren Protestantismus 43, 2017 (2019), 110–142, inbes. 121–126.

[24] Christian Friedrich Richter: Kurtzer und deutlicher Unterricht von dem Leibe und natürlichen Leben des Menschen. Nachdruck der Ausgabe Halle: Waisenhaus, 1705. Hg. v. Hans-Joachim Poeckern. Leipzig 1984, 398.

[25] Christian Friedrich Richter: Ausführlicher Bericht von der Essentia Dulci. Darinnen Von ihrer Zubereitung und Unterscheid von andern gemeinen Gold-Tincturen gehandelt, und gezeiget wird, Worinnen ihre Virtutes specificae, oder eigentliche und gewissen Würckungen bestehen [...]. Halle: Waisenhaus, 1708, 16.

[26] Richter, Unterricht [s. Anm. 24], 522.

[27] Vgl. Richter, Unterricht [s. Anm. 24], 524.

[28] Vgl. Johanna Geyer-Kordesch: Pietismus, Medizin und Aufklärung im 18. Jahrhundert. Das Leben und Werk Georg Ernst Stahls. Tübingen 2000 (Hallesche Beiträge zur europäischen Aufklärung, 13), 160, sowie Jürgen Helm: Krankheit, Bekehrung und Reform. Medizin und Krankenfürsorge im Halleschen Pietismus. Tübingen 2006 (Hallesche Forschungen, 21), 30.

[29] Halle, Archiv der Franckeschen Stiftungen: AFSt/W IX/II/14 b, Rezeptsammlung von David Samuel von Madai, 1734; AFSt/W IX/II/14 c, Rezeptsammlung von David Samuel von Madai und seiner Familie, o. J. [ca. 1740–1840]; AFSt/W IX/II/14 d, Rezeptsammlung von David Samuel von Madai, o. J.; AFSt/W IX/II/14 e, Rezeptbuch von Johann Friedrich Koch, o. J. [ca. 1763–1806]. Eine Rezeptsammlung – jene des Enkels von David Samuel von Madai – stammt nicht aus dem 18. Jahrhundert, sondern aus späterer Zeit: AFSt/W IX/II/14 f, Rezeptsammlung von Carl Wilhelm Samuel von Madai, o. J. [ca. 1816–1851].

[30] AFSt/W IX/II/14 a, Rezeptsammlung von Samuel Richter, 1712. Es ist bisher nicht geklärt, ob es sich bei der handschriftlichen Rezeptsammlung, welche in Form eines gebundenen Buches im Oktavformat vorliegt, um die ursprüngliche von Samuel Richter angelegte Schrift oder um eine Abschrift handelt. Wahrscheinlich ist jedoch, dass Samuel Richter im Falle des Austauschs mit anderen Personen sein eigenes Exemplar behielt und lediglich eine Abschrift weitergab. Auf dem handschriftlichen Titelblatt der Rezeptsammlung steht „Halae 1712", was sich als Lokalisierung und Datierung sowohl auf die Niederschrift der Rezeptsammlung selbst als auch auf eine Abschrift beziehen könnte.

[31] Siehe hierzu: Weiß, Arzneien [s. Anm. 23], 110–142, inbes. 132–140.

[32] Vgl. Lawrence M. Principe: Lapis philosophorum. In: Alchemie [s. Anm. 1], 215–220, hier 216.

[33] AFSt/W IX/II/14 a, Rezeptbuch von Samuel Richter, 1712.

[34] Vollständige und Nutzreiche Apotheke Das ist D. Johannis Schroederi treflich-versehender Medicin-Chymischer höchstkostbahrer Artzney-Schatz. Darinnen so wohl die Einfachen Stücke der Metallen und Mineralien sampt ihren Curieusen Bereitungen/ [...] wie auch Pflantzen und Kräuter mit Ihren Abbildungen [...]; Nebst D. Friderici Hoffmanni darüber verfassete herrliche Anmerckungen als eine Grund-Feste beybehalten. So nun aber [...] aus denen itziger Zeit Fürtrefflichen und Berühmtesten Medicorum und anderer Gelahrtesten [...] Schrifften/ [...] Wie auch aus denen vornehmsten Pharmacopoeis, [...] zusammen getragen und vermehret worden. Und endlich das gantze Werck mit einem dreyfachen hierzu dienlichen Register [...] zu sonderem Nutzen eröffnet von George Daniel Koschwitz M.D.S.P. Nürnberg: Hoffmann, Knorz, 1693, 489. Bei der Schrift handelt es sich um eine von mehreren ins Deutsche übertragenen und ergänzten Nachfolgeausgaben von Johann Schröders oben genanntem, auf Latein verfassten Arzneibuch *Pharmacopoeia* [s. Anm. 21].

[35] Schröder, Apotheke [s. Anm. 34], 489.

Verzeichnis der Exponate

Für die Menschen des Mittelalters war die Schöpfungsgeschichte der Bibel alleiniger Maßstab für die Entstehung der Erde und damit auch der Steine und Erden. Da Gott, nach dieser Vorstellung, die Erde vollkommen geschaffen hatte, konnte es, abgesehen von der in der Bibel dokumentierten Sintflut, auch keine Veränderungsprozesse der Erde gegeben haben. Im Mittelalter verbreitete sich die Vorstellung, dass man auch durch Naturbeobachtung die von Gott eingerichtete Vollkommenheit der Welt erfahren könne. Dementsprechend entstanden naturkundliche Werke, die auch die unbelebte Natur, nämlich Steine, Metalle und Mineralien, behandelten. Der dänische Mediziner Nicolaus Steno (=Niels Stensen, 1638–1686) war der erste, der geologische und paläontologische Beobachtungen publizierte.

Aufgrund der Bedeutung der Metalle für Zivilisation und Wirtschaft entstanden spezielle Abhandlungen über den Bergbau, beginnend mit den Werken von Georg Agricola (1494–1555). Darin wurden auch die Mineralien systematisch beschrieben.

Die Alchemie, das ist die Lehre von den Eigenschaften der Stoffe, beschäftigte sich einerseits mit der Aufbereitung und Umwandlung von Metallen und andererseits mit der Bedeutung von Steinen für die Herstellung von Arzneimitteln. Sowohl die metallurgische als auch die medizinische Alchemie verband dabei das Ziel, aus ‚unreineren' Stoffen ‚reinere' herzustellen.

1.1 Christentum, Naturkunde und erste geologische Beobachtungen

Im Mittelalter erschienen erste naturkundliche Studien, die auch Steine und Mineralien behandelten. Denn man wollte durch das ‚Lesen im Buch der Natur' die Allmacht Gottes darstellen. Dabei orientierte man sich am naturkundlichen Wissen der Antike. In der Frühen Neuzeit behielten diese Werke ihre Gültigkeit und wurden immer wieder nachgedruckt. Zudem bemühte man sich, aus den Angaben der Bibel das genaue Alter der Erde zu ermitteln.

Nicolaus Steno erkannte, dass Erde und Gesteine über weite Entfernungen hinweg in analoger Reihenfolge geschichtet sind. Zur Erklärung dessen stellte er das sogenannte Lagerungsgesetz auf: Ältere Schichten liegen unten, jüngere oben – eines der Grundprinzipien der Geologie. Außerdem erkannte er, dass Fossilien versteinerte Lebewesen sind.

1.1.1 Vier Edelsteine: Achat, Amethyst, zwei Rubine, zwei blaue Saphire
Halle, Martin-Luther-Universität Halle-Wittenberg, Institut für Geowissenschaften und Geographie
► Aufgrund ihrer Farbe und Seltenheit faszinierten Edelsteine die Menschen schon in vorgeschichtlicher Zeit. Seit dem Mittelalter wurde ihnen eine magische Wirkung, die sie von Gott erhalten haben sollten, zugesprochen. Als literarisches Genre entstanden die sog. Steinbücher, die vor allem Edelsteine behandelten.

1.1.2 a–f
Die Schöpfung, 6 Kupferstiche von Nicolaes de Bruyn nach Maarten de Vos, 1. Hälfte 17. Jahrhundert, Reproduktionen
Braunschweig, Herzog Anton Ulrich-Museum. Kunstmuseum des Landes Niedersachsen: NdBruyn AB 3.23–3.28
a) Erster Tag: Die Schöpfung von Himmel und Erde
• *Abbildung auf Seite 32*
b) Zweiter Tag: Die Teilung des Wassers über und unter dem Firmament
• *Abbildung auf Seite 32*
c) Dritter Tag: Die Schöpfung von Land und Vegetation
• *Abbildungen auf Seite 30 (Detail) und 33*
d) Vierter Tag: Die Schöpfung von Sonne, Mond und Sternen
• *Abbildung auf Seite 33*
e) Fünfter Tag: Die Schöpfung von Vögeln und Fischen
• *Abbildung auf Seite 35*
f) Sechster Tag: Die Schöpfung der Tiere, Adam und Evas
• *Abbildung auf Seite 36*
► Die biblische Schöpfungsgeschichte war in Mittelalter und Früher Neuzeit ein beliebtes Motiv in der darstellenden Kunst.

1.1.3 Gaius Plinius Secundus: Naturae historiarum libri XXXVII. Frankfurt/Main: Lechler; Feyerabend, 1582
Halle, Franckesche Stiftungen: BFSt: 86 A 5
► Das naturkundliche Wissen der Antike wurde bis ins 18. Jahrhundert rezipiert. Vor allem die *Naturgeschichte* des Plinius (23–79) blieb ein Klassiker, der immer wieder neu aufgelegt wurde. Neben Pflanzen und Tieren behandelte sie auch Mineralien.

1.1.4 Albertus Magnus: Liber Mineralium [...]: Tractat[us] De Lapidu[m] & Ge[m]ma[rum] [...], De Alchimicis Specieb[us], Operationibus Et Utilitatibus, De Metallorum. Oppenheim[: Köbel,] 1518
Lutherstadt Wittenberg, Reformationsgeschichtliche Forschungsbibliothek Wittenberg: LC274-2
► Der Dominikanermönch Albertus Magnus (um 1200–1280) war einer der berühmtesten Gelehrten des Mittelalters. Sein *Buch über Minerale* behandelte Steine, Edelsteine und Metalle auch unter alchemistischen Gesichtspunkten.

1.1.5 Anmerkungen zu Quecksilber, diversen Metallen und zu Schwefel, in: Conrad von Megenberg: Naturbuch von Nutz, Eigenschafft, Wunderwirckung und Gebrauch aller Geschöpff, Element und Creaturn. Dem menschen zu gut beschaffen. Nit allein den ärtzten und kunstliebern, sonder einem ieden Hauszvatter in seinem hause nützlich und lustig zu haben, zu lesen und zu wissen. Frankfurt/Main: Egenolff, 1540, LXVI
Göttingen, Niedersächsische Staats- und Universitätsbibliothek Göttingen: 4 H NAT I, 7014
► Der Kleriker Conrad von Megenberg (1309–1374) verfasste einen Klassiker der naturkundlichen Literatur, der auch in der Frühen Neuzeit nachgedruckt wurde.
• *Abbildung auf Seite 23*

1.1.6 Die Stigmatisierung des Heiligen Franziskus, Öl auf Holz von Jan van Eyck, um 1435, Reproduktion
Berlin, akg-images: AKG318972
► Erstmals in der abendländischen Malerei werden auf diesem Bild Versteinerungen – vom Betrachter aus rechts in den hellen Sedimentschichten – dargestellt.
• *Abbildung auf Seite 25*

1.1.7 James Ussher: Annales Veteris Testamenti. A Prima Mundi Origine Deducti: Una Cum Rerum Asiaticarum Et Aegyptiacarum Chronico, A Temporis Historici Principio usque ad Maccabaicorum initia Producto. Teil 1+2. London: Flesher; Sadler, 1650
Halle, Franckesche Stiftungen: BFSt: 115 B 14
► Der Erzbischof von Armagh, James Ussher (1581–1656), berechnete in seinen *Annalen des Alten Testaments*, dass die Schöpfung im Jahr 4004 vor Christi Geburt stattgefunden habe. Doch Ussher war kein religiöser oder biblizistischer Fundamentalist, sondern suchte, wie damals in der Wissenschaft üblich, das Alter der Erde durch einen Abgleich der biblischen Geschichte mit anderen Quellen der Antike zu bestimmen.

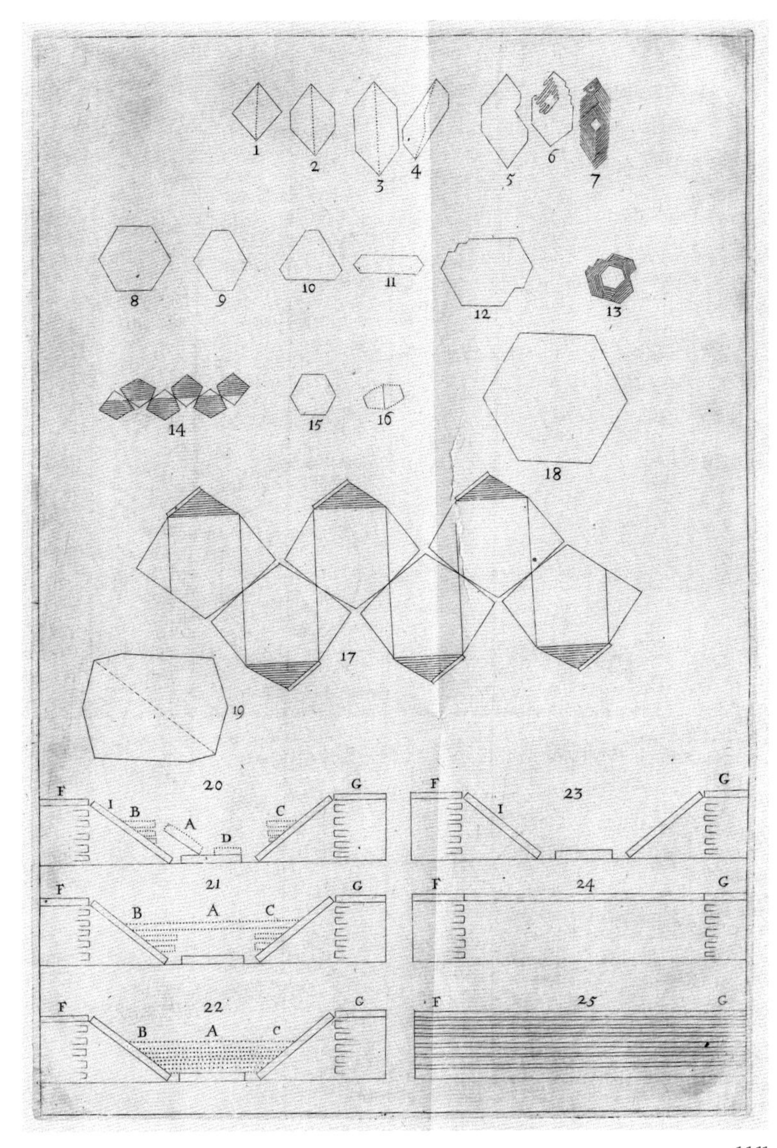

1.1.11

1.1.8 Haigebiss und Zungensteine/Glossopetren, Kupferstich in: Nicolaus Steno: Elementorum Myologiae Specimen. Seu Musculi descriptio Geometrica. Cui Accedunt Canis Carchariae Dissectum Caput Et Dissectus Piscis Ex Canum. Florenz: Stella, 1667, Tab. 4
Göttingen, Niedersächsische Staats- und Universitätsbibliothek Göttingen: 8 ZOOL II, 2826
► Der dänische Mediziner Steno lebte mehrere Jahre in der Toskana. Beim Sezieren eines Haifisches stellte er fest, dass dessen Zähne den sogenannten Zungensteinen gleichen, Versteinerungen, die im Mittelmeerraum häufig in bestimmten Sedimentschichten aufzufinden sind. Daraus folgerte er, dass diese Schichten einmal mit Wasser bedeckt gewesen sein mussten und dass es sich bei den Zungensteinen um versteinerte Haifischzähne handele.
• *Abbildung auf Seite 28*

1.1.12

1.1.9 Gebiss eines Kurzflossen-Makohais
Halle, Martin-Luther-Universität Halle-Wittenberg, Zentralmagazin Naturwissenschaftlicher Sammlungen, Zoologische Sammlung

1.1.10 Zungensteine/Glossopetren
Halle, Martin-Luther-Universität Halle-Wittenberg, Institut für Geowissenschaften und Geographie

1.1.11 Schematische Darstellung von Kristallen (oben) und der erdgeschichtlichen Entwicklung der Toskana, Kupferstich in: Nicolaus Steno: De Solido Intra Solidum Naturaliter Contento Dissertationis Prodromus. Florenz: Stella, 1669, Tab. II
Göttingen, Niedersächsische Staats- und Universitätsbibliothek Göttingen: SUB: 8 MIN III, 2970 RARA
► Angesichts seiner Forschungsresultate und seiner Studien geologischer Formationen in der Toskana begann Steno, über die Geschichte der Erde nachzudenken, die seiner Meinung nach an den Bodenschichten ablesbar sei. Wichtigste Erkenntnis war das Prinzip der Überlagerung von Schichten, auch als stratigraphisches Grundgesetz bezeichnet. Danach wurde in einer ungestörten Sedimentfolge die unterste Schicht als erste und die oberste zuletzt abgelagert. Somit kann man aus der Analyse dieser Schichten eine Abfolge und damit eine relative Chronologie ableiten.

Zu 1.1.12

1.1.12 Vulkanerde, Kupferstich in: Athanasius Kircher: Mundus Subterraneus. In XII libros digestus. Quo Divinum Subterrestris Mundi Opificium, mira Ergasteriorum Naturae in eo distributio, verbo pantamorphon Protei Regnum, Universae denique Naturae Majestas [et] divitiae summa rerum varietate exponuntur [...]. Tomus 1+2. Amsterdam: Janssonius van Waesberge, ³1678, vor 105
Halle, Franckesche Stiftungen: BFSt: S/KEF:V d 053
► Der Jesuitenpater Kircher (1602–1680) war einer der bekanntesten Gelehrten seiner Zeit. In seinem Werk *Die unterirdische Welt* spekuliert er über das Erdinnere. Nach seiner Vorstellung besaß der Erdkörper wasser- und feuergefüllte Eingeweide. Ihm ging es nicht um eine Theorie der Erdentstehung, sondern um eine Beschreibung der Erde als wundervolle Schöpfung Gottes.
• *Abbildung auf Seite 6 (Detail)*

1.1.13 Thomas Burnet: Telluris Theoria Sacra. Orbis Nostri Originem & Mutationes Generales, quas Aut jam subiit, aut olim subiturus est, Complectens. Bd. 1+2: De Diluvio & Paradiso. Bd. 3+4: De Conflagratione Mundi, Et De Futuro Rerum Statu. London: Kettilby; N[orton], ²1689
Halle, Franckesche Stiftungen: BFSt: 96 D 8
► Der englische Theologe Burnet (1635–1715) wollte in seiner *Heiligen Theorie der Erde* deren Entstehung mit den biblischen Zeitvorgaben in Einklang bringen. Für ihn war

die Erde von Gott in schöner Form erschaffen, doch das Paradies wurde durch den Ungehorsam des Menschen zerstört. Als Strafe für die Bosheit des Menschengeschlechts wurde die Erde durch Erdbeben und Wasserfluten, vor allem auch die Sintflut, ruiniert und hässlich.

• *Abbildungen auf Seite 39 und 77*

1.2 Der Bergbau

Seit dem Mittelalter wurden vor allem Silber-, Kupfer-, Eisen-, Blei- und Zinnerze unter Tage abgebaut. Georg Agricola suchte um 1550 mit seinen Schriften erstmals, eine wissenschaftliche Basis für den Bergbau zu begründen. Zum einen beschrieb er systematisch die mineralischen Substanzen sowie deren Verbreitung und Nutzen. Zum anderen behandelte er das Reich der Metalle und stellte dar, wie und mit welchen technischen Hilfsmitteln diese im Erdboden aufgespürt und abgebaut werden können. Zudem stellte er Überlegungen hinsichtlich der Entstehung der Stoffe im Innern der Erde an und ging der Frage nach, warum und wie einige dieser Metalle und Mineralien auf natürlichem Wege an die Erdoberfläche gelangten.

1.2.1 Erzgang: Zinkblende/Sphalerit
Halle, Martin-Luther-Universität Halle-Wittenberg, Institut für Geowissenschaften und Geographie
► Schon seit der Antike wurden Erze unterirdisch abgebaut, um daraus vor allem Metalle zu gewinnen. Deren große Bedeutung für die Wirtschaft und Gesellschaft führte seit dem Mittelalter zu einer Ausweitung des Bergbaus und zu technischen Innovationen.

1.2.2 Freiberger Hängezeug: Hängekompass und Gradbogen, um 1800
Freiberg, TU Bergakademie Freiberg, Sammlung markscheiderischer und geodätischer Instrumente
► Das Hängezeug, auch Schinzeug genannt, kam im sogenannten Markscheidewesen zur Anwendung und diente der Vermessung von Bergwerken. Vermittels des Hängekompasses ließ sich die horizontale Orientierung der Längsachse von Gesteins- und Mineralgängen ermitteln. Der Gradbogen diente zur Messung von Neigungen gegenüber der Horizontallinie.

1.2.1

1.2.3 Wachsscheibe zur Messung von Winkeln, 16. Jahrhundert, Nachbau
Freiberg, TU Bergakademie Freiberg, Sammlung markscheiderischer und geodätischer Instrumente
► Ausgehend vom Mittelpunkt der Scheibe konnten Schnüre zu speziellen Nägeln gespannt werden, die definierte Punkte im Nahbereich des Bergwerks anzeigten. Die Schnüre drückten sich in das Wachs der Scheibe ein, so dass der Winkel zwischen den Abdrücken gemessen werden konnte.

1.2.4 Harzer Froschlampe, nach 1850
Bochum, Montanhistorisches Dokumentationszentrum beim Deutschen Bergbau-Museum Bochum: 030007333039
► Seit dem 16. Jahrhundert wurden solche Lampen im Bergbau als Grubenlampen verwendet. Der flache Behälter enthielt Unschlitt (Rindertalg) oder Lampenöl. Im vorderen Bereich wurde ein Docht mit einer Klemme fixiert. Der Henkel diente zum Tragen oder Aufhängen der Lampe. Jedes Bergbaurevier hatte eine eigene Lampenform, so auch der Harz.

1.2.8

1.2.5 Erzgänge im Gelände, Holzschnitte in: Georg Agricola: Vom Bergk=werck XII Bücher, dar=in alle Empter/ Jnstrument/ Gezeuge/ unnd alles zu disem handel gehörig/ mitt schönen figuren vor=bildet/ und klärlich beschriben seindt [...]. Basel: Froben; Episcopius, 1557, 42f.
Halle, Franckesche Stiftungen: BFSt: 168 A 10
► In diesem Werk fasst Agricola erstmals das Wissen seiner Zeit über die Technik des Bergbaus und des Hüttenwesens zusammen. Es erschien zuerst auf Latein (Kat.-Nr. 1.2.6) und wurde in kurzer Zeit in zahlreiche andere Sprachen übersetzt, so 1557 ins Deutsche. Über zwei Jahrhunderte hinweg blieb es das Standardwerk zur Bergbau- und Hüttentechnik.
• *Abbildung auf Seite 26*

1.2.6 a+b
Arbeiten im Bergwerk, Holzschnitte in: Georg Agricola: De Re Metallica libri XII. Quibus Officia, Instrumenta, Machinae, ac omnia deniq[ue] ad Metallicam spectantia, non modo luculentissime describentur, sed & per effigies, suis locis insertas, adiunctis Latinis, Germanicisq[ue] appellationibus ita ob oculos ponuntur [...]. Basel: Froben; Episcopius, 1561, 74, 171 (Reproduktion)
Halle, Franckesche Stiftungen: BFSt: 168 A 11

► Im Widmungsbrief gibt Agricola eine kurze Inhaltsangabe des Buches: „D[as] erste[ ] [Buch] enthält das, was gegen diese Kunst und gegen die Bergwerke und Bergleute [...] gesagt werden kann. Das zweite entwirft ein Bild des Bergmannes und geht über zu den Erörterungen, wie man sie gewöhnlich über die Auffindung der Erzgänge anstellt. Das dritte handelt von den Gängen, Klüften und Gesteinsschichten. Das vierte entwickelt das Verfahren des Vermessens der Lagerstätten und legt auch die Ämter der Bergleute dar. Das fünfte lehrt den Aufschluss der Lagerstätten und die Kunst des Markscheidens. Das sechste beschreibt die Werkzeuge, Geräte und Erze. Das siebente handelt vom Probieren der Erze. Das achte gibt Vorschriften über die Arbeit des Röstens, des Pochens, des Waschens und des Dörrens. Das neunte entwickelt Verfahren des Erzschmelzens. Das zehnte unterrichtet die Bergbau Betreibenden darüber, wie man Silber von Gold und Blei von diesem und von Silber scheidet. Das elfte weist die Wege, wie man Silber von Kupfer trennt. Das zwölfte gibt Vorschrift für die Gewinnung von Salz, Soda, Alaun, Vitriol, Schwefel, Bitumen und Glas."

• *Abbildungen auf Seite 22 (Detail), 27*

1.2.7 Georg Agricola: De Natura Fossilium lib[ri] X [...]. Wittenberg: Schürer, 1612
Halle, Franckesche Stiftungen: BFSt: S/KEF:IV a 133
► 1546 beschrieb Agricola in den *Zehn Büchern über die Eigenschaften der Mineralien* systematisch sämtliche mineralischen Substanzen sowie deren Verbreitung und Nutzen. Zudem behandelt er die Ursachen von Vulkanausbrüchen und Erdbeben. Letztendlich fasste er in diesem Werk erstmals das mineralogische und geologische Wissen seiner Zeit zusammen.

1.2.8 Bergmännischer Alltag, moderner Bildteppich mit Darstellung einer Bildtafel vom sogenannten Bergaltar in der St. Annenkirche in Annaberg-Buchholz, um 1521 (Original)
Halle, Martin-Luther-Universität Halle-Wittenberg, Institut für Geowissenschaften und Geographie
► Durch den Silberbergbau wurde das Erzgebirge seit dem Spätmittelalter zu einer der florierendsten Montanregionen in Europa. Davon profitierte auch Annaberg-Buchholz. Nachdem 1491 Silbervorkommen entdeckt worden waren, erhielt der Ort 1497 das Stadtrecht und die Kirche wurde erbaut. Sowohl der Ort als auch die Kirche wurden nach der Schutzpatronin der Bergleute, der Heiligen Anna, benannt.

• *Abbildung auf Seite 20f. (Detail). (Die Abbildung zeigt die originale Bildtafel des Bergaltars. Bildvorlage: Berlin, akg-images)*

1.3.2

1.3 Steine in der Alchemie

Die frühneuzeitliche Alchemie nahm das Vorhandensein einer *anima mundi* (Weltseele) an, die das Steuerelement für jegliches Wachstum und alle Umwandlungsprozesse in der Natur sein sollte. Dementsprechend waren für die Alchemisten Metalle und andere, schon zur damaligen Zeit als unbelebt angesehene Dinge beseelt und sie nahmen an, dass alles in der Natur Existierende einer größeren Vollkommenheit entgegenstrebe. Das Innere der „lebendigen Erde" wurde von den Alchemisten als ein Ort ständiger Entstehungs- und Wachstumsprozesse, analog einer Gebärmutter, angesehen, der z. B. ein Wachsen der Metalle und Mineralien bewirke.

Im Verständnis der Alchemisten konnten Metalle, Mineralien oder durch chemische Verfahren daraus gewonnene Stoffe als Medikamente eingesetzt werden und sie entwickelten Verfahren zur Herstellung dieser Medikamente. Damit wurde die Alchemie zur Grundlage für die spätere Chemie und die Pharmazie.

1.3.1 Jaspis
Halle, Franckesche Stiftungen: KNK R.-Nr. 1916
► Jaspis ist ein Quarz, dem seit dem Mittelalter die Gesundheit schützende Eigenschaften beigemessen wurden. So schrieb der Naturforscher Conrad Gessner (1516–1565): „Der Jaspis ist ein Schild vor der Brust, das Schwert in der Hand und die Schlange unter den Füßen. Er schirmt gegen alle Krankheiten und erneuert Geist, Herz und Verstand."
• *Abbildung auf Seite 52*

1.3.2 Antimonit , Shikoku, Japan
Halle, Martin-Luther-Universität Halle-Wittenberg, Institut für Geowissenschaften und Geographie
► Dieses Mineral, früher Grauspießglanz genannt, wurde als Grundstoff für Medikamente verwendet, die nicht nur äußerlich, z. B. bei bestimmten Krebsgeschwüren, angewandt wurden. Ab dem 16. Jahrhundert galt die Ansicht, dass die Einnahme antimonhaltiger Arzneimittel den menschlichen Körper reinige und verjünge. Im Verlauf des 18. Jahrhunderts verzichtete man aufgrund ihrer großen Giftigkeit mehr und mehr auf diese Arzneimittel.

1.3.3 Andreas Libavius: Commentationum Metallicarum Libri Quatuor de Natura Metallorum, Mercurio Philosophorum, Azotho et Lapide Sev, tinctura physicorum conficienda [...]. Frankfurt/Main: Kopf; Saur, 1597
Halle, Franckesche Stiftungen: BFSt: 72 C 6 [1]
► Der Humanist, Arzt und Alchemist Libavius (nach 1555–1616) gilt als Begründer der Chemie. In seinen *Vier Büchern der Betrachtungen über Metalle* beschreibt er die alchemistische Umwandlung von Metallen.

1.3.4 Besonders geformte Feuersteine, Kupferstich in: Johann Bauhin: Artzney- und Badbuch Oder: Historische Beschreibung vast aller heilsamen Bäder und Sawrbrunnen, so zu dieser zeit in gantz Europa bekandt und zufinden sein/ Sampt ihren Kräfften und Würckungen [...]. Teil 4: Von den Steinen unnd Metallischen Sachen, welche durch der Natur wunderbahres Kunststück in und unter der Erden geformiert worden. Auch von allerhand Erdgewechsen/ Vögeln/ Gewürm und andern Thierlein/ so zum theil im Brunnen drinnen [...] zum theil in der nähe herumb gefunden/ und ans Liecht bracht worden. Stuttgart: Fürster, 1602, 38f.
Göttingen, Niedersächsische Staats- und Universitätsbibliothek Göttingen: 8 BAL II, 9599 (1+2)
► Der Schweizer Arzt und Botaniker Bauhin (1541–1613) behandelt in diesem Werk nicht nur die heilende Wirkung von Bädern, sondern beschreibt im Zusammenhang damit auch geologische Phänomene.

1.3.5 Allegorie zum Wachstum der Metalle, Kupferstich in: Johann Joachim Becher: Natur-Kündigung Der Metallen. Mit vielen Curiosen/ Beweißthumben/ Natürlichen Gründen/ Gleichnüssen/ Erfahrenheiten/ und bißhero Ohngemeinen Auffmerckungen vor Augen gestellet / Zur Erhaltung der Warheit[...]. Frankfurt/Main: Ammon; Serlin, 1661, Frontispiz, Reproduktion
Halle, Franckesche Stiftungen: BFSt: 72 H 23
► Der Ökonom und Alchemist Becher (1635–1682) behandelt in diesem Werk ausführlich „[w]ie die Metallen gezeuget/ dann geboren/ und endlich aufferzogen werden." Dies versinnbildlicht auch das Frontispiz: In der Krone des Baumes befinden sich die alchemistischen Symbole der sechs Metalle Gold, Silber, Quecksilber, Kupfer, Eisen und Zinn jeweils auf einem sternförmigen Untergrund. Der Zeugungsprozess des siebten Metalls, des Bleis, wird sinnbildlich dargestellt. Der Einbeinige, der in der alchemischen Bildsprache für den Planeten Saturn steht, dem das Blei zugeordnet war, lässt aus einem Gefäß mit dem Symbol für Blei eine die Erde befruchtende Flüssigkeit ausströmen („ALO" = lateinisch für „ich (er)nähre"). Der Stamm des Baumes trägt die Aufschrift „CONCIPIO" („ich empfange"). Auf die Krone des Baumes wiederum treffen die Strahlen der Sonne, in welchen das Wort „GIGNO" steht („ich (er)zeuge"). Die über die Weltseele verbundenen Körper von Himmel und Erde bringen so die Metalle hervor, welche der Bergmann (im Kupferstich rechts, auf einen Spaten gelehnt) fördern und weiter verarbeiten kann („Elaboro" = ich (be)arbeite), sobald er ihren Reifeprozess abgewartet hat.
• *Abbildung auf Seite 45*

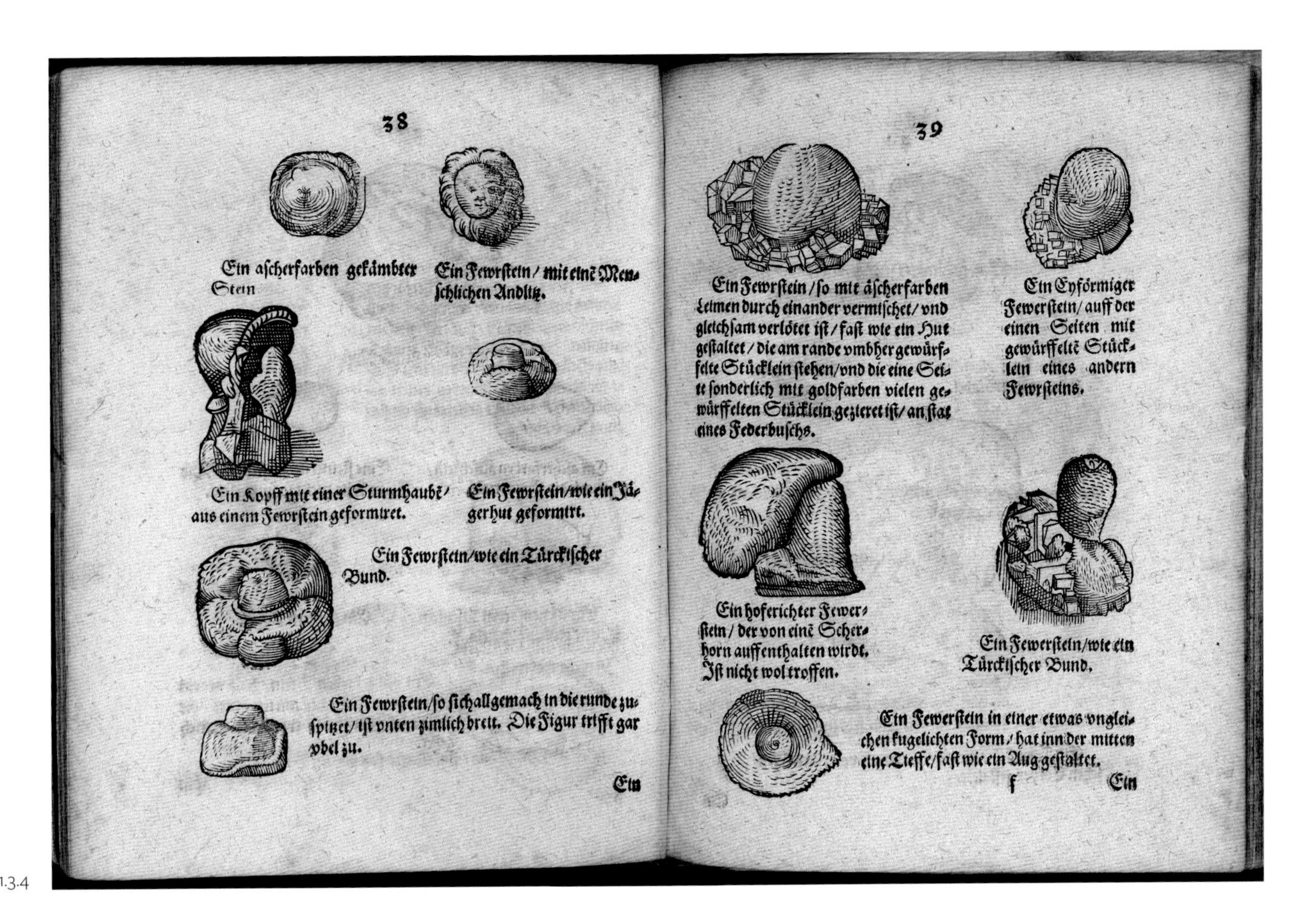

38

Ein aſcherfarben gekämbter Stein

Ein Fewrſtein / mit einẽ Menſchlichen Andlitz.

Ein Kopff mit einer Sturmhaubẽ / aus einem Fewrſtein geformiret.

Ein Fewrſtein / wie ein Jägerhut geformirt.

Ein Fewrſtein / wie ein Türckiſcher Bund.

Ein Fewrſtein / ſo ſich allgemach in die runde zuſpitzet / iſt vnten zimlich breit. Die Figur trifft gar vbel zu.

Ein

39

Ein Fewrſtein / ſo mit äſcherfarben Leimen durch einander vermiſchet / vnd gleichſam verlötet iſt / faſt wie ein Hut geſtaltet / die am rande vmbher gewürffelte Stücklein ſtehen / vnd die eine Seite ſonderlich mit goldfarben vielen gewürffelten Stücklein gezieret iſt / an ſtat eines Federbuſchs.

Ein Eyförmiger Fewerſtein / auff der einen Seiten mit gewürffeltẽ Stücklein eines andern Fewrſteins.

Ein hoferichter Fewerſtein / der von einẽ Scherhorn auffenthalten wirdt. Iſt nicht wol troffen.

Ein Fewerſtein / wie ein Türckiſcher Bund.

Ein Fewerſtein in einer etwas vngleichen kugelichten Form / hat inn der mitten eine Tieffe / faſt wie ein Aug geſtaltet.

f

Ein

1.3.4

1.3.6 Frontispiz mit der Darstellung einer Apothekenoffizin und Allegorien aus der alchemistischen Bildsprache, Kupferstich in: Johann Schröder: Vollständige und Nutzreiche Apotheke Das ist: D. Johannis Schroederi treflich-versehender Medicin-Chymischer höchstkostbahrer Artzney-Schatz: Darinnen so wohl die Einfachen Stücke der Metallen und Mineralien sampt ihren Curieusen Bereitungen. Hg. v. Georg Daniel Koschwitz. Nürnberg: Hoffmann; Knortz, 1693
Halle, Franckesche Stiftungen: BFSt: 119 B 1
► Der Mediziner Schröder (1600–1664) war ein Verfechter der paracelsischen Pharmazie und Autor eines der verbreitetsten Standardwerke deutscher Arzneikunst im 17. und 18. Jahrhundert. Das Arzneibuch beinhaltet unter anderem Ausführungen zu zahlreichen pharmazeutischen Ausgangsstoffen wie Erden und Mineralien, Metallen, aber auch Heilwassern und Edelsteinen.
• *Abbildungen auf Seite 47 und 48*

1.3.7 Eintragung zu den „Tugenden der Edelsteine", in: Samuel Richter: Rezeptsammlung, Manuskript, Halle, 1712
Halle, Franckesche Stiftungen: AFSt/W IX/II/14a
► Mehrere handschriftliche Rezeptsammlungen liefern uns heute Einblicke in die Rezepturen, nach denen die hauseigenen Waisenhaus-Medikamente hergestellt wurden. Eine Ausnahme dabei bildet jene des bekennenden Alchemisten Samuel Richter (geb. in der 2. Hälfte des 17. Jahrhunderts, gest. nach 1722, Pseudonym: Sincerus Renatus). Er gehörte nicht zum Personal der Medikamenten-Expedition, stand jedoch nachweislich mit dem Halleschen Waisenhaus in Kontakt und tauschte sich mit diesem auf pharmazeutisch-alchemistischem Gebiet aus. Bei ihm werden neben Rezepturen, die sich mit dem *Lapis Philosophorum*, also dem Stein der Weisen, beschäftigen, auch zahlreiche Vorschriften zum ‚Verbessern' der Metalle (ihrer Umwandlung in jeweils reinere, edlere Metalle wie Silber oder Gold) erwähnt.
• *Abbildung auf Seite 51*

1.3.8 Lesender Alchemist in seiner Stube, die ihm gleichzeitig als Laboratorium dient, Radierung, 18. Jahrhundert
Halle, Franckesche Stiftungen: AFSt/B Sc 0128
• *Abbildung auf Seite 42*

2

sammeln

ROBERT FELFE

Frühneuzeitliche Sammlungen und die Naturgeschichte der Gesteine

Für kaum ein anderes der so genannten drei Reiche der Natur kannte die Naturgeschichte der Frühen Neuzeit so vielfältige und erstaunlich wandelbare Eigenschaften und Erscheinungsweisen wie für die Gesteine. Zwar galten diese als *mineralia* in aristotelischer Tradition gegenüber den *vegetabilia* und *animalia* – den Pflanzen und Tieren, einschließlich des Menschen – in gewisser Weise als eine niedere Sphäre bzw. Daseinsstufe der Natur. Auf einer Skala dieser Stufen kam den Gesteinen ein bloß materielles Dasein zu. Untätig und eigentlich leblos unterschieden sie sich von den Pflanzen, die immerhin als sich ernährende Wesen lebendig waren; während in den höheren Registern die Tiere rangierten, zusätzlich bewegungsfähig und mit sinnlicher Empfindsamkeit ausgestattet. An der Spitze stand schließlich allein der Mensch, der in seiner komplexen Natur das bloße Dasein der Gesteine, pflanzliche Lebendigkeit und sinnliche Sensibilität mit der nur ihm eigenen Fähigkeit zum Denken vereinte.

Dabei war die kategorial niedere, weitgehend unbeseelte Welt der Gesteine gleichwohl nicht von allen anderen, höheren Formen strikt getrennt. Als nur materielle Existenz war sie vielmehr ein anfänglicher Zustand und Grundlage aller belebten Natur. Alle anderen Existenzformen bauten hierauf auf und in gewisser Weise blieb das Steinerne in allen höheren Daseinsformen und Wesen der Natur enthalten. Deutlich wird dies, wenn etwa in einem Schema von Analogien und Entsprechungen zwischen diesen allgemeinen Existenzstufen der Natur und den Lebensphasen des Menschen der menschliche Fötus dem mineralischen Dasein der Gesteine gleichgesetzt wurde, die Kindheit dem der Pflanzen, die Jugend dem animalischen Leben und sich erst im Erwachsenenalter – bezeichnenderweise des Mannes – dann das eigentliche Menschsein als vernunftbegabtes Leben entfaltete.[1]

Eine solche systematische Verortung der *mineralia* und ihrer damit intendierten Bedeutung für das Leben überhaupt bildete nicht nur einen wissens- und kulturgeschichtlichen Rahmen für das Sammeln von Gesteinen, sondern war damit verantwortlich für die enorm vielfältige Präsenz und überaus schillernde Rolle von Gesteinen in frühneuzeitlichen Kunst- und Naturalienkammern. Und diese Geschichte des Sammelns ist wiederum unumstritten einer der wichtigsten Schauplätze für die Entstehung der Geowissenschaften im modernen Sinne.[2]

Die vielfältige Natur der Steine

Die erstaunliche Vielgestaltigkeit, die den Gesteinen – vor den modernen Geowissenschaften – in den universellen Ordnungen der Natur zukommen konnte, zeigt sich beispielhaft in einem eher unscheinbaren Objekt aus der Kunst- und Naturalienkammer der Franckeschen Stiftungen. In Schrank XII.M. unter den „heilige[n] Sachen aus verschiedenen Religionen" findet sich die etwa handgroße, hölzerne Figur einer sitzenden Gestalt.[3] Sie ist grob geschnitzt und wurde zweifarbig in weiß und grau gefasst. Die gedrungenen Beine sind unterschiedlich angewinkelt, der Oberkörper steil aufgerichtet. Von den Ärmchen sind nur die Oberarme vorhanden, die sich wie bloße Knochen an den Körper fügen. Auf einem dünnen Hälschen ruht schließlich ein wuchtiger Kopf, dessen kleines Gesicht von einem starren Blick, heruntergezogenen Mundwinkeln und einigen markanten Falten bestimmt wird.

Bei dieser kleinen Figur handelt es sich weder um ein originäres Kunstwerk, noch um ein Spielzeug oder einen Kultgegenstand. Vielmehr wurde hier ein naturkundliches Exponat aus der königlichen Kunstkammer in Kopenha-

Korallenberg mit der Höhlenburg Kofels, zwischen 1550 und 1600, Kunstkammer Schloss Ambras, Innsbruck. KHM-Museumsverband

gen in ein plastisches Bildwerk gewissermaßen zurückübersetzt. In der illustrierten Beschreibung der Kopenhagener Sammlung wird das Exponat als „Foetus lapidefactus“, als versteinerter Fötus, beschrieben.[4] 1582 in Frankreich entdeckt, sei das erstaunliche Naturwunder in Künstler- und Sammlerkreisen über Paris nach Venedig gelangt, wo es 1653 für das Museum des dänischen Königshauses erworben wurde. Stein und gesteinsbildende Prozesse begegnen aus Anlass dieses Sammlungsstücks in Text und Bild dieser Publikation von 1696 in mehrfacher Hinsicht als Gegenstand der besonderen Faszination, des Staunens und der Bewunderung. Die vermeintliche Verwandlung eines menschlichen Körpers wird dabei als in mehrfacher Hinsicht bemerkenswertes Phänomen berichtet. Im Zuge der natürlichen Regeneration sei hier ein Mutterleib Ort und Matrix für eine Gesteinsbildung geworden, in deren Verlauf sich der lebende Körper eines werdenden Menschen aus dem Reich der *animalia* in mineralische Substanz verwandelt habe.

Diese mehrdimensionale Beziehung wird im zugehörigen Kupferstich eindrücklich unterstrichen und erweitert. Hier wird die vermeintliche Versteinerung in direkter Nachbarschaft zu einem jener so genannten Bildsteine abgedruckt, die ihrerseits beliebte Kunstkammerstücke waren. Im Text heißt es hierzu, dass in dieser „Tabula marmorea“ von der Natur selbst das Bild des Gekreuzigten mit natürlichen Farben gleichsam gedruckt worden sei.[5] Dabei dokumentiert der Kopenhagener Sammlungskatalog in der Gegenüberstellung dieser beiden steinernen Objekte eine um 1700 verbreitete Instabilität und Offenheit dieser zwar kategorial definierten, aber keineswegs in sich geschlossenen Sphären. Keineswegs waren die Grenzen zu anderen Naturreichen absolut und unüberwindlich und zudem waren *mineralia* selbst überaus häufig Orte einer gleichsam bildkünstlerischen Tätigkeit der Natur.[6] In dem Hallenser

Daseinsstufen der Natur, Holzschnitt in: Charles de Bovelles: Liber de Intellectu. Paris 1510, fol. 119v. Halle, Martin-Luther-Universität Halle-Wittenberg, Universitäts- und Landesbibliothek Sachsen-Anhalt: AB 180197 (1)

Geschnitzte Figur im Schrank XII.M der Kunst- und Naturalienkammer der Franckeschen Stiftungen. Halle, Franckesche Stiftungen: KNK R.-Nr. 0468

Figürchen hat sich – nach dem Vorbild des Kupferstichs aus Kopenhagen – die Faszination und das imaginative Potential dieser vielgestaltig wandelbaren Natur der Gesteine in einem dreidimensionalen Modell verkörpert.

Das in Kopenhagen aufbewahrte Original dieses steinernen Menschleins und seine Hallenser Replik sind keineswegs als ein besonders bizarrer Fall von Naturverständnis und Sammelleidenschaft in der Frühen Neuzeit zu verstehen. Vielmehr überlagern sich in diesem Beispiel auf charakteristische Weise einige grundlegende Aspekte, die gerade den Gesteinen – lange bevor sich die Geologie als Naturwissenschaft im modernen Sinne etablierte – eine besonders exponierte Stellung innerhalb der Sammlungsgeschichte zukommen ließ. So galt zwar einerseits die kategoriale Unterscheidung der Gesteine oder *mineralia* von anderen Naturdingen, zugleich aber gab es vielfältige Übergänge und Resonanzen, Möglichkeiten der Verwandlung und Transformation. Dabei war ein besonderes Interesse von Naturkundlern und Sammlern an solchen Phänomenen festzustellen, in denen die Grenze zwischen Steinen und lebendigen Körpern auf vielfältige Weise überspielt wurde. Der Kopenhagener Fötus reiht sich in eine Vielzahl von Einzelfällen und Observationen an Organsteinen von Mensch und Tier, die regelmäßig in Kunstkammern auf-

Foetus lapidefactus (versteinerter Fötus) und *Tabula marmorea* (Marmortafel), Kupferstich in: Jacob Oliger: Museum Regium seu Catalogus Rerum tam naturalium, quam artificialium [...]. Kopenhagen: Schmetgen, 1696, Pars I, Tab. XI. Halle, Martin-Luther-Universität Halle-Wittenberg, Universitäts- und Landesbibliothek Sachsen-Anhalt: Aa 2274, 2°

bewahrt und eingehend studiert wurden[7] – und einige dieser Steine wie etwa die Bezoare wurden zudem vielfach von Goldschmieden in aufwendige Fassungen eingearbeitet, unter anderem um mit ihrer vermeintlich antitoxischen Wirkung als schützende Amulette getragen zu werden.[8]

Neben dieser faktischen Verschränkung von Steinen und lebenden Körpern wurden andere Steine aufgrund bestimmter Merkmale assoziativ zu lebenden Wesen und bestimmten organischen Prozessen in Beziehung gesetzt. Zum Beispiel die besondere Form eines Steines wurde dabei, ganz im Sinne eines verbreiteten Denkens in Ähnlichkeiten, als bedeutsame Analogie-Beziehung zu bestimmten Körperteilen oder Organen verstanden.[9] Und auch hier wurde aus dieser Beziehung zwischen Stein und lebendem Körper mitunter eine bestimmte pharmazeutische Kraft und Wirkung abgeleitet. Ein besonders plastisches Beispiel hierfür sind die so genannten *Aetite* oder *Adlersteine*. Auch sie sind als Exponate aus Kunstkammern vielfach überliefert und wurden unter anderem beschrieben von Anselm Boethius de Boodt (1550–1632), Arzt und Naturkundler am Hofe Rudolf II. (1552–1612) in Prag sowie Autor eines einflussreichen Buches zur Gesteinskunde.[10] Das Besondere dieser Steine war, dass sie meist in ovaler Form aus einer Schale und einem darin eingeschlossenen, beweglichen Kern bestanden. Seit antiken Autoren wie Plinius (23–79) hatte dieser Stein seinen Namen, weil Adler angeblich derartige Steine in ihre Nester brachten, da diese die Fruchtbarkeit ihrer Gelege und die Aufzucht der Nachkommen beförderten. Diese besondere Doppelgestalt von Hülle und Kern sei indessen nicht nur aufgrund der Analogie zum Ei der Fruchtbarkeit von Adlern förderlich, sondern diese Wirkung lasse sich auch auf den Menschen anwenden. Einen Adlerstein auf den linken Arm gelegt, so de Boodt, unterstütze auch die Schwangerschaft von Frauen bzw. helfe bei der Geburt.

Von Interesse ist hier vor allem die spezifische Logik derartiger Zuschreibungen von Eigenschaften und Kräften: Die strukturelle Ähnlichkeit im Aufbau zwischen diesem Stein und dem Ei des Vogels sowie der Gebärmutter von Frauen wird als Hinweis auf eine bestimmte Wirkung – nämlich die Förderung der natürlichen Regeneration – gedeutet und in diesem Sinne zur Nutzung empfohlen. Damit sind die Adlersteine ein besonders plastisches Beispiel für jene Netzwerke von Semantiken und praktischen Beziehungen, die sich insbesondere an Gesteinen festmachen konnten. Zu den Kategorie übergreifenden Verwandlungen und Transformationen zwischen den drei Reichen kamen somit noch jene weitläufigen Beziehungen und Wechselwirkungen hinzu, die ihrerseits als faktisch gegeben galten, die aber als zunächst verborgene Eigenschaften vom Menschen nur durch Wissen zu erschließen waren.

Als besonders schwer zu erfassen galten in diesem Zusammenhang die Natur und Eigenschaften der Korallen. Auch sie waren besonders beliebte Sammlungsobjekte, teilweise sehr teuer, und wurden insbesondere für fürstliche Kunstkammern vielfach künstlerisch bearbeitet. Für die Sammlung Ferdinands II. (1529–1595) von Tirol in Ambras etwa wurden ganze Mikrolandschaften komponiert, in denen Korallenzinken als Bäume und Sträucher eine phantastische Vegetation auf steinigem Grund bildeten.[11]

In naturwissenschaftlicher Hinsicht hat sich kaum eine andere Gruppe von Objekten der definitiven Bestimmung so lange widersetzt. Im antiken Mythos – etwa bei Ovid – entstand die Koralle aus Seepflanzen, die durch das Blut aus dem abgeschlagenen Haupt der Medusa erstarrt seien, und es ist vermutlich diese mythische Herkunft, aus der sich der Glaube an die den bösen Blick abwehrende Wirkung von Korallen herleitete.[12] Sammler und Naturkundler der Frühen Neuzeit nahmen vielfach diese vermutete magische Wirkung auf, diskutierten aber vor allem über die Natur dieser Gewächse. Lange blieb die Frage virulent, handelt es sich bei Korallen um Pflanzen oder um Steine? – oder etwa um beides? Der erwähnte de Boodt zum Beispiel widersprach der ebenfalls aus der Antike überlieferten und noch um 1600 verbreiteten Meinung, Korallen wüchsen im Wasser als Pflanzen, versteinerten aber augenblicklich, wenn sie an die Luft kämen.[13] In der Kunstkammer Rudolf II. habe er Korallen untersucht, in denen beide Zustände nebeneinander existierten, und dies warf die Frage auf, ob nicht die Versteinerung als integrales Moment des Wachstumsprozesses selbst verstanden werden müsse. Noch um 1700 wird die Natur der Koralle in diesem Spannungsfeld diskutiert und es war offenbar noch immer ein Problem, ihre gemischte Natur gleichsam *zwischen* den *vegetabilia* und *mineralia* zu verstehen. Korallen blieben somit für die Naturwissenschaften eine Herausforderung, lebloses Gestein und die Steinbildung sowie vegetabiles Leben und Wachstum nicht zwangsläufig als strikt voneinander getrennte Sphären zu sehen, sondern sie auch als mitunter verbundene Zustände und Prozesse zu denken.[14]

Der Raum der Sammlung und die Ordnung der Dinge

Jedem einzelnen Ding, das Teil einer Sammlung wird, einen bestimmten Ort zuzuweisen, ist weit mehr als eine triviale Notwendigkeit. Vielmehr impliziert jede Platzierung Entscheidungen von größter Konsequenz. *Wo* ein einzelnes Exponat seinen Platz im Ensemble einer Sammlung findet, ist oft von geradezu definitiver Bedeutung und entscheidet maßgeblich darüber, *was* dieses Ding von nun an ist. Die Einrichtung von Sammlungsräumen mit ihren Schränken und Repositorien ist insofern immer auch und nicht zuletzt ein Instrument einer räumlich organisierten Ordnung des Wissens und der Welt.

Eindrucksvoll kommt diese direkte Beziehung zwischen räumlicher Anordnung und Wissen in der Gestalt von Sammlungsschränken etwa in dem 1565 in Zürich erschienenen Fossilienbuch von Conrad Gessner (1516–1565) zum Ausdruck.[15] Mit „fossilen Dingen" meint der Titel dieses Buches alles, was aus der Erde gegraben wird, und das Buch breitet vor dem Leser ein enzyklopädisches Wissen über Gesteine und Erden aus, das auch Aspekte wie etwa den pharmazeutischen Gebrauch und handwerkliche Bearbeitungen einschließt. Zugleich gilt Gessners Schrift als das erste gedruckte Buch speziell zu den *mineralia*, das seine Objekte nicht nur verbal beschreibt und kommentiert, sondern auch in Bildern darstellt.[16]

Zu Beginn des Buches wird die Ordnung einer Gesteinssammlung vorgestellt, deren Geltungsanspruch in einem ebenfalls abgedruckten Sammlungsschrank bekräftigt und zur praktischen Anwendung empfohlen wird. Der Erfinder ist Johannes Kentmann (1518–1574), ein im sächsischen Torgau lebender Arzt und Sammler, der mit Gessner korrespondierte. Das Buch stellt Kentmanns Ordnungssystem

2.14 | Fossilienschrank von Johannes Kentmann, Kupferstich in: Conrad Gessner: De omni Rerum Fossilium Genere, 1565. Halle, Franckesche Stiftungen

zunächst als abstraktes Schema dar. Die mit Nummern versehenen Namen der verschiedenen Gruppen von Mineralien finden sich hier jeweils zu zweit auf einer Ebene in den 13 Registern eines tabellarisch gegliederten Rechtecks. Auf der Seite daneben finden sich in exakter Entsprechung dieselben Nummern auf den Schubladen eines Schranks eingetragen. Dessen schlichter Aufbau folgt ganz dem Ordnungsschema und überführt es zugleich in eine architektonische Form.

In diesem Möbel verkörpert sich so eine an sich abstrakte klassifizierende Ordnung als konkretes räumliches Gefüge, das die vielfältigen Erscheinungen und Qualitäten von Gesteinen zu einem Korpus exemplarischer Stücke zusammenfasst. Der vergleichsweise einfache Schrank schließt die einzelnen Objekte in sich ein und visualisiert

METALLOTHECA
METAΛΛEYTA
XIIII
XV
XVI
Aurum et Argentum
Aes
Plumbum & Stimmi
I
Terrae
OPYKTA
I · TERRAE · II · SAL ET NITRVM · III · ALVMINA · IIII · SVCCI A
SVCCI PINGVES · VI · MARINA · VII · LAPIDES TERRAE SIMILES · VIII · L
ANIMALIBVS INNATI · VIIII · LAPIDES ἰδιόμορφοι IDEST PECVLIARI FORMA
X · SAXA ET LAPIDEA FACTA XI · MARMORA · XII · SILICES, ET FLVORES · XIII ·
METAΛΛEYTA
XIIII · AVRVM ET ARGENTVM · XV · AES · XVI · PLVMBVM ET
XVII · FERRVM ET στόμωμα, SIVE CHALYBS · XVIII · AFFINIA METALLIS
NASCENTIA · XIX · AFFINIA METALLIS QVAE IN FORNACIBVS EXIS

in seiner kompakten Architektur eine Ordnung mit dem Anspruch auf Vollständigkeit. Die Bezeichnung des Schranks als *arca*, also Arche, unterstreicht diesen Anspruch auf umfassende Ordnung, aber auch auf eine bewahrende Funktion. Beide Momente ließen das Motiv aus der biblischen Mythologie zu einer Leitmetapher naturhistorischen Sammelns werden, die mitunter ganzen Sammlungen ihren Namen gab – wie etwa im Falle der im Volksmund als „Ark of Lambeth" bezeichneten Kunstkammer von John Tradescant d.Ä.[17] (1570–1638), die spätestens seit 1629 im Süden Londons öffentlich zugänglich war. Indem Gessner den gegenständlich konkreten Ordnungsraum von Kentmanns Arche seiner eher heterogenen Zusammenstellung einzelner Abhandlungen voranstellt, wird dem Leser suggeriert, all das, was auf den folgenden Seiten verhandelt wird, habe seinen Rückhalt in einer faktisch gegebenen Ordnung der Dinge selbst.

Eine besondere Komplexität im Zusammenspiel von Sammlungsmöbeln, musealem Raum, systematischer Ordnung und einzelnem Exponat entfaltete einige Jahre später Michele Mercati (1541–1593) in seiner *Metallotheca Vaticana*.[18] Mercati war um 1580 – in jenen Jahren, in denen das Gros des Werkes entstand – Arzt am päpstlichen Hof und zuständig für den botanischen Garten des Vatikan wie auch die mineralogische Sammlung. Bei seinem Tod hinterließ er ein unvollendetes Manuskript und eine Reihe von eigens für das Buch angefertigten Kupferstichen.[19] Teils korrigiert und mit Kommentaren versehen, erschienen diese Materialien erst 1717 im Druck und trotz dieser editorischen Verspätung wurde das Buch zu einer wichtigen Referenz für die Gesteinskunde der ersten Hälfte des 18. Jahrhunderts.[20]

Die Bandbreite der Objekte in diesem Buch umfasst zum einen und mehrheitlich Naturdinge, sofern sie dem Reich der *mineralia* entstammen. Ein besonderes Augenmerk liegt dabei auf den schwer zu erklärenden Erscheinungen, wie etwa Dendriten oder Versteinerungen. Zugleich aber werden auch solche Dinge als Teil des

2.3 | Idealisierende Ansicht des Sammlungsraumes der Mineralien im Vatikan, Kupferstich in: Michele Mercati: Metallotheca, 1717. Halle, Martin-Luther-Universität Halle-Wittenberg, Universitäts- und Landesbibliothek Sachsen-Anhalt

2.4 | Sammlungsschrank, Kupferstich in: Michele Mercati: Metallotheca, 1717. Halle, Martin-Luther-Universität Halle-Wittenberg, Universitäts- und Landesbibliothek Sachsen-Anhalt

Sammlungskorpus im Buch gespiegelt, die offensichtlich durch Menschhand geschaffen wurden. Die prominentesten Beispiele hierfür sind einige Antiken, wie die Laokoon-Gruppe, der Apoll und auch der Torso vom Belvedere, die in der Publikation unter den Exponaten aus Marmor aufgeführt werden.

Das Frontispiz eröffnet vor dem Leser auf einer ganzen Doppelseite im Folioformat einen lang gestreckten menschenleeren Raum, dessen Stirnseite sich in einem Bogenportal zum Außenraum öffnet. In diesem Falle sind die Exponate der Sammlung in den kleinteiligen Fächern nahezu identischer Schränke verborgen. Jeder Schrank ist beschriftet und mit römischen Ziffern nummeriert. Eine Tafel im Vordergrund listet alle Nummern und die zugehörigen Namen der Objektgruppen auf. Unterteilt sind diese in zwei übergeordnete Kategorien: in die „Metalle" im engeren Sinne und in alle übrigen Gesteine – die „Orycta". Diese Unterteilung spiegelt sich in der räumlichen Aufstellung der Schränke wider. Auf der linken Seite stehen die der Metalle, alle anderen stehen auf der rechten Seite. Das Frontispiz gibt somit Einblick in einen musealen Raum, in dem über die aufgestellten Schränke eine differenzierte Ordnung der Objekte verankert und fixiert ist.

Zu Beginn jedes Hauptkapitels wird diese räumliche Ordnung erneut aufgegriffen. Zusammen mit der verbalen Bezeichnung der jeweiligen Gruppe von Objekten wird nämlich auch der entsprechende Schrank erneut benannt – und im Bild gezeigt. Zwar entsprechen die prachtvollen architektonischen Fassaden nicht wirklich jenen Schränken, die auf dem Frontispiz zu sehen sind, dennoch wird mit den wiederkehrenden Schrankfassaden in der Imagination des Lesers immer wieder eine Rückbindung an diesen Raum evoziert. Dabei ist der Blick auf einen geöffneten Schrank zu Beginn eines jeden Kapitels nicht bloß ein allgemeiner Verweis auf den Raum der Sammlung. Er ist vielmehr ein ikonisches Inhaltverzeichnis und Lageplan der Objekte. Bei jedem Exponat, das beschrieben und kommentiert wird, ist auch dessen „Loculo" angegeben, das heißt der präzise Ort innerhalb der Gliederungseinheit. Die versteinerten Fische im Fach 51 sind dabei besonders attraktive Stücke. Ihre besondere Eigenschaft ist ihre Bildhaftigkeit, deren Ursache unter den Naturhistorikern lange umstritten war. In der *Metallotheca* wurde aus diesem auffälligen Merkmal wiederum die Kategorie der „Idiomorphen Steine" abgeleitet, denen dieser ganze Schrank gewidmet wurde. Mercati fasste unter dieser Kategorie insbesondere solche Gesteine zusammen, die sich durch besondere, vor allem bildhaft erscheinende Formen auszeichneten. Hierzu gehörten etwa eine Reihe fossiler Fische. Der Autor beschrieb sie als „Erfindungen einer spielenden Natur" (*figmenta ludentis naturae*), wobei hier die Natur selbst, gleichsam als Künstlerin, Bilder dieser Fische akribisch gemalt und diese Bildchen dann im Stein plastisch übereinandergeschichtet habe.[21]

Noch das gedruckte Buch evoziert die Objekte der Sammlung mit allen Informationen als räumlichen Gesamtzusammenhang: Eine Sammlungsbeschreibung wie die *Metallotheca* will nicht nur gelesen und betrachtet werden, sondern diese Lektüre impliziert ein zumindest imaginäres Aus- und Einräumen der Objekte. Mit hohem künstlerischen Aufwand – in Form der Kupferstiche – adaptiert und erweitert diese Publikation dabei die Technik des Inventarisierens, wie sie um 1600 in den Kunstkammern etwa von Ambras, München oder Prag angewandt wurde. Und doch setzt sich die *Metallotheca* zugleich von dieser Praxis ab. Sie markiert insofern ein Kippmoment in der Verbindung von Sammlungsraum und taxonomischer Ordnung, als das sukzessive Abtasten von Orten und das Ausbreiten der einzelnen Objekte auf den Bildtafeln diese zugleich aus dem konkreten Raum der Vatikanischen Sammlung herauslöst und für alternative Ordnungen verfügbar macht.

Auch in der späten Zeit der Kunst- und Naturalienkammern kam den Sammlungsschränken eine wichtige instrumentelle Rolle zu. Mit ihnen wurden systematische Ordnungen naturkundlicher Objekte in zunehmend feineren Differenzierungen entwickelt und ausgestellt. In der Kunst- und Naturalienkammer der Franckeschen Stiftungen zum Beispiel sind die Mineralien in einem jener Schauschränke zusammengefasst, die als thematische Einheiten zusammen den universalen Anspruch dieser Lehrsammlung für Zöglinge manifestierten. Auch hier gleichen sich die Schränke weitgehend in Aufbau und Design. Sorgfältig gemalte Kulissenarchitekturen bilden die Fassaden. Dabei gibt jede dieser Dekorationen in spezifischen Details zu erkennen, welche Gruppe von Objekten im jeweiligen Schrank enthalten ist. Die Exponate selbst sind durch die verglasten Fronten sichtbar, zugleich aber einem direkten Zugriff entzogen. Der Schrank für die Gesteine ist innerhalb der die gesamte Sammlung umfassenden Systematik durch Nummerierung als erste kategoriale Einheit ausgewiesen. Diese Position entsprach geläufigen Ordnungsschemata des Kosmos: etwa der Unterteilung der Natur in die drei Reiche der *mineralia*, *vegetabilia* und *animalia*, die in dieser Reihenfolge zugleich einen Aufstieg von den rohen Daseinsformen der Materie

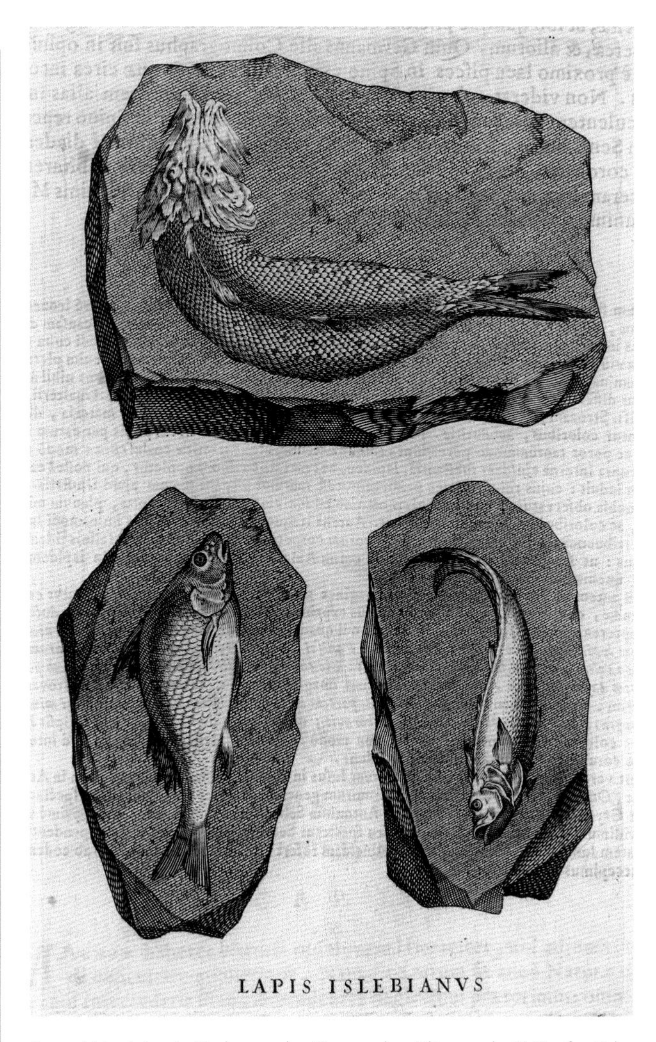

Zu 2.2 | Versteinerte Fische aus der Gruppe der „Idiomorphoi", Kupferstich in: Michele Mercati: Metallotheca, 1717. Halle, Martin-Luther-Universität Halle-Wittenberg, Universitäts- und Landesbibliothek Sachsen-Anhalt

bis hin zu bewegungsfähigen, sensiblen und schließlich vernunftbegabten Lebewesen implizierte.

Dabei wurde die Unterteilung der Natur in drei Reiche auch in Halle offenbar nicht im Sinne einer strikten übergangslosen Trennung verstanden. Zwischen die Steinsammlung und die nächste große Gruppe der *vegetabilia* wurde ein Schrank für Korallen gestellt, jene Gewächse des Meeres, denen wie bereits erwähnt lange Zeit eine doppelte Natur zwischen den Steinen und den Pflanzen zugeschrieben wurde. Den ersten der 1741 aufgestellten Sammlungsschränke den Gesteinen zuzuweisen, lehnte sich mithin an etablierte Vorstellungen von der Ordnung des

Makrokosmos an, in deren kontinuierlichen Zusammenhang sich – mit dem Menschen als gottesebenbildlichem Gipfel der *animalia* – schließlich auch die vielfältigen Artefakte einfügen ließen, die dieser durch seine Künste hervorbringt.

Dabei bildeten die Gesteine mit ihren 924 Stücken quantitativ die am zahlreichsten vertretene Objektgruppe der Sammlung.[22] Sie waren in 19 Gruppen eingeteilt, hinzu kamen 21 Untergruppen der Versteinerungen. Diese wurden in der 1. Hälfte des 18. Jahrhunderts überwiegend im Sinne des heutigen Verständnisses von Fossilien als ehemals lebende Wesen gedeutet. Dass die einzelnen Abteilungen dieser systematischen Gliederung jeweils bestimmten Fächern im Schrank zugewiesen waren, wird nun auch durch pragmatische Anleitungen wie die *Instructionen für den Herumführer* unterstrichen. Sie ermahnen eindringlich dazu, jedes zur Betrachtung entnommene Stück exakt an seinen Ort zurückzulegen und niemals so viele Exponate gleichzeitig aus ihren Fächern zu nehmen, dass man zwangsläufig alles in „Confusion" bringe.[23] Wenn die genaue Anordnung der Exponate in Schränken eine wichtige instrumentell-didaktische Funktion war, dann kündigt sich in derartigen Verhaltensregeln an, dass die Nutzung der Sammlungen – zunehmend im Sinne öffentlicher Institutionen – diese Funktion durchaus gefährden konnte. Langfristig war dies ein Grund dafür, dass sich die Orte wissenschaftlichen Arbeitens im Museum von den Bereichen der Besucher trennten.

Die Architektur der Erde und Zeugnisse ihrer Geschichte

Um die Geschichte des Sammelns mineralogischer Naturalien – gerade im 17. und 18. Jahrhundert – in ihrer wissens- und kulturgeschichtlichen Dimension zu verstehen, muss ein weiterer Aspekt in Betracht gezogen werden. Die weit verbreitete Sammelleidenschaft war eingebettet in die nicht nur fachwissenschaftliche, sondern ebenso naturphilosophische wie theologische Herausforderung, auch die *mineralia* und die Geosphäre als Teil einer im Ganzen sinnvollen Natur zu verstehen. Mythisch-religiöse Vorstellungen, wie etwa die biblische Schöpfung, bildeten hierfür noch bis weit ins 18. Jahrhundert für die meisten Europäer einen nahezu unverzichtbaren Rahmen. Wissenschaftliche Forschung trat hier keineswegs von Anbeginn als grundlegende Alternative zu religiösen Konzepten auf; vielmehr standen beide in einem anhaltenden Dialog, der lange zwischen Vermittlungsversuchen und Streitgesprächen changierte.

Zwar vermochten um 1700 jüdisch-christliche wie auch heidnische Mythologien kaum noch Antworten auf jene Fragen zu liefern, die sich in vielen Bereichen der Natur stellten: sei es angesichts neuer Arten von Pflanzen und Tieren, die in fernen Gegenden der Welt gefunden wurden, sei es in Hinblick auf jene Feinstrukturen natürlicher Dinge, die inzwischen unter dem Mikroskop sichtbar wurden, oder aber unter der Erfahrung katastrophaler Ereignisse wie Erbeben und Vulkanausbrüchen. Vor allem letztere fügten sich nicht ohne weiteres in das Konzept von Natur als nach göttlichem Willen eingerichteter und geordneter Schöpfung – dennoch suchten die meisten Forscher und Sammler fremde Dinge, neue Phänomene und auch die als gewaltsam und zerstörerisch erfahrenen Momente von Natur mit christlich-religiösen Welt- und Geschichtsbildern zu versöhnen. Das Reich der *mineralia* und die Gesteine waren hierbei ein Feld besonderer Herausforderungen, da hier früher als in anderen Wissensbereichen überlieferte Vorstellungen sowohl von Natur als geordneter Schöpfung herausgefordert wurden als auch umfassende Modelle von Zeit und Geschichte.

In den Jahrzehnten nach 1600 nahm die Naturgeschichte der Erde neue zeitliche Dimensionen an. So verband zum Beispiel der Neapolitaner Sammler Fabio Colonna (1567–1640) seine Gedanken über die Entstehung von Versteinerungen ausdrücklich mit der Idee, dass diese Überreste von Pflanzen und Tieren einst verschüttet worden seien, dann für kaum vorstellbar lange Zeit verborgen geblieben waren und somit als Zeugnisse einer extrem weit zurückliegenden historischen Vergangenheit zu verstehen seien.[24] Spekulationen etwa über die Entstehung der Fossilien richteten sich bald nicht mehr allein auf die Frage, wie deren bildartige Erscheinungen zu erklären seien. Vielmehr wurden diese Phänomene nun mit Überlegungen zur Entstehung der erstaunlich vielfältigen Oberflächenformen der Erde verbunden: Was mochte die flachen Ebenen und alpinen Gebirge verursacht haben? Und verändern sie sich auch gegenwärtig? Einzelne mineralische Prozesse wurden zunehmend im Horizont großräumiger Veränderung geologischer Formationen zu verstehen versucht und diese übergreifenden Veränderungen implizierten eine in neuer Weise historisierende Zeitlichkeit.[25]

Zunächst lieferten Mythologien – insbesondere die der Bibel mit Schöpfung, Sintflut und Apokalypse – nach wie vor den Maßstab für diese neue historische Dimension. Sehr bald jedoch erlangte die Naturgeschichte der Erde eine Dynamik, die jede Bindung an mythologische Zeit- und Geschichtsvorstellungen immer weiter ausdehnte und schließlich zerstörte. Neben den Forschungsmethoden der entstehenden Geowissenschaften spielten hierbei Analogien und metaphorische Vorstellungen eine wichtige Rolle. Sie lieferten erneut Verbindungen zur bildenden Kunst und prägten eine spezifische Kultur geologischen Wissens, die spätestens im 18. Jahrhundert eine beträchtliche Popularität erlangte.

Besonders signifikant waren hierbei Metaphern der Architektur und Baukunst. Bereits von antiken Autoren, wie zum Beispiel Platon, Aristoteles oder Cicero, sind verschiedene Versionen einer Analogie zwischen der Erde und der Baukunst überliefert. Der Akzent lag dabei in erster Linie darauf, die irdische Natur als integralen Teil des Kosmos als ein geordnetes Weltgebäude auszuweisen, organisiert und gestaltet von einer göttlichen Macht.[26] Um die Mitte des 16. Jahrhunderts griff der bereits erwähnte Conrad Gessner diese Metaphorik speziell in einer emphatischen Schilderung der Alpen auf und huldigte Gott als dem großen ‚Architekten', der all dies geschaffen habe;[27] bevor in der zweiten Hälfte des 17. Jahrhunderts Architekturmetaphern geradezu zu einem Leitmotiv erdgeschichtlicher Konzepte wurden. Auf signifikante Weise wendete etwa John Ray (1627–1705) diese Analogie zwischen Erde und Baukunst in ein Argument ex-negativo gegen jegliche atomistischen Naturphilosophien, die inzwischen die Schöpfungsgeschichte und den göttlichen Ursprung von Natur herausforderten. Er schrieb:

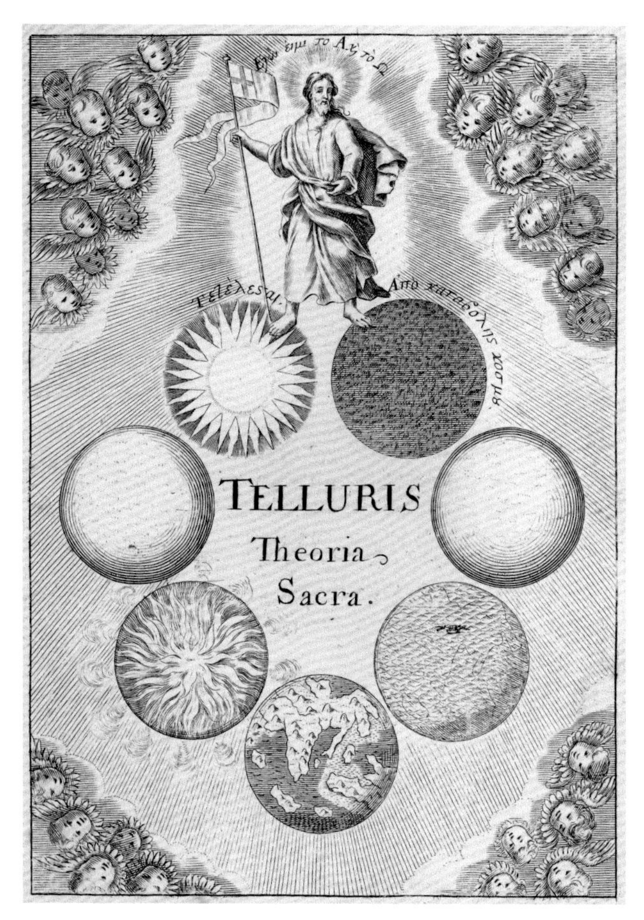

1.1.13 | Zyklische Geschichte der Erde, Kupferstich in: Thomas Burnet: Telluris Theoria Sacra, 1681, Frontispiz. Halle, Franckesche Stiftungen

„For if this concourse of Atomes could make a whole World, why may it not sometimes make, and why hath it not somewhere or other in the Earth made a Temple, or a Gallery, or a Portico, or a House, or a City? which yet it is so far from doing, and every Man so far from believing, that should any one of us be cast, suppose, upon a desolate Island, and find there a magnificent Palace artificially contriv'd according to the exact Rules of Architecture, and curiosly adorn'd and furnish'd, it would never once enter into his Head, that this was done by an Earthquake, or the fortuitous shuffling together of its component Materials; or that it had stood there ever since the Construction of the World, or first cohaesion of Atomes; but would presently conclude that there had been some intelligent Architect there, the effect of whose art and Skill it was."[28]

In der doppelbödigen, ja verschlungenen Logik dieser polemischen Erwiderung wird deutlich, welcher Anstrengungen es inzwischen bedurfte, die möglichen Einwände gegen ein Verständnis von Natur als planvoller Schöpfung zu entkräften. Wenn die ganze Welt aus der bloß zufälligen Bewegung der Atome entstanden wäre – so das Argument von Ray in dieser Passage –, warum hätten diese dann nicht hier und dort von selbst Tempel, Galerien, Torbögen, Häuser und ganze Städte hervorgebracht? Da wohl niemand ernsthaft von derartigen Bauten berichten könne oder existierende Architekturen *nicht* der Kunstfertigkeit und dem Können eines Erbauers zuschreiben würde, müsse man doch wohl auch für die im Ganzen offensichtlich planvoll eingerichtete Natur einen solchen Baumeister annehmen bzw. voraussetzen.

Gleichnisse und Metaphern der Architektur werden hier zunächst zu einem allgemeinen Argument für das notwendige Wirken eines göttlichen Schöpfers. Dabei war die Erde ein prädestinierter Bereich, in dem dieses allgemeine Argument von zahlreichen Autoren eindrucksvoll entfaltet wurde. In vielen Texten und Bildern wurde sie als System aus horizontalen Geschossen, vertikalen Stützen, Wänden und Strebepfeilern imaginiert; und dieses Bauwerk enthielt verschiedenste Räume, die nach Auffassung zahlreicher Autoren, wie die Zimmer eines Hauses, die gesamte Erde als ein System von Gewölben, Tunneln und Katakomben durchziehen.[29] Im 17. Jahrhundert prägten derartige Bauwerks-Vorstellungen die Debatten etwa über Erdbeben, Bergstürze oder Vulkanausbrüche. Ein Beispiel hierfür ist etwa John Woodward (1665–1728) und seine 1695 publizierte Erklärung der biblischen Flutkatastrophe als abrupter Ausbruch riesiger Wassermassen aus gewaltigen Zisternen im Inneren der Erde.[30]

Architekturmetaphern ermöglichten es dabei, die gesamte Erde – einschließlich der irregulären Erscheinung etwa der Gebirge – konzeptuell in eine anschauliche tektonische Ordnung zu überführen. Architektur verkörperte in besonderer Weise die Regelmäßigkeit von Maßen und Proportionen, Funktionalität, symbolische Eigenschaften und eine relativ hohe Haltbarkeit und Dauer. Diese Eigenschaften metaphorisch auf die Geosphäre der Erde zu übertragen, erwies sich als wirksame Strategie sowohl der wissenschaftlichen als auch kulturellen Aneignung gerade jener Regionen, die wie etwa die alpinen Hochgebirge noch um 1900 zu großen Teilen kaum erschlossen waren.

Vor diesem Hintergrund implizierten Metaphern und Modelle der Erde als architektonisches Werk die spezifische Ambivalenz zwischen einem intakten, vollkommenen Gebäude einerseits und andererseits der Ruine oder gar bloßen Fragmenten einstiger Bauten. Beide Optionen eröffneten fundamental verschiedene Perspektiven auf die gegenwärtige Welt und diese antithetischen Möglichkeiten finden sich wieder im Zentrum der Debatten in den noch jungen Erdwissenschaften um 1700. Dabei schienen insbesondere die Gebirge mit ihren irregulären oft verwitterten Formen Argumente für die Auffassung zu liefern, die Erde befinde sich ohne Zweifel in einem Ruinenstadium einstiger Schönheit und Vollendung. Für ein Verständnis der Natur als wohlgeordneter, absichtsvoller Schöpfung waren solche Deutungen als Ruine in der Tat eine ernste Herausforderung.

Eine der prominentesten Stimmen in diesem Sinne war die des englischen Klerikers und Gelehrten Thomas Burnet (um 1635–1715). In seiner Schrift *Telluris Theoria Sacra* von 1681 beschrieb er die Erde, insbesondere angesichts ihrer zerklüfteten Oberfläche mit den Gebirgen, als in einem bedauernswerten Verfallszustand befindlich.[31] Er sah dieses gegenwärtige Maximum an Unordnung und Zerstörung als Phase in einem zyklischen Prozess, der im Frontispiz des Buches visualisiert wird. Demnach sei das in der Bibel erwähnte, anfängliche Chaos durch Gott im Sechstagewerk in eine vollkommene Schöpfung transformiert worden. Dieser Idealzustand – dargestellt als vollkommene Kugel – sei jedoch in der Sintflut zerstört worden, so dass sich die gegenwärtige Erde mit ihren Kontinenten und Meeren, Gebirgen und Tälern lediglich als Ruinenzustand dieser einstigen Vollkommenheit verstehen lasse. Im Frontispiz befindet sich diese Erde im Scheitelpunkt des kosmischen Zyklus, am weitesten vom Erlöser entfernt. Erst durch den Weltenbrand der Apokalypse, so Burnet, wird die Erde aus diesem Zustand erlöst werden. Auf die vollständige Zerstörung im Feuer werde eine kurze Phase erneuter Vollkommenheit folgen, bevor sich das natürliche Dasein der Erde dann mit der Verwandlung in einen Stern vollenden werde. Der Autor betont in seinen Ausführungen die vollkommene Abwesenheit jeglicher Ordnung, Schönheit oder wie auch immer zu denkenden Sinnhaftigkeit des gegenwärtigen Ruinenzustands – ohne irgendeine positive Wendung.[32] Allein in jener heilsgeschichtlichen Perspektive aus der Distanz, wie sie das Frontispiz vor Augen stellt, wird dieses Ruinenstadium als transitorischer Zustand offenbart – aber es bleibt dabei: Natur und menschliche Geschichte sind bei Burnet ohne Ausweg in diesem Zustand gefangen.

Dieser radikal negativen Deutung der Erde wurde jedoch vehement widersprochen, zum Beispiel von Ray und Woodward[33] wie auch von Johann Jakob Scheuchzer (1672–1733) in Zürich.[34] Auch diese Opponenten griffen den von Burnet deklarierten Ruinenzustand auf, gaben den kaum zu bestreitenden Momenten von Irregularität, Disproportion und Verfall aber eine erneute und entscheidende Wendung. All jene Eigenschaften, die Burnet als sicheren Hinweis auf das Verfallsstadium der gegenwärtigen Erde ins Feld führte, wurden von diesen Autoren nicht etwa bestritten, sondern als Merkmale einer besonderen Kunstfertigkeit umgedeutet. Der vermeintliche Ruinenzustand sei, diesen Autoren zufolge, ganz im Gegenteil Merkmal einer besonderen baukünstlerischen Finesse und die göttliche Vollkommenheit dieser Baukunst liege genau darin, dass sie ihre sinnvolle Planung und künstlerische Vollendung für den flüchtigen Blick in scheinbarer Unordnung und Verfall verborgen habe. Scheuchzer[35] stützte sich in dieser virtuosen Wendung unter anderem auf den Jesuiten Daniello Bartoli (1608–1685), der bereits um die Mitte des 17. Jahrhunderts in Hinblick auf die Gebirge ähnliche Betrachtungen angestellt hatte und sich dabei auf jene künstlichen Ruinen berief, wie sie in manieristischen und barocken Schlössern und Gärten zu finden waren.[36]

Burnet, so seine Gegner, habe die Erde und die Gebirge lediglich mit den körperlichen Sinnen betrachtet und sich von deren äußerer Erscheinung irreführen lassen, anstatt mit dem „geistigen Auge" die erhabene Ordnung der Natur und in ihr die besondere Kunstfertigkeit des Schöpfers zu

Fossiliensammler vor einem Gebirge mit der Arche Noah, kolorierter Kupferstich in: Johann Jakob Scheuchzer: Museum Diluvianum [...]. Zürich: Bodmer, 1716, Frontispiz. Berlin, akg-images: AKG4452308

erkennen. In dieser als Unordnung und Zerfall maskierten höchsten Kunst sei die gegenwärtige Erde keineswegs eine Ruine, sondern der vollkommene Bau einer nach der Sintflut neu geschaffenen Natur.

Diese Debatten um die Erde als eine tatsächliche oder aber künstliche und gleichsam fingierte Ruine implizierten zwei grundlegend verschiedene geschichtliche Perspektiven auf die Geosphäre des Planeten und damit auch auf die Rahmenbedingungen menschlicher Kultur.[37] Burnets kosmologischer Zyklus mit der gegenwärtigen Erde als Verfallsstadium fügt sich ganz in eine theologische Hermeneutik von Natur und Geschichte. Beide sind und bleiben eingebunden in den letztlich geschlossenen Rahmen des christlichen Heilsplans. Geschichtliche Optionen außerhalb dieses Kreislaufes gibt es nicht. Woodward und Scheuchzer hingegen argumentieren zwar ihrerseits in explizitem Bezug auf die biblischen Ereignisse – insbesondere die der Sintflut. Die von ihnen propagierte Erde als postdiluvialer Neubau und zweite Schöpfung aber öffnet den geschichtlichen Horizont. Diese zweite, erneute Schöpfung, darin waren sich Scheuchzer und andere Physikotheologen einig, sei grundsätzlich auf die Bedürfnisse des Menschen ausgerichtet und biete überaus günstige Bedingungen für künftige Zivilisationen. In dieser vollkommenen Architektur sahen sie einen unerschöpflichen Gegenstand wissenschaftlicher Forschung wie auch einen bestens geeigneten Schauplatz für die weitere Erschließung noch unbekannter Naturräume, für technischen Fortschritt und industrielle Aneignung von Natur. In diesem optimistischen Zug der Geowissenschaften um 1700 liegt somit eine der vielen Wurzeln jener Zuversicht in menschliche Arbeit sowie jenes Glaubens an die Verfügbarkeit von Natur, wie sie für die wissenschaftlich technische Moderne so bezeichnend werden sollten.

Für die entstehende Geologie und ihre Sammlungen im engeren Sinne brachte die Architekturmetaphorik der Erde – gerade in der Ambivalenz von vollkommenem Gebäude und Ruine – eine Wahlverwandtschaft zwischen Geowissenschaften und Archäologie mit sich.[38] Was sich bei Sammlern wie Fabio Colonna kurz nach 1600 bereits ankündigte, wurde nun zum gängigen Muster. Mineralogen und Fossilienkundler wie der erwähnte Scheuchzer sahen ihre Objekte jetzt explizit als Überreste, Zeugnisse, ja Reliquien lange vergangener Zeiten der Erdgeschichte. Auf dem Frontispiz seines *Museum Diluvianum*, einem 1716 gedruckten Katalog seiner eigenen Sammlung, steht der Gelehrte selbst in einer unwirtlich schroffen Berglandschaft.[39] Als Demonstration für den Leser weist er selbstbewusst mit dem Stock auf ein ganzes Sortiment vor ihm ausgebreiteter Versteinerungen, die vermutlich ein Bergknappe als helfender Geist aus dem Felsgestein ans Licht bringt. Die eigentliche, tiefere Ursache dieser einstmals lebenden, nun aber versteinerten Zeugnisse wird in der Ferne angedeutet. Auf dem höchsten Gipfel im Hintergrund ist die auf dem Berg Ararat gestrandete Arche zu sehen. Sie ist hier der narrative Hinweis auf die biblische Sintflut und darauf, dass wir uns heute in einer postdiluvialen Schöpfung befinden. Dabei ist die Arche als Teil des mythischen Geschehens in großer Ferne und hoch über uns zwar sichtbar, uns aber doch unzugänglich und bleibt, von Wolken umgeben, gleichsam entrückt. Die Fossilien hingegen geben als Fakten und materielle Beweisstücke unwiderlegbare Auskunft über die einstige Katastrophe als tiefe Zäsur in der gemeinsamen Geschichte von Natur und Kultur.

1 So zum Beispiel in: Charles de Bovelles: Liber de Intellectu. Paris: Estienne; Petit, 1510, fol. 119v.

2 Vgl. hierzu: Robert Felfe: Der Anteil der Kunst an den Ordnungen der Dinge. In: Ordnen – Vernetzen – Vermitteln. Kunst und Naturalienkammern als Lehr- und Lernorte in der Frühen Neuzeit. Hg. v. Eva Dolezel [u. a.]. Halle 2018 (Acta Historica Leopoldina, 70), 233–262. Noch immer grundlegend zur Geschichte der Paläontologie: Martin J. Rudwick: The Meaning of Fossils. Episodes in the History of Palaeontology. Chicago [u. a.]: Univ. of Chicago Press, ²1996.

3 Vgl. Gottfried August Gründler: Catalogus derer Sachen, die sich in der Naturalien-Kammer des Wäysenhaues befinden, Manuskript, 1741 (Halle, Archiv der Franckeschen Stiftungen (nachfolgend AFSt): AFSt/W XI/–/58 : 12), 312 Nr. 9411, dort wird es als „Ein Hausgötze der Wilden in Amerika" bezeichnet; zur Bezeichnung des Schranks: ebd., 299; zu dem Objekt vgl. auch Archivdatenbank Franckesche Stiftungen (URL: http://archiv.francke-halle.de/start.fau?prj=ifaust8_afst (letzter Zugriff: 05.03.2020)), KNK R.-Nr. 468.

4 Oligerus Jacobaeus: Museum Regium seu Catalogus Rerum tam naturalium, quam artificialium, quae in Basilica Bibliothecae Friderici quarti Hafniae asservantur [...]. Kopenhagen: [o. V.], 1696, 1.

5 Jacobaeus, Museum Regium [s. Anm. 4], 46.

6 Zu den Referenzen zwischen Naturgeschichte und Kunsttheorie in diesem Bereich: Robert Felfe: Figurationen im Gestein und die Koproduktivität von Kunst und Natur. In: Paragone – Wettstreit oder Mitstreit? Hg. v. Markus Rath u. Yannis Hadjinicolaou. Berlin 2014, 153–175.

7 Ein prominentes Beispiel hierfür ist etwa der Nierenstein von Albrecht V. (1528–1579) in der Münchener Kunstkammer, siehe hierzu: Katharina Pilaski Kaliardos: The Munich Kunstkammer: Art, Nature, and the Representation of Knowldge in Courtly Contexts. Tübingen 2013, 135–138.

8 Beispiele hierfür sind jene zwei Bezoare in Rohform und ein weiterer, der geschliffen, poliert und mit ei-

ner goldenen Fassung versehen als Amulett getragen werden konnte, aus den Beständen der Prager Kunstkammer von Rudolf II. Der Kunstkämmerer und Maler Daniel Fröschl (1573–1613) hat sie in einem Gemälde auf Pergament festgehalten, das sich heute in der Österreichischen Nationalbibliothek in Wien befindet. Vgl. Die Entdeckung der Natur. Naturalien in den Kunstkammern des 16. und 17. Jahrhunderts. Hg. v. Wilfried Seipel. Milano 2006, 116f.

[9] Michel Foucault unterschied vier Typen dieser Ähnlichkeiten: *convenientia* (eine Ähnlichkeit in Form räumlicher Nachbarschaft); *aemulatio* (als Reflexionen auch über weite Entfernungen hinweg wirksame Ähnlichkeiten), „Analogie" (formale bzw. Struktur-Entsprechungen) und „Sympathie/Antipathie" (anziehende bzw. ausschließende Kräfte). Vgl. Michel Foucault: Die Ordnung der Dinge. Originalausg. 1963. Frankfurt/Main 1994, 47–60.

[10] Anselm Boethius de Boodt: Gemmarum et Lapidum Historia [...]. Hanau: Wechel [u. a.], 1609, 186–188.

[11] Mehrere solcher Arrangements hat Erzherzog Ferdinand II. in süddeutschen oder Genueser Werkstätten herstellen lassen. Neben teils genau verortbaren Gebirgspässen befanden sich auch Kreuzigungsszenen darunter. Vgl. Die Entdeckung der Natur [s. Anm. 8], 264–268.

[12] Ovid: Metamorphosen. IV. Buch, V. 740–752.

[13] De Boodt, Gemmarum et Lapidum Historia [s. Anm. 10], 153–155.

[14] So etwa in: Paolo Boccone: Recherches et Observations Naturelles [...] touchant le Corail [...]. Amsterdam: Jansson á Waesberge, 1674, 15–17.

[15] Conrad Gessner: De omni Rerum Fossilium Genere, Gemmis, Lapidibus, Metallis [...]. Zürich: [o.V.], 1565. Zu Gessners Naturgeschichte: Facetten eines Universums: Conrad Gessner 1516–2016. Hg. v. Urs Leu u. Mylène Ruoss. Zürich 2016.

[16] Vgl. Rudwick, The Meaning of Fossils [s. Anm. 2], 3–13.

[17] Zu dieser Sammlung: Tradescant's Rarities. Essays on the Foundation of the Ashmolean Museum 1683. With a Catalogue of the Surviving Early Collections. Hg. v. Arthur MacGregor. Oxford: Clarendon Press, 1983.

[18] Michele Mercati: Metallotheca Vaticana Opus Posthumum [...]. Hg. v. Giuseppe Maria Lancisi. Rom: Salvoni, 1717.

[19] Speziell zu den Kupferstichen von Anton Eisenhoit: Hans Holländer: Ein Museum der Steine. Die Metallotheca des Michele Mercati und die Ordnung des Wissens. In: Wunderwerk. Göttliche Ordnung und vermessene Welt. Der Goldschmied und Kupferstecher Antonius Eisenhoit und die Hofkunst um 1600. Hg. v. Christoph Stiegemann. Mainz 2003, 19–30.

[20] Zur Editionsgeschichte und Rezeption dieses Werkes: Alix Cooper: The Museum and the Book. The Metallotheca and the history of an encyclopaedic natural history in early modern Italy. In: Journal of the History of Collection 7, 1995, no. 1, 1–23.

[21] Derartige Erklärungen als gleichsam bildkünstlerische Werke der Natur finden sich in vielfältigen Varianten bei Autoren des 16. und 17. Jahrhunderts und sie spielten in der Deutungsgeschichte der Fossilien eine wichtige, produktive Rolle. Vgl. Robert Felfe: Naturform und bildnerische Prozesse. Elemente einer Wissensgeschichte in der Kunst des 16. und 17. Jahrhunderts, Berlin/Boston 2015, 113–162. Mercatis Kategorie der „Lapides ΙΔΙΟΜΟΡΦΟΙ" unterschiedet sich somit von der Rede von „idiomorphen" Gesteinen in der heutigen Geologie bzw. Mineralogie; hier sind damit in erster Linie die voll ausgebildeten Formen kristallbildender Minerale gemeint.

[22] Zu diesen und den folgenden Angaben nach dem handschriftlichen Gesamtkatalog Gottfried August Gründlers von 1741, wo die Gesteine über 100 Seiten einnehmen, vgl. Thomas Müller-Bahlke: Die Wunderkammer der Franckeschen Stiftungen. 2., überarb. u. erw. Aufl. Halle 2012, 64; siehe auch den Beitrag von Bastian Bruckhoff in diesem Katalog.

[23] Vgl. Instruction für den Der das Herumführen der Fremden in den Anstalten des Waysenhauses hat. Zusammen getragen 1741 in Augusto, AFSt/W VII/I/20, 20.

[24] Colonna charakterisierte sie als „immemorabili tempore ab hominibus deiectis". Vgl. Fabio Colonna: Minus Cognitarvm Rariorumque Nostro Caelo Orientium Stirpium Ekphrasis [...] Item de Aquatilibvs Aliisque Nonnullis Animalibus libellus. Rom: Mascardi, 1616, 46.

[25] Zum wissenschaftsgeschichtlichen Prozess der Historisierung der Erdgeschichte: Martin J. S. Rudwick: Earth's Deep History: How It Was Discovered and Why It Matters. Chicago, London: The University of Chicago Press, 2014, hier bes. 9–54; David R. Oldroyd: Thinking about the Earth: A History of Ideas in Geology. London: Athlone Press, 1996; und mit Fokus auf die kulturgeschichtlichen Implikationen: Paolo Rossi: The Dark Abyss of Time: The History of the Earth and the History of Nations from Hook to Vico. Chicago [u. a.]: Univ. of Chicago Press, 1984.

[26] So zum Beispiel in: Plato: Timaeus (Platonis opera: Graece et Latine. Vol. 2. Hg. v. Carl Ernst Christoph Schneider. Paris: Didot, 1846, 28c–29a), Aristoteles: Physik (Leipzig; Barth, 1829, 2. Buch, Kap. 2, 194a, Kap. 5, 196b und 3. Buch, Kap. 1, 201b) oder Cicero: De natura deorum (M. Tullii Ciceronis De natura deorum libri tres. Hg. v. Alfred Goethe. Leipzig: Teubner, 1889, 2. Buch, § 15, 106).

[27] Conrad Gessner: Libellus de Lacte, et Operibus lactariis, philologus pariter ac medicus. Cum epistola ad Jacobum Avienum de montium admiratione [...]. Zürich: Froschauer, 1541, 2–2v.

[28] John Ray: Wisdom of God Manifested in the Works of the Creation, for the first time in 1691; hier zitiert nach der 3. Ausg. London: Smith, 1701, 40.

[29] Sehr einflussreich in dieser Hinsicht war: Athanasius Kircher: Mundus subterraneus. 2 Bde. Amsterdam: Janssonius et Weyerstraten, 1665. Siehe dazu: Alessandro Miorelli: „Sogni di caverne et caverne da sogni." Realità et finzione scientesche tra Shakespeare a Kircher. In: La Montagna. Arte, scienza, mito da Dürer a Warhol. Ausstellungskatalog Museo di arte moderna e contemporanea di Trento e Rovereto. Hg. v. Gabriella Belli [u. a.]. Milano 2003, 117–129. Weitere Beispiele für die Bildvorstellung von derartigen Architekturen, besonders des Erdinneren, sind etwa die fantastischen Grottenlandschaften von Malern wie Abraham van Cuylenburgh (1620–1658) und Wilhelm von Bemmel (1630–1708).

[30] John Woodward: An Essay toward a Natural History of the Earth and Terrestrial Bodies, especially Minerals: as also of the Sea, Rivers and Springs. With an account of the Universal Deluge, and of the Effects it had upon the Earth. London: Wilkin, 1695.

[31] Thomas Burnet: Telluris Theoria sacra [...]. London: Kettilby, 1681. Vgl. hierzu: Stephen Jay Gould: Time's Arrow, Time's Cycle: Myth and Metaphor in the Discovery of Geological Time. Cambridge, Ma: Harvard Univ. Press, 1987, 21–59, siehe auch den Beitrag von Dirk Evers in diesem Katalog.

[32] Burnet schreibt in Kapitel XI, „Concerning the Mountains of the Earth": „And yet these Mountains we are speaking of, to confess the truth, are nothing but great ruines; but such as show certain magnificence in Nature; as from old Temples and broken Amphitheaters of the Romans we collect the greatness of that people." Sowie: „[I]t will be good, to observe farther, that these Mountains are plac'd in no order one with another, that can either respect use or beauty; And if you consider them singly, they do not consist of any proportion of parts that is referrable to any design, or that hath the least footsteps of Art or Counsel. There is nothing in Nature more shapeless and ill-figur'd than an old rock or Mountain, and all that variety that is among them, is but the various modes of irregularity". Thomas Burnet: The Sacred Theory of the Earth. London: Norton; Kettilby, 1684, 110 und 114.

[33] Neben Woodward, Essay [s. Anm. 30] und Ray, Wisdom of God [s. Anm. 28], sei hier weiterhin erwähnt: John Ray: Three Physico-Theological Discourses: Concerning I. The Primitive Chaos, and the Creation of the World. II. The General Deluge, Its Causes and Effects. III. The Dissolution of the World, and Future Conflagration. Wherein are largely Discussed the Production and Use of Mountains [...]. London: Smith, 1693.

[34] So etwa in: Johann Jakob Scheuchzer: Beschreibung der Natur-Geschichten des Schweizerlands. 3 Teile. Zürich: Hardmeyer; Schaufelberger, 1706–1708. Scheuchzer kam in weiteren Publikationen mehrfach auf diese erdgeschichtlichen Themen zurück, am ausführlichsten in: Helvetiae Historia naturalis oder Naturhistorie des Schweitzerlandes. 3 Bde. Zürich: Bodmer, 1716–1718, und in seiner: Kupfer-Bibel in welcher die Physica Sacra oder beheiligte Natur-Wissenschaft derer in Heil. Schrifft vorkommenden natürlichen Sachen [...] deutlich erklärt. Bd. 1–4. Augsburg: Pfeffel; Ulm: Wagner, 1731–1735; siehe auch den Beitrag von Claus Veltmann und Thomas Ruhland in diesem Katalog.

[35] So z. B. in: Scheuchzer, Beschreibung der Natur-Geschichten [s. Anm. 34], Teil 3, 180; vgl. Robert Felfe: Naturgeschichte als kunstvolle Synthese. Physikotheologie und Bildpraxis bei Johann Jakob Scheuchzer. Berlin 2003, hier bes. 57–100.

[36] So in: Daniello Bartoli: La recreazione del savio in discorso con la Natura e con Dio. Rom: Lazzeri, 1659, insbes. Kapitel 8 unter dem Titel „Il mondo con nuovo Ordine d'Architettura Scomposto, e per cio piu artificiosamente compost.", 111–123.

[37] Eingehend hierzu: Michael Kempe: Wissenschaft, Theologie, Aufklärung. Johann Jacob Scheuchzer (1672–1733). Epfendorf 2003.

[38] Vgl. hierzu: Alain Schnapp: The Discovery of the Past: The Origins of Archaeology. London: British Museum Press, 1996; L'antichità del mondo. Fossili, Alfabeti, Rovine. Ausstellungskatalog Museo di Palazzo Poggi und Biblioteca Universitaria, Bologna. Hg.v. Walter Tega. Bologna 2002.

[39] Johann Jakob Scheuchzer: Museum Diluvianum [...]. Zürich: Bodmer, 1716.

BASTIAN BRUCKHOFF

Der Gesteins- und Mineralienschrank in der Kunst- und Naturalienkammer der Franckeschen Stiftungen

Die barocke Kunst- und Naturalienkammer der Franckeschen Stiftungen beherbergt an ihrem südlichen Raumende die Naturalien in einem Komplex von sechs thematisch geordneten Schränken. In dessen Zentrum, umgeben von den Schränken, in denen die Pflanzen- (II.B., III.C.[1]) und Tierwelt (IV.D.) präsentiert werden, ist der Schrank I.A. aufgestellt, der die unbelebte Natur, also die Mineralien, vorstellt.

Wie die anderen Objekte der Kunst- und Naturalienkammer ist auch der Inhalt des Gesteins- und Mineralienschranks vom Schöpfer der Kammer in ihrer heutigen Anmutung, Gottfried August Gründler (1710–1775), im sogenannten Katalog B[2] inventarisiert worden. Dabei hat er dem Gesteinsschrank 895 Inventarnummern zugeordnet. Unter einer Nummer sind häufig mehrere Stücke derselben Art zusammengefasst. Daher befinden sich im Schrank etwa 1.200 Einzelobjekte. Dieser besteht aus einem Schauteil mit aufklappbaren Vitrinentüren im oberen Bereich und einem Magazinteil mit Schubladen im Unterschrank.

Im Schauteil des Schranks sind heute etwa 240 Stücke zu sehen, die 205 Inventarnummern zugeordnet werden können. Sie verteilen sich auf drei Etagen, die jeweils noch einmal in zwei bis vier weitere Stufen unterteilt sind. So ergeben sich neun unterschiedlich große Ablageflächen für die Ausstellungstücke. Es gibt zudem in jeder Etage noch zwei Schubladen.

In den unteren Teil des Schranks sind 19 Schubladen unterschiedlicher Höhe eingebaut, die alle mit Objekten gefüllt sind. Dieser Bereich umfasst 690 Inventarnummern mit mehr als 750 einzelnen Gesteinen, Mineralen und Fossilien. Die Schubladen sind teilweise durch Stege in verschiedene Bereiche geteilt.

2.5 | Der Mineralienschrank I.A. der Kunst- und Naturalienkammer der Franckeschen Stiftungen. Halle, Franckesche Stiftungen

Die Bekrönungsmalerei des Schranks

Der Schrank des Steinreichs wurde von Gründler, ähnlich wie die Schränke des Pflanzen- und Tierreichs, komplett bemalt und besitzt dadurch auch eine sehr eindrucksvolle Bekrönungsmalerei. Diese nimmt im Vergleich zum gesamten Schrank etwa ein Drittel der Höhe ein. Es wird ein von Steingirlanden umgebener Kranz dargestellt. Darüber befindet sich ein einzelner schwarzer, etwas abgerundeter Stein. Die Darstellung in der Giebelmalerei entspricht sowohl inhaltlich als auch farblich in etwa dem, was sich im Schrank selbst befindet. Sie dient somit als Überschrift oder Zusammenfassung und vermittelt dem Betrachter sofort einen guten Eindruck über den Inhalt des jeweiligen Schranks. Die verwendeten Farben sind meistens warme Töne wie Rot, Gelb, Braun und Orange. Blau und Grün kommen hingegen nur selten vor. Die Farbgebung und Schattierung wird bei diesem Schrank von aufgetragenen Gesteinspartikeln unterstützt. Sie sorgen zusätzlich dafür, dass die abgebildeten Stücke einen plastischen Eindruck erwecken.

Betrachtet man das gemalte Ambiente der auf der Bekrönungsmalerei dargestellten Steine, so scheint es, als besitze die Malerei einen dreidimensionalen Aufbau. Denn Gründler hat die Schatten so passend in das Bild eingebaut, dass man glaubt, sie seien echt. Zudem entsprechen sie dem tatsächlichen Lichteinfall in der Dachkammer.[3] Die

FOLGENDE SEITEN:
Zu 2.5 | Blick in den Unterteil des Schranks
Zu 2.5 | Die Bekrönungsmalerei

1.
2
5.
6.

14.
15.
17.
18.

Wahrnehmung des Betrachters endet also nicht im Schauteil, sondern setzt sich nach oben zur Bekrönungsmalerei fort. Dies lässt darauf schließen, dass der Künstler bei der Gestaltung des Schranks durch die Einbeziehung der Bekrönungsmalerei in das Gesamtensemble Natur und Kunst vereinen und als Gesamtkunstwerk präsentieren wollte.[4]

Doch was versuchte Gründler hier eigentlich darzustellen? Die Giebelmalerei ähnelt in der Gliederung allen Schränken im Naturalienbereich. Jedoch fällt auf, dass in der Bekrönung des Landpflanzen- und des Conchylienschranks aus Blüten bzw. Muscheln gestaltete Gesichter und am Tierschrank an gleicher Stelle ein Leopardenkopf abgebildet sind, während eine Abbildung ähnlicher Art am Gesteinsschrank fehlt. Vielmehr sind lediglich Girlanden rechts und links von einer Art Kranz aus Steinen und Mineralen zu erkennen. Der Innenraum des Kranzes ist mit einem einzelnen größeren Mineral ausgefüllt. Darüber oder vielleicht auch dahinter befinden sich drei goldgelbe Stücke auf einem Podest vor einem dunklen Gewölbe. Der schwarze Stein ganz oben in der Spitze des Giebels schwebt frei und ist losgelöst von allen anderen.

Die Girlanden wirken festlich und majestätisch. Der ausgefüllte Kranz unterstützt den Eindruck und es scheint, als brächten sie die darüberliegenden Stücke besonders zur Geltung. Der einzelne Stein im Giebelbereich ist hingegen eher unscheinbar. Durch seine schwarze Farbe hebt er sich zwar gut vom Hintergrund ab, ist aber farblich und in seiner Form weniger spektakulär und auffallend als der untere Teil des Bildes.

In den Bekrönungsmalereien der anderen Schränke sind unter anderem auch Stücke, die sich im jeweiligen Schrank wiederfinden lassen, dargestellt. Auch hier kann man dies bei einigen Stücken vermuten. Zum einen werden im Schrank viele klare Quarzkristalle (Bergkristalle) ausgestellt, die mit kleinen Erzmineralen überwachsen sind. Diese kann man in den Girlanden wiederfinden, wo sie als längliche, helle Kristalle gemalt und mit dunklem Gesteinspulver bestäubt sind. Auch einige Erze in goldgelben Farben oder ein Stück Steinsalz in der rechten Girlande, das durch seine würfelige Kristallform auffällt, finden sich als Objekte im Schrank wieder.

Was in der gesamten Darstellung der Bekrönung fehlt, sind die Fossilien, obwohl ein Großteil der Stücke im Schrank Versteinerungen sind. Selbst die beiden großen Ammonoideen mit ihrer charakteristischen Spiralform, von denen es noch mehrere kleinere Exemplare gibt, lassen sich im Bild nicht wiederfinden.

Der Inhalt des Mineralienschranks

Im Schauteil liegen heute[5] ausgewählte Stücke, die repräsentativ für die Vielfalt der Gesteine im Schrank sein sollen. So sind neben glänzenden Quarzvarietäten, wie Amethyst oder Bergkristall, und Ammonoideen auch eher unscheinbare Objekte wie Handstücke von Schwermetallerzen oder Gesteine wie Rhyolith ausgestellt. Davon sollen hier die auffälligsten Stücke erwähnt und kurz beschrieben werden.

Zunächst das Stück, das den meisten Betrachtern zuerst auffällt. Es handelt sich um ein dunkelrotes, mit Knollen übersätes Stück Kalksinter, welches auf Kopfhöhe mittig in der Vitrine steht. Kalksinter oder Travertin sind Begriffe, die für diese Art von Süßwasserkalken verwendet werden. Dieses und ähnliche Stücke werden von Gründler auch als „Carlsbader Steine" bezeichnet, da sie sich in den natürlichen Thermen zu Karlsbad in den Becken absetzten.[6] Das Gestein besteht hauptsächlich aus Aragonit und weiteren farbgebenden Mineralen wie Goethit oder Limonit. Durch den Austritt des heißen Wassers in den natürlichen Quellen kommt es zur Druckentlastung, dadurch sinkt die Löslichkeit von Kohlenstoffdioxid (CO_2) und eben dieses wird frei.[7] Durch den Kohlenstoffdioxidentzug sinkt außerdem die Calciumkarbonatlöslichkeit ($CaCO_3$). Dieses fällt dann in Form von Kalzit oder Aragonit aus.[8] Einige weitere Stücke stammen aus dem „Carlsbader Waßer", so zum Beispiel kleine zusammengebundene Zweige, die mit rötlichem Kalksinter überzogen sind, oder eine Tontaube, welche ebenfalls einen leichten Kalküberzug aufweist.[9]

Interessante Stücke mit Kalksinterüberzug gibt es allerdings nicht nur aus Karlsbad. Im unteren Drittel, auf der hintersten Empore, liegen fünf Vogelnester, die durch einen Überzug aus Kalzit ($CaCO_3$) konserviert wurden. Wie alt die Nester sind, lässt sich schwer sagen. Von einem ist durch die ursprüngliche Inventarnummer belegt, dass

„Ein großes Stück dunckel brauner harter Stein, welcher sich von dem Carlsbader-Waßer in denen Bad-Stuben an die Bretter vestsetzet." (Kat. B). Halle, Franckesche Stiftungen: KNK R.-Nr. 0963

es aus Zabenstedt im heutigen Landkreis Mansfeld-Südharz stammt. Dort soll „im 18. Jahrhundert in heute verwachsenen Brüchen Kalksinter (Travertin) als Baustoff abgebaut" worden sein.[10] Es ist wahrscheinlich, dass aus einem dieser Steinbrüche besagtes Vogelnest stammt. Es wird zu seiner Zeit von einem Baum in eine der Quellen gefallen sein, die für die großflächige Travertinbildung in dieser Gegend gesorgt haben. Ähnlich wie bei den Quellen in Karlsbad traten hier wahrscheinlich mineralstoffreiche Wässer aus, aus denen der Kalksinter großflächig ausfiel und die Geländeoberfläche überzog.

Zu den auffälligsten Fossilien im Schrank zählen die beiden Ammonoideen im zentralen unteren Drittel. Von der Kleineren ist die alte Inventarnummer noch lesbar. Im dazugehörigen Eintrag im Katalog B steht „Ein großes Ammons-Horn mit erhabenen Streifen, von Erfurth".[11] Ammonoideen sind eine an der Kreide-Tertiär-Grenze (vor 65 Millionen Jahren) ausgestorbene Gruppe der Cephalopoden (Kopffüßer). Ihre Gehäuse bestehen aus Kammern, in denen sich Gas befand, mit dessen Hilfe die Lebewesen unter Wasser für Auftrieb sorgen konnten. Zudem benutzten sie zur Fortbewegung das Rückstoßprinzip, ähnlich wie ihr noch heute lebender Verwandter, der Nautilus. Im Katalog B wird davon ausgegangen, dass diese Tiere noch leben und man begründet das bisherige Nicht-Auffinden jener Tiere damit, dass „sie vermuthlich ihren Aufenthalt in dem Abgrunde des Meers haben müßen".[12]

2.6s | Ein versintertes Vogelnest. Halle, Franckesche Stiftungen

Als weiteres Fossil befindet sich im Schauteil ein Stück versteinertes Holz. Es ist keilförmig, hat eine rotbraune Farbe und glitzert leicht. Erkennbar ist noch die ursprüngliche faserartige Struktur des Holzes. Versteinertes Holz entsteht meist dadurch, dass Bäume unter Sediment verschüttet und so vor der organischen Zersetzung geschützt sind. Manchmal werden ganze Wälder unter großflächigen Sedimentströmen verschüttet, zum Beispiel durch Hangrutschungen oder in Folge von Vulkanausbrüchen durch pyroklastische Ströme. Einzelne Stämme können zum Beispiel auch als Treibholz in Flüssen vom Sediment bedeckt werden. Die Pflanzen werden, wie es bei allen Fossilien der Fall ist, von den vielen sie bedeckenden Sedimentschichten vor der Zersetzung geschützt und gelangen so in größere Tiefen. Dort setzt unter entsprechenden Druck- und Temperaturbedingungen die Fossildiagenese ein. Dabei werden auf Teilchenebene Stoffe durch Fluide[13] umgeformt, herausgelöst oder auch angereichert und es bilden sich neue, stabilere Verbindungen.[14] Die stabileren, neugebildeten Minerale verursachen das Glitzern des Objektes im Schaubereich des Schranke.

Rechts und links des eingangs erwähnten Kalksteinstücks liegen auf der gleichen Etage zwei dunkelbraune, blättrige und durchsichtige Platten. Bei ihnen handelt es sich um Hellglimmerminerale, wahrscheinlich Muskowit.[15] Glimmer sind Schichtsilikate, die durch ihren atomaren Aufbau eine sehr gute Spaltbarkeit besitzen und etwa sechsseitige Platten bilden. Die Muskowitplatten weisen einen perlmuttartigen Glanz auf und lassen sich leicht biegen. Im Vergleich mit anderen Mineralen sind die Glimmer relativ weich und können leicht angekratzt werden.[16] Auch zu diesen beiden Stücken lässt sich im Katalog ein passen-

Steinkern einer Ammonoidea, gut sichtbar ist die Inventarnummer von Kat. B. Halle, Franckesche Stiftungen: KNK R.-Nr. 0948

der Eintrag finden. So werden dort die Glimmerplatten als „rußisch Frauen-Glas" bezeichnet, welche zu jener Zeit in Russland, aufgrund ihrer Durchsichtigkeit, als Fensterscheiben verwendet wurden.[17] Außerdem baute man solche durchsichtigen Glimmer wegen ihrer hohen Hitzebeständigkeit auch als Fenster in Ofentüren ein.

Zuletzt soll noch von zwei Stücken die Rede sein, die zu den Erzen gehören. Auf der Stufe über dem bereits erwähnten Karlsbader Kalkstein liegen zwei Stücke schwarzen Gesteins, die sich durch goldig-glänzende, etwa fünf Millimeter große Würfel auszeichnen. Bei diesen Würfeln handelt es sich um Pyritkristalle. Pyrit, auch Eisenkies, wird umgangssprachlich auch als Katzengold bezeichnet und gehört in chemischer Hinsicht zu den Sulfiden (FeS_2). Des Weiteren liegt rechts vom Kalkstein ein knolliges Gebilde, das aussieht, als wäre es aus einer riesigen Himbeere herausgebrochen. Hierbei handelt es sich um Hämatit in Form eines ‚roten Glaskopfes'. Es ist ein weiteres Mineral, das zu den Erzmineralen gezählt wird. Hämatit ist ein Eisenoxid (Fe_2O_3) und unterscheidet sich von verwandten Erzmineralen durch seine rote Strichfarbe. Das bedeutet, dass beim Reiben des Minerals über eine raue Porzellanoberfläche ein roter Strich zurückbleibt. Bei anderen Eisenoxiden wie dem Ilmenit oder Goethit ist die Strichfarbe schwarz bis dunkelbraun oder hellbraun bis gelblich.

Im nicht einsehbaren Magazinteil, also im Unterschrank, befindet sich der Großteil der Stücke. Einige Schubladen sind unterschiedlich detailliert sortiert, während andere gar keine Sortierung aufweisen. So findet man

FOLGENDE SEITEN:
Eine der als „rußisch Frauen-Glas" bezeichneten Glimmerplatten. Halle, Franckesche Stiftungen: KNK R.-Nr. 0961

beispielsweise in den Schubladen 3 und 4 nur schwarze Tonsteine mit Fischfossilien, die stark an die sogenannten Mansfelder Kupferschiefer-Heringe oder Permischen Heringe[18] erinnern. Auch weitere Funde können mit Hilfe des Katalogs dem Mansfelder Land zugeordnet werden. Bei den meisten Fossilien handelt es sich um eine ausgestorbene Art der Knochenfische *palaeoniscum freieslebeni*. Die Fischskelette wurden in den tonigen Sedimenten des damaligen Zechsteinmeeres gut konserviert. Andere Beispiele für Schubladen mit systematisch sortiertem Inhalt sind die Nummern 1 und 15. In der Schublade 1 liegen nur Erzminerale und in der Schublade 15 hauptsächlich Steinkerne und Abdrücke von Muscheln und Brachiopoden.[19] Von den Erzen gibt es sehr viele Stücke, wahrscheinlich, weil sie durch ihre hohe Dichte im Vergleich zu anderen Gesteinen auffallen. Erzminerale, die im Mineralien- und Gesteinsschrank häufig zu finden sind, sind Galenit oder auch Bleiglanz (PbS) und Chalkopyrit, auch Kupferkies ($CuFeS_2$) genannt. In anderen Schubladen hingegen ist keine Ordnung hinsichtlich der dort gelagerten Objekte zu erkennen. In Schublade 6 zum Beispiel sind sowohl Steinkerne und Abdrücke von Fossilien, Verhüttungsprodukte sowie Gesteine, wie Rhyolith, Sand- oder Tonsteine, zu finden. Die meisten der Schubladen sind ähnlich unsystematisch gefüllt.

Bei einigen Stücken fällt bei genauerem Betrachten auf, dass man auf ihrer Oberfläche Spuren von früheren Untersuchungen findet. Zum Beispiel an folgenden zwei Stücken: R.-Nr. 1757 und R.-Nr. 250. Bei Objekt 1757 handelt es sich um den Steinkern einer Muschel und Objekt 250 ähnelt einem ausgehärteten Harz oder einer Art Kunststoff. Beide Stücke sind an jeweils einer Ecke angesengt. Dass man Gegenstände verbrennt, um auf deren Zusammensetzung zu schließen, ist schon seit Jahrhunderten bekannt. Gerade bei der Gesteins- und speziell bei der Erzbestimmung wurden Stücke angebrannt, um sie mit Hilfe ihrer Reaktion auf das Flammen (verbrennen, verkohlen, Flammenfarbe, Geruch) zu charakterisieren.

Pyritkristalle im schwarzen Gestein (links) und ‚roter Glaskopf' (= Hämatit, rechts). Halle, Franckesche Stiftungen: KNK R.-Nr. 0978 und 1019

Zu 2.5 | Eine Schublade im Unterschrank des Mineralienschranks

Der Katalog B und seine Aussagen zum Mineralienschrank

Der Katalog B beschreibt alle damals in der Kammer vorhandenen Objekte. Sie werden in Gruppen eingeteilt, die sich, zumindest im Bereich der Minerale, stark nach dem System von Carl von Linné (1707–1778) richten. Insgesamt gibt es 19 mineralogische/geologische und 21 paläontologische Kategorien und zum Schluss eine Gruppe mit Hüttenprodukten, also Objekten, die beim Verhüttungsprozess als Haupt- oder Nebenprodukt anfallen. Der schwedische Naturkundler hat im Zuge seines vielfach neuaufgelegten und weltweit bekannten *Systema Naturae* nebst der Flora- und Faunaordnung auch eine Ordnung für das Reich der Steine entwickelt.[20] Bei den Gesteinen und Mineralen hält sich der Katalog B weitestgehend an die von Linné entworfene und 1740 von Johann Joachim Lange (1699–1765) ins Deutsche übersetzte Ordnung. Linné unterteilt das *Regnum Lapideum*, das Steinreich, in drei Klassen:

„Die **Fels=Steine** sind die **einfachen** Steine, welche blos aus Theilchen einerlei Art bestehen […].

Die **Miner** sind die **zusammen.gesetzte** Steine, welche aus Fels=steinen, so mit fremden Theilchen beschwängert sind, bestehen. […]

Die **Foßilien** sind die **aneinander gesetzte** Steine, welche aus ver=mischten Theilchen der Felssteine oder Minern bestehen."[21]

Bei den „Miner[n]" (den Mineralen), und den „Fels=Steinen" (den eigentlichen Gesteinen) und dem Großteil der „Foßilien" (den heutigen Fossilien, Sedimenten und Inkrustationen) hält sich der Katalog relativ genau an die Vorlage Linnés. Allerdings werden manche Ordnungen, wie die der Erden, nicht weiter unterteilt, so wie Linné das getan hat.

Bei den „Versteinten Sachen", einer Ordnung innerhalb der „Foßilien", lassen sich aber kaum Gemeinsamkeiten mit Linnés Einordnung finden. Die Stücke, die wir heute als Fossilien bezeichnen, wurden im Katalog B nach einer anderen Systematik geordnet. Dort scheint Gründler auf unterschiedliche Quellen zurückgegriffen zu haben. Bei der Unterteilung der Seeigel wird der Name Jacob Theodor Klein (1685–1759) erwähnt, von dem Gründler zwei Werke zitiert:[22] Zum einen die *Naturalis Dispositio Echinodermatum*, die auch eine ausführliche Systematik aller Lebewesen und nicht nur eine Unterteilung der verschiedenen Seeigel bietet, wie der Titel suggeriert,[23] sowie die *Descriptiones Tubulorum Marinorum*, in denen hauptsächlich die Belemniten behandelt werden, die zu jener Zeit noch als Stacheln der Seeigel galten. Heute ist bekannt, dass es sich bei diesen Fossilien um Cephalopoden, also Verwandte der oben schon erwähnten Ammonoideen handelt, die anstatt eines aufgerollten Gehäuses ein in die Länge gezogenes, stabförmiges Gehäuse besaßen. Bei den Muscheln lassen sich Ähnlichkeiten zur Systematik in Johann Jakob Scheuchzers (1672–1733) *Natur=Historie des Schweizerlandes* beobachten.[24] Scheuchzer beschreibt in seinem Werk die Muscheln und auch die Ammonoideen unter ähnlichen Gesichtspunkten, wie Gründler das in Katalog B tut. Auch die Reihenfolge der Auflistung ist ähnlich. Zudem gibt es in beiden Schriften gleiche Fundorte von Fossilien in der Schweiz, nämlich den Lägerberg und den Kanden(-berg).

Im Katalog B sind die Objekte jedoch nicht nur systematisch aufgelistet, sondern es werden auch Hinweise zu deren Herkunft gegeben und gelegentlich auch Anmerkungen gemacht, wo die jeweiligen Stücke in der Kunst- und Naturalienkammer zu liegen haben. Meistens sind die Hinweise mehreren Stücken nachgestellt, die dann gruppiert Schubladen oder anderen Orten in der Kammer zugewiesen werden. Als Beispiel sei hier ein Kommentar zu der Gruppe „Tropfsteine. Inkrustationen“ angemerkt: „Diese Stücke No.1. T. bis 34. T. liegen im Untertheil dieses Schrancks in der 5ten und 6ten Schublade, und was mit einem x bezeichnet liegt in VII G. Schranck in der 6. Schublade.“[25]

Die Herkunftsorte der aufgelisteten Stücke im Katalog erstrecken sich weit über die Grenzen des heutigen Deutschland hinaus. Zum Beispiel werden Marmor, der aus Venedig in Italien stammt, Edel- und Schmucksteine aus Indien, Erze aus Ungarn oder auch Fossilien wie ein „Stück versteint Lerchenbaum-Holtz, so in dem Irtisch-Strohm bey der Stadt Tobolsky in Sibirien gefunden“, aufgeführt.[26]

1 In diesem Schrank werden Korallen präsentiert, die man im 18. Jahrhundert als Wasserpflanzen ansah, jedoch sind es Nesseltiere.

2 Gottfried August Gründler: Catalogus derer Sachen, die sich in der Naturalien-Kammer des Wäysenhaues befinden (nachfolgend zitiert als Gründler, Katalog B), Manuskript, 1741. Halle, Archiv der Franckeschen Stiftungen: AFSt/W XI/-/58:12. Details sind in der Folge von anderer Hand überarbeitet worden, vgl. Thomas Ruhland: Objekt, Parergon, Paratext – Das Linnésche System in der Naturalia-Abteilung der Kunst- und Naturalienkammer der Franckeschen Stiftungen zu Halle. In: Steine rahmen, Tiere taxieren, Dinge inszenieren: Sammlung und Beiwerk. Hg. v. Kirstin Knebel [u. a.]. Dresden 2018, 72–105.

3 Thomas Müller-Bahlke: Die Wunderkammer der Franckeschen Stiftungen. 2., überarb. u. erw. Aufl. Halle 2012, 46f.

4 Müller-Bahlke, Wunderkammer [s. Anm. 3], 47.

5 Wie Gründler die Steine 1741 im Schrank verteilt hat, lässt sich mit Hilfe von Katalog B nicht mehr eindeutig rekonstruieren.

6 Gründler, Katalog B [s. Anm. 2], 52.

7 Walter Maresch [u. a.]: Gesteine. Systematik, Bestimmung, Entstehung. 3., korr. u. erg. Aufl. Stuttgart 2016, 230.

8 Beide Minerale haben die gleiche chemische Formel ($CaCO_3$), entstehen aber unter verschiedenen Druck- und Temperaturbedingungen und haben unterschiedliche Kristallformen.

9 Gründler, Katalog B [s. Anm. 2], 53.

10 Gerd Villwock u. Haik Thomas Porada: Das Untere Saaletal. Eine landeskundliche Bestandsaufnahme zwischen Halle und Bernburg. Köln [u. a.] 2016, 189. Die Autoren beziehen sich hier auf Johann Christoph von Dreyhaupt: Pagus Neletici Et Nudzici, Oder Ausführliche diplomatisch-historische Beschreibung des [...] Saal=Kreyses [...]. Halle: Schneider, 1755, 648.

11 Gründler, Katalog B [s. Anm. 2], 80.

12 Gründler, Katalog B [s. Anm. 2], 79.

13 Gregor Markl: Minerale und Gesteine. Mineralogie – Petrologie – Geochemie. Berlin, Heidelberg 2015, 3. Fluide sind im weitesten Sinne „Geologische Flüssigkeiten“, die häufig aufgrund einer Vielzahl gelöster Elemente sehr reaktiv sind.

14 Bernhardt Ziegler: Paläontologie. Vom Leben in der Vorzeit. Stuttgart 2008, 2–8.

15 Archivdatenbank Franckesche Stiftungen (URL: http://archiv.francke-halle.de/start.fau?prj=ifaust8_afst (letzter Zugriff: 05.03.2020), KNK R.-Nr. 961.

16 Markl, Minerale [s. Anm. 13], 64.

17 Gründler, Katalog B [s. Anm. 2], 2.

18 Vgl. Martin Meschede: Geologie Deutschlands. Ein prozessorientierter Ansatz. Berlin, Heidelberg 2015, 119.

19 Brachiopoden, auch Armfüßer oder Armkiemer genannt, ähneln äußerlich den Muscheln, sind aber in Bezug auf den Körperbau sehr verschieden. Das markanteste Merkmal sind die unterschiedlich großen Klappen der Brachiopoden, wohingegen Muscheln zwei gleichgroße, symmetrische Klappen haben.

20 Siehe den Beitrag von Claus Veltmann und Thomas Ruhland in diesem Katalog.

21 Carl von Linné: Systema Naturae, Sive Regna Tria Naturae Systematice Proposita Per Classes, Ordines, Genera Et Species. Halle: Gebauer, 1740, 7.

22 Jacob Theodor Klein, eigentlich Jurist im damaligen Preußen, widmete seine Freizeit den Naturwissenschaften und legte eine umfangreiche Naturaliensammlung an. Jacob Theodor Klein: Naturalis Dispositio Echinodermatum. Danzig: Schreiber, 1734; ders.: Descriptiones Tubulorum Marinorum. Danzig: Koch, 1731.

23 Zu Gründlers Anwendung der verschiedenen Systematiken vgl. Thomas Ruhland: Objekt, Parergon, Paratext [s. Anm. 2], hier 92 und Anm. 101.

24 Johann Jacob Scheuchzer: Helvetiae Historia Naturalis oder Natur-Historie des Schweitzerlandes. T. 1–3. Zürich: Bodmer, 1716–1718; zu Scheuchzer siehe den Beitrag von Claus Veltmann und Thomas Ruhland in diesem Band.

25 Gründler, Katalog B [s. Anm. 2], 53.

26 Gründler, Katalog B [s. Anm. 2], 8, 15, 24, 54.

Verzeichnis der Exponate

Objekte aus den drei Reichen der Natur: Mineralreich, Flora und Fauna, waren ein unverzichtbarer Bestandteil der Kunst- und Naturalienkabinette in der Frühen Neuzeit. Dabei war die kategorial niedere, weitgehend unbeseelte Welt der Gesteine gleichwohl nicht von allen anderen, höheren Formen strikt getrennt. Als nur materielle Existenz war sie vielmehr ein anfänglicher Zustand und Grundlage aller belebten Natur. Alle anderen Existenzformen bauten hierauf auf und in gewisser Weise blieb das Steinerne in allen höheren Daseinsformen und Wesen der Natur enthalten. Diese Bedeutung für den Kosmos motivierte zum Sammeln von Steinen und zu deren Präsentation in den Naturalienkabinetten.

In den Sammlungen musste den Steinen ein bestimmter Ort zugewiesen werden, denn der Platz des einzelnen Exponats definierte dessen Bedeutung im Ensemble einer Sammlung – insofern war die Einrichtung von Sammlungsräumen mit ihren Schränken und Repositorien immer auch ein Instrument der räumlich organisierten Ordnung des Wissens und der Welt. Zu vielen Sammlungen wurden oft aufwendig illustrierte Kataloge publiziert, die die Objekte erklären und darstellen sollten und dabei das Prinzip der Inventarisierung der jeweiligen Sammlung widerspiegeln.

Nach 1700 dienten die Kammern eher der Vermehrung von Wissen, besonders die neu angelegten Sammlungen der Universitäten und Schulen. Nunmehr wurden vor allem Objekte aus der Region gesammelt, auch wenn sie eher unscheinbar waren, und die wissenschaftliche Bestimmung der Mineralien sowie deren Ordnung innerhalb des Reichs der unbelebten Natur bekamen eine immer größere Bedeutung.

2.1 Versteinerter Fisch (*Palaeoniscum freieslebeni*) in schwarzem Tonstein, Eisleben
Halle, Franckesche Stiftungen: KNK R.-Nr. 1834
► In den Bergwerken der Grafschaft Mansfeld wurden massenhaft gut erhaltene versteinerte Fische im Kupferschiefer gefunden. Diese waren in der Frühen Neuzeit beliebte Sammlerobjekte und häufig in Sammlungskatalogen abgebildet. Umgangssprachlich wurden sie als Kupferschieferheringe bezeichnet.
• *Abbildung auf Seite 114*

2.2 Marmor, zwei Kupferstiche in: Michele Mercati: Metallotheca. Hg. v. Giovanni Maria Lancisi. Rom: Salvioni, 1717, 375f.
Halle, Martin-Luther-Universität Halle-Wittenberg, Universitäts- und Landesbibliothek Sachsen-Anhalt: Sa 756, 2°
► Mercati (1541–1591) war um 1580 Arzt am päpstlichen Hof und zuständig für den botanischen Garten des Vatikan sowie die mineralogische Sammlung. Bei seinem Tod hinterließ er ein unvollendetes Manuskript und eine Reihe von für das Buch angefertigten Kupferstichen. Diese Materialien erschienen erst 1717 im Druck und das Buch wurde zu einer wichtigen Referenz für die Gesteinskunde der ersten Hälfte des 18. Jahrhunderts.
• *Abbildung auf Seite 75*

2.3 Idealisierende Ansicht des Sammlungsraumes der Mineralien im Vatikan in Rom, Kupferstich in: Michele Mercati: Metallotheca. Hg. v. Giovanni Maria Lancisi. Rom: Salvioni, 1717, Frontispiz, Reproduktion
Halle, Martin-Luther-Universität Halle-Wittenberg, Universitäts- und Landesbibliothek Sachsen-Anhalt: Sa 756, 2°

2.2

2.6c

► Im Sammlungsraum der Mineralien sind die Exponate in den kleinteiligen Fächern nahezu identischer Schränke verborgen. Jeder Schrank ist beschriftet und mit römischen Ziffern nummeriert. Eine Tafel im Vordergrund listet alle Nummern und die zugehörigen Namen der Objektgruppen auf. Unterteilt sind diese in zwei übergeordnete Kategorien: in die „Metalle" im engeren Sinne und in alle übrigen Gesteine – die „Orycta". Diese Unterteilung spiegelt sich in der räumlichen Aufstellung der Schränke wider. Auf der linken Seite stehen die der Metalle, alle anderen stehen auf der rechten Seite. Das Frontispiz gibt somit Einblick in einen musealen Raum, in dem über die aufgestellten Schränke eine differenzierte Ordnung der Objekte fixiert ist.

• *Abbildung auf Seite 72f.*

2.4 Sammlungsschrank für Mineralien im Vatikan in Rom, Kupferstich in: Michele Mercati: Metallotheca. Hg. v. Giovanni Maria Lancisi. Rom: Salvioni, 1717, nach 6, Reproduktion

Halle, Martin-Luther-Universität Halle-Wittenberg, Universitäts- und Landesbibliothek Sachsen-Anhalt: Sa 756, 2°

• *Abbildung auf Seite 74*

2.5 Der Mineralienschrank in der Kunst- und Naturalienkammer der Franckeschen Stiftungen, Fotografie von Klaus E. Göltz

Halle, Franckesche Stiftungen

► Die 1741 in ihrer heutigen Anmutung gestaltete Kunst- und Naturalienkammer beherbergt an ihrem südlichen Raumende die Naturalien in einem Komplex von sechs thematisch geordneten Schränken. In dessen Zentrum, umgeben von den Schränken, in denen die Pflanzen- und die Tierwelt präsentiert werden, ist der Schrank I.A. aufgestellt, der die unbelebte Natur, also die Mineralien, vorstellt. Im Schrank befinden sich etwa 1.200 Einzelobjekte. Er besteht aus einem Schauteil mit aufklappbaren Vitrinentüren im oberen Bereich und einem Magazinteil mit Schubladen im Unterschrank. Im Schauteil des Schranks sind heute etwa 240 Stücke zu sehen. In den unteren Teil

2.6l

des Schranks sind 19 Schubladen unterschiedlicher Höhe eingebaut, die mit mehr als 750 einzelnen Gesteinen, Mineralen und Fossilien gefüllt sind. Die Bekrönungsmalerei verweist auf den Inhalt des Schranks, denn es sind Steine und Mineralien dargestellt.

• *Abbildungen auf Seite 82, 84f. (Detail), 86f. (Detail) und 96 (Detail)*

2.6 a–t

20 Objekte aus dem Mineralienschrank der Kunst- und Naturalienkammer der Franckeschen Stiftungen

a) Zwei Stücke klares Salz
Halle, Franckesche Stiftungen: KNK R.-Nr. 1901

b) „Carlsbader Stein", gebänderter rot-weißer Kalkstein, Karlsbad (Karlovy Vary, Tschechien)
Halle, Franckesche Stiftungen: KNK R.-Nr. 1896

c) Mit Erz überwachsene Quarzkristalle
Halle, Franckesche Stiftungen: KNK R.-Nr. 1899

d) Steinkohle
Halle, Franckesche Stiftungen: KNK R.-Nr. 1895

e) Geschliffener roter Marmor, Region Altenburg
Halle, Franckesche Stiftungen: KNK R.-Nr. 1889

f) Fossile Pflanzenrinde, wahrscheinlich Schachtelhalm
Halle, Franckesche Stiftungen: KNK R.-Nr. 1000

g) Bruchstück eines großen Wirbels
Halle, Franckesche Stiftungen: KNK R.-Nr. 1992

h) Versteinerter Backenzahn
Halle, Franckesche Stiftungen: KNK R.-Nr. 1994

i) Ammonoidee
Halle, Franckesche Stiftungen: KNK R.-Nr. 1928

j) Ammonoidee, Region Meiningen
Halle, Franckesche Stiftungen: KNK R.-Nr. 1912

k) Tropfstein
Halle, Franckesche Stiftungen: KNK R.-Nr. 0964

l) Versteinerte Seeigel
Halle, Franckesche Stiftungen: KNK R.-Nr. 1968
• *Abbildung auf Seite 64f.*

m) Ammonoideen im Gestein
Halle, Franckesche Stiftungen: KNK R.-Nr. 1927

n) Adlerstein, Limonit, Sandsteinkonkretion
Halle, Franckesche Stiftungen: KNK R.-Nr. 2294

o) Muschelpflaster mit Spurenfossil (Kriechgang)

2.6m

2.6o

Halle, Franckesche Stiftungen: KNK R.-Nr. 2063

p) Harz/Bernstein, mit Pflanzen- und Insektenresten
Halle, Franckesche Stiftungen: KNK R.-Nr. 2019

q) Schachtel mit Belemniten
Halle, Franckesche Stiftungen: KNK R.-Nr. 2013

r) Steinkern einer riesigen Muschel
Halle, Franckesche Stiftungen: KNK R.-Nr. 2026

s) Versintertes Vogelnest
Halle, Franckesche Stiftungen: KNK R.-Nr. 0312
• *Abbildung auf Seite 90*

t) Marienglas
Halle, Franckesche Stiftungen: KNK R.-Nr. 0960

2.7 Mineralienkabinett des Friedrich Wilhelm Heinrich von Trebra, Kupferstich, Clausthal-Zellerfeld, 1795, Reproduktion
Wolfenbüttel, Herzog August Bibliothek: Nf 287
► Trebra (1740–1819) studierte zunächst Rechtswissenschaften und wechselte danach als einer der ersten Studenten an die Bergakademie Freiberg. Danach machte er in der kursächsischen Bergwerksverwaltung Karriere und trat 1779 als Vizeberghauptmann in den Dienst Braunschweig-Lüneburgs in Clausthal. 1801 übernahm er als Oberberghauptmann die Leitung des Bergbaus in Sachsen. Er war ein Freund von Johann Wolfgang von Goethe (1749–1832). Den Eindruck eines Mineraliensammlungsschranks zu Beginn des 19. Jahrhunderts vermittelt das Mineralienkabinett von Friedrich Wilhelm Heinrich von Trebra in Clausthal-Zellerfeld. Die Zahlen und Buchstaben an den Schubladen und den einzelnen Bereichen des oberen Schauteils verweisen auf das Ordnungssystem der Mineralien im Schrank.

2.8 Die Sammlung Keferstein
► 1850 schenkte der hallische Geologe Christian Keferstein (1784–1866) seine mineralogische Sammlung den Franckeschen Stiftungen. Sie umfasste mehr als 10.000 Objekte in 19 Sammlungsschränken – die Sammlung befindet

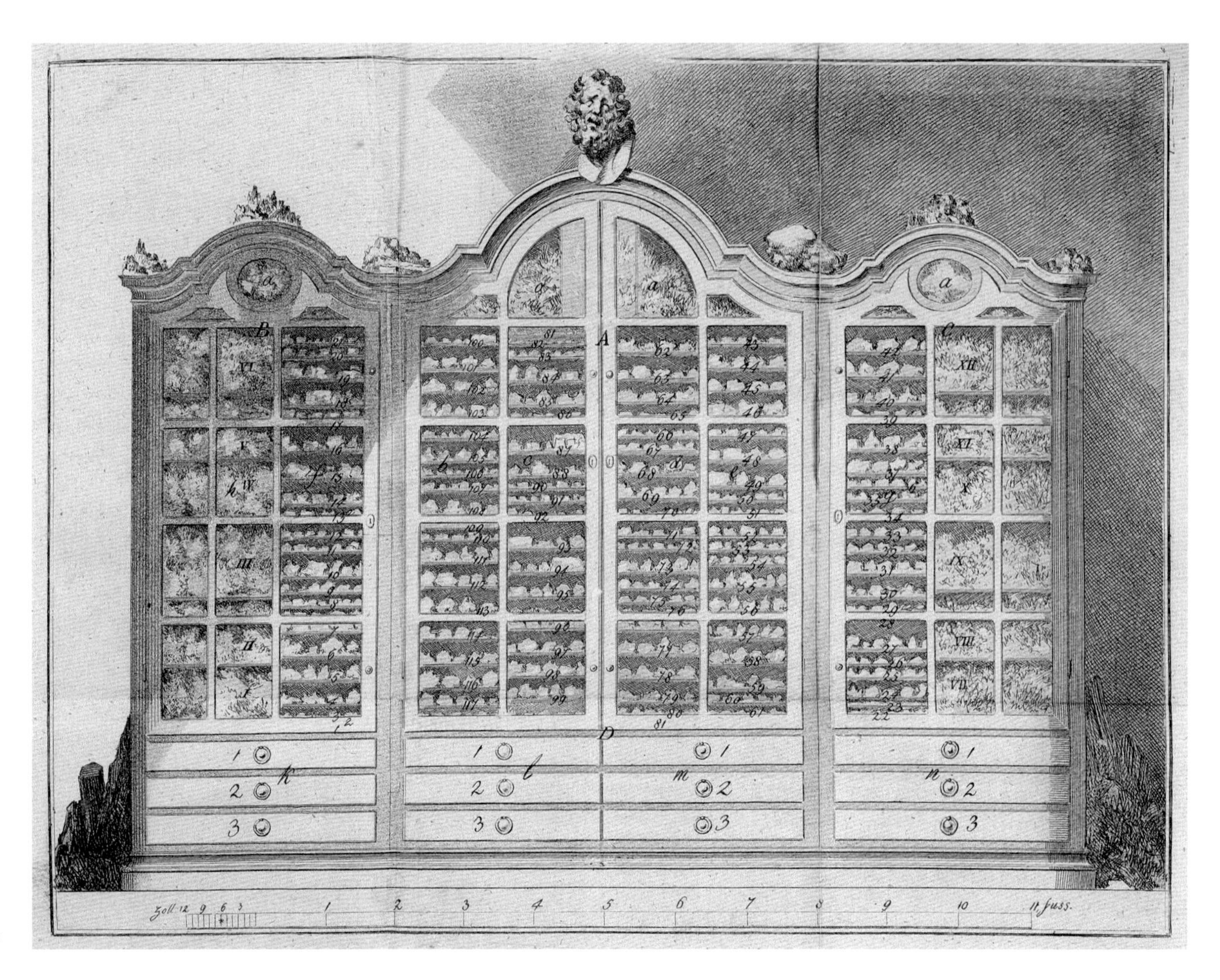

2.7

2.8f

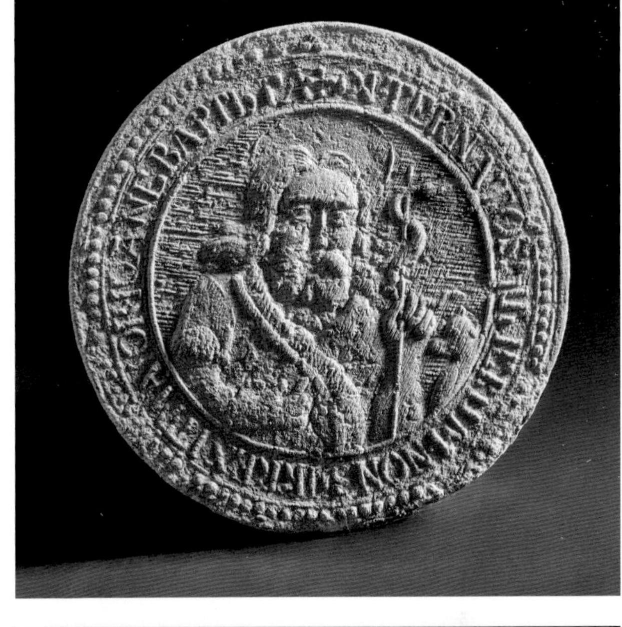

2.8n

2.8s

2.8t

sich heute im Institut für Geowissenschaften und Geographie der Martin-Luther-Universität Halle-Wittenberg, die Sammlungsschränke sind verloren. Sie bestand aus zwei Teilbereichen, einer mineralogischen Sammlung, die nach dem System des Mineralogen Abraham Gottlob Werner (1749–1817) geordnet war, und einer geologischen Sammlung, deren Ordnung sich auf die Herkunftsregionen der Stücke bezog.

2.8 a–u

21 Objekte aus der Sammlung von Christian Keferstein (1784–1866)
Halle, Martin-Luther-Universität Halle-Wittenberg, Zentralmagazin Naturwissenschaftlicher Sammlungen

a) Konglomerat mit Azuritüberzug
b) Blattabdruck in Sandstein
c) Versteinertes Holz

2.8p

d) Glimmer mit schwarzen großen Mineralen
e) Geschnittene Muschelkalk-Fliese
f) Sedimentgestein mit von Kalzit gefüllten Hohlräumen
g) Hämatitstalaktiten
h) Kalzitkristall
i) Porphyrischer Trachyt
j) Türkises silikatisches Gestein, Ungarn
k) Poröses magmatisches Gestein mit kleinen Erzkristallen, Auvergne
l) Spanholzdose mit Donnerkeil, Sand und Steinen
m) Kalzitkristalle
n) Medaille aus Terra Sigilliata
o) Schwerspat mit grünlichen Kristallen auf der Oberfläche
p) Vier unterschiedliche Kristallmodelle
q) Kalzitkristall auf Gestein
r) Zinnobererz
s) gefaltetes, laminiertes metamorphes Gestein
t) Gipskristalle, sog. Gipsrose
u) Zwei Flaschen mit blauem Pulver, wahrscheinlich Azurit oder Lapislazuli

2.8 v Die Keferstein'sche Mineraliensammlung, in: Nachricht über das Königliche Pädagogium zu Halle. Hg. v. Hermann Agathon Niemeyer. 15. Fortsetzung. Halle: Waisenhaus, 1850, 30–32, Faksimile
Halle, Franckesche Stiftungen: BFSt: S/FS. 4:728

2.9 Handstein mit Miniaturbergwerk, Wien, Ende 20. Jahrhundert, nach Vorbildern des 16./17. Jahrhunderts, Material: Erze, Mineralien, Metall, Silber
Bochum, Montanhistorisches Dokumentationszentrum beim Deutschen Bergbau-Museum Bochum: 03000 5927001
► Ursprünglich bezeichnete der Begriff Handstein eine besonders schön gestaltete Mineral- oder Erzstufe. Seit dem 16. Jahrhundert wurden aus den Mineralen und Erzen Kunstobjekte geschaffen, die zumeist Bergwerke darstellten. Somit verbanden Handsteine Natur und Kunst und waren beliebte Schaustücke im Barock.

2.10 Handstein mit Miniaturbergwerk, Sächsisches Erzgebirge, wahrscheinlich Freiberg, um 1720, Material: Holz, Fluss-

2.10 ►

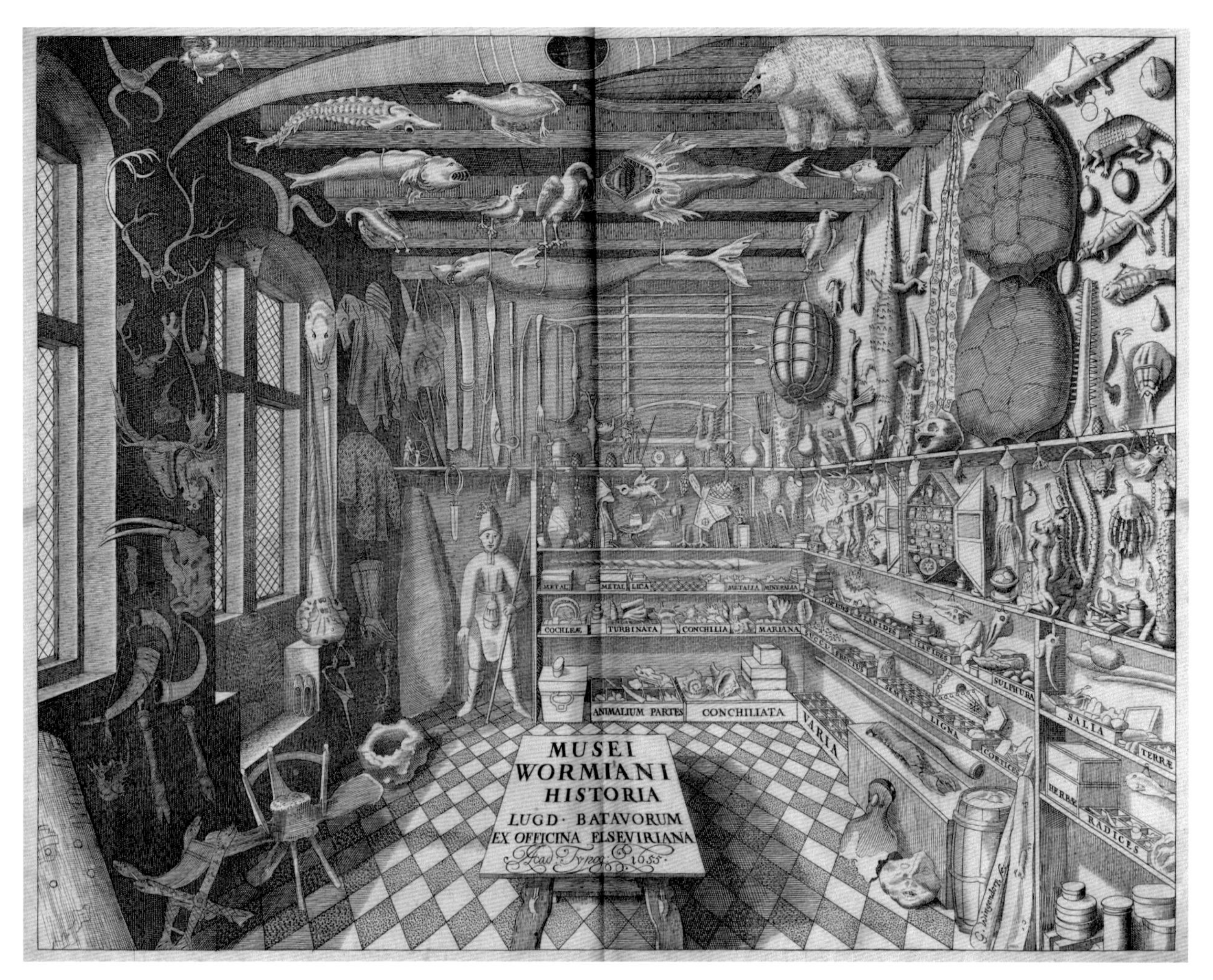

2.18

spate, Antimonite, Milchquarz, Bleiglanz, Pyrit, Hämatite
Halle, Franckesche Stiftungen: KNK R.-Nr. 1204
► Die bekrönende Bergmannsfigur oder das abschließende Kreuz fehlt. In der oberen Etage befindet sich eine Haspel/Winde mit Haspelknecht, weitere Knechte sind nur fragmentarisch erhalten. Auf der mittleren Etage befinden sich drei Bergleute bei der Arbeit im Bergwerk, unten baut ein sitzender Bergmann Erz ab, ein Knappe kommt aus einem Stollen, ein anderer bewegt einen Schubkarren.

2.11 Eingerichte/Geduldflasche mit der Darstellung eines Bergwerks, Sächsisches Erzgebirge, zwischen 1720 und 1740, Material: Glas, Holz, Blattgold, Ton, Eisen, Bleiglanz
Halle, Franckesche Stiftungen: KNK R.-Nr. 0076
► Die Montage von Alltagsituationen im Bergbau in solchen Flaschen betrieben die Bergleute im Erzgebirge und deren Familien an langen Winterabenden. Der Verkauf der Flaschen brachte einen willkommenen Zuverdienst. Die Tracht der hier dargestellten Bergleute ist die des sächsischen Erzgebirges. Die Anfertigung solcher Eingerichte mit Szenen aus dem Bergbau war eine Spezialität der Region.
• *Abbildung auf Seite 112*

2.12 Büste des Homer (um 800 v. Chr.), Marmor, Italien, 18. Jahrhundert
Halle, Museum Robertinum, Archäologisches Museum der Martin-Luther-Universität Halle-Wittenberg
► In den Kunst- und Naturalienkammern der Frühen Neuzeit waren Steine auch als Kunstobjekte vertreten. In den Katalogen zu den Mineralienkabinetten, z. B. in der *Metallotheca* (Kat.-Nr. 2.2), dem Katalog der mineralischen Sammlung des Vatikans, wurden auch steinerne Skulpturen wie die Laokoon-Gruppe behandelt.

2.13 Amethyst-Druse, Brasilien
Halle, Franckesche Stiftungen
► Als Druse bezeichnet man einen teilweise mit Kristallen gefüllten Hohlraum in einem Gestein. Auch solche exquisiten Natur-Objekte wurden häufig in den Kuriositätenkabinetten der Frühen Neuzeit präsentiert.
• *Abbildung auf Seite 10*

2.14 Der Fossilienschrank von Johannes Kentmann, Holzschnitt in: Conrad Gessner: De omni Rerum Fossilium Genere, gemmis, lapidibus, metallis, et huiusmodi, libri aliquot, plerique nunc primum editi. Zürich: Gessner, 1566, [17]
Halle, Franckesche Stiftungen: BFSt: S/KEF:V c 023
► Gessners (1516–1565) enzyklopädisches Werk über Mineralien ist das erste gedruckte Buch, das seine Objekte nicht nur verbal beschreibt und kommentiert, sondern auch in Bildern darstellt. Im Buch wird die Ordnung der Gesteinssammlung von Johannes Kentmann (1518–1574) vorgestellt, einem in Torgau lebenden Arzt und Sammler, der mit Gessner korrespondierte. Versinnbildlicht wird die Ordnung durch die Darstellung des Sammlungsschranks von Kentmann.
• *Abbildung auf Seite 71*

2.15 Steine, Kupferstich in: Basilius Besler: Fasciculus rariorum et Aspectu dignorum varii Generis. [Nürnberg,] 1616 [, Taf. 14]
Halle, Deutsche Akademie der Naturforscher Leopoldina – Nationale Akademie der Wissenschaften: Ca 8 : 1615
► Besler (1561–1629) war ein Nürnberger Apotheker, Botaniker und Verleger. Er besaß ein eigenes Naturalienkabinett. Sein *Bündelchen der selteneren und der Anschauung würdigen [Objekte] verschiedenen Geschlechts* stellt Tiere, Pflanzen und Mineralien vor, die in seinem Kabinett ausgestellt waren.

2.16 Muscheln und sogenannte Handsteine (Chiriten), Kupferstiche in: Ulisse Aldrovandi: Musaeum Metallicum. Bologna: Bernia, 1648, 480f.
Halle, Martin-Luther-Universität Halle-Wittenberg, Universitäts- und Landesbibliothek Sachsen-Anhalt: Sa 2954, 2°
► Aldrovandi (1522–1605) war ein italienischer Arzt und Biologe, der auch ein Naturalienkabinett besaß. Sein posthum herausgegebenes *Metallisches Museum*, wobei *metallisch* pars pro toto auf Mineralien allgemein verweist, stellt Objekte aus seiner Sammlung vor.

2.20

2.17 Edelstein, Kupferstich in: Benedetto Ceruti, Andrea Chiocco: Musaeum Francisci Calceolari jun. Veronensis. Verona: Tamus, 1622, 192
Halle, Deutsche Akademie der Naturforscher Leopoldina – Nationale Akademie der Wissenschaften: Ca 4 : 1632
► Calceolari, auch Francesco Calzolari (1522–1609), war ein italienischer Apotheker, der in Verona ein berühmtes Naturalienkabinett besaß. Der entsprechende Sammlungskatalog, das *Museum*, wurde posthum herausgegeben.

2.18 Kupfertitel mit der Darstellung der Sammlung Worms, Kupferstich in: Ole Worm: Museum Wormianum. Seu Historia Rerum Rariorum. Tam Naturalium, quam Artificalium, tam Domesticarum, quam Exoticarum, quae Hafniae Danorum in aedibus Authoris servantur. Hg. v. Willum Worm. Leiden: Elzevir, 1655
Halle, Martin-Luther-Universität Halle-Wittenberg, Universitäts- und Landesbibliothek Sachsen-Anhalt: Pa 2380, 2°
► Nicht nur in Italien, auch in Nordeuropa gab es Kunst- und Naturalienkammern wie die des Arztes und begeisterten Altertumsforschers Ole Worm (1588–1654). Der entsprechende Sammlungskatalog wurde kurz nach seinem Tod von seinem Sohn herausgegeben. Seine Sammlung ist heute Teil des Geologischen Museums in Kopenhagen.

2.19 Ammoniten, Kupferstich in: Johann Jacob Baier: Oryktographia Norica, Sive Rerum Fossilium Et Ad Minerale Regnum Pertinentium, In Territorio Norimbergensi Eiusque Vicinia Observatarum Succincta Descriptio. Nürnberg: Michahelles, 1708, Tab. III
Halle, Franckesche Stiftungen: BFSt: S/KEF:IV a 137
► Der Mediziner Baier (1677–1735) war Professor an der Universität Altdorf. Er interessierte sich auch für die Geologie. Seine *Gesteinskunde der Nürnberger Gegend* war die erste systematische geologische Aufnahme einer Region

PETREFACTORUM
ORDO QUARTUS, VEGETABILIA
TERRESTRIA PETREFACTA.

Der Verſteinten Cörper 43
Vierte Ordnung: Die Verſteinten
Land-Gewächſe.

Nomen genericum. Geſchlechts-Name.	*Characteres generici.* Kenzeichen des Geſchlechts.	*Differentiæ ſpecificæ.* Unterſchied der Arten.	*Synonima ſpecifica.* Gleichgeltende Namen der Arten.	
I. STELECHITES. Wurtzelſtein.	Radix terrefacta, cortice arenoſo, lapideſcente obducta.	Pro diverſa radicum figura, truncos, ramos & ramuſculos refert.	*Stelechites.*	Oſteocolla.
	Vererdete Wurtzel, mit einer verhärteten ſandigen Rinde umgeben.	Nach der verſchiedenen Bildung der Wurtzeln geſtaltet, wie Stämme, Aeſte und Zweige.	Wurtzelſtein.	Beinbruch.
II. LITHOXYLUM. Holtzſtein.	Lignum petrefactum. Verſteint Holtz.	Quercus. Von Eichen. Abietis. Von Tannen. Fagi. Von Buchen. Tiliæ. Von Linden. Alni. Von Erlen.	*Dryites.* Steinern Eichenholtz. *Elatites.* Steinern Tannenholtz. *Phegites.* Steinern Buchenholtz. *Philirites.* Steinern Lindenholtz. *Clethrites.* Steinern Erlenholtz.	Peucites.
Obſ. *Huc refer Lignum foſſile bituminoſum ſ. Ebenum foſſile & Carbonem foſſilem.* Hieher gehört auch das Erdhartzige gegrabene Holtz, und die gegrabenen Kohlen.				
III. LITHOBIBLIUM. Blätterſtein.	Folium arboris petrefactum.	Quodlibet nomen arboris ſpecificum ſortitur e.g. folium quercus petrefactum, Lithobiblium quercus.	*Lithobiblium.*	Folium lapideum.
	Verſteinte Baum-Blätter.	Ein jeder bekommt den Namen ſeines Baums, z. e. Steinern Eichblatt.	Blätterſtein.	Steinern Blatt.
IV. CARPOLITHUS. Fruchtſtein.	Fructus arboris petrefactus.	Nomen arboris ſpecificum retinet. Rariſſime occurrit.	*Carpolithus.*	Fructus lapideus.
	Verſteinte Baum-Früchte.	Behält den Namen ſeines Baums, kommt ſehr ſelten vor.	Fruchtſtein.	Steinerne Frucht.
V. PHYTOLITHUS. Pflantzenſtein.	Herbæ petrefactæ.	Nomen botanicum retinet.	*Phytholithus.*	Herba lapidea.
	Verſteinte Kräuter.	Ein jedes behält ſeinen gewöhnlichen Namen.	Pflantzenſtein.	Steinern Kraut.

F 2 PETRE-

2.21

in Deutschland und Vorbild für nachfolgende Regionalgeologien.

2.20 Vom Eißlebischen Kupffer-Bergwerck und dessen Figurirten Schieffern (versteinerte Fische (*Palaeoniscum freieslebeni*) in Kupferschiefer), Kupferstich in: Gottlieb Friedrich Mylius: Memorabilium Saxoniae Subterraneae Pars Prima. I[d] e[st] Des Unterirdischen Sachsens Seltsamer Wunder Der Natur Erster Theil: Worinnen die Auf denen Steinen an Kräutern, Bäumen, Bluhmen, Fischen, Thieren, und andern dergleichen besondere Abbildungen, so wohl Unsers Sachsen-Landes, als deren so es mit diesen gemein haben, gezeiget werden. Leipzig: Groschuff, 1709, Fol. 4
Halle, Franckesche Stiftungen: BFSt: S/KEF:V b 134
► Mylius (1675–1726) hatte in Halle und Leipzig Jura studiert und arbeitete als Advokat in Leipzig. Er legte – wohl auch motiviert durch die Sammlungen in den Franckeschen Stiftungen – ein bedeutendes Naturalienkabinett an und sammelte dafür systematisch Mineralien aus der sächsischen Region. In seinem Sammlungskatalog zu den Mineralien werden auch die Kupferschieferheringe der Mansfelder Region vorgestellt.
• *Abbildung auf Seite 124*

2.21 Der Versteinten Cörper Vierte Ordnung: Die Versteinten Land=Gewächse, in: Johann Lucas Woltersdorf: Systema Minerale In Quo Regni Mineralis Producta Omnia Systematice Per Classes, Ordines, Genera Et Species Proponuntur = Mineral-System worin alle zum Mineral-Reich gehörige Cörper in ordentlichem Zusammenhange nach ihren Classen, Ordnungen, Geschlechtern und Arten vorgetragen werden. Berlin: Kunst, 1748, 43, Reproduktion
Halle, Franckesche Stiftungen: BFSt: S/KEF:IV a 002
► Woltersdorf (1721–1772) war Theologe und eifriger Mineraliensammler. Bezogen auf seine Sammlung entwickelte er ein eigenes Ordnungssystem und publizierte es. Jedoch erlangte dies niemals eine größere wissenschaftliche Bedeutung.

2.22 Versteinerte Wasserlebewesen, in: Johann Ernst Immanuel Walch: Das Steinreich, systematisch entworfen. Bd. 2. Halle: Gebauer, 1764, 76f. und Tab. 2
Halle, Franckesche Stiftungen: BFSt: S/KEF:IV a 041
► Walch (1725–1778) war Professor an der Philosophischen Fakultät der Universität Jena und interessierte sich für geologische und paläontologische Themen, wozu er auch publizierte. Seine geologische und paläontologische Sammlung, die er in diesem Sammlungskatalog beschreibt, befindet sich heute in den Sammlungen der Jenaer Universität.

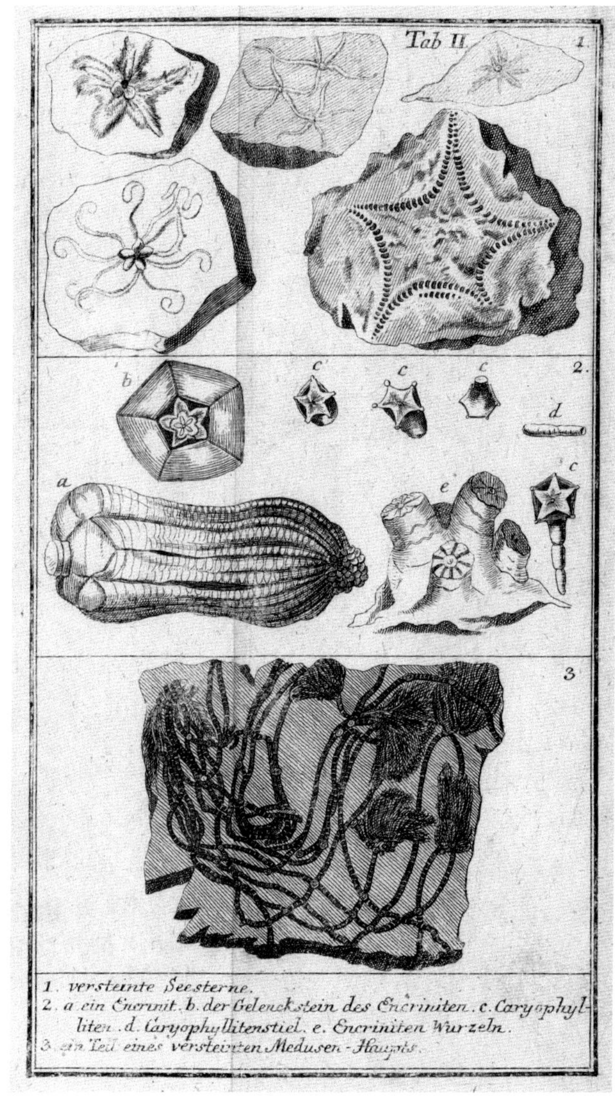

Tab II.
1.
2.
3.
1. versteinte Seesterne.
2. a ein Encrinit. b. der Gelenckstein des Encriniten. c. Caryophylliten. d. Caryophyllitenstiel. e. Encriniten Wurzeln.
3. ein Teil eines versteinten Medusen-Haupts.

2.22

2.23 Auflistung der Kupfervorkommen, Kupferstich in: Ignaz von Born: Lithophylacium Bornianum. Index fossilium, quae collegit et in classes ac ordines disposuit. Teil 1. Prag: Gerle, 1772, 100f.
Halle, Martin-Luther-Universität Halle-Wittenberg, Universitäts- und Landesbibliothek Sachsen-Anhalt: Sa 826
► Von Born (1742–1791) studierte Jura und Montanwesen und arbeitete in der Bergbauverwaltung. Er beschäftigte sich mit geologischen Themen und legte eine eigene Mineraliensammlung an, deren Katalog das *Bornianische Steinarchiv* darstellt. 1776 wurde er zum Leiter des Hof-Naturalienkabinetts in Wien berufen, das unter ihm große Bedeutung für die geologische Forschung gewann.

3

glauben

CLAUS VELTMANN UND THOMAS RUHLAND

„Aus tausend sonst verborgnen Steinen hast du uns Gottes Macht erklärt."[1] Das Mineralreich als Gegenstand der Physikotheologie im Halleschen Pietismus

An den Schulen der Glauchaschen Anstalten, dem pädagogischen Zentrum des Halleschen Pietismus,[2] spielte die Auseinandersetzung mit der unbelebten Natur, dem Reich der Mineralien, Fossilien und Gesteine, ihrer nutzbringenden Anwendung für den Menschen sowie Fragen zur Geschichte der Erde und der Sintflut eine nicht zu unterschätzende Rolle. Das kommt auch in den programmatischen Schriften zum Unterricht und den Sammlungen der Schulstadt zum Ausdruck. Ehrenfried Walther von Tschirnhaus (1651–1708) erwähnt 1700 in seiner *Gründliche[n] Anleitung zu nützlichen Wissenschaften*, die er auf Bitten des Anstaltsgründers, August Hermann Francke (1663–1727), für den mathematischen und mechanischen Unterricht verfasst hat, die „Docimastica oder Probier=Kunst", durch die man Metalle und Mineralien bestimmen kann, damit „der Reichtum eines Landes so in der Erden verborgen liegt größten Theils entdecket" wird.[3] Auch im späteren Lehrbuch *Von denen Natürl[ichen] Dingen, Oder Geschöpffen und Wercken GOttes [...] zum Lob und Preiss des großen Schöpffers, Und zum Dienst [....] sonderlich der kleinen Schul Jugend aufgesetzet* wird die unbelebte Natur unter dem Gesichtspunkt ihrer Nützlichkeit für den Menschen, dessen Kultur und Wirtschaft erläutert und dazu unterteilt in „gemeine" Steine wie Kieselsteine, die „mittlere Art der Steine", z. B. Marmor, Edelsteine und Metalle sowie „Mineralien" oder „Berg=Arten".[4]

Die Betonung der Nützlichkeit und Anwendbarkeit des Wissens über die Natur, also die Naturkunde, die damals auch als Naturgeschichte bezeichnet wurde, war fester Bestandteil christlich frommen Denkens. Neben die Bibel als Buch der göttlichen Offenbarung trat so eine zweite Offenbarung durch die Betrachtung der Natur oder das ‚Lesen im Buch der Natur', so der damalige charakteristische Ausdruck. Die neuen Erkenntnisse über die Schöpfung wurden durch Beobachtung, Experiment und die Erkenntnis allgemeiner Naturgesetze mittels der menschlichen Vernunft gewonnen. Der Begriff Physikotheologie beschreibt diese Geisteshaltung, alle natürlich-physikalischen Phänomene im Kontext und auf der Grundlage der christlichen Lehre zu deuten oder Gott aus der Natur zu beweisen.[5] Dabei versteht sie die Beschäftigung mit allen Bereichen der Natur als eine Form der Lobpreisung Gottes, der in seiner unergründlichen Weisheit die Erde schuf, damit der Mensch sie sich untertan mache und nutze.[6] Die Erlangung naturkundlichen Wissens war demnach gottgegebener Auftrag. Dabei nahm die in der Genesis beschriebene Sintflut, als fundamentale Umwälzung für das Leben auf und die Gestalt der Erde, eine zentrale Rolle ein. Mit ihr verbanden sich ganz unterschiedliche Fragestellungen, die heute in Spezialdisziplinen wie Paläontologie, Geologie, Mineralogie sowie in Zoologie und Botanik separat behandelt werden. Die Deutung und Einordnung der Sintflut versprach Antworten auf Fragen zur Entstehung von Mineralien, Gesteinen, Erden, Erzen. Vor allem verhieß die Sintflut Klärung der Frage, ob die „Bilder=Steine" bzw. Figurensteine, die mit sonderbaren Formen die Naturkundigen um 1700 an Abdrücke und Abbildungen von Tieren und Pflanzen erinnerten, Zeugnisse von noch existenten oder gar im Zuge der Sintflut ausgerotteten Lebewesen waren oder nicht.[7]

Entgegen dem heutigen – im Folgenden benutzten – paläontologischen Sprachgebrauch, in dem Fossilien die versteinerten Überreste ehemaliger Lebewesen bezeichnen, wurden noch in der ersten Hälfte des 18. Jahrhunderts alle „Erden=Cörper [...] alles, was, bevor es am Tage liegt, zu-

2.11 | Eingerichte oder auch Geduldflasche: Bergwerk, aus der Kunst- und Naturalienkammer der Franckeschen Stiftungen, zwischen 1720 und 1740. Halle, Franckesche Stiftungen

2.1 | Stücke von Mansfelder Kupferschiefer mit Versteinerungen von Fischen (hier: *Palaeoniscus freieslebeni*) waren nicht nur in der Kunst- und Naturalienkammer der Franckeschen Stiftungen vorhanden, sondern ein beliebtes Exponat in vielen Mineraliensammlungen der Frühen Neuzeit. Halle, Franckesche Stiftungen

erst unterirdisch gewesen […] Fossilien genennet"[8] und als unbelebte Natur dem *regnum minerale* oder *regnum lapideum*[9], also dem Mineral- oder Steinreich zugeordnet.

Einen Hinweis auf die Bedeutung des Mineralreichs für den naturkundlichen Unterricht in den Glauchaschen Anstalten gibt der erste Katalog der Naturalienkammer im Waisenhaus.[10] Die Sammlung von „allerhand naturalia und rariora in regno animali, vegetabili et minerali" sollte, wie Francke 1698 in einem Brief an Friedrich III., Kurfürsten von Brandenburg (1657–1713), betonte, „einen nicht geringen Beytrag zu einer wohlgegründeten erudition [Erziehung; d. Verf.]" leisten und „die studirende Jugend kräfftig ermuntern […], das höchstnüzl[iche] und zu Gottes sonderbaren Ehren zielende studium naturale emsig zu excoliren [betreiben; d. Verf.]."[11] Der Katalog weist 153 Nummern aus, von denen das Mineralreich mit 89 Objekten den umfangreichsten Sammlungsteil bildet, gefolgt von der Tier- und Pflanzenwelt mit 40 Gegenständen, während die Artifizialien, die von Menschen angefertigten Kunstgegenstände, nur mit 24 Stücken vertreten sind.[12] Alle Objekte sind, wie im Nachwort ausdrücklich hervorgehoben wird, in keiner Weise geordnet. Das trifft auch für das Mineralreich zu, welches auch einen Tropfstein aus der Baumannshöhle im Harz, Steine vom Vesuv, Quarze, Edelsteine, Metalle und „Bitumen Hierosolymitanum, womit die Mauren zu Jerusalem gebaut" sind, enthält. Auffällig sind die vielen Erwähnungen von fossilierten Lebewesen, wie versteinertes Holz und Moos, versteinerte Schnecken, versteinerte Knochen, versteinerte Blätter aus Ungarn oder auch „Kupffer=Schieffern, worauf Fische von der Natur gebildet".[13]

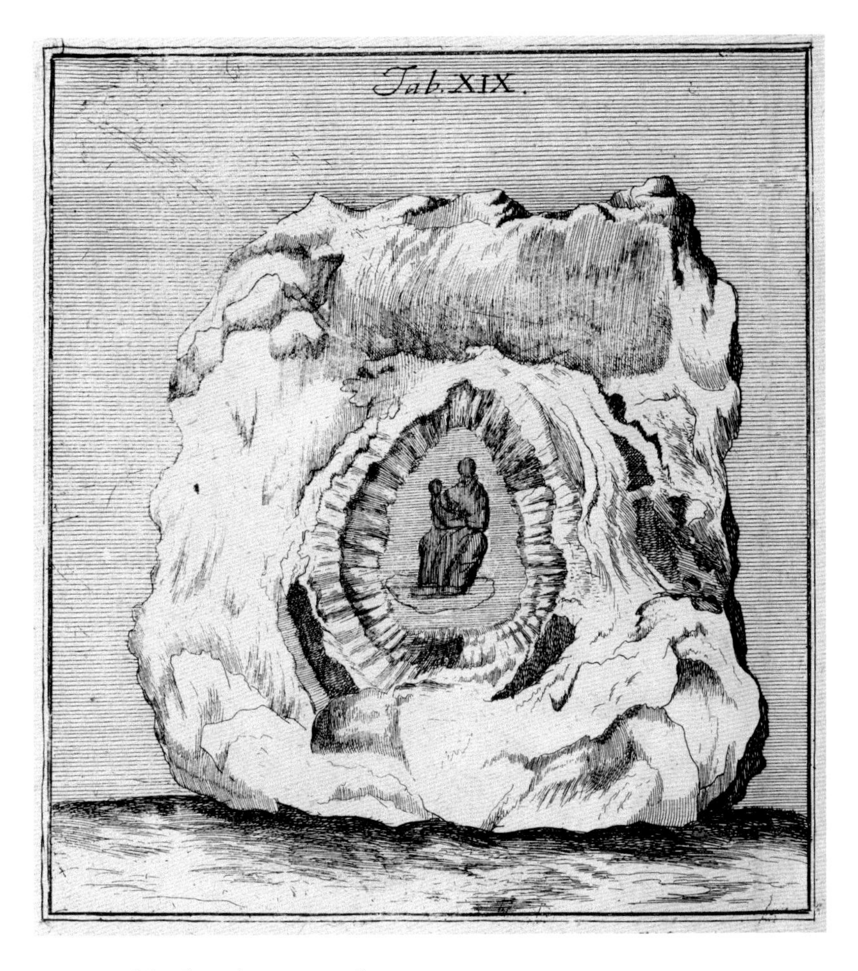

Zu 3.6 | Vermeintlicher Figurenstein mit Mariendarstellung, der von David Sigismund Büttner als Fälschung benannt wird, Kupferstich in: David Sigismund Büttner: Rudera Diluvii Testes, 1710. Halle, Franckesche Stiftungen

Das letzte Objekt verweist auf die damals gängige Theorie, dass „Bilder=Steine", als *lusus naturae*, als Spiele der Natur entstanden seien, welche durch „eine natürliche Kraft [...], die in Form eines Steinsaftes [...] den Erdboden durchströme und durch Ausdünstung die Figurensteine hervorbringen könne."[14] Aus theologischer Sicht gab es keinen Einwand gegen dieses Erklärungsmodell, verdeutlichte es doch Gottes unmittelbares, wundersames Wirken. Aber auch die Interpretation, dass es sich bei diesen Objekten ursprünglich um Lebewesen gehandelt haben muss, war möglich. Das vor allem, wenn dadurch Gottes strafendes Eingreifen in Form der Sintflut greifbar gemacht werden konnte. Auch in den Glauchaschen Anstalten wurden Überlegungen angestellt, wie diese Objekte entstanden sein könnten, vor allem, wenn sie existierenden Lebewesen ähnelten.

Die Person aus dem Umfeld des Halleschen Pietismus, die sich am intensivsten mit geologischen bzw. paläontologischen Phänomenen auseinandersetzte, war der Theologe und Diakon in Querfurt David Sigismund Büttner (1660–1719), der mit Francke korrespondierte und diesem eine Vielzahl an Objekten für das Naturalienkabinett des Waisenhauses zusandte.[15] Seine eigene umfangreiche Naturaliensammlung war berühmt für ihre

> „raren fossilibus und petrefactis [...], dabey er [...] angelegen seyn ließ, die marina erstlich in statu naturali, wie sie jetzo aus dem Meere kommen, und denn in statu per diluvium destructo & petrefacto, gegen einander zu halten, um beyderseitige Characteres recht eigentlich zu erkennen, und daß beyde Arten eadem marina wären, überzeugt zu werden."[16]

Büttner folgte mit seinem Ansatz der „Präsentation noch

lebender Meereswesen im Naturzustand und im Stadium ihrer Zerstörung und Versteinerung durch die Sintflut" der Diluvial- oder auf Deutsch Sintfluttheorie, welche „rezente Lebewesen aus dem Meer ihren versteinerten fossilen Formen gegenüber[stellte], um so zu zeigen, dass diese Fossilien nur durch eine allgemeine Sintflut auf die so hoch über dem Meer liegenden Berge hätten gebracht werden können."[17] Die Gegenüberstellung der Fossilien mit rezenten, damals noch existierenden Tierarten zeugt von der Anerkennung ihres organischen Ursprungs. In diesem Sinn versteht sich Büttners *Rudera Diluvii Testes, i. e. Zeichen und Zeugen der Sündfluth* als Versuch „der natürlichen Erkenntnis Gottes und seiner Creatur".[18] Dabei geht er davon aus, dass die Sintflut 1.657 Jahre nach Erschaffung der Welt und 4.000 vor seiner Gegenwart stattgefunden und „viel Enderung zu Wasser, Lande, Luft und Witterung herbeigeführt habe" sowie die Gestalt der Erde nachhaltig zum schlechteren verändert habe.[19] Aufgrund der Tatsache, dass man in Thüringen versteinerte Elefantenknochen und im Elsass versteinerte Datteln gefunden habe, könne man schließen, so Büttner, dass die Erde vor der Sintflut eine lieblichere Oberfläche und ein anderes Klima hatte (199, 209, 283f., 300). Büttners Schrift richtete sich, wie er selbst mehrfach betont, vor allem an diejenigen, die Fossilien für Spiele der Natur hielten. Deshalb widerlegt er ausführlich deren Anschauungen von den Formkräften der Natur, sei es das Wirken eines Erdgeistes oder einer *aura seminalis*, und wirft ihnen sogar vor, dass sie mit dieser Anschauung Gottes Schöpferkraft ignorieren würden (117–186). In der Folge weist er ausführlich nach, dass es sich bei Fossilien wirklich um pflanzliche, tierische und auch menschliche (!)[20] Versteinerungen handeln muss. Zwar könne die Tatsache irritieren, dass sich versteinerte Tierknochen nicht immer bekannten Arten zuordnen ließen, aber Büttner geht davon aus, dass sich auf die Dauer alle Fossilien als Knochen rezenter Lebewesen bestimmen lassen, weshalb er seinem Buch auch Tafeln mit derartigen Abbildungen beigefügt habe (222f.). In diesem Zusammenhang verweist Büttner auch auf Einhörner, die von Kritikern zwar für „ertichtete Thiere" gehalten würden, von denen es jedoch Versteinerungen gebe und die real und rezent seien, da man sie in Afrika gesehen habe (285f.). Der Querfurter Diakon behauptet sogar, dass gar keine Pflanzen oder Tieren durch die Sintflut ausgestorben seien. Sie hätten sich in der Gegenwart vielmehr einfach auf andere Kontinente und in andere Klimazonen zurückgezogen; allenfalls seien sie durch die Sintflut giftig geworden (102–108).

Im Streit um das Primat zwischen den beiden Büchern der göttlichen Offenbarung, in der Bibel und im Buch der Natur, bezog Büttner eindeutig Stellung. Obwohl er immer wieder den Mediziner Johann Jacob Baier (1677–1735) und den Juristen Gottlieb Friedrich Mylius (1675–1726)[21] als Zeugen für den organischen Ursprung von Fossilien heranzieht, kritisiert er deren Nichterwähnung der biblischen Sintflut als Ursache dieser Versteinerungen. Ganz physikotheologisch besteht Büttner auf der biblischen „Sündfluth", welche die ganze Welt mit Wasser bedeckt habe, wie die auf Bergeshöhen auffindbaren Fossilien belegen und die so gewaltige Veränderung der Morphologie der Erde und des Klimas herbeiführte, dass Fossilien nun tief im Erdreich und auch in „versteinter Erde" aufgefunden würden (218). In seiner Theorie der Sintflut folgt Büttner explizit dem englischen Mediziner John Woodward (1665–1728), der die Welt nach der Sintflut als verfallen und das Leben der Menschen danach deshalb als mühselig bezeichnet hatte.[22] Zugleich betont Büttner, dass er die meisten Inspirationen von seinem Schweizer Korrespondenzpartner Johann Jakob Scheuchzer (1672–1733) erhalten habe.[23]

Der Mediziner Scheuchzer war im Zentrum des Halleschen Pietismus gut bekannt und Gesprächsgegenstand im großen pietistischen Korrespondenznetzwerk.[24] Johann Daniel Herrnschmidt (1675–1723), einer der engsten Mitarbeiter Franckes, erwähnt und zitiert Scheuchzer mehrfach als inspirierend für seine Überlegungen in der Vorrede *Von den rechten Gräntzen der Philosophiae naturalis* zu dem oben genannten Schulbuch.[25] Dabei kommt der Subdirektor der Glauchaschen Anstalten ganz im Sinne der Physikotheologie zu dem Schluss:

> „Denn es soll doch dieses der allein wahre Zweck und Gebrauch der Physic [= Naturkunde; d. Verf.] seyn und bleiben, daß man GOtt als GOtt, d.i. als den unendlich=weisen, mächtigen und gnädigen Schöpffer und

3.6 | Felsformationen im Erzgebirge (links), der Gemmiweg von Leukerbad zum Gemmipass in der Schweiz (rechts), Kupferstiche in: David Sigismund Büttner: Rudera Diluvii Testes, 1710. Halle, Franckesche Stiftungen

> HErrn, auch aus den Geschöpffen erkennen, und am Ende alles, wir verstehen es oder verstehens nicht, uns denselben zu loben und zu lieben bewegen soll."[26]

Eine weitere wichtige Quelle für Herrnschmidt war Robert Boyle (1627–1692), ein englischer Physikotheologe und Naturkundler, dessen Schrift *Von der Vortrefflichkeit der Theologie in Vergleichung mit der Philosophie oder der Wissenschaft der Natur* 1709 in deutscher Übersetzung vom Verlag des Halleschen Waisenhauses herausgegeben worden war.[27]

Direkte Kontakte der hallischen Pietisten zu Scheuchzer finden sich in der Person des aus Memmingen stammenden Medizinstudenten Johann Balthasar Ehrhart (1700–1756).[28] Als 1723 erste ernsthafte Anstrengungen zur Systematisierung der auch durch die Vielzahl der von Büttner nach Halle gesandten Fossilien immer umfangreicher gewordenen eigenen Naturaliensammlung unternommen wurden, war Ehrhart, der Scheuchzer auf einer Studienreise durch die Schweiz persönlich kennengelernt hatte, die erste Wahl für diese Aufgabe.[29] Bevor er ab März 1722 in Halle studierte, wo er in der Mineraliensammlung des Medizinprofessors Friedrich Hoffmann (1660–1742) arbeitete und auch an der Ausgrabung von prähistorischer Elefantenknochen am Saaleufer teilnahm, hatte ihm Johann Georg Gmelin (1674–1728) in Tübingen umfassende Kenntnisse in Geologie und Paläontologie vermittelt.[30] Gmelins Abreise nach Leiden, wo er 1724 mit einer Dissertation über Fossilien, speziell die Zuordnung von Donnerkeilen zu rezenten Kopffüsslern promoviert wurde, verhinderte jedoch diese Möglichkeit zur Systematisierung der Sammlung.[31]

Scheuchzer setzte sich von allen Physikotheologen am intensivsten mit geologischen, mineralogischen und vor allem paläontologischen Themen auseinander.[32] Er übersetzte die geologischen Theorien von Woodward ins Lateinische und verbreitete so dessen Sintfluttheorie in Kontinentaleuropa.[33] Dadurch wandelte sich auch seine Anschauung über den Ursprung der Fossilien, die er anfangs für *lusus naturae* gehalten hatte. 1708 erschien Scheuchzers erste Veröffentlichung, die Versteinerungen als Überreste von Pflanzen und Tieren beschrieb, mit dem Versuch, diese rezenten Arten zuzuordnen. Dabei ging er davon aus, dass die nicht identifizierbaren Lebewesen in unerforschten Regionen der Erde künftig auffindbar sein würden – in dieser Anschauung ist ihm Büttner gefolgt.[34] Jedoch sah Büttner, in Anlehnung an Burnets Theorie, die nachdiluviale Erde im Vergleich zur vordiluvialen als rauer und unwirtlicher an, während Scheuchzer die „Ähnlichkeit der Welt vor und der Welt nach der Sintflut" betonte und die Fossilien als „Mahnung an die Menschheit" und als „Verbindungselement zwischen der biblischen Erzählung und dem Buch der Natur", mithin als „Werk der göttlichen Güte und Vorsehung und nicht mehr als Folge seiner strafenden Wut" interpretierte.[35]

Sehr intensiv suchten die Diluvianer nach menschlichen Fossilien, da die Sintflut nach Ausweis der Bibel ja der Bestrafung der Menschheit gedient hatte. Schließlich fand man in einem Steinbruch am Bodensee Fossilien, die Scheuchzer als die versteinerten Überreste eines durch die Sintflut umgekommenen Menschen deutete, was er in einem Flugblatt, datiert auf das Jahr 5032 „nach der Sündflut", veröffentlichte.[36]

Scheuchzers ständiger Verweis auf beide Bücher der göttlichen Offenbarung, die Bibel und die Natur, kulminierte in seiner ab 1731 in mehreren Sprachen erschienenen *Kupfer-Bibel [...] Physica Sacra oder beheiligte Natur-Wissenschaft*, einem Meilenstein der physikotheologischen Literatur, die nicht nur aufgrund der mehr als 750 Kupferstiche zur „Bibel der Naturwissenschaft" wurde.[37] Das Werk erhob den Anspruch, ein naturkundlicher Kommentar zur gesamten Bibel zu sein: „Aus allen Teilen der Bibel wurden Passagen, in denen Bezüge auf Ereignisse und Vorgänge der Natur [...] zu finden waren, nach dem neuesten Kenntnisstand der Naturwissenschaften kommentiert."[38] Auf lange Sicht wertete der Schweizer die Bedeutung der Naturkunde und deren Erkenntnis durch die menschliche Vernunft gegenüber der Bibel so weit auf, dass sie gleichberechtigt nebeneinanderstehen konnten, die biblische Offenbarung jedoch blieb zentral für das Seelenheil. Dabei war die Sintflut für seine Argumentation immer zentral, da gerade sie die naturkundlich-empirische „Beglaubigung des mosaischen Genesisberichtes"[39] darstellte – mit den Fossilien als Kronzeugen.

Scheuchzers physikotheologischer Ansatz und seine Werke nahmen auch bei der Präsentation und Erklärung der Naturalien in der Naturalienkammer der Glauchaschen Anstalten einen zentralen Platz ein. In der *Instruction* für die Herumführer der Sammlung wird 1741 Scheuchzers *Physica, oder Natur-Wissenschafft*, auf die sich schon Herrnschmidt 1720 in seiner Vorrede zu den *Gräntzen der Philosophiae naturalis* bezogen hatte,[40] als Grundlage für die Erläuterung aller drei Naturreiche festgelegt.[41] Zudem befanden sich 1741 bzw. 1766 mindestens zwei weitere Werke Scheuchzers nachweislich als Standardlektüre in der Bibliothek der Naturaliensammlung.[42] Noch heute befindet sich die berühmte *Kupfer-Bibel* im Bibliotheksbestand der Franckeschen Stiftungen.[43]

Wie Scheuchzer war auch der Pietist Friedrich Christian Lesser (1692–1754) ein herausragender Vertreter der Physikotheologie.[44] Lesser studierte in Leipzig und Halle Theologie, wo er als Schüler von August Hermann Francke eine pietistische Prägung erfuhr.

Sein Interesse an der Naturgeschichte wurde, wie auch bei Johann Balthasar Ehrhart, durch den mit dem Pietismus eng verbundenen Medizinprofessor Friedrich Hoffmann gefördert, dessen Naturalienkabinett er als Student kennenlernte und später beschrieb.[45] 1715 kehrte Lesser in seine Heimatstadt Nordhausen zurück und wirkte dort bis zu seinem Lebensende als Pfarrer. Hier begann er eine eigene Naturaliensammlung zusammenzustellen, die er im *Hamburgischen Magazin* vorstellte.[46]

Auch bei ihm bildeten Fossilien einen Schwerpunkt, die er zumeist selbst auf Wanderungen durch die Umgebung seiner Heimatstadt sammelte. Außerdem reiste er zu Fossilienfundstätten und naturkundlichen Sammlungen in der weiteren Region, so nach Querfurt, Eisenach, Erfurt oder Weimar. Als fester Bestandteil des großen internationalen Sammler- und Gelehrtennetzwerkes

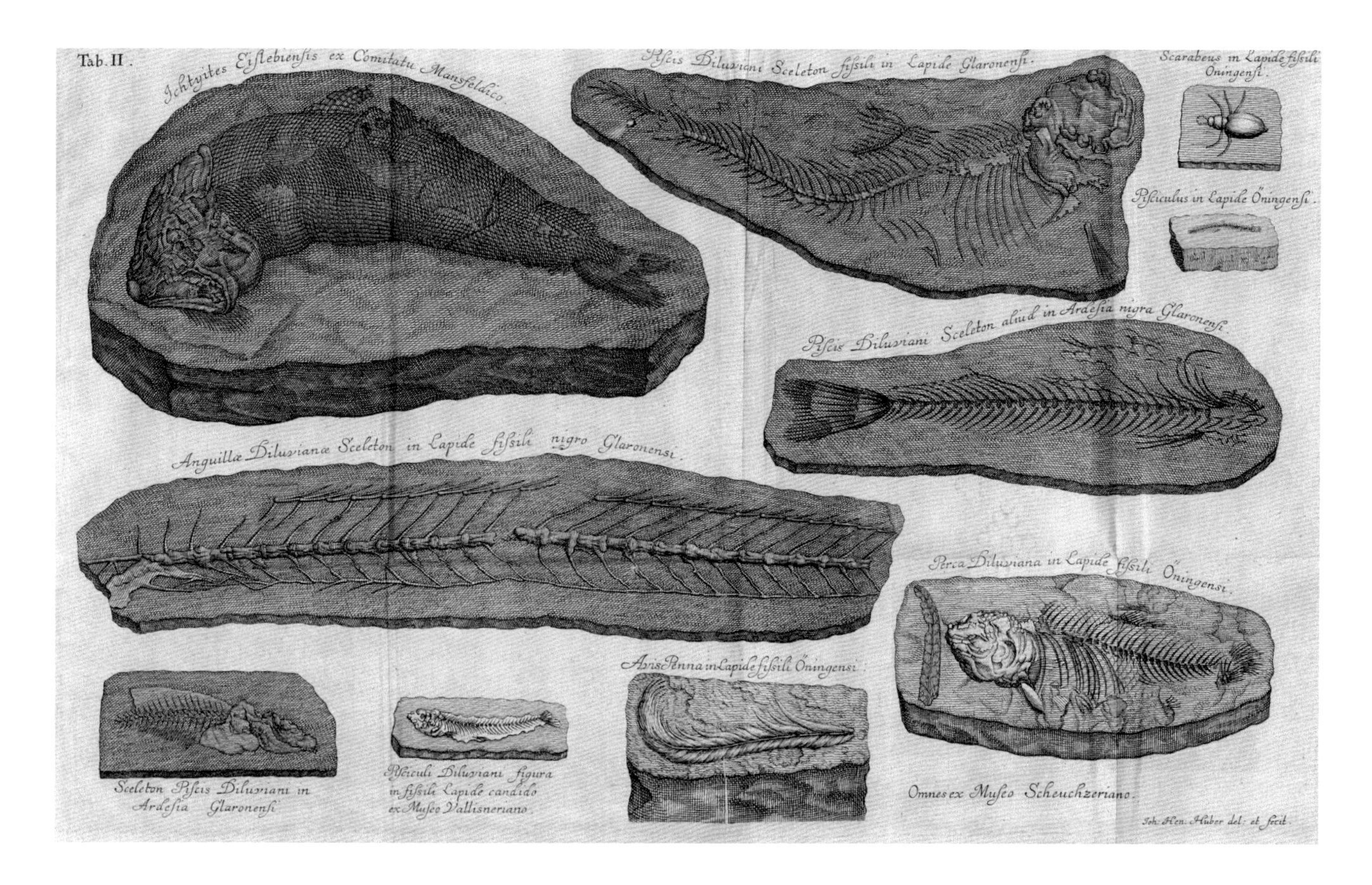

tauschte Lesser in großem Umfang Naturalien jeglicher Art und Informationen.[47] Seine Sammelpraxis verdeutlicht, so Anne-Charlott Trepp, einen allgemeinen Paradigmenwechsel des Sammelns zu Beginn des 18. Jahrhunderts, so dass nicht mehr das kuriose, exquisite oder exotische Objekt im Fokus stand, sondern

> „das Gewöhnliche, das Alltägliche und Regelmäßige: vor allem […] Mineralien, Pflanzen und Tiere der Umgebung. Das Staunen, das zuvor dem Besonderen und Bizarren gegolten hatte, galt nun vermehrt dem Gewöhnlichen und Unspektakulären, welche als göttliche Wunderwerke gepriesen wurden. Auch die mit neuer Vehemenz erhobenen Forderungen nach Nützlichkeit und Klarheit veränderten die Sammelkriterien und rückten zugleich die Frage nach der Einordnung und Klassifizierung der Objekte stärker in den Mittelpunkt.“[48]

Friedrich Christian Lesser hat Naturalien nicht nur gesammelt, sondern intensiv darüber geforscht und publiziert, so auch zu Insekten und Weichtieren.[49] Sein Hauptinteresse

3.7 | Versteinerte Fische aus der Sammlung Scheuchzers, links oben ein Fisch in Kupferschiefer aus Eisleben, Kupferstich in: Johann Jakob Scheuchzer: Piscium Querelae Et Vindiciae, 1708. Halle, Martin-Luther-Bibliothek Halle-Wittenberg, Universitäts- und Landesbibliothek Sachsen-Anhalt

aber galt der unbelebten Natur und schon seine erste Publikation, die er Friedrich Hoffmann widmete, stellte seltene Mineralien aus der Region um Nordhausen vor.[50] Dieses und auch weitere Werke Lessers fanden wiederum Eingang in die Bibliothek der Naturalienkammer der Glauchaschen Anstalten.[51] Seine physikotheologische Einstellung begründet er in seiner Vorrede zu seinem umfangreichsten Werk, der 1.300-seitigen *Lithotheologie* (= Theologie der Steine) folgendermaßen:

> „So ist doch insonderheit vor anderen einem Theologo unentbehrlich, nebst gründlicher Erkänntniß anderer

FOLGENDE SEITEN:
3.10a | Versteinertes Skelett eines vermeintlichen Menschen, der in der Sintflut ertrank, Kupferstich in: Johann Jakob Scheuchzer: Kupfer-Bibel, In welcher Die Physica Sacra […], 1731. Halle, Franckesche Stiftungen

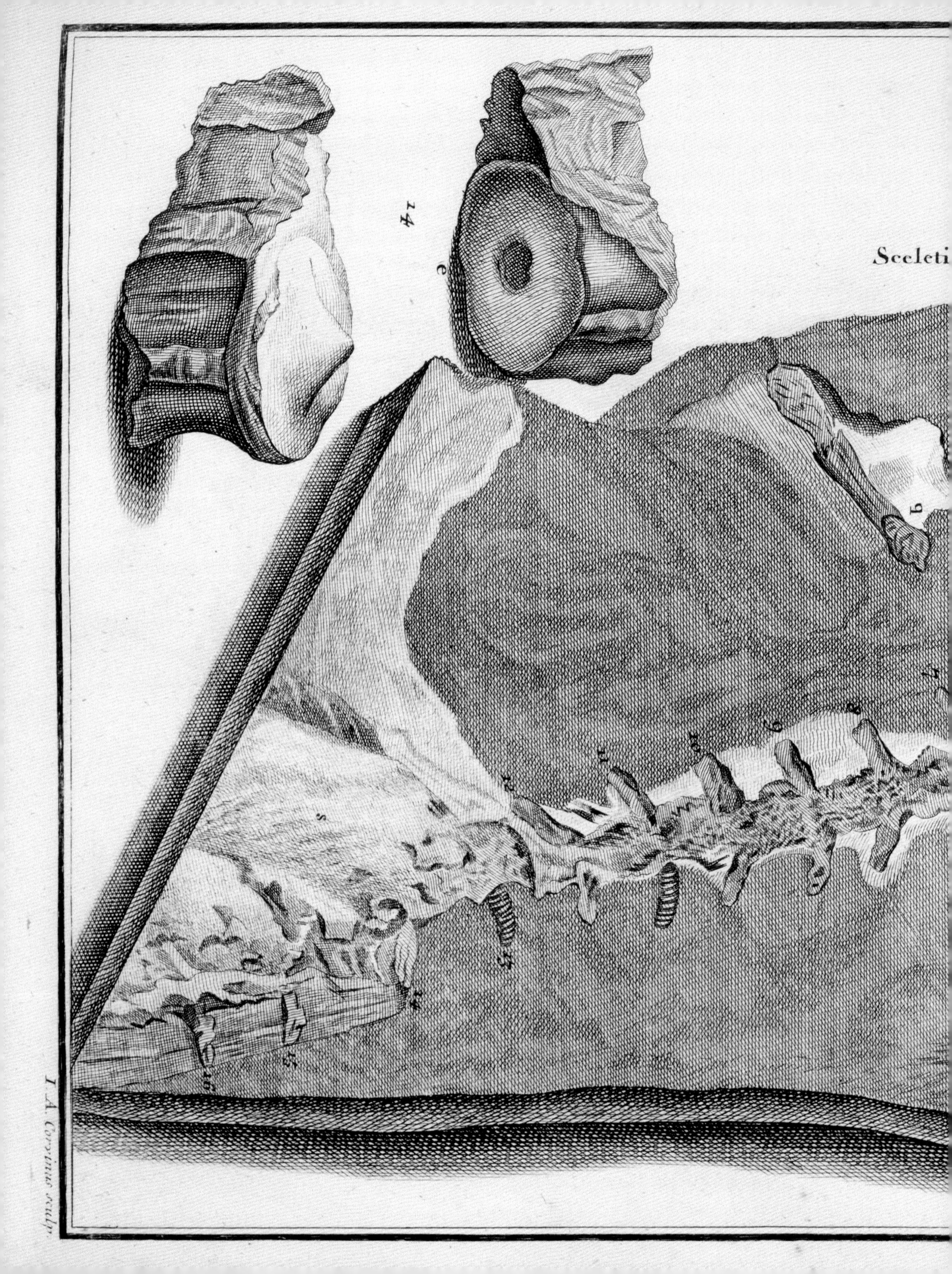
Sceleti
I. A. Corvinus sculp.

longitudo integra 18. poll. 2. lin. Parisin.

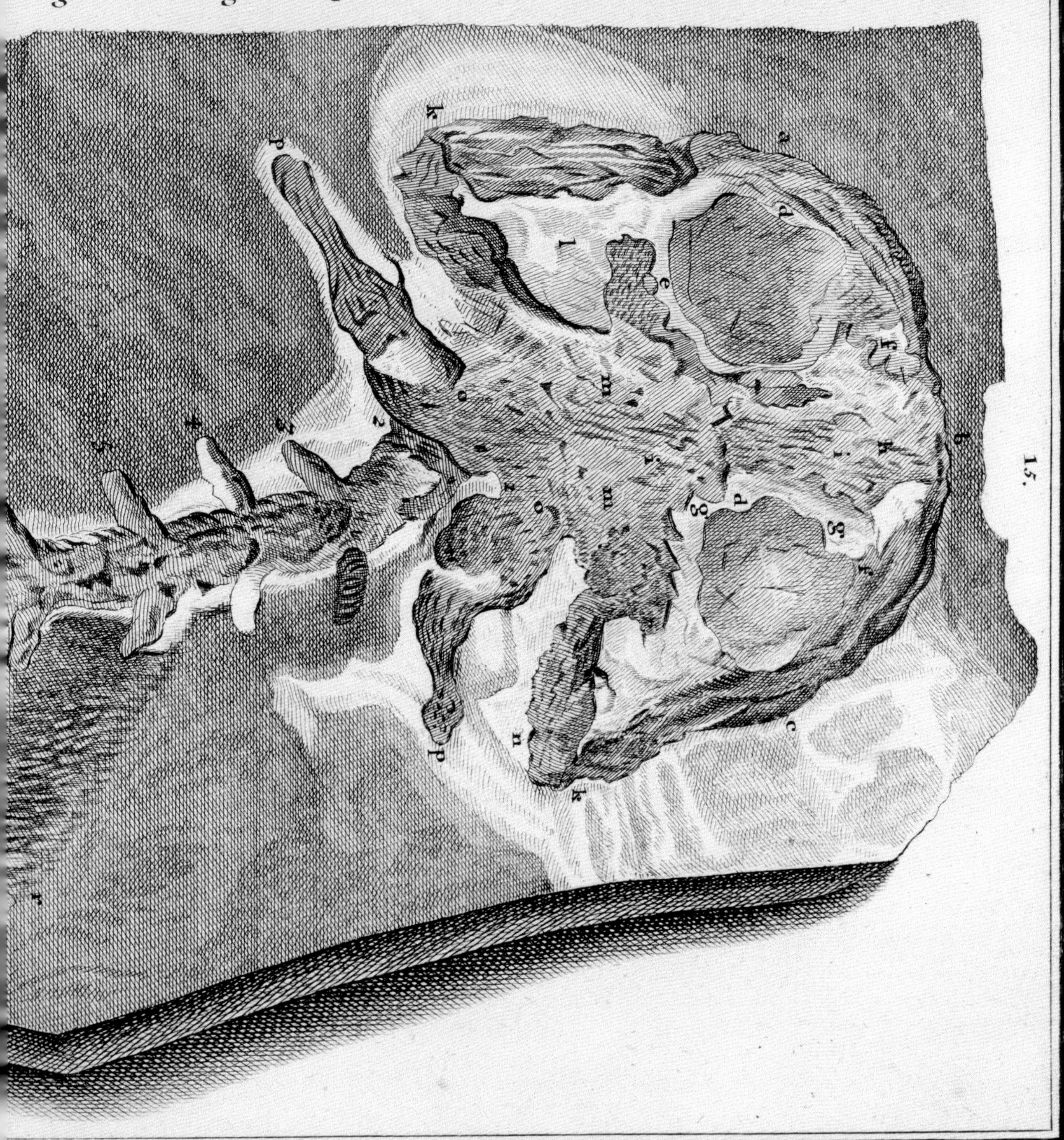

TAB. XLIX.

3.11 | Friedrich Christian Lesser vor den Schränken seines Mineralienkabinetts, Kupferstich [1743]. Halle, Franckesche Stiftungen

Wissenschaften sonderlich die Natur=Wissenschafft daraus zu lernen. Denn ohne dieselbe wird er nicht im Stande seyn denen atheistischen Spöttern recht zu begegnen; da im Gegentheil er ihnen ehe beykommen kann, wenn er geschickt ist, ihnen aus dem großen Buch der Natur, weil sie doch das Buch der heil. Schrifft muthwillig verwerfen, die vernünfftige Harmonie, die weise Ordnung und den abgeziehlten Endzweck jeglicher Creaturen; welches alles ein verständiges Wesen, so sie darzu geordnet, voraussetzet, vor die Augen zu legen. Ohne dieselbe wird er die in heil. Schrifft so offt vorkommende Wunder=Wercke nicht recht erklähren können."[52]

Dieses Kompendium, welches als Enzyklopädie des Steinreichs das mineralogisch-geologische Wissen der ersten Hälfte des 18. Jahrhunderts zusammenfasst, beginnt Lesser mit einer Erläuterung zur „Nothwenigkeit derer Steine" für den Zusammenhalt der Erde und veranschaulicht deren Bedeutung für Menschen, Tiere und Pflanzen. Anschließend beschreibt er ausführlich die Eigenschaften der Steine und behandelt die Versteinerungen von Pflanzen und Tieren, wobei er betont, dass diese keine Spielereien der Natur seien. In diesem Zusammenhang erwähnt er auch versteinerte Tiere und Pflanzen, „deren Analoga noch zur Zeit unbekannt sind" (664), die er also keiner rezenten Spezies zuordnen kann. Sie sind für ihn Beweise der historischen Existenz der Sintflut (846). Danach behandelt der Pfarrer erschöpfend den „Gebrauch derer Steine", ihren Nutzen für die Menschen in Geschichte und Gegenwart und geht abschließend auf die in der Bibel überlieferten Wunder im Zusammenhang mit Steinen ein. Jedes Thema in seinem Werk beendet Lesser mit der Darlegung, inwiefern man darin die Allmacht Gottes erkennen kann. Konsequenterweise verstand er selbst seine *Lithotheologie* auch nicht als naturkundliche, sondern als eine theologische Abhandlung, anhand derer das Phänomen der Steine zwar auch verstandesmäßig, aber vor allem innerlich-seelisch erfasst werden sollte.[53]

An der hallischen Friedrichs-Universität trieb der schon als Förderer von Lesser und Ehrhart erwähnte Friedrich Hoffmann die Erforschung der unbelebten Natur als Teil der *materia medica*, der medizinisch genutzten Substanzen aus den drei Reichen der Natur, intensiv voran. Unter seiner Ägide erschien 1730 die medizinische Dissertation von Johann Jakob Lerche (1705–1780), der erstmals die Geologie und den Nutzen der Ressourcen der Region um die Stadt Halle untersuchte.[54] Lerche unterteilt die unbelebte Natur in Erden, Steine, Salze, Metalle und Mineralien. Er betont, dass er sich auf die „selteneren und bemerkenswerteren" (9) konzentrieren möchte – auch habe er schon im Vorfeld seiner Dissertation eine eigene Naturaliensammlung angelegt. Breiten Raum in seiner Arbeit nehmen die „geformten Steine" ein, die durch „Naturspiele und vegetabilische oder animalische Veränderungen geformt sind" (18).[55] Lerche scheint hier unentschieden, da er noch immer Steine kennt, die durch die „Laune der Natur eine gewisse Form ähnlich pflanzlich[en], tierischen und anderen Körpern angenommen haben", jedoch schränkt er dies auf Steine ein, die „zufällig […] verschiedene mathematische Formen, runde Kegelform, länglich, oval oder flach, pyramidal oder viereckig", aufweisen (18). Für den größten Teil der Versteinerungen nimmt er, Büttner und Scheuchzer folgend, den „Ursprung dieser geformten Steine aus einer teils totalen, teils partiellen Überschwemmung" (20) an. Erstaunlicherweise benutzt Lerche niemals den Begriff der Sintflut, so dass die theologisch-moralische Aufladung der Flut vermieden wird. Hingegen betont er den Nützlichkeitsaspekt der beschriebenen Mineralien, wenn er erläutert, dass die in Wettin und Löbejün entdeckte Steinkohle als Brennstoff in den hallischen Salinen genutzt wird, bei anderen Stoffen hebt er deren pharmakologische Bedeutung hervor.[56]

An Quellen erwähnt Lerche neben mehreren Schriften seines Doktorvaters Hoffmann u. a. die auch von Büttner verwendeten Schriften von Johann Jacob Baier und Gottlieb Friedrich Mylius[57] sowie Büttners *Rudera diluvii testes* als wichtigste physikotheologische Arbeit. Als Gratulant schreibt sich Johann Joachim Lange (1699–1765) in Lerches Dissertation ein, der sich in der Folgezeit am stärksten um die geologisch-mineralogische Forschung an der Friedrichs-Universität bemühen wird.[58]

Lange war der Sohn des Theologen Joachim Lange (1670–1744), eines engen Vertrauten von August Hermann Francke. Nach der Vertreibung Christian Wolffs (1679–1754) auf Betreiben des Pietistenzirkels um Francke erhielt Lange 1723 dessen Lehrstuhl für Mathematik an der Philosophischen Fakultät. Als Mathematiker blieb Lange unbedeutend,[59] jedoch hatte er ausgeprägte naturkundliche Interessen und etablierte einen montanwissenschaftlichen Studiengang, ein *Collegio Mineralogico-Metallurgicum*, an der Friedrichs-Universität.[60] Für seine Vorlesungen arbeitete Lange Manuskripte aus, die posthum von seinem Schüler Julius Johann Madihn (1734–1789) herausgegeben wurden.[61]

Von Langes Interesse an Mineralien zeugt auch der von ihm publizierte Katalog des Mineralienkabinetts des verstorbenen Wettiner Bergrats Georg August Decker (1685–1752), den er „für die Liebhaber der Natur und besonders der Mineralien" verfasst habe.[62] Die Sammlung Deckers war nicht nur herausragend aufgrund ihres Umfangs von 6.000 Objekten, sondern auch wegen deren internationaler Provenienz u. a. aus Asien und Amerika. Darin sieht Lange auch den besonderen Nutzen seines Sammlungskatalogs begründet:

> „Und es ist ohnstreitig für die Liebhaber der Natur=Historie in diesem Stück ein großer Vortheil, […] dass sie eine Menge so verschiedener Sachen in einem gar be-

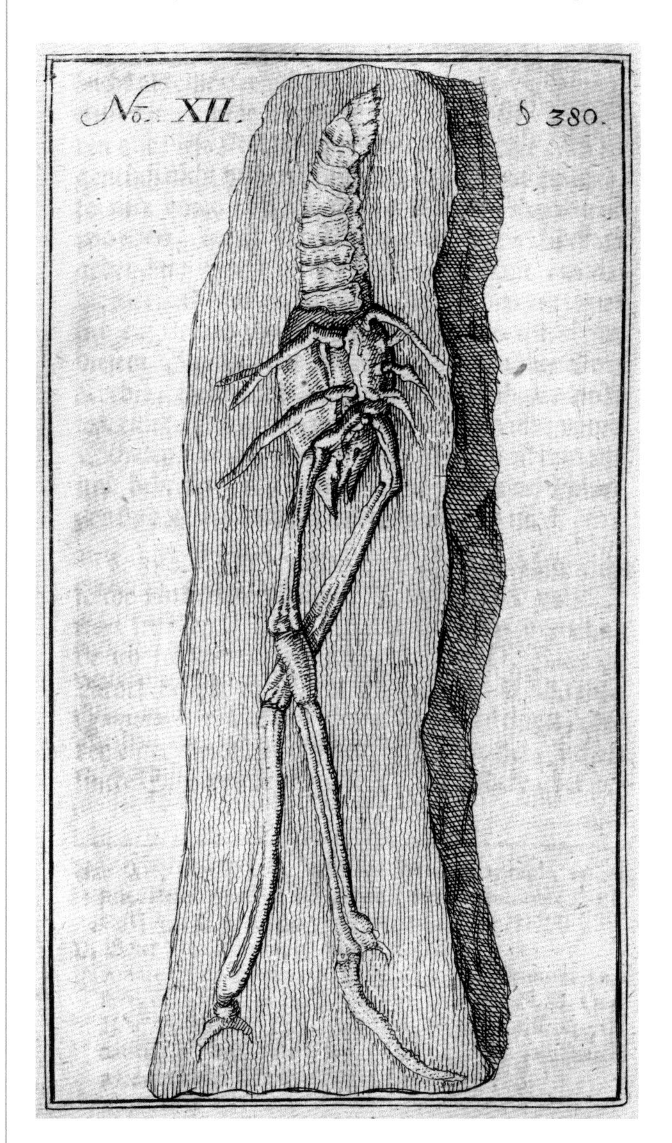

3.12 | Versteinerte „Meer=Heuschrecke", Kupferstich in: Friedrich Christian Lesser: Lithotheologie, 1735. Halle, Franckesche Stiftungen

Zu 2.20 | Merkur übergibt der Wissenschaft einen Kupferstich mit der Darstellung einer Versteinerung, davor links das Porträt des Autors, dahinter Sammlungsmöbel und im Hintergrund Blick auf ein Bergwerk; Kupferstich in: Gottlieb Friedrich Mylius: Memorabilium Saxoniae Subterraneae, 1709, Frontispiz. Halle, Franckesche Stiftungen

> quemen Raum beysammen finden, […] welches, ein jedes an seiner Geburths=Stelle aufzusuchen, eines Menschen Leben und Kräfte gewiß nicht hinreichen."[63]

Im Vorwort bemerkt Lange, dass er selbst die Sammlung gut kenne, weil er regelmäßig mit Studenten seiner „Collegiis Historiae naturarum, Chemiae et Metallurgiae" Exkursionen nach Wettin gemacht habe, um die dortigen Bergwerke und diese Sammlung zu besichtigen.

Von Langes umfassendem Wirken als Lehrer der Naturgeschichte zeugt auch eine kurze Anweisung, „wie man sich die in und um Halle vorkommende Naturalia […] zum künftigen Nutzen […] bekannt machen solle", die Johann Julius Hecker (1707–1768), der Gründer und Leiter der Berliner Ökonomisch-Mathematischen Realschule, herausgegeben hat.[64] Lange verdeutlicht in seinem Vorbericht die kameralistische Intention seines umfassenden naturkundlichen Unterrichts:

> „eine nähere Kentnis zu erwerben wie die Physicalischen und Mathematischen Wissenschaften in der Natur und Kunst zum Vortheil und Bequemlichkeit des menschli-

chen Lebens würcklich angewendet werden, und noch mehr und besser angewendet werden können."[65] Stichwortartig stellt er die drei Reiche der Natur, angefangen mit „Erden, Steinen und Mineralien", sowie die Gewässerverhältnisse in Halle und Umgebung vor. Darüber hinaus werden die vorhandenen Gewerbebetriebe, darunter auch die zur „Bearbeitung der Mineralien", sowie einige örtliche „Naturalien= und Kunst=Cabinetten" aufgelistet. Der Publikation hinzugefügt wurde das Inhaltsverzeichnis einer *Grundlegung zur Mineralogia Metallurgica*, die jedoch erst 1770 posthum veröffentlicht wurde.[66]

Auch die 1759 veröffentlichte Dissertation von Langes Schüler Johann Christian Daniel Schreber (1739–1810) widmet sich der regionalen Geologie der Umgebung von Halle.[67] Als die zwei Seiten derselben Medaille betont Schreber in seiner Vorrede den physikotheologischen Kontext der Arbeit: „Als ich mich der Naturgeschichte zu widmen begann, habe ich DICH mir zum Führer auserwählt, und aus DEINEN Büchern die reichsten Früchte empfangen, da sie das Buch der Natur erklärt haben".[68] Lange seinerseits hebt in seiner Vorrede den Nutzen der Naturgeschichte hervor. Derartige lokale Bestandsaufnahmen, so Lange, sollten wegweisend für weitere Arbeiten sein, um generell „die Beschaffenheit einer Provinz oder eines Königreich[s] zu begreifen", so dass daraus am Ende eine „Geographia mineralis generalis"[69] entstehe. Lange hebt hervor, dass nicht nur Schrebers Dissertation, sondern auch seine eigenen naturkundlich-mineralogischen Arbeiten dem öffentlichen Nutzen verpflichtet sind.[70] Von besonderer Bedeutung für Lange und Schreber war die in Schrebers Dissertation für das Mineralreich angewendete naturkundliche Systematik, die in ihrer Gliederung dem *Systema Naturae* des „großen Linnaeus" folge, das allen anderen Systemen überlegen sei. Der Schwede Carolus Linnaeus, nach

3.15 | Einleitungs=Tabelle in das Stein=Reich, in: Carl von Linné: Systema Naturae, 1740. Halle, Franckesche Stiftungen

IN REGNVM LAPIDEVM
TABVLA INTRODVCTORIA.

Einleitungs=Tabelle
in das Stein=Reich.

7

Claſſes. Claſſen. *Ordines.* Ordnungen.

REGNVM LAPIDEUM.
Das Stein=Reich.

I. PETRÆ ſunt Lapides SIMPLICES, (qui Metallurgis dicuntur *Bergarter*) conſtant particulis tantummodo. ſimilaribus.
Die Fels=Steine ſind die einfachen Steine, welche blos aus Theilchen einerley Art beſtehen.

1. *Apyri* in igne docimaſtico vix deſtructibiles.
Unverbrennliche, welche im Probir=Feuer kaum zerſtöret werden.
2. *Calcarii* igne docimaſtico uſti & aqua rigati in farinam reducuntur.
Kalkartige, welche, wenn man ſie im Probir=Feuer brennet und mit Waſſer benetzet, zu Mehl werden.
3. *Vitreſcentes* igne docimaſtico uſti in vitrum liqueſcunt.
Glaßartige, welche durch das Probir=Feuer geſchmolzen und zu Glaß werden.

II. MINERÆ ſunt Lapides COMPOSITI, (qui Metallurgis Suecis dicuntur *Malmarter*) conſtant Petra particulis peregrinis imprægnata.
Die Minern ſind die zuſammengeſetzte Steine, welche aus Felsſteinen, ſo mit fremden Theilchen beſchwängert ſind, beſtehen.

1. *Salia* in aqua ſolubilia & ſapida ſunt. Simpliciter compoſita ſæpe occurrunt.
Salze und Salzartige laſſen ſich im Waſſer auflöſen und ſind ſchmackhafft. Sie werden vielmahls ganz einfach in ihrer Zuſammenſetzung gefunden.
2. *Sulphura* in igne fumantia & odorata ſunt. Decompoſita ſæpe occurrunt.
Schwefel und Schwefelartige rauchen im Feuer und geben einen Geruch von ſich. Sie werden oftmahls zweyfach zuſammen geſetzt gefunden.
3. *Mercurialia* igne fuſa, depurata & nitida evadunt. Supradecompoſita communiter occurrunt. Igne fuſa dicuntur *Metalla*.
Queckſilberartige werden, wenn ſie im Feuer geſchmolzen ſind, rein und glänzend. Wie ſie gemeiniglich vorkommen, ſind ſie vielfach zuſammen geſetzet. Wenn ſie im Feuer geſchmolzen ſind, heiſſen ſie Metalle.

III. FOSSILIA ſunt Lapides AGGREGATI, (qui a Suecis dicuntur *Gruſarter*) conſtant particulis petroſis vel mineralicis mixtis.
Die Foßilien ſind die aneinander geſetzte Steine, welche aus vermiſchten Theilchen der Felsſteine oder Minern beſtehen.

1. *Terræ* particulis pulverulentis conſtant.
Erdenartige beſtehen aus ſtäubigten Theilchen.
2. *Concreta* particulis terreſtribus coalita ſunt.
Zuſammengewachſene, welche aus Erd=Theilchen zuſammen gewachſen ſind.
3. *Petrificata* ſimulacrum Vegetabilis vel Animalis impreſſum oſtendunt.
Verſteinte Sachen, zeigen ein eingedrucktes Bild eines Gewächſes oder Thieres.

REGNI

Titelvignette von Gottfried August Gründler, in: Carl von Linné: Systema Naturae. Magdeburg: Curt, 1760. Halle, Franckesche Stiftungen: BFSt: 7 L 3a

seiner Nobilitierung 1756 Carl von Linné (1707–1778), war einer der berühmtesten Naturkundler des 18. Jahrhunderts, der durch sein *Systema Naturae* von 1735 erstmals eine einheitliche Systematik hierarchischer Ordnungskategorien für alle „Drey Reiche der Natur, nach ihren Classen, Ordnungen, Geschlechtern und Arten" entwickelt hatte und dadurch vor allem die Botanik revolutionierte.[71]

Schreber, später selbst einer der berühmten Studenten und Verteidiger Linnés, widmete diesem seine Dissertation und stand mit ihm seit spätestens Januar 1758 persönlich in Briefkontakt.[72] Lange betont in einer deutschen Kurzfassung der Arbeit, es sei Linné „zu dancken, daß wir nun einen gebahnten Weg vor uns finden, die Mineralien nach ihren Geschlechtern und Arten eben so leicht von einander zu unterscheiden und zu beschreiben, als die Pflantzen und Thiere."[73] Hätte Lerche schon 1730 nach der Linnéschen Systematik arbeiten können, hätte seine Dissertation schon damals die gleiche Form bekommen wie jetzt die Arbeit von Schreber.

Johann Joachim Lange hat sich sehr intensiv mit Linnés Systematik auseinandergesetzt, unterrichtete bereits seit Oktober 1740 nach dessen Methode und erleichterte die „Känntniß der zu den drey Reichen der Natur gehörigen Cörper […] durch Vorzeigen der meisten Sachen, aus seinem Naturalien Cabinet".[74] So war Langes wohl bekanntestes und einflussreichstes Werk die Herausgabe des *Systema Naturae* in lateinischer und deutscher Sprache im selben Jahr, für viele Jahre die einzige deutsche Übersetzung dieses Grundlagenwerks.[75] Bei der Herausgabe hat er, wie er in seiner Vorrede bemerkt, eng mit Gottfried August Gründler (1710–1775) zusammengearbeitet, dem Schöpfer der heute noch existierenden Kunst- und Naturalienkammer in den Glauchaschen Anstalten, der auch die Druckkosten übernommen hat. Darüber hinaus betont Lange, wie in seinen späteren Veröffentlichungen auch, den Nutzen von Linnés Systematik, um „so wol den Schöpffer aus seinen Geschöpffen nach seiner Macht und Weisheit mehr und mehr kennen zu lernen als auch durch nähere Betrachtung der natürlichen Dinge den Nutzen gantzer Länder und Reiche nach Möglichkeit befördern zu helfen".[76] Auch Linné vertritt in seiner Einleitung physikotheologische Positionen, so dass die gesamte Schöpfung durch einen „verwunderns- ja erstaunenswürdigen Mechanismo zusammengefüget" sei, damit der „aufmercksame Beschauer den Künstler [Gott; d. Verf.] wegen der allerschönsten Wercke bewundere und lobe."[77] Das

Stein=Reich teilt Linné in nur drei Klassen auf: die Felssteine, die aus „Theilchen einerley Art bestehen“; die Minerale, „zusammen gesetzte Steine“, also „Felssteine[n], so mit anderen Theilchen beschwängert sind“; sowie die „Foßilien“, „aneinander gesetzte Steine“, die aus verschiedenen Steinarten oder Steinen und Mineralen zusammengesetzt sind, wobei er Versteinerungen als „Petrifacta“, „Versteinerte Sachen“ von Pflanzen und Tieren, deutet.[78]

Johann Joachim Lange hatte 1740 seine Ausgabe des *Systema Naturae* ohne Autorisierung durch Linné auf der Grundlage von dessen erster Auflage 1735 herausgegeben. Erst 1742 informierte er diesen brieflich darüber[79] und Linné autorisierte diese Ausgabe dann 1758 als dritte Auflage des Werks.[80] Zwischen beiden entstand ein Briefwechsel, in dem Lange Linné auch mit botanischer Literatur versorgte.[81]

1760 publizierte Lange einen Nachdruck der 10. Auflage des *Systema Naturae*, welchen er wiederum mit einer eigenen Vorrede versah.[82] Diese war 1758/59 mit umfassender Anwendung der binären Nomenklatur durch Linné in zwei Bänden erschienen, behandelte aber nur das Pflanzen- und das Tierreich, was Lange zutiefst bedauerte.[83] Erst in der 12. Auflage 1766–68 gab Linné wieder einen Band über Mineralien heraus, in dem er die binäre Nomenklatur auch bei diesen anwandte.[84] Jedoch bekannte er selbst im Vorwort 1768: „Die Lithologie – die Wissenschaft von den Steinen – wird mir keine Krone aufsetzen.“[85] Linné war sich bewusst, dass inzwischen Mineralien-Systematiken erschienen waren, die anders als er das Mineralreich aufgrund der chemischen Analyse seiner Bestandteile ordneten.[86] Auch Lange ignorierte anscheinend diese Entwicklungen in der Mineralogie. Im Vorwort von 1760 zu seiner Ausgabe des *Systema Naturae* geht er intensiv auf die Mineralogie ein, obwohl er nur die bisher erschienenen beiden Bände zu den Pflanzen und Tieren herausgeben konnte, der Mineralien-Band erschien erst 1770 in Halle.[87]

Der Kupferstecher, Maler und Naturkundler Gottfried August Gründler war nach der intensiven Zusammenarbeit mit Lange 1740 auch an dessen zweiter Ausgabe des *Systema Naturae* durch die Anfertigung der Titelvignette be-

Zu 3.17 | Titelvignette von Gottfried August Gründler, in: Johann Gottlob Krüger: Geschichte der Erde in den allerältesten Zeiten, 1746. Halle, Franckesche Stiftungen

teiligt.[88] Zeitgleich mit der deutschen Übersetzung hatte er das Linnésche System schon bei der Neuordnung der Kunst- und Naturalienkammer der Glauchaschen Anstalten zur Anwendung gebracht.[89] In dem von ihm 1741 angefertigten Katalog verzeichnete Gründler nicht weniger als 421 „versteinerte Dinge“, etwa ein Drittel aller mineralischen Objekte, was seine Kenntnis der Fossilien und deren Bedeutung für die repräsentative Naturaliensammlung des Halleschen Pietismus gleichermaßen unterstreicht.[90]

Fünf Jahre später fertigte er Kupferstiche für die *Geschichte der Erde in den allerältesten Zeiten* des hallischen Medizinprofessors Johann Gottlob Krüger (1715–1759) an.[91] Auch dieses originelle Werk steht in der physikotheologischen Tradition der Naturkunde zum Preise Gottes. Krüger deutet Versteinerungen als Überreste von Tieren und Pflanzen, stellt jedoch deren Entstehung durch die Sintflut in Frage, die zu kurz gewesen sei, um solche Veränderungen in so starken und tiefen Bodenschichten zu schaffen. Vielmehr geht er einen neuen Weg und sucht die Existenz einer vormosaischen Welt zu beweisen, die durch zwei Erdbeben, welche durch unterirdische Feuer entstanden seien, sowie durch eine Überschwemmung vernichtet worden sei.[92] Damit griff Krüger Scheuchzers Sintfluttheorie an, stellte die Rolle Gottes bei der Erschaffung der Welt jedoch nicht in Frage. In seinem Werk manifestieren sich die engen Verbindungen der in Paläontologie und Mineralogie tätigen hallischen Gelehrten pietistischer Tradition und es verdeutlicht zugleich die ständige Zunahme der Theoriebildung. Krügers Geschichte wird u. a. 1748 in der *Topographia lithologica*, der ersten Paläographie Schwabens, erwähnt, die der Kandidat für die Systematisierung der Naturaliensammlung der Glauchaschen Anstalten von 1723, Ehrhart, mittlerweile etablierter Arzt in Memmingen und Mitglied der Akademie der Naturforscher Leopoldina, verfasste.[93] Im Nachwort zu Ehrhart verweist der Präsident der Leopoldina, Andreas Elias Büchner (1701–1769), auf die von Gründler für Krügers *Geschichte der Erde* gestochenen Fischfossilen, welche aus Johann Joachim Langes Naturalienkabinett stammten. Zwar könnte Krügers Kritik an Scheuchzer als ein Indiz gelesen werden, dass das von den hallischen Pietisten vertretene physikotheologische Weltbild zu wanken begann. Vielmehr jedoch verdeutlicht es die Flexibilität physikotheologischen Denkens im Angesicht neuester geologischer Theorien. Am Pädagogium Regium, der höchsten Schule der Anstalten für adlige und begüterte bürgerliche Schüler, wurde 1756 extra ein „auserlesenes Mineralien=Cabinet“ für 25 Taler von Lange angekauft, nach Linnéscher Systematik geordnet und anschließend Mineralogie „nach dem Ritter von Linné“ gelehrt.[94]

In der Frühen Neuzeit waren es vor allem die neuen Frömmigkeitsbewegungen, darunter auch die Halleschen Pietisten, die Gottes Größe durch die geistige Auseinandersetzung mit der Natur zu belegen suchten und diese Beschäftigungen als gottgegeben Auftrag und Ausdruck ihrer Frömmigkeit verstanden.[95] Im Rahmen der Physikotheologie – mit Johann Jakob Scheuchzer als einem ihrer wichtigen Vertreter – gewannen die unbelebte Natur und die Sintflut als zentrales biblisches Erklärungsmodell der Erdgeschichte eine große Bedeutung. Ein zweites Motiv für die intensive Beschäftigung der Pietisten mit Naturkunde, speziell Mineralien, das im Halleschen Pietismus vor allem Johann Joachim Lange verkörpert, war die Mehrung des ökonomischen Nutzens der natürlichen Schöpfung durch deren immer bessere Erkenntnis. Ein Nutzen, der nicht nur als gottgefällig galt, sondern sogar als Auftrag Gottes angesehen wurde. Durch ihre intensive Beschäftigung mit geologischen Prozessen schuf die Physikotheologie auch eine wissenschaftliche Basis für die weitere Entwicklung der Geologie und Mineralogie nach 1750. So mutierte die Sintfluttheorie der Physikotheologen, die Diluvialtheorie, zum Neptunismus, der die Entstehung aller Gesteine durch das Wasser der Ozeane als geologischen Prozess ohne direktes Eingreifen Gottes erklärte und von den führenden Geologen in der zweiten Hälfte des 18. Jahrhunderts vehement vertreten wurde.[96] Die Diskussion um das geologische Alter der Erde spielte aber auch zu dieser Zeit noch keine Rolle, da die mosaische Chronologie noch immer weitgehend unangefochten blieb. Den Pietisten war die Suche nach Gott in der Natur und in der unendlichen Vielfalt seiner Schöpfung, die es zu erfassen galt, der Antrieb zur Erkenntnis, so wie es Barthold Hinrich Brockes (1680–1747) lyrisch zum Ausdruck gebracht hat:

Alle Dinge, groß und kleine,
Flüssig, trocken, weich und hart,
Thiere, Pflanzen, Holz und Steine
Zeigen Gottes Gegenwart.
In den Gründen, auf den Höhen
Ist des Schöpfers Kraft zu sehen;
Und im kleinsten Körnchen Sand
Wird die Allmachtshand erkannt.

Um in solcher Zahl vor allen
Einer Ordnung nachzugehn;
Laßt uns erstlich die Metallen,
Sammt der Steine Reich, besehn,
Dann der Pflanzen Heer betrachten,
Endlich auf das Thierreich achten.
Denn in Pflanzen, Thier und Stein
Theilt, was körperlich, sich ein.[97]

1 Aus einer Ode des Magdeburger Juristen und Domherren August Schulze über das Naturalienkabinett von Friedrich Christian Lesser, siehe: Hamburgische Berichte von den neuesten Gelehrten Sachen 1745, Nr. 26, 205–208, hier 206.

2 Als Überblick zum Halleschen Pietismus: Kelly Joan Whitmer: The Halle Orphanage as Scientific Community: Observation, Eclecticism and Pietism in the Early Enlightenment. Chicago: University of Chicago Press, 2015; Martin Brecht: August Hermann Francke und der Hallische Pietismus. In: Geschichte des Pietismus. Bd. 1: Der Pietismus vom siebzehnten bis zum frühen achtzehnten Jahrhundert. Hg. v. M. Brecht. Göttingen 1993, 440–527.

3 Ehrenfried Walther von Tschirnhaus: Gründliche Anleitung zu nützlichen Wissenschafften absonderlich zu der Mathesi und Physica Wie sie anitzo von den Gelehrtesten abgehandelt werden. O. O.: o. V., 1700, 26; zur Bedeutung dieser Schrift für den Naturkundeunterricht vgl. Thomas Müller-Bahlke: Naturwissenschaft und Technik. Der Hallesche Pietismus am Vorabend der Industrialisierung. In: Geschichte des Pietismus. Bd. 4: Glaubenswelt und Lebenswelten. Hg. v. Hartmut Lehmann. Göttingen 2004, 358–385, hier 368.

4 Johann Georg Hofmann: Kurtze Fragen Von denen Natürl. Dingen, Oder Geschöpffen und Wercken GOttes, Welche GOtt als Zeugen seiner Liebe, Allmacht, Majestät und Herrlichkeit den Menschen vor Augen gestellet, Zum Lob und Preiß des großen Schöpffers, Und zum Dienst der Einfältigen, sonderlich der kleinen Schul Jugend aufgesetzet. Halle: Waisenhaus, 1720, 89–115.

5 Vgl. Physico-theology. Religion and Science in Europe 1650–1750. Hg. v. Ann Blair u. Kaspar von Greyerz. Baltimore 2020; Matthias Wehry: Das Buch der Natur als Bibliothek der Naturwissenschaft. Methodik und Typologie der speziellen Physikotheologie des 18. Jahrhunderts. In: Methoden der Aufklärung: Ordnungen der Wissensvermittlung und Erkenntnisgenerierung im langen 18. Jahrhundert. Hg. v. Silke Förschler u. Nina Hahne. München 2013, 179–191.

6 Vgl. Anne-Charlott Trepp: Von der Glückseligkeit alles zu wissen. Die Erforschung der Natur als religiöse Praxis in der Frühen Neuzeit. Frankfurt/Main 2009, 306–474; zum Verhältnis der Halleschen Pietisten zu den Naturwissenschaften ebd., 338–372; zum Verhältnis von Mission, Physikotheologie und Halleschem Pietismus vgl. Karsten Hommel: „Für solche [Theologen] wolle Gott seine Ost-Indische Kirche in Gnaden bewahren!" Physikotheologie und Dänisch-Englisch-Hallesche Mission. In: Mission und Forschung. Translokale Wissensproduktion zwischen Indien und Europa im 18. und 19. Jahrhundert. Hg. v. Heike Liebau [u. a.]. Halle 2010, 181–194.

7 Johann Ernst Hebenstreit: Museum Richterianum continens fossilia animalia, vegetabilia marina. Leipzig: Fritsch; Breitkopf, 1743, 44–48, hier 44; vgl. Michael Kempe: Wissenschaft, Theologie, Aufklärung. Johann Jakob Scheuchzer (1672–1733) und die Sintfluttheorie. Epfendorf 2003, 56, 105–109.

8 Hebenstreit, Museum Richterianum [s. Anm. 7], 24.

9 Carl v Linné: Systema Naturae, sive regna tria naturae systematice proposita per classes, ordines, genera et species = Natur-Systema, Oder Die in ordentlichem Zusammenhange vorgetragene Drey Reiche der Natur, nach ihren Classen, Ordnungen, Geschlechtern und Arten, in die Deutsche Sprache übersetzet, und mit einer Vorrede herausgegeben. Hg. v. Johann Joachim Lange. Halle: Gebauer, ^{3}1740, 5.

10 Specification, derer Sachen Welche zu der für die Glauchische Anstalten angefangenen Naturalien-Cammer bis anhero verehret worden. O. O.: o. V., [1700].

11 Brief von A.H. Francke an Friedrich III. von Brandenburg, Halle, um 1698, zitiert nach Thomas Müller-Bahlke: Die Wunderkammer der Franckeschen Stiftungen. Halle ^{2}2012, 15; zur didaktischen Bedeutung der Kunst- und Naturalienkammer: Dorothea Hornemann u. Claus Veltmann: „Zu Erziehung der Jugend". Die Sammlungen August Hermann Franckes als Teil seines Bildungskosmos. In: Die Welt verändern. August Hermann Francke. Ein Lebenswerk um 1700. Hg. v. Holger Zaunstöck [u. a.]. Halle 2013, 129–143.

12 Vgl. Specification [s. Anm. 10].

13 Specification [s. Anm. 10], Nr. 112.

14 Kempe, Wissenschaft [s. Anm. 7], 57, zur These der *lusus naturae* ebd., 56–58.

15 Vgl. Briefe von D.S. Büttner an A.H. Francke, 26.06.1710 (Berlin, Staatsbibliothek zu Berlin - Preußischer Kulturbesitz, Nachlass A. H. Francke 8/1 : 5) und 18.04.1712 (Halle, Archiv der Franckeschen Stiftungen [im Folgenden AFSt]/H C 284 : 11).

16 Christian Polycarp Leporin: L. M. Dav. Sigm. Büttner. P. L. C. und Diaconus zu Querfurt. In: Ders.: Das Leben der Gelehrten so in Deutschland Vom Anfang des MDCCXIXten Jahres diese Zeitliche gesegnet [Siebender Theil]. Quedlinburg: Schwan, 1721, 685–699, hier 694f.

17 Dietrich Hakelberg: „Heidnische Greuel und abscheulicher Leichenbrand." Archäologische Praxis und die Pietismuskontroverse bei David Sigmund Büttner (1660–1719). In: Welche Antike. Konkurrierende Rezeptionen des Altertums im Barock. Hg. v. Ulrich Heinen. Bd. 1. Wolfenbüttel 2011, 581–601, hier 587; vgl. Kempe, Wissenschaft [s. Anm. 7], 134.

18 David Sigismund Büttner: Rudera Diluvii Testes, i. e. Zeichen und Zeugen der Sündfluth/ In Ansehung des itzigen Zustandes unserer Erd- und Wasser-Kugel/ Insonderheit der darinnen vielfältig auch zeither in Querfurtischen Revier Unterschiedlich angetroffenen/ ehemals verschwemten Thiere und Gewächse. Leipzig: Braun, 1710, 9.

19 Büttner, Rudera Diluvii [s. Anm. 18], 26, 8 (daraus im Folgenden mit Seitenangabe in Klammern); mit dieser Chronologie stimmt Büttner fast genau mit dem anglikanischen Bischof James Ussher (1581–1656) überein, den er aber namentlich nicht erwähnt und der den Schöpfungszeitpunkt der Erde auf das Jahr 4004 v. Chr. und die Sintflut 1.500 Jahre später datierte (vgl. den Beitrag von Dirk Evers in diesem Katalog); mit der These einer „Ruinierung" der Welt durch die Sintflut folgt Büttner explizit Thomas Burnet (1635–1705), vgl. Ders.: Theoria Sacra Telluris. d. i. Heiliger Entwurff oder Biblische Betrachtung Des Erdreichs, begreiffende, Nebens dem Ursprung, die allgemeine Enderungen, welche unser Erd-Kreiß einseits allschon ausgestanden. Bd. 1+2. Hamburg: Liebernickel, König, 1703; allerdings kritisiert Büttner, dass Burnets Werk fehlerhaft und nicht „einstimmig" zu den Lehrsätzen der Kirche sei (19, 23).

20 Büttner räumt ein, dass sehr selten menschliche Knochen gefunden würden, aber in der Baumannshöhle im Harz habe man solche entdeckt (204).

21 Johann Jacob Baier: Oryktographia Norica. Sive Rerum Fossilium Et Ad Minerale Regnum Pertinentium, In Territorio Norimbergensi Eiusque Vicinia

Observatarum Succincta Descriptio. Nürnberg: Michahellis, 1708; Gottlieb Friedrich Mylius: Memorabilia Saxoniae subterraneae i. e. Des Unterirrdischen Sachsens Seltsame Wunder der Natur. 2 Teile. Leipzig: Groschuff, 1709, 1718.

22 John Woodward: An Essay toward a Natural History of the Earth and Terrestrial Bodies, especially minerals. London: Wilkin, 1695.

23 Vgl. Kempe, Wissenschaft [s. Anm. 7], 134, Anm. 123.

24 Vgl. Brief des Züricher Pfarrers Christoph Balber (1687–1747) an A. H. Francke, Zürich 21.07.1724, in dem er von einer schweren Erkrankung Scheuchzers berichtet (AFSt/H A 116, 349-350); von Scheuchzers Verbindung zu Halle zeugt die Tatsache, dass er in seiner *Kupfer-Bibel* das Modell des Salomonischen Tempels aus der Kunst- und Naturalienkammer der Glauchaschen Anstalten abgebildet hat: Johann Jacob Scheuchzer: Kupfer-Bibel in welcher die Physica Sacra oder beheiligte Natur-Wissenschaft derer in Heil. Schrifft vorkommenden natürlichen Sachen [...] deutlich erklärt. Bd. 1–4. Augsburg: Pfeffel; Ulm: Wagner, 1731–1735, hier Bd. 3, 1733, Taf. 432.

25 Johann Daniel Herrnschmidt: Von den rechten Gräntzen der Philosophiae naturalis. In: Hoffmann, Kurtze Fragen [s. Anm. 4], 5–66, hier 6f. Anm., 11f., Anm., 31f.; er bezieht sich explizit auf Johann Jakob Scheuchzer: Physica, oder Natur-Wissenschafft. 2 Teile. Zürich: Bodmer, ^{3}1711; das heute noch im Bibliotheksbestand der Franckeschen Stiftungen befindliche Exemplar dieser Ausgabe stammt jedoch aus der erst später übernommenem Sammlung Keferstein (Sig. BFSt: S/KEF III 088).

26 Herrnschmidt, Gräntzen [s. Anm. 25], 26.

27 Robert Boyle: Von der Vortrefflichkeit der Theologie in Vergleichung mit der Philosophie oder der Wissenschaft der Natur. In: Ders.: Auserlesene Theologische Schrifften. Nunmehro Wegen ihrer Würdigkeit zum gemeinen Nutzen ins Teutsche übersetzet. Halle: Waisenhaus, 1709; Boyle stiftete 1691 die sog. „Boyle Lectures", Predigten, in denen sich die Vortragenden mit Fragen des Verhältnisses von Glauben und Naturerkenntnis auseinandersetzen sollten, um „die Argumente der Ungläubigen zu widerlegen", vgl. Trepp, Glückseligkeit [s. Anm. 6], 309.

28 Zu Ehrhart vgl. Ruth Heinzelmann: Johann Balthasar Ehrhart (1700–1756) und seine Korrespondenz mit Christoph Jacob Trew (1695–1769). Erlangen: Universitätsbibliothek der Universität Erlangen-Nürnberg 2011; URN: urn:nbn:de:bvb:29-opus-26362 (letzter Zugriff: 14.02.2020).

29 Vgl. Tagebuch von A. H. Francke, 1723 (AFSt/H A 177 : 1), Einträge 9. April und 12. Mai.

30 Heinzelmann, Ehrhart [s. Anm. 28], 13–16; Johann Baltasar Ehrhart: Die Topographia lithologica (1748) des Balthasar Ehrhart (1700–1756). Hg. v. Otto Wittmann. In: Jahreshefte des geologischen Landesamtes Baden-Württemberg 21, 1979, 49–75, hier 55.

31 Vgl. Johann Baltasar Ehrhart: Dissertatio de belemnitis Suevicis. Leiden: Wishoff, 1724.

32 Vgl. Robert Felfe: Naturgeschichte als kunstvolle Synthese: Physikotheologie und Bildpraxis bei Johann Jakob Scheuchzer. Berlin 2003; Michael Kempe: Die Gedächtnisspur der Fossilien. J. J. Scheuchzers Diluvialtheorie als Theologie der Erdgeschichte. In: Sintflut und Gedächtnis. Erinnern und Vergessen des Ursprungs. Hg. v. Jan Assmann u. Martin Mulsow. München 2006, 199–224; Ezio Vaccari: La figura di Johann Jakob Scheuchzer nella storia delle scienze geologiche sulle Alpi. In: Wissenschaft – Berge – Ideologien. Johann Jakob Scheuchzer (1672–1732) und die frühneuzeitliche Naturforschung / Scienza – motagna – ideologie. Johann Jakob Scheuchzer (1672–1732) e la ricerca naturalistica in epoca moderna. Hg. v. Simona Boscani Leoni. Basel 2010, 57–72.

33 John Woodward: Specimen Geographiae Physicae Quo agitur De Terra, Et Corporibus Terrestribus Speciatim Mineralibus: Nec Non Mari, Fluminibus [et] Fontibus. Accedit Diluvii Universalis Effectuumque ejus in Terra Descriptio. Zürich: Geßner, 1704; vgl. oben Anm. 22. Scheuchzer und Woodward standen auch über Jahrzehnte in engem Briefkontakt und tauschten Fachliteratur sowie Fossilien aus, vgl. Kempe, Wissenschaft [s. Anm. 7], 88–96; zur Debatte über die Sintfluttheorie ebd., 103–109.

34 Johann Jakob Scheuchzer: Piscium Querelae Et Vindiciae. Zürich: Geßner, 1708; dazu Kempe, Wissenschaft [s. Anm. 7], 110f.

35 Zitate aus Simona Boscani Leoni: Einleitung. In: Wissenschaft – Berge – Ideologien [s. Anm. 32], 9–21, hier 13f.; ausführlich dazu: Kempe, Wissenschaft [s. Anm. 7], 224–243.

36 Johann Jakob Scheuchzer: Homo diluvii testes. Bein=Gerüst Eines in der Sündflut ertrunkenen Menschen. Zürich 1726; ders.: Homo diluvii testes et theoskopos. Zürich: Byrgklin, 1726; dazu Kempe, Wissenschaft [s. Anm. 7], 128–130, das Zitat ebd. 130; erst 1811 wurde dieses Fossil vom Naturforscher Georges Cuvier (1769–1832) korrekterweise als Überreste eines ausgestorbenen Riesensalamanders identifiziert, der später zu Scheuchzers Ehren *Andrias Scheuchzeri* benannt wurde.

37 Vgl. Scheuchzer, Kupfer-Bibel [s. Anm. 24]; zur Ikonographie der Abbildungen Felfe, Naturgeschichte [s. Anm. 32]; zur Editionsgeschichte ebd., 13–24.

38 Kempe, Wissenschaft [s. Anm. 7], 182–187, hier 182.

39 Kempe, Wissenschaft [s. Anm. 7], 184.

40 Vgl. Scheuchzer Physica, oder Natur-Wissenschafft [s. Anm. 25].

41 Vgl. Instruction für den Der das Herumführen der Fremden in den Anstalten des Waysenhauses hat. Zusammen getragen 1741 in Augusto (AFSt/W VII/I/20), hier mit speziellem Verweis auf „Scheuchzers Physic 2 Theil c 31–38".

42 Vgl. Gottfried August Gründler: Catalogus derer Sachen, die sich in der Naturalien-Kammer des Wäysenhaues befinden (sogenannter Katalog B, im Folgenden Kat. B; AFSt/W XI/–/58 : 12, 374); genannt wird Johann Jakob Scheuchzer: Meteorologia Et Oryctographia Helvetica: Oder Beschreibung der Lufft-Geschichten, Steinen, Metallen, und anderen Mineralien des Schweitzerlandes. Zürich: Bodmer, 1718, und für 1761 ders.: Jobi Physica Sacra, Oder Hiobs Natur-Wißenschafft, vergliechen Mit der Heutigen. Zürich: Bodmer, 1721, vgl. AFSt/W XII/–/14 : 53.

43 Vgl. Scheuchzer, Kupfer-Bibel [s. Anm. 24]; die Kupfer-Bibel war auch Bestandteil der Privatbibliothek von August Hermann und Gotthilf August Francke (1696–1769); URL: https://digital.francke-halle.de/mod7/content/titleinfo/135658 (letzter Zugriff: 14.02.2020); wann die heute vorhandenen vier Bände (Sig. BFSt: 66 A 4–7) in den Bestand der Glauchaschen Anstalten kamen und ob diese in der Naturalienkammer waren, wo es eine kleine Handbibliothek gab, ist nicht nachweisbar; zudem waren 1741 Werke von Büttner, Erhart, Lesser und Mylius Bestandteil dieser Handbibliothek; vgl. Gründler, Kat. B. [s. Anm. 42], 370–375.

44 Anne Charlott Trepp bezeichnet Lesser als den „produktivsten deutschen Physikotheologen" in der ersten Hälfte des 18. Jahrhunderts (Trepp, Glückseligkeit [s. Anm. 6], 374); zu Lesser ebd., 373–466; Siegfried Rein: Friedrich Christian Lesser (1692–1754). Pastor, Physicotheologe, Polyhistor. Nordhausen 1993.

45 Friedrich Christian Lesser: Epistola De Praecipuis Naturae Et Artis Curiosis Speciminibus Musei Vel Potius Physiotechnotamei [...] Friderici Hoffmanni. Halberstadt 1736, vgl. Trepp, Glückseligkeit [s. Anm. 6], 382; zu Hoffmanns Mineraliensammlung auch Jodocus Leopold Frisch: Musei Hofmanniani. Petrefacta et Lapides oder Ausführliche Beschreibung der versteinerten Dinge und anderer Curieusen und raren Steine, Welche in dem Vollständigen Cabinet Herrn D. Friederich Hoffmanns [...] befindlich sind. Halle: Renger, 1741.

46 Friedr. Christian Lessers [...] Nachricht von seinem Naturalien= und Kunstkabinet. In: Hamburgisches Magazin, oder gesammlete Schriften, aus der Naturforschung und den angenehmen Wissenschaften überhaupt. 3. Bd. O.O. 1748, 549–558.

47 Zu Lessers Sammelpraxis und seinen Netzwerken Trepp, Glückseligkeit [s. Anm. 6], 387–391, 410–426.

48 Trepp, Glückseligkeit [s. Anm. 6], 407 mit weiteren Verweisen.

49 Friedrich Christian Lesser: Insecto-Theologia. Oder: Vernunfft- und Schrifftmäßiger Versuch/ Wie ein Mensch durch aufmercksame Betrachtung derer sonst wenig geachteten Insecten Zu lebendiger Erkänntniß der Allmacht, Weißheit, der Güte und Gerechtigkeit des großen Gottes gelangen könne. Frankfurt/Main, Leipzig: Blochberger, 1738; ders.: Testaceo-Theologia, Oder: Gründlicher Beweis des Daseyns und der vollkommensten Eigenschaften eines göttlichen Wesens: Aus natürlicher und geistlicher Betrachtung der Schnecken und Muscheln zur gebührender Verherrlichung des grossen Gottes und Beförderung des ihm schuldigen Dienstes ausgefertiget. Leipzig: Blochberger, 1744.

50 Friedrich Christian Lesser: Epistola De Lapidibus Curiosis, Circa Nordhusam Eiusque Confinia Inveniri Solitis. [O.O., 1727].

51 Vgl. Lesser: Epistola De Lapidibus [s. Anm. 50] und ders.: Epistola de praecipuis naturae et artis curiosis speciminibus musei, vel potius physiotechnotamei viri illustris, excellentissimi, experientissimi doctissimique Domini Friderici Hoffmanni, medicinae doctoris, eiusdemque professoris in Academia: quae Halae Hermundurorum floret [...] ad [...] Franciscum Ernestum Bruckmannum. [Nordhausen 1736], vgl. Gründler, Kat. B [s. Anm. 42], 373.

52 Friedrich Christian Lesser: Lithotheologie. Das ist: Natürliche Historie und geistliche Betrachtung derer Steine also abgefasst, dass daraus die Allmacht, Weißheit, Güte und Gerechtigkeit des großen Schöpffers gezeuget wird [...] und die Menschen allesamt zur Bewunderung, Lobe und Dienste des großen Gottes ermuntert werden. Hamburg: Brandt, 1735, Vorrede, XVII f., hier auch die folgenden Zitate mit Seitenabgaben in Klammern.

53 Vgl. Trepp, Glückseligkeit [s. Anm. 6], 392, 394, 425f.

54 Johann Jakob Lerche: Dissertatio Inauguralis Physico-Medica Sistens Oryctographiam Halensem

Sive Fossilium et Mineralium in Agro Halensi Descriptionem. Halle: Hilliger, 1730; Kommentar und deutsche Übersetzung: Johann Jakob Lerche. Oryctographia Halensis (1730). Halles älteste Regionalgeologie ins Deutsche übersetzt von Horst Koehn. Mit Einleit. u. Kommentar hg. v. Heinz Pfeiffer u. Max Schwab. Halle 1983 (Martin-Luther-Universität Halle-Wittenberg. Wissenschaftliche Beiträge, 1983/1 (T 48)) im Folgenden zitiert nach der deutschen Übersetzung mit Seitenangaben in Klammern; Lerche besuchte von 1718 bis 1724 die Lateinische Schule in den Glauchaschen Anstalten, wo sein Bruder Johann Christian Lerche (1691–1768) Praeceptor war, und studierte danach Medizin an der Friedrichs-Universität in Halle (ebd., 44).

[55] Vgl. Lerche, Halles älteste Regionalgeologie [s. Anm. 54], 18–28.

[56] Vgl. Lerche, Halles älteste Regionalgeologie [s. Anm. 54], 34f.

[57] Vgl. Lerche, Halles älteste Regionalgeologie [s. Anm. 54], 42f.

[58] Vgl. Lerche, Dissertatio [s. Anm. 54], unpag. (nach 56), dort ist auch eine Gratulation von Friedrich Christian Lesser an Lerche abgedruckt.

[59] Vgl. Andreas Kleinert: Johann Joachim Lange (1699–1765). Ein Hallescher Mathematikprofessor als Pionier der Montanwissenschaften. In: Staat, Bergbau und Bergakademie. Montanexperten im 18. und frühen 19. Jahrhundert. Hg. v. Hartmut Schleiff u. Peter Konecny. Stuttgart 2013, 193–204, hier 193.

[60] Vgl. Kleinert, Lange [s. Anm. 59], passim mit Verweis auf eine Vorlesungsankündigung Langes in: Wöchentliche Hallische Anzeigen, 11.10.1745, Sp. 679, sowie: Entwurf eines ordentlich zusammen hängenden Unterrichts vom Bergwerck und was dazu gehöret. In: Wöchentliche Hallische Anzeigen, 28.11.1746, Sp. 761–772, Vorlesungsankündigung Langes in: Wöchentliche Hallische Anzeigen, 01.10.1753, Sp. 678; 1780 wurde Johann Reinhold Forster (1729–1798) auf einen Lehrstuhl für Naturgeschichte und Mineralogie an die Universität Halle berufen, vielleicht um die von Lange etablierten montanwissenschaftlich-geologischen Studien fortzusetzen, vgl. Anne Mariss: Für's Kabinett. Mineraliensammeln als wissenschaftliche Praxis im 18. Jahrhundert. In: Historische Praxeologie. Dimensionen vergangenen Handelns. Hg. v. Lucas Haasis u. Constantin Rieske. Paderborn 2015, 89–104, hier 89.

[61] Johann Joachim Lange: Einleitung zur Mineralogia Metallurgica in welcher die Kenntniß und Bearbeitung der Mineralien nebst dem ganzen Bergbau kurz und deutlich vorgetragen wird. Halle: Curt, 1770; ders.: Grundlegung zu einer chemischen Erkentniß der Körper. Halle: Curt, 1770.

[62] Johann Joachim Lange: Vollständiges Mineralien-Cabinet von 6000 Stück Metallen, Ertzen, Drusen, Mineralien, Kräuter- und Fisch-Schiefern, auch andern Petrefactis: welches verschiedene Kenner aus allen Ländern Europä und den übrigen Welttheilen mit Sorgfalt zusammen gebracht und zuletzt der weiland Königl. Preußl. Berg-Rath zu Wettin Herr August Heinrich Decker besessen. Halle: Gebauer, 1753, Vorrede.

[63] Lange, Mineralien-Cabinet [s. Anm. 62], Vorrede, dort auch das Folgende; hinsichtlich der Ordnung der Mineralien im Katalog betont Lange, dass er die Systematik aus dem Gesamtverzeichnis der Sammlung des Vorbesitzers übernommen habe.

[64] Johann Joachim Lange: Grundriß einer Anweisung, wie man sich die in und um Halle vorkommende Naturalia und Artificialia zum künftigen Nutzen im gemeinen Leben bekant machen solle, nebst einer Anzeige desjenigen, was bey dem Vortrage der Lehre von den Bergwercken überhaupt zum Grunde geleget werden könne, zum Gebrauch der Jugend in der Real-Schule zu Berlin. Berlin: Henning, 1749; Hecker hatte in Halle Theologie studiert und war von 1728 bis 1735 Informator am Pädagogium der Glauchaschen Anstalten.

[65] Lange, Grundriß [s. Anm. 64], 7.

[66] Lange, Grundriß [s. Anm. 64], 30–36; das Werk wurde als *Einleitung zur Mineralogia Metallvrgica* publiziert [s. Anm. 61].

[67] Johann Christian Daniel Schreber: Lithographia Halensis. Exhibens Lapides Circa Halam Saxonum Reperiundos, Systematice Digestos Secundum Classes Et Ordines, Genera Et Species Cum Synonymis Selectis et Descriptionibus Specierum. Halle: Curt, 1759.

[68] Schreber, Lithographia Halensis, Vorrede von Schreber [s. Anm. 67], unpag; diese und die folgenden Übersetzungen Claus Veltmann.

[69] Schreber, Lithographia Halensis, Vorrede von Johann Joachim Lange [s. Anm. 67], III–XXIV, hier XI.

[70] Schreber, Lithographia Halensis, Vorrede von Johann Joachim Lange [s. Anm. 67], III–XXIV, hier XXIV: „[...] meis in hac caussa laboribus, utilitati publicae destinatis".

[71] Carl von Linné: Systema Naturae, sive regna tria naturae systematice proposita per classes, ordines, genera, et species. Leiden: Haak, [1]1735; zitiert nach dem Titel der deutschen Übersetzung: Linné, Systema Naturae (1740) [s. Anm. 9].

[72] Schreber, Lithographia Halensis [s. Anm. 67]; vgl. Brief von J.C.D. Schreber an Linné, 05.01.1758; URL: https://www.alvin-portal.org/alvin/view.jsf?pid=alvin-record:226707 (letzter Zugriff 18.02.2020); schon seit spätestens 17. Mai 1753 stand sein Vater, Daniel Gottfried Schreber (1708–1777), von 1747–1760 Privatdozent für Philosophie und Kameralwissenschaft an der Friedrichs-Universität Halle, mit Linné in Briefkontakt; vgl. URL: https://www.alvin-portal.org/alvin/view.jsf?pid=alvin-record:225083 (letzter Zugriff: 18.02.2020).

[73] Johann Joachim Lange: Lithographia Halensis oder systematische Beschreibung der Mineralien in der Halleschen Gegend. In: Wöchentliche Hallische Anzeigen 47 u. 48, 1758, 769–779, 785–798, hier 771.

[74] Neue COLLEGIA von Michaelis bis Ostern. In: Wöchentliche Hallische Anzeigen 1740, 3. Okt., 632–646, hier 642f.; vgl. Lange, Lithographia [s. Anm. 73], 771f.

[75] Linné, Systema Naturae (1740) [s. Anm. 9]; dazu und dem Folgenden ausführlich Thomas Ruhland: Objekt, Parergon, Paratext – Das Linnésche System in der Naturalia-Abteilung der Kunst- und Naturalienkammer der Franckeschen Stiftungen zu Halle. In: Steine rahmen, Tiere taxieren, Dinge inszenieren: Sammlung und Beiwerk. Hg. v. Kirstin Knebel [u. a.]. Dresden 2018, 72–105.

[76] Linné, Systema Naturae (1740) [s. Anm. 9], Vorrede unpag.

[77] Linné, Systema Naturae (1740) [s. Anm. 9], 1–4.

[78] Linné, Systema Naturae (1740) [s. Anm. 9], 7; zu Linnés mineralogischem System Wolf von Engelhardt: Carl von Linné und das Reich der Steine. In: Carl von Linné. Beiträge über Zeitgeist, Werk und Wirkungsgeschichte. Hg. v. Heinz Goerke [u. a.]. Göttingen 1980, 81–96.

[79] Brief von J. J. Lange an C. v. Linné, 09.01.1742; URL: https://www.alvin-portal.org/alvin/view.jsf?pid=alvin-record:223378 (letzter Zugriff: 18.02.2020). Vgl. auch zu dem Folgenden Ruhland, Objekt [s. Anm. 75], 86–91.

[80] Erst in der „Ratio Editoris" der 10. Auflage autorisierte Linné rückwirkend die bisherigen Ausgaben des *Systema Naturae;* vgl. Carl v Linné: Systema Naturae per regna tria naturae, secundum classes, ordines, genera, species, cum characteribus, differentiis, synonymis, locis. Tom. I–II. Stockholm: Salvius, [10]1758–1759.

[81] Insgesamt sind 8 Briefe Langes an Linné aus dem Zeitraum zwischen 1742 und 1764 überliefert; URL: https://www.alvin-portal.org/alvin/home.jsf?dswid=6898 (letzter Zugriff: 18.02.2020).

[82] Vgl. Carl von Linné: Systema Naturae per regna tria naturae secundum classes, ordines, genera, species, cum characteribus, differentiis, synonymis, locis. Tom. I–II. Hg. v. Johann Joachim Lange. Halle: Curt, [11]1760.

[83] Brief von J. J. Lange an C. v. Linné, 15.11.1764; URL: https://www.alvin-portal.org/alvin/view.jsf?pid=alvin-record:2319368 (letzter Zugriff: 18.02.2020).

[84] Vgl. Carl von Linné: Systema Naturae per regna tria naturae, secundum classes, ordines, genera, species, cum characteribus, differentiis, synonymis, locis (Tom. I–III). Stockholm: Salvius, [12]1766–68.

[85] Zitiert nach Engelhardt, Linné [s. Anm. 78], 81.

[86] Vgl. Johann Gottschalk Wallerius: Mineralogia, eller mineralriket. Stockholm: Salvius, 1747; Axel Fredrik Cronstedt: Försök til mineralogie. Eller mineral-rikets upställning. Stockholm: Wildiska, 1758; dazu Engelhardt, Linné [s. Anm. 78], 94.

[87] Carl von Linné: Systema Naturae per regna tria naturae secundum classes, ordines, genera, species, cum characteribus, differentiis, synonymis, locis. Tom. III. Halle. Curt, 1770.

[88] Vgl. Ruhland, Objekt [s. Anm. 75], 90f. u. Anne-Charlott Trepp: Adam benennt die Tiere. Zur Bedeutung der Namen für die Kenntnis der Dinge – Genesis 2, 19-20 als ein Erkenntnisdispositiv der Frühen Neuzeit. In: Religiöses Wissen im vormodernen Europa: Schöpfung – Mutterschaft – Passion. Hg. v. Renate Dürr [u. a.]. Paderborn 2019, 143–182, hier 174–176.

[89] Ruhland, Objekt [s. Anm. 75], 75–86; zum Bestand des Mineralienschankes siehe den Beitrag von Bastian Bruckhoff in diesem Band.

[90] Vgl. Gründler, Kat. B [s. Anm. 42], 118.

[91] Johann Gottlob Krüger: Geschichte der Erde in den allerältesten Zeiten. Halle: Lüderwald, 1746; Krüger hat die Schulen des Waisenhauses besucht und in Halle zunächst Naturkunde und Mathematik studiert, wobei er sicherlich auch Kontakt zu Johann Joachim Lange hatte, und wurde später als Mediziner promoviert.

[92] Vgl. Krüger, Geschichte [s. Anm. 91], 165f.

[93] Ehrhart, Topographia [s. Anm. 30], 59.

[94] Kurzer Bericht von des Pädagogii Regii zu Glaucha vor Halle gegenwärtiger Verfassung. Halle: Waisenhaus, 1774, 8. Vgl. „Hausbuch" des Pädagogiums, AFSt/S A I 206, 186–190, 221–223, 231f., 237–238.

[95] Vgl. Trepp, Glückseligkeit [s. Anm. 6], 468–474.

[96] Vgl. den Beitrag von Tom Gärtig in diesem Band.

[97] Barthold Hinrich Brockes: Irdisches Vergnügen in Gott. Bd. 9: Physikalische und moralische Gedanken über die drey Reiche der Natur. Hamburg: Grund; Leipzig: Holle, 1748, 4.

Verzeichnis der Exponate

An den Schulen der Franckeschen Stiftungen, dem pädagogischen Zentrum des Halleschen Pietismus, spielten die Auseinandersetzung mit der unbelebten Natur, dem Reich der Mineralien, Fossilien und Gesteine, deren nutzbringender Anwendung für den Menschen sowie Fragen zur Geschichte der Erde und der Sintflut eine große Rolle. In wissenschaftsgeschichtlicher Hinsicht waren die durch pietistische Frömmigkeit inspirierten naturwissenschaftlichen Forschungen ein neues Phänomen. Die neuen Erkenntnisse über die Schöpfung wurden durch Beobachtung, Experiment und die Erkenntnis allgemeiner Naturgesetze gewonnen und der Begriff Physikotheologie beschreibt diese Geisteshaltung, alle natürlich-physikalischen Phänomene im Kontext und auf der Grundlage der christlichen Lehre zu deuten oder Gott aus der Natur zu beweisen. Dies wurde als eine Form der Lobpreisung Gottes angesehen und die Erlangung naturkundlichen Wissens war demnach gottgegebener Auftrag. Dabei nahm die in der Bibel beschriebene Sintflut, als fundamentale Umwälzung für das Leben auf und die Gestalt der Erde, eine zentrale Rolle ein. Die Deutung und Einordnung der Sintflut versprach Antworten auf Fragen zur Entstehung von Mineralien, Gesteinen, Erden und Erzen.

Auch das Nützlichkeitsdenken der Pietisten richtete deren Blick auf Mineralien und suchte sie optimal für die Ökonomie zu nutzen. So förderte Johann Joachim Lange (1699–1765) die geologisch-mineralogische Forschung an der Universität Halle und hielt montanwissenschaftliche Lehrveranstaltungen. Dabei richtete sich das Interesse auf die Region um Halle, die systematisch geologisch untersucht wurde.

3.1 Steinkohle, Anthrazit, Ibbenbüren
Halle, Martin-Luther-Universität Halle-Wittenberg, Institut für Geowissenschaften und Geographie
► Seit Beginn des 18. Jahrhunderts begann Steinkohle, das immer knapper und teurer werdende Holz bzw. Holzkohle als Brennstoff beim Salzsieden in Halle zu ersetzen. Diese Steinkohle wurde in Bergwerken bei Wettin und Löbejün abgebaut. Gerade die ökonomisch-kameralistische Literatur aus dem Umfeld des Halleschen Pietismus betonte immer wieder deren Nutzen für die Wirtschaft der Stadt.

3.2 Die Sintflut, Öl auf Leinwand von Antonio Carracci, 1610, Reproduktion
Berlin, akg-images: AKG162277
► Die Sintflut (Gen 7,10–8,14, lat. Diluvium), von Gott zur Auslöschung des sündigen Menschen ins Werk gesetzt, war neben der Schöpfung das einschneidendste Ereignis im Alten Testament. Laut Bibel dauerte sie mehr als ein Jahr und 40 Tage lang soll die gesamte Erde von Wasser bedeckt gewesen sein. Allein Noah, der auf Geheiß Gottes die Arche gebaut hatte, überlebte mit seiner Familie und den von ihm geborgenen Landtieren und Vögeln.
• *Abbildung auf Seite 110f. (Detail)*

3.3 Haptodus baylei Gaudry (syn. Pantelosaurus saxonicus V. Huene), Gruppe von 6 Reptilien, Abguss, Unteres Rotliegend (300 –275 Mill. Jahre), ehemaliger Königin-Carola-Schacht bei Freital, Sachsen
Halle, Martin-Luther-Universität Halle-Wittenberg, Institut für Geowissenschaften und Geographie
► Die Sintflut bot auch ein Erklärungsmuster für die versteinerten Tiere und Pflanzen an, die man selbst auf Bergen und weitab von jedem Gewässer fand. Ursprünglich wurden diese Fossilien nicht als Versteinerungen, sondern als Spiele der Natur (lat. *lusi naturae*) angesehen. Auch das Vorhandensein von Sedimentschichten über dem Meeresspiegel, deren Entstehung durch Wasser schon damals gemutmaßt wurde, konnte so erklärt werden.

3.4 Lepidotes Maximus Wagner, Schmelzschupper, Abguss, Solnhofener Plattenkalk, Oberer Jura (163–152 Mill. Jahre), Langenaltheim, Bayern
Halle, Martin-Luther-Universität Halle-Wittenberg, Institut für Geowissenschaften und Geographie
► Ein Problem der theologisch inspirierten Forschung jener Zeit war die Tatsache, dass versteinerte Tiere und Pflanzen gefunden wurden, die nicht mit Pflanzen- bzw. Tierarten der Gegenwart übereinstimmten. Da Gott die Welt vollkommen erschaffen hatte, durfte es für das Verständnis der Zeit keine Veränderung der Arten oder Evolution gegeben haben. Deshalb mutmaßte man, dass diese Arten sehr wohl in weit entfernten Regionen der Erde existierten, aber noch nicht entdeckt seien.

3.5 John Woodward: Physicalische Erd-Beschreibung, oder Versuch einer natürlichen Historie des Erdbodens. Welchen zugleich die von dem berühmten D. Elia Camerario dagegen gemachte Einwürffe, und des Autoris Beantwortung dererselben; ingleichen verschiedene über diese Materie gewechselte Briefe, nebst Dessen richtiger und ordentlicher Eintheilung derer Fossilien, beygefügt sind. T. 1+2. Erfurt: Weber, 1744
Halle, Franckesche Stiftungen: BFSt: S/KEF: V a 005
► Der englische Arzt und Naturforscher Woodward (1655–1727) verfasste 1692 eine Erdgeschichte, in der er die Rolle der Sintflut hervorhob. Diese habe zwar die Erde im Vergleich zum vorherigen Zustand ruiniert. Jedoch habe Gott eine postdiluviale Erde geschaffen, die grundsätzlich auf

3.2

die Bedürfnisse des Menschen ausgerichtet sei und überaus günstige Bedingungen für künftige Zivilisationen biete. Diese optimistische Sicht beeinflusste den geologischen Diskurs der Physikotheologen stark.

3.6 Felsformationen im Erzgebirge (links), der Gemmiweg von Leukerbad zum Gemmipass in der Schweiz (rechts), Kupferstiche in: David Sigismund Büttner: Rudera Diluvii Testes, i. e. Zeichen und Zeugen der Sündfluth/ In Ansehung des itzigen Zustandes unserer Erd- und Wasser-Kugel/ Insonderheit der darinnen vielfältig auch zeither in Querfurtischen Revier Unterschiedlich angetroffenen/ ehemals verschwemten Thiere und Gewächse [...]. Leipzig: Braun, 1710, Tab. VI und VII
Halle, Franckesche Stiftungen: BFSt: 166 D 13
► Die Person aus dem Umfeld des Halleschen Pietismus, die sich am intensivsten mit geologischen bzw. paläontologischen Phänomenen auseinandersetzte, war der Theologe und Diakon in Querfurt David Sigismund Büttner (1660–1719), der mit August Hermann Francke korrespondierte und diesem eine Vielzahl an Objekten für das Naturalienkabinett des Waisenhauses zusandte. Sein Hauptwerk über die „Sündfluth" sollte „der natürlichen Erkenntnis Gottes und seiner Creatur" dienen.
• *Abbildungen auf Seite 115 und 117*

3.7 Versteinerte Fische aus der Sammlung Scheuchzers, links oben ein Fisch aus dem Mansfeldischen Kupferschiefer, Kupferstich in: Johann Jakob Scheuchzer: Piscium Querelae Et Vindiciae. Zürich: Gessner, 1708, Tab. II
Halle, Martin-Luther-Universität Halle-Wittenberg, Universitäts- und Landesbibliothek Sachsen-Anhalt: AB H 2184
► Der Schweizer Mediziner Johann Jakob Scheuchzer (1672–1733) war im Zentrum des Halleschen Pietismus gut bekannt und seine Werke wurden im pietistischen Korrespondenznetzwerk diskutiert. In seinem Werk *Streitigkeiten und Vorwürfe der Fische* propagiert er, dass die versteinerten Fische Hinterlassenschaften der Sintflut seien.
• *Abbildung auf Seite 119*

3.8 Versteinerte Pflanzen, Kupferstich in: Johann Jakob Scheuchzer: Herbarium Diluvianum. Leiden: Van der Aa, 1723, Tab. II

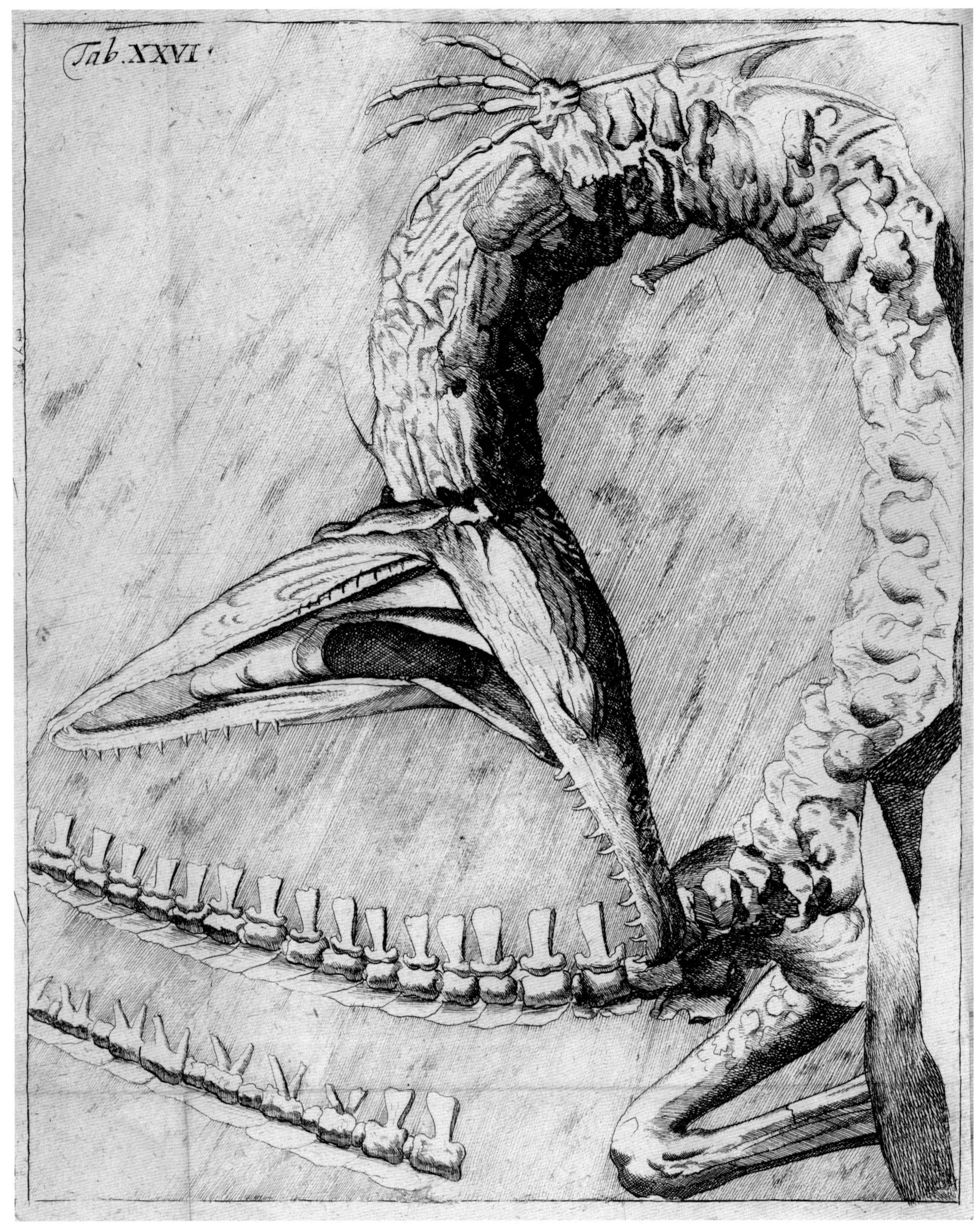

Zu 3.6

Halle, Martin-Luther-Universität Halle-Wittenberg, Universitäts- und Landesbibliothek Sachsen-Anhalt: Sa 5175, 2°
► Scheuchzers *Katalog von Pflanzen der Sintflut* stellt Versteinerungen aus Scheuchzers eigener Sammlung vor. Mit diesem Werk wurde er zu einem der Begründer der Paläobotanik. Scheuchzer versuchte, diese rezenten Arten zuzuordnen. Dabei ging er davon aus, dass die nicht identifizierbaren Pflanzen in unerforschten Regionen der Erde künftig auffindbar sein würden.

3.9 a–l

a) Frontispiz mit Porträt Scheuchzers und Titelblatt, Kupferstich in: Johann Jakob Scheuchzer: Kupfer-Bibel in welcher die Physica Sacra oder beheiligte Natur-Wissenschaft derer in Heil. Schrifft vorkommenden natürlichen Sachen [...] deutlich erklärt. Bd. 1. Augsburg: Pfeffel; Ulm: Wagner, 1731
Halle, Franckesche Stiftungen: BFSt: 66 A 4
► Mit diesem Werk in 4 Bänden suchte Scheuchzer den Gottesbeweis durch die Naturkunde zu erbringen und die Bibel durch naturkundliche Phänomene zu kommentieren. Nicht nur aufgrund seiner 750 Kupferstiche wurde es zu einem Höhepunkt der Physikotheologie und zur ‚Bibel' der Naturwissenschaft.

b–l) Präsentation der Reproduktionen von Kupferstichen aus Johann Jakob Scheuchzer: Kupfer-Bibel:

b) Tab. VI: Der dritte Schöpfungstag: die Schöpfung von Land und Vegetation

c) Tab. VII: Der dritte Schöpfungstag: Land und Meer
• *Abbildung auf Seite 13*

d) Tab. XXV: Kristall vor einer Landschaft

e) Tab. XXXV: Der Bau der Arche Noah

f) Tab. XLIII: Der Beginn der Sintflut

g) Tab. XLVI: Hinterlassenschaften der Sintflut
• *Abbildung auf Seite 12*

h) Tab. XLVII: Versteinerte Pflanzen

i) Tab. LII: Versteinerte Krokodile

j) Tab. LIII: Versteinerte Lebewesen

k) Tab. LVI: Versteinerte marine Lebewesen

l) Tab. LXIII: Die Arche Noah am Ararat, während sich die Wasser der Sintflut zurückziehen

3.8

3.10 a+b

a) Ein laut Scheuchzer vermeintlich in der Sintflut umgekommener Mensch, Riesensalamander Andrias scheuchzeri TSCHUDI, Kupferstich in: Johann Jakob Scheuchzer: Kupfer-Bibel [Kat.-Nr. 3.9], Reproduktion
► Sehr intensiv suchten die „Diluvianer" nach menschlichen Fossilien, da die Sintflut nach Ausweis der Bibel der Bestrafung der Menschheit gedient hatte. Schließlich fand man in einem Steinbruch am Bodensee Fossilien, die Scheuchzer als die versteinerten Überreste eines durch

3.9d

die Sintflut umgekommenen Menschen deutete.
• *Abbildung auf Seite 120f.*

b) Andrias scheuchzeri TSCHUDI, Riesensalamander-Skelett, Miozän (23,03 –5,33 Mill. Jahre), Oeningen, Baden
Berlin, Museum für Naturkunde Berlin: PAL-Mb.Am.926
► Erst 1811 wurde dieses Fossil vom Naturforscher Georges Cuvier (1769–1832) korrekterweise als Überreste eines ausgestorbenen Riesensalamanders identifiziert, der später zu Scheuchzers Ehren *Andrias Scheuchzeri* benannt wurde.

3.11 Friedrich Christian Lesser vor den Schränken seines Mineralienkabinetts, Kupferstich von Johann Christoph Sysang, [1743], Reproduktion
Halle, Franckesche Stiftungen: BFSt: Porträtsammlung: BÖTT B 2744
► Auch der Pietist Friedrich Christian Lesser (1692–1754) war ein herausragender Vertreter der Physikotheologie. Lesser hatte in Leipzig und Halle Theologie studiert, wo er als Schüler von August Hermann Francke eine pietistische Prägung erfuhr. Ab 1715 wirkte Lesser als Pfarrer in seiner Heimatstadt Nordhausen. Dort begann er eine eigene Naturaliensammlung zusammenzustellen, deren Schwerpunkt Mineralien und Fossilien bildeten. Das Porträt zeigt ihn vor einem Schrank seiner Sammlung.
• *Abbildung auf Seite 122*

3.12 Versteinerte „Meer=Heuschrecke", Kupferstich in: Friedrich Christian Lesser: Lithotheologie. Das ist: Natürliche Historie und geistliche Betrachtung derer Steine also abgefasst, dass daraus die Allmacht, Weißheit, Güte und Gerechtigkeit des großen Schöpffers gezeuget wird [...] und die Menschen allesamt zur Bewunderung, Lobe und Dienste des großen Gottes ermuntert werden. Hamburg: Brandt, 1735, Tab. XII
Halle, Franckesche Stiftungen: BFSt: 67 D 12
► Lessers Hauptwerk, die *Lithotheologie* (= *Steintheologie*),

3.9h

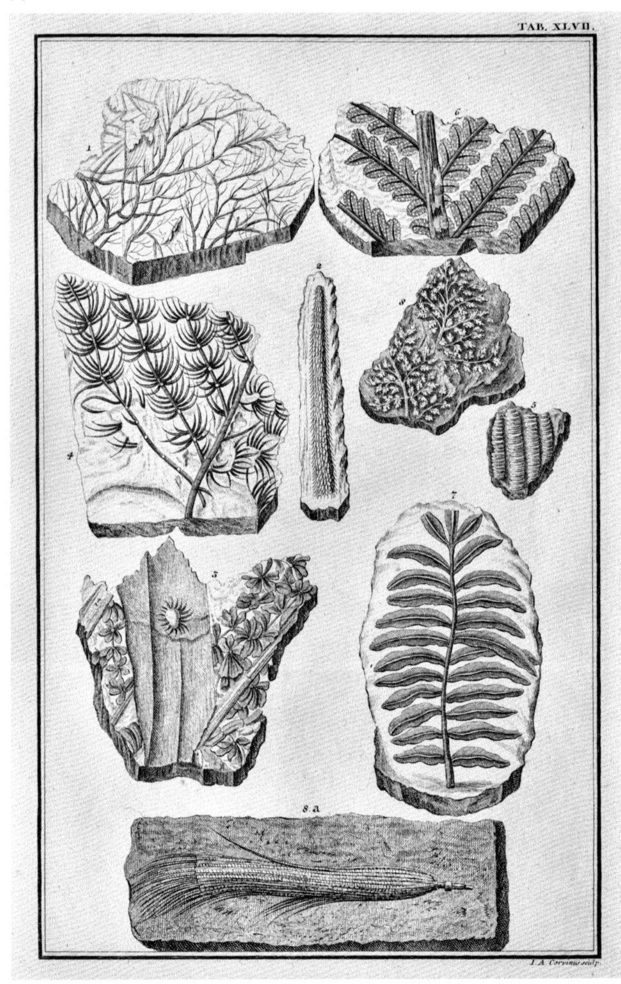

fasst als Enzyklopädie des Steinreichs das mineralogisch-geologische Wissen der ersten Hälfte des 18. Jahrhunderts zusammen. Es beschreibt nicht nur die Eigenschaften der Steine, sondern auch deren Bedeutung für Menschen, Tiere und Pflanzen. Zudem behandelt es ihren Nutzen für die Menschen in Geschichte und Gegenwart und geht abschließend auf die in der Bibel überlieferten Wunder im Zusammenhang mit Steinen ein. Lesser selbst verstand sein Werk nicht als naturkundliche, sondern als theologische Abhandlung, anhand derer das Phänomen der Steine zwar auch verstandesmäßig, aber vor allem innerlich-seelisch erfasst werden sollte.
• *Abbildung auf Seite 123*

3.13 Johann Jakob Lerche: Dissertatio Inauguralis Physico-Medica Sistens Oryctographiam Halensem Sive Fossilium Et Mineralium In Agro Halensi Descriptionem. Halle: Hilliger, 1730

3.9k

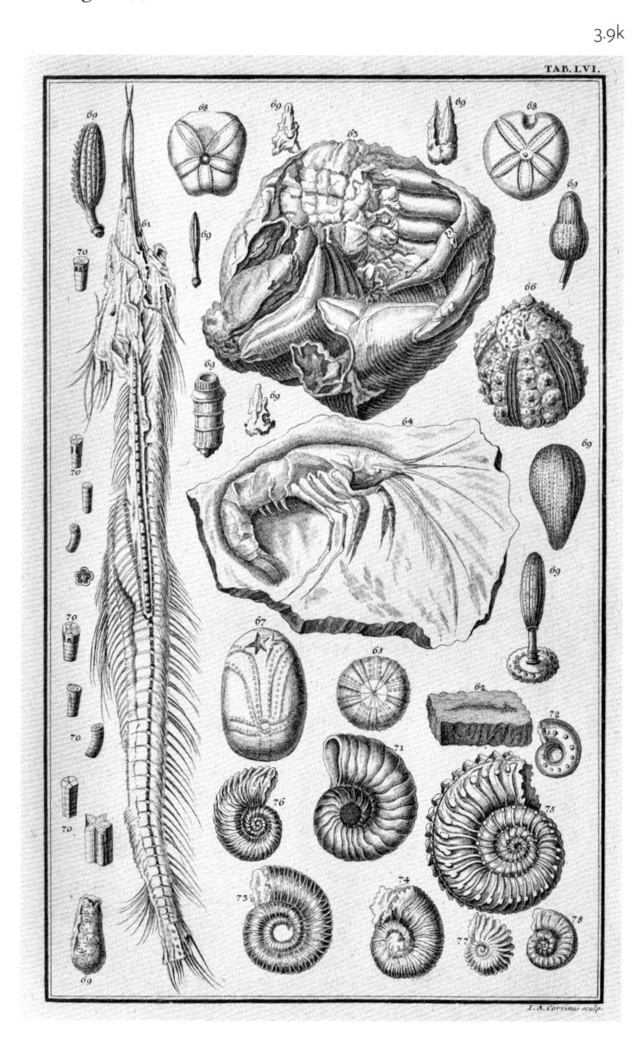

3.9l

Halle, Franckesche Stiftungen: BFSt: 72 B 12 [7]
► Unter der Ägide des hallischen Medizinprofessors Friedrich Hoffmann (1660–1742) erschien diese medizinische Dissertation von Johann Jakob Lerche (1705–1780), der erstmals die Geologie und den Nutzen der Ressourcen der Region um die Stadt Halle untersucht hatte. Er betont, dass er schon im Vorfeld seiner Dissertation eine eigene Sammlung von Mineralien aus der Region um Halle angelegt habe.

3.14 Johann Joachim Lange: Grundriß einer Anweisung, wie man sich die in und um Halle vorkommende Naturalia und Artificialia zum künftigen Nutzen im gemeinen Leben bekant machen solle, nebst einer Anzeige desjenigen, was bey dem Vortrage der Lehre von den Bergwercken überhaupt zum Grunde geleget werden könne, zum Gebrauch der Jugend in der Real-Schule zu Berlin. Berlin: Henning, 1749

3.17

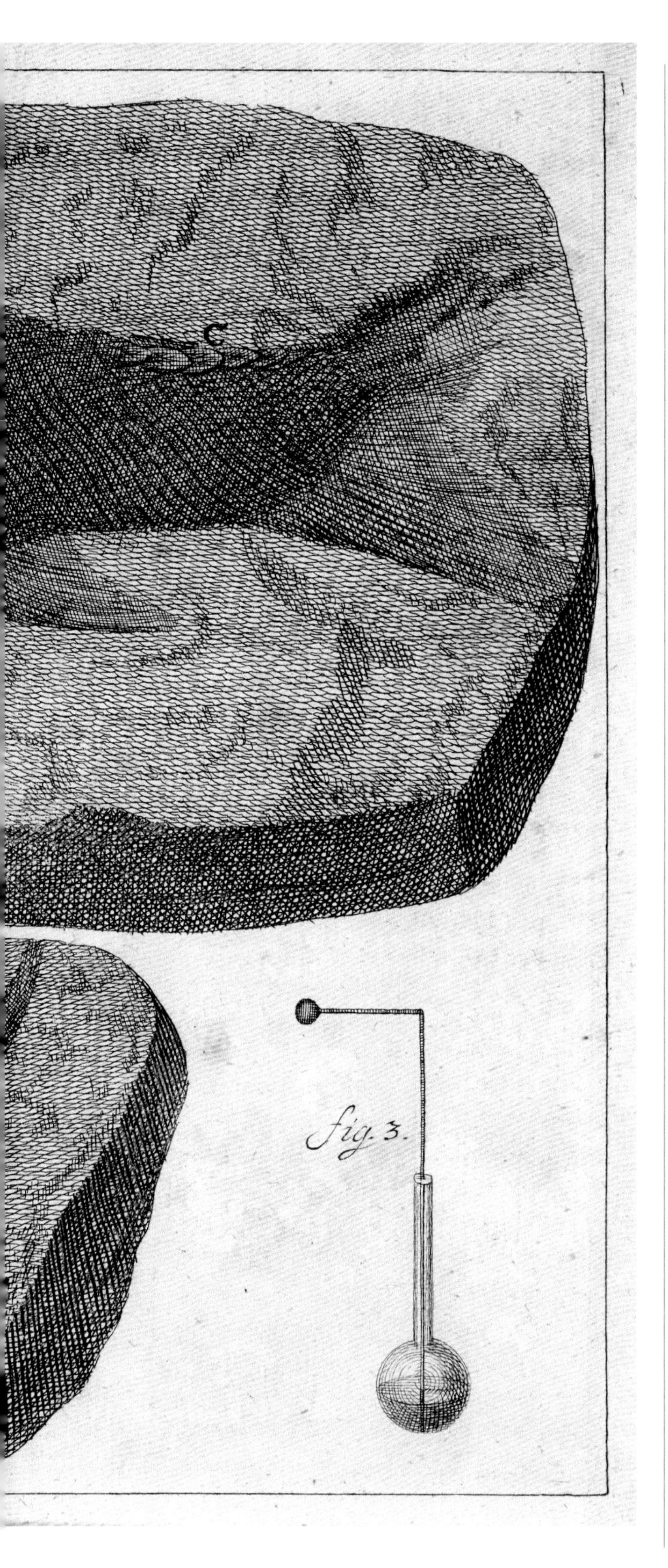

Halle, Franckesche Stiftungen: BFSt: 72 B 20
► Lange (1699–1765) bemühte sich intensiv um die geologisch-mineralogische Forschung und Lehre an der hallischen Universität. Er war der Sohn des Theologen Joachim Lange (1670–1744), eines engen Vertrauten von August Hermann Francke. 1723 erhielt er einen Lehrstuhl für Mathematik, jedoch hatte er ausgeprägte naturkundliche Interessen und etablierte einen montanwissenschaftlichen Studiengang, ein Collegio Mineralogico-Metallurgicum, an der Friedrichs-Universität.

3.15 Einleitungs=Tabelle in das Stein=Reich, in: Carl von Linné: Systema Naturae, Sive Regna Tria Naturae Systematice Proposita Per Classes, Ordines, Genera Et Species = Natur-Systema, Oder Die in ordentlichem Zusammenhange vorgetragene Drey Reiche der Natur, nach ihren Classen, Ordnungen, Geschlechtern und Arten, in die Deutsche Sprache übersetzet, und mit einer Vorrede. Hg. v. Johann Joachim Lange. Halle: Gebauer, 1740, 7, Reproduktion
Halle, Franckesche Stiftungen: BFSt: 73 A 14
► Der Schwede Carl von Linné (1707–1778) hatte durch sein *Systema Naturae* von 1735 erstmals eine einheitliche Systematik hierarchischer Ordnungskategorien für alle „Drey Reiche der Natur“ entwickelt. Johann Joachim Lange hat sich sehr intensiv mit Linnés Systematik auseinandergesetzt und sie auch an der Universität gelehrt. Sein wohl bekanntestes und einflussreichstes Werk war die Herausgabe des *Systema Naturae* in lateinischer und deutscher Sprache, für lange Jahre die einzige deutsche Übersetzung dieses Grundlagenwerks.
• *Abbildung auf Seite 125*

3.16 Johann Joachim Lange: Einleitung zur Mineralogia Metallurgica in welcher die Kenntniß und Bearbeitung der Mineralien nebst dem ganzen Bergbau kurz und deutlich vorgetragen wird. Halle: Curt, 1770
Halle, Franckesche Stiftungen: BFSt: S/KEF:V d 057
► Für seine montanwissenschaftlichen Vorlesungen, das Collegio Mineralogico-Metallurgicum, arbeitete Lange Manuskripte aus, die posthum von seinem Schüler Julius Johann Madihn (1734–1789) herausgegeben wurden.

3.17 Versteinerter Fisch in Kupferschiefer aus Eisleben, Kupferstich von Gottfried August Gründler in: Johann Gottlob Krüger: Geschichte der Erde in den alleráltesten Zeiten. Halle: Lüderwald, 1746, Tab. III
Halle, Franckesche Stiftungen: BFSt: S/LEHR:E 825
► Der Kupferstecher, Maler und Naturkundler Gründler (1710–1775) hatte 1740 zusammen mit Johann Joachim Lange die deutsche Fassung von Linnés *Systema Naturae*

herausgegeben. Parallel dazu hatte er das Linnésche System schon bei der Neuordnung der Kunst- und Naturalienkammer der Glauchaschen Anstalten zur Anwendung gebracht, auch bei der Ordnung der Mineraliensammlung. Für diese Erdgeschichte des hallischen Medizinprofessors Johann Gottlob Krüger (1715–1759) fertigte er Kupferstiche an. Auch dieses Werk steht in der physikotheologischen Tradition der Naturkunde zum Preise Gottes.

• *Abbildung auf Seite 127*

3.18 Delineatio aureae Sterilitatis Herciniensis i[d] e[st] Herciniae Metalliferae accurata Chorographia. Omnes simul fodinas & loca nativa minerarum, quae ibi effodiuntur […], Nürnberg, Homannsche Erben, um 1740
Halle, Martin-Luther-Universität Halle-Wittenberg, Universitäts- und Landesbibliothek Sachsen-Anhalt: Altkt B III 8 [4] 22

► Dies ist die älteste geologische Karte des Harzes und schon im Titel der Karte wird dessen Bedeutung aufgrund

3.18

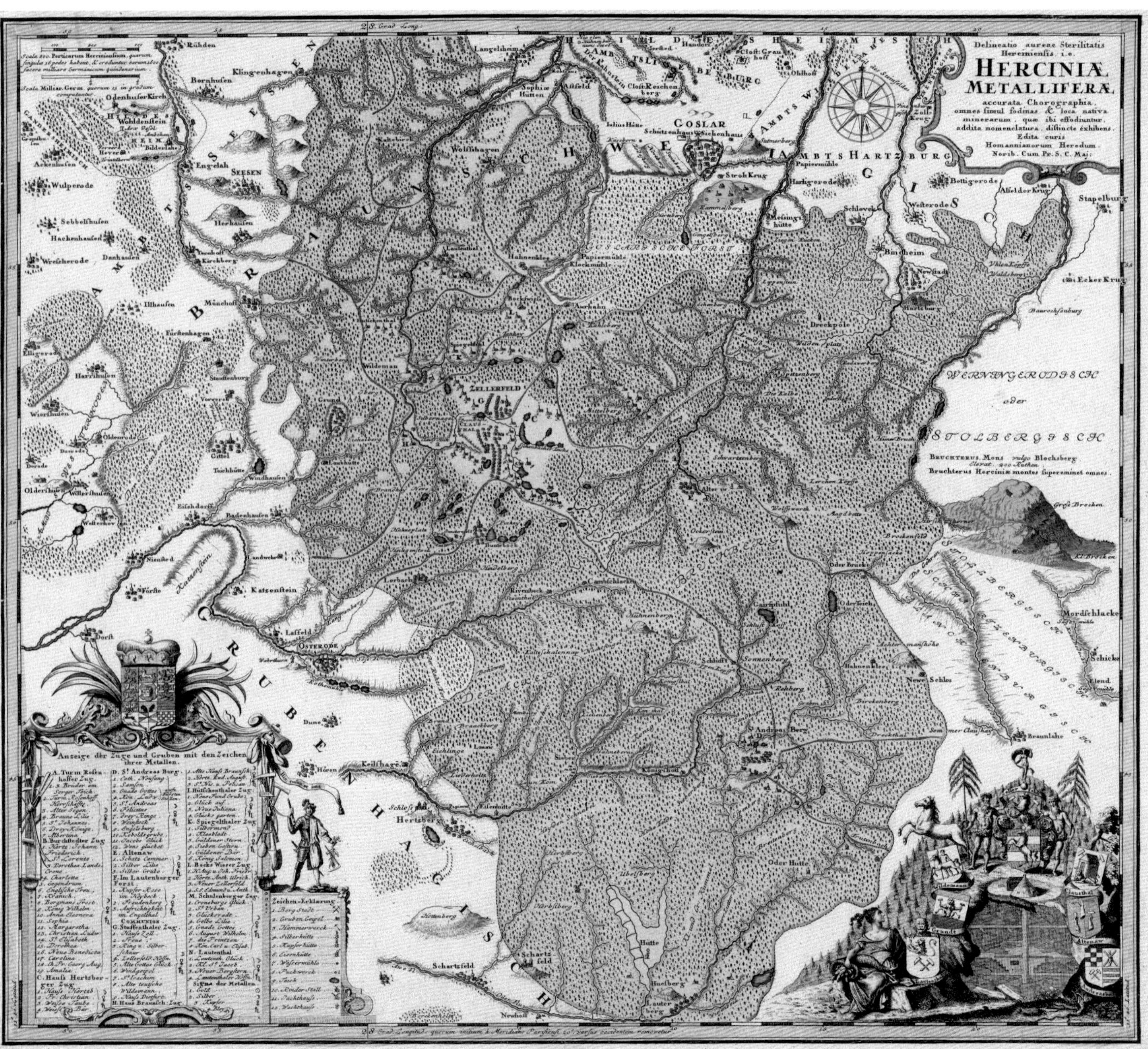

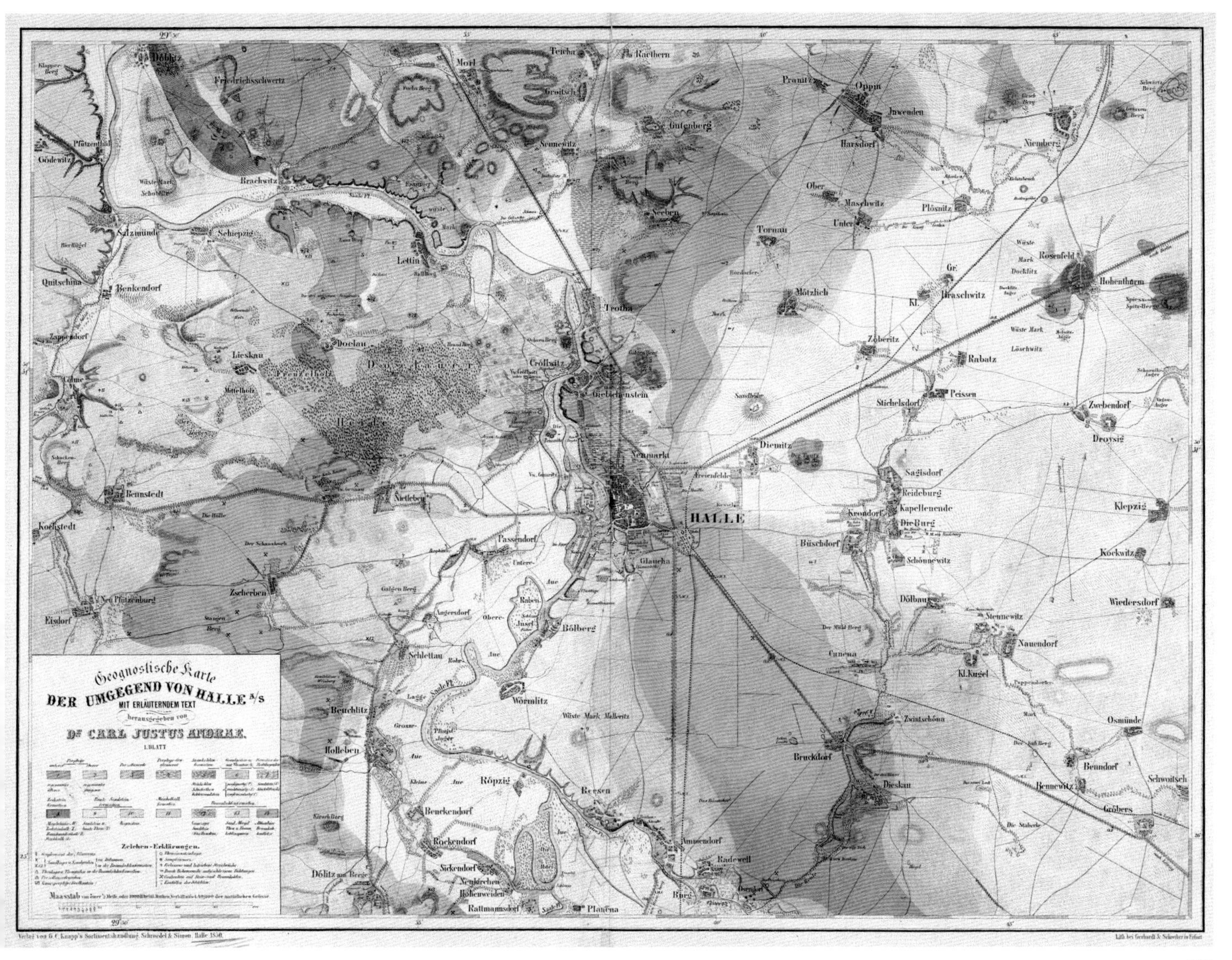

3.19

seiner vielen Bodenschätze hervorgehoben. Deshalb wurden von Halle aus häufig Reisen unternommen, um auf Wanderungen die Geologie dieses Mittelgebirges zu erforschen. Auch einige Objekte in der Mineraliensammlung der Kunst- und Naturalienkammer stammen von dort.

3.19 Geognostische Karte Der Umgegend Von Halle A/S, mit Erläuterndem Text. Hg. v. Carl Justus Andrae, Lithographie von Gerhardt & Schreiber in Erfurt, Halle: G. C. Knapp's Sortimentshandlung, 1850
Halle, Martin-Luther-Universität Halle-Wittenberg, Universitäts- und Landesbibliothek Sachsen-Anhalt: Pon Yb 2546 a
► Obwohl schon im 18. Jahrhundert die Geologie der Region um Halle auf der Suche nach Bodenschätzen intensiv erforscht worden war, wurde die erste geologische Karte dieser Region erst Mitte des 19. Jahrhunderts herausgegeben.

4

erforschen

H
H
B
B
B
B
A
G
G
C
D

TOM GÄRTIG

Auf dem Weg zur modernen Naturwissenschaft: Geologie zwischen 1750 und 1850

Im Jahr 1761 trat der Waisenhausarzt Georg Christian Füchsel (1722–1773) aus Rudolstadt, der sich wie viele Gelehrte seiner Zeit für die Gesteinswelt interessierte, mit einer bemerkenswerten Schrift an die Öffentlichkeit. Seine *Geschichte des Landes und des Meeres, aus der Geschichte Thüringens durch Beschreibung der Berge ermittelt*[1] enthält eine erstaunlich genaue Beschreibung der Geologie seiner thüringischen Heimat, empirisch ermittelt in mühsamer Geländearbeit. Füchsel hatte am geschichteten Aufbau der Berge beobachtet, dass diese aus unterschiedlichen marinen und terrestrischen Sedimentschichten bestehen, die nicht von einer einzigen Sintflut herrühren konnten, sondern nur durch mehrere Überschwemmungen und natürliche Ablagerungen sinnvoll zu erklären waren. Schichten gleicher Art und Lage fasste er dabei zu größeren Einheiten zusammen, den sogenannten ‚Gebirgen' (Formationen). Jede einzelne Formation musste, so schlussfolgerte er, zu einer ganz bestimmten Zeit entstanden sein. Zur Veranschaulichung gab Füchsel der Abhandlung eine kleine Karte bei: die erste geologische Überblicksdarstellung eines größeren deutschen Gebietes überhaupt. Sie dokumentiert sein anspruchsvolles Ziel, die verschiedenen Formationen dreidimensional zu erfassen und – als vierte Dimension – mittels Zahlen entstehungszeitlich zu ordnen. Allerdings wurden Füchsels innovative Ansichten und Methoden von seinen Zeitgenossen kaum wahrgenommen. Das mag auch am fehlerhaften Latein gelegen haben, in das seine ursprünglich auf Deutsch verfasste Schrift von fremder Hand übersetzt werden musste, um sie überhaupt – zudem recht versteckt – im Periodikum der *Churfürstlich-Mayntzischen Academie nützlicher Wissenschaften zu Erfurt* publizieren zu können.[2]

4.1.20 | Spitze des Bergs Aetna, Kupferstich in: Lazzaro Spallanzani: Reisen in beyde Sicilien und in einige Gegenden der Appenninen, 1795–1798. Halle, Franckesche Stiftungen (Detail)

In der Person Georg Christian Füchsels verdichten sich wichtige Tendenzen ihrer Zeit. Wie ein Scharnier verbindet sie die Frühgeschichte der Geologie mit den Denkansätzen des späten 18. Jahrhunderts, die den Weg zur modernen Geologie freigaben. Einerseits griff er wohl meist unbewusst schon früher formulierte Theorien auf, dachte sie weiter und versuchte sie konsequent umzusetzen. So ordnete er beispielsweise Gesteinsschichten mit Hilfe des stratigraphischen Grundgesetzes,[3] das der Däne Niels Stensen (1638–1686) bereits 100 Jahre zuvor erkannt und erstmals beschrieben hatte, und ging ebenso wie dieser von mehreren Überschwemmungen aus.[4] Auch nahm er zutreffende Beschreibungen, aber auch Ungenauigkeiten in Johann Gottlob Lehmanns (1719–1767) Arbeit über „Flötz-Gebürge"[5] zum Anlass für eine gründlichere Untersuchung der Gegebenheiten vor Ort. Lehmann, ebenfalls Mediziner, hatte 1756 mit der Darstellung des Südharzrandes den ersten geologischen Profilschnitt erstellt und mit seinen stratigrafischen Untersuchungen in Fachkreisen einige Berühmtheit erlangt. Andererseits gilt Füchsel heute als ein wichtiger Vordenker, der entscheidende Impulse für die Entwicklung der modernen Geologie gab. Obwohl er gläubiger Christ war, spielten Glaubensfragen und biblische Bezüge – wie noch bei Lehmann und anderen – bei ihm keine vordergründige Rolle mehr. Den populären Sintfluttheorien seiner Zeit, die sich fast ausnahmslos an der Chronologie der Bibel orientierten, setzte er ein neues, komplexeres Modell der Genese der Erdoberfläche entgegen, das in der zweiten Hälfte des 18. Jahrhunderts als Neptunismus über die deutschen Grenzen hinaus populär wurde und viele Anhänger fand.

Georg Christian Füchsel, zeittypisch und außergewöhnlich zugleich, steht gewissermaßen für den ‚neuen', erfahrungswissenschaftlich und theoriegeleitet arbeitenden Geologen, der Mitte des 18. Jahrhunderts die Bühne betrat.

Er gewann Erkenntnisse vorwiegend im Gelände und nicht in der Gelehrtenstube, kartierte exakt seine Beobachtungen, rezipierte kritisch die Fachliteratur, entwickelte Erklärungsansätze und beteiligte sich mit eigenen Veröffentlichungen am wissenschaftlichen Diskurs.[6] Diesem Aufbruch zur modernen Geologie, der um 1750 einsetzte, will dieser Beitrag anhand von grundlegenden Erkenntnissen, wegweisenden Debatten und zeitgenössischer Ratgeberliteratur nachspüren.

Sintfluttheorie und Erdgeschichten – Die Situation um 1750

Mitte des 18. Jahrhunderts waren die wesentlichen Voraussetzungen für die Entstehung der modernen Geowissenschaften gegeben: Der optimistische Blick auf die Welt, der sich um 1700 vor allem in Auseinandersetzung mit Thomas Burnets (1635–1715) *Telluris Theoria Sacra*, der „Heiligen Theorie der Erde", etabliert hatte,[7] ermutigte vor allem in der ersten Hälfte des 18. Jahrhunderts viele Gelehrte dazu, sich ebenfalls als „Weltenbastler"[8] zu versuchen und eigene, zumeist höchst spekulative Versionen der Erdgeschichte zu konstruieren. Unter ihnen fanden sich neben großen Universalgelehrten wie Gottfried Wilhelm Leibniz

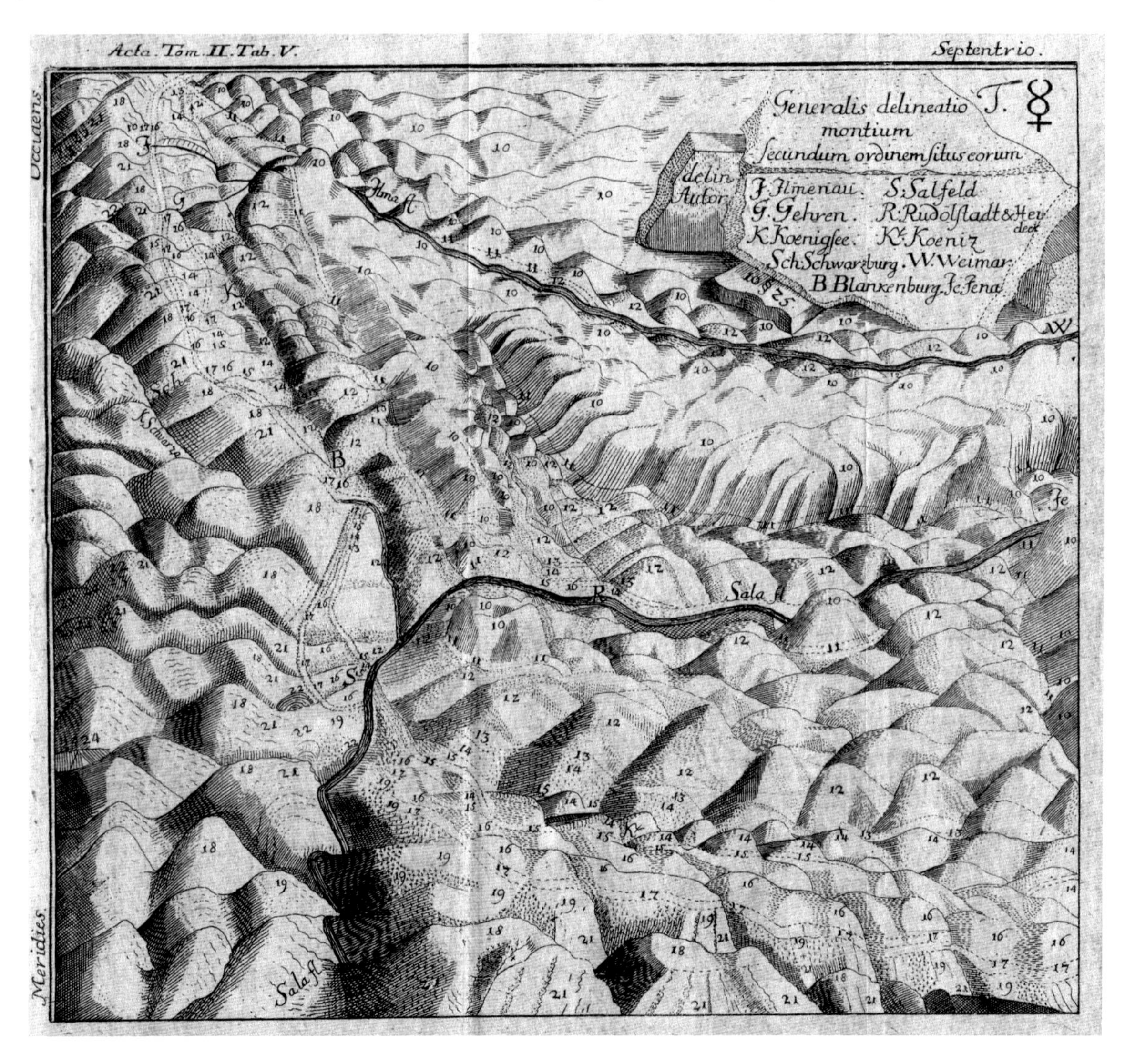

4.1.4 | Die erste geologische Karte eines zusammenhängenden deutschen Gebiets zeigt Teile Thüringens, Kupferstich in: Georg Christian Füchsel: Historia Terrae et Maris, 1761. Jena, Friedrich-Schiller-Universität Jena, Thüringer Universitäts- und Landesbibliothek Jena

(1646–1716), dessen bereits um 1693 auf Latein verfasste *Protogaea* als „Abhandlung von der ersten Gestalt der Erde“[9] erst mit einem halben Jahrhundert Verspätung posthum herausgegeben werden konnte, auch Männer wie Johann Gottlob Krüger (1715–1759), der als Medizinprofessor und Naturhistoriker an der Universität Halle lehrte und 1746 eine *Geschichte der Erde in den allerältesten Zeiten*[10] veröffentlichte. Es verging kaum ein Jahr im 18. Jahrhundert ohne einen neuen Versuch, die wahre Geschichte der Erde zu erzählen. Die Sintfluttheorie in verschiedenen Varianten diente dabei als Standardmodell, um die offensichtlichen Veränderungen auf der Erde im Laufe der Zeit zu erklären. Michael Kempe charakterisierte sie treffend als „Geburtshelferin einer modernen Wissenschaft“[11], wenngleich auch andere Theorien der Erdentstehung und -entwicklung kursierten und Anerkennung fanden, wie etwa die des italienischen Geistlichen Anton Lazzaro Moro (1687–1764), der angesichts der Entstehung junger Vulkaninseln im Meer vor Neapel und in Santorin gewaltige Vulkanausbrüche und Hebungsvorgänge für die gegenwärtige Gestalt der Erde verantwortlich machte.

Wer um 1750 als seriöser Naturforscher gelten wollte, hielt Fossilien auch nicht mehr für launige Naturspiele oder Erzeugnisse einer geheimnisvollen, bildenden Kraft, die Steine in der Erde heranwachsen lässt, sondern selbstverständlich für versteinerte Reste einstmals lebendiger Tiere und Pflanzen. Auf die Frage, wie denn versteinerte See- und Meerestiere auf Berge gelangen konnten, gab es jetzt im Grunde zwei plausible Antworten: entweder wurden die Gebirge und mit ihnen die Lebewesen des Meeres durch den allmählich sinkenden Wasserspiegel freigelegt oder gewaltige Kräfte im Erdinneren haben die Bergwelt aus den Fluten gehoben und so die Muscheln und Fische aufs Trockene gesetzt. Dabei waren die Naturforscher noch weit davon entfernt, Fossilien für bereits ausgestorbene Arten zu halten. Denn was Gott einmal geschaffen hatte, musste auch gegenwärtig noch vorhanden sein, ob in entfernten Weltgegenden oder unerreichbaren Meerestiefen.

Die typischen Methoden der modernen Geologie, wie Geländeuntersuchung, Mineral- und Gesteinsbestimmung sowie Kartierung, etablierten sich um 1750 und wurden

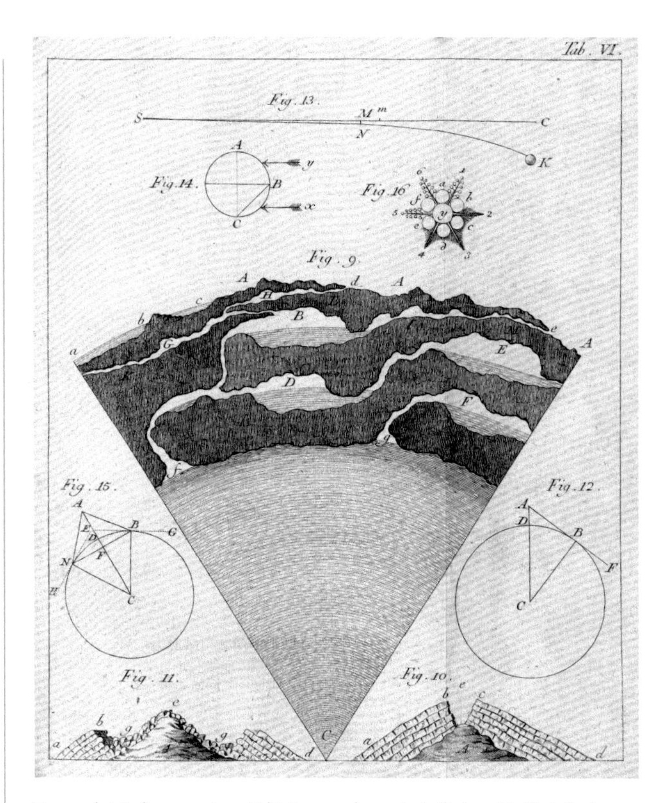

Zu 4.1.1h | Erdsegment zur Erläuterung des unterirdischen Sintflut-Systems, Kupferstich in: Johann Esaias Silberschlag: Geogenie oder Erklärung der mosaischen Erderschaffung, 1780. Halle, Franckesche Stiftungen

immer weiter verfeinert. Gestützt auf Stücke aus den Mineralienkabinetten und Fossiliensammlungen, die nun allerorten wie Pilze aus dem Boden schossen, erarbeiteten naturgeschichtlich interessierte Gelehrte und Laien zunächst systematische Überblicksdarstellungen und Kataloge mit dem Anspruch, das Steinreich in seiner nahezu unüberschaubaren Vielfalt möglichst vollständig zu verzeichnen, zu ordnen und zu beschreiben. Der Kameralist und vielseitig interessierte ‚Projektemacher‘ Johann Heinrich Gottlob von Justi (1717–1771) etwa entwickelte einen *Grundriss des gesamten Mineralreiches.*[12] Nicht selten waren diese Werke mit aufwendig kolorierten, akkuraten Kupferstichen ausgestattet, wie die 1755 veröffentlichte, noch recht unsystematische *Sammlung von Merckwürdigkeiten der Natur und Alterthümern des Erdbodens*[13] des Nürnberger Kupferstechers Georg Wolfgang Knorr (1705–1761),[14] die sich den Fossilien widmete. Nach dessen Tod gab Johann Ernst Immanuel Walch (1725–1778), der in Jena als Philologieprofessor und Naturforscher wirkte, Knorrs Werk in einer gründlich überarbeiteten, vierbändigen Fassung[15] heraus, geordnet und mit genauen Beschreibungen der dort versammelten „versteinten Körper“[16] versehen. Walch wollte damit nicht bloß ein hübsches Bilderbuch mit außergewöhnlichen Objekten schaffen, sondern ein Lehrbuch zur systematischen Bestimmung von Versteinerungen.[17] Solche Werke trugen maßgeblich dazu bei, die ‚Petrefaktenkunde‘ als Vorläuferin der heutigen Paläontologie zu etablieren.[18] Ebenso begann nun die große Zeit der Exkursionen und Reisen, um die geologischen Verhältnisse und Gesteinsarten zunächst der eigenen Region, später dann anderer Länder und Kontinente zu erkunden und sie miteinander zu vergleichen. Die bereits erwähnten regionalgeologischen Werke Johann Gottlob Lehmanns und Georg Christian Füchsels zählen hierbei zu den Vorreitern. Sie schufen eine Basis, um künftig die Erdgeschichte aus der methodisch nachvollziehbaren Beschreibung und Deutung untersuchter Gesteine und Formationen abzuleiten.

Versteinerte Reste von Fischen, kolorierter Kupferstich in: Georg Wolfgang Knorr: Sammlung von Merckwürdigkeiten der Natur und Alterthümern des Erdbodens, welche petrificirte Cörper enthält. [Theil 1]. Nürnberg: Bieling, 1755, Tab. XXIII. Halle, Martin-Luther-Universität Halle-Wittenberg, Universitäts- und Landesbibliothek Sachsen-Anhalt: Sa 5088, 2° (1)

Neptunismus und Geognosie – Abraham Gottlob Werner in Freiberg

Die Geologie im deutschsprachigen Raum ist ohne die jahrhundertealten Erfahrungen aus dem Bergbau kaum denkbar. Dessen reiche Wissensschätze sollten in den neu gegründeten Bergakademien auf wissenschaftlicher Grundlage der Mineralogie weiterentwickelt werden. Besonders die absolutistisch regierten Feudalstaaten Europas wie Sachsen, Preußen und Russland hofften dadurch, den wachsenden (Edel)Metallhunger trotz ausgebeuteter Lagerstätten stillen zu können und ihre krisengeschüttelten

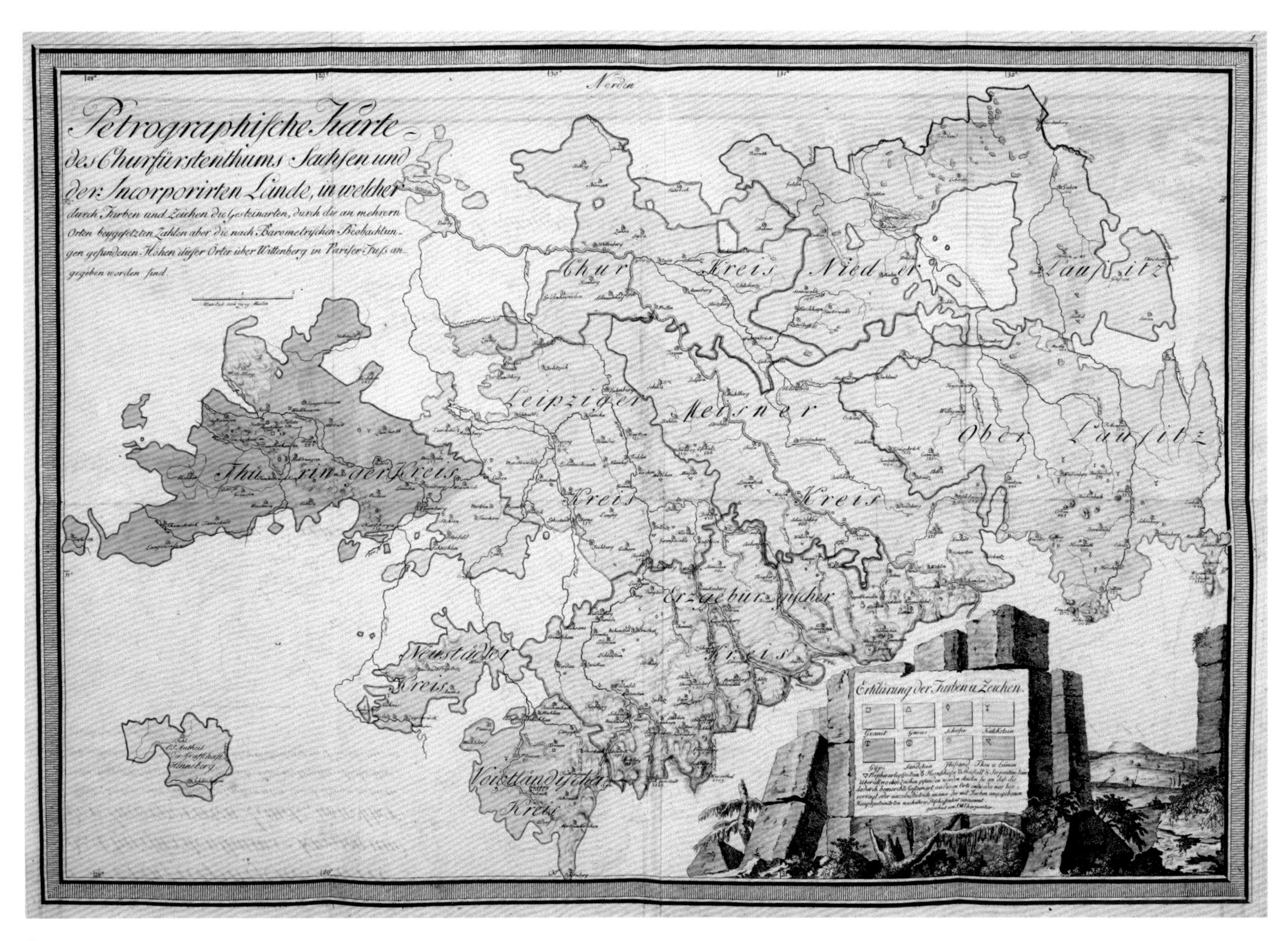

4.1.5 | Die erste geologische Karte des Kurfürstentums Sachsen, kolorierter Kupferstich in: Johann Friedrich Wilhelm Charpentier: Mineralogische Geographie der Chursächsischen Lande, 1778. Halle, Franckesche Stiftungen

Ökonomien zu beleben. Wer als Bergbeamter in den Staatsdienst treten wollte, musste nun über fundiertes mineralogisches Wissen verfügen.

Zur Förderung des sächsischen Bergbaus veranlasste Prinzregent Franz Xaver von Sachsen (1730–1806) im Jahr 1765 die Gründung der ersten Montanhochschule, die schon kurz darauf ihren Unterrichtsbetrieb aufnahm: die *Kurfürstlich-Sächsische Bergakademie zu Freiberg*. Die wissenschaftlich-praktische Ausbildung der angehenden Berg- und Hüttenbeamten dort war neu und einzigartig, denn sie verknüpfte ökonomische mit erkenntnistheoretischen Interessen und versprach nicht nur höhere Erträge aus dem Bergbau, sondern auch ein tieferes Verständnis der noch weitgehend verborgenen Gesteinswelt. Das sprach sich bald herum und bewegte so manchen deutschen Landesherrn dazu, seine hoffnungsvollen Kandidaten zum Studium nach Freiberg zu schicken, um vom dort vermittelten Wissen profitieren zu können. Andernorts wurden bald ebenfalls Akademien eingerichtet, ganz nach sächsischem Vorbild. Ihren ausgezeichneten Ruf weit über die Grenzen Sachsens hinaus verdankte die Bergakademie dem berühmten Mineralogen Abraham Gottlob Werner (1749–1817), der einst selbst Montanwissenschaften dort studiert hatte. Nach weiteren Studien in Leipzig war er 1775 als Berginspektor und Lehrer für Bergbaukunde und Mineralogie nach Freiberg zurückgekehrt, wo er den bisherigen Unterricht mit neuen Methoden modernisierte und seine Ansichten verbreitete. Der berühmte schottische Geologe Charles Lyell (1797–1875) schrieb einige Jahre nach Werners Tod nicht ohne Ironie, dass selbst gestandene Wissenschaftler eigens die deutsche Sprache erlernten und

Abraham Gottlob Werner, Öl auf Leinwand von Gerhard von Kügelgen, um 1815. Freiberg, Technische Universität Bergakademie Freiberg: Inv.-Nr. K0063 (Foto: Waltraud Rabich)

aus „entfernten Gegenden" herbeikamen, um das „große Orakel der Geologie zu hören."[19] Unter Werners Schülern befanden sich neben später einflussreichen Bergbeamten und Geologen auch der Frühromantiker Georg Philipp Friedrich Freiherr von Hardenberg (1772–1801), genannt Novalis, sowie der Forschungsreisende und wissenschaftliche Tausendsassa Alexander von Humboldt (1769–1859).

Werner ist zweifellos die prominenteste Figur der Geologie in Deutschland um 1800. Mit seiner Geognosie (griech. Erdkenntnis), der Lehre von der Struktur und dem Bau der festen Erdkruste, schuf er eine eigene Variante und Vorläuferin der modernen Geologie. Dem Begriff der Geologie stand er skeptisch gegenüber, denn er verband mit ihm spekulatives Nachdenken über die Entstehungsgeschichte der Erde, das nicht auf Beobachtungen und Erfahrungen, sondern auf bloßen Hypothesen beruhe. Die Geognosie hingegen untersuche und beschreibe die Gesteine in erster Linie anhand ihrer sinnlich wahrnehmbaren Eigenschaften und könne aufgrund ihrer Beschaffenheit und Lage im Gelände ihre relative zeitliche Entstehung erschließen. An der Bergakademie etablierte Werner die Geognosie neben der Oryktognosie (= Mineralogie) und prägte damit nachhaltig die Forschungsarbeit seiner Schüler, Bewunderer und sogar Kritiker, die sich selbst als Geognosten bezeichneten.[20] Sie waren es, die seine geognostische Forschungsmethode anwendeten, verbreiteten und erweiterten, wodurch sie zu einem Standard der Zeit um 1800 und danach wurde.

2te Tafel. pag. 128

Von den Farben der Foßilien.

Allgemeine generische Kennzeichen,	specielle Kennzeichen,	Abänderungen.
Die Farben sind	weiß,	helles weiß, röthlich weiß, gelblich weiß, silberweiß, grünlich weiß, milchweiß, zinnweiß,
	grau,	bleygrau, bläulichgrau, rauchgrau, gelblichgrau, schwärzlichgrau, eisengrau,
	schwarz,	graulichschwarz, bräunlichschwarz, dunkelschwarz, bläulichschwarz,
	blau,	indigblau, berlinerblau, lasurblau, schmalteblau, veilgenblau, himmelblau,
	grün,	spangrün, berggrün, grasgrün, äpfelgrün, lauchgrün, zeisiggrün,
	gelb,	schwefelgelb, citrongelb, goldgelb, speisgelb, strohgelb, weingelb, isabellengelb, ockergelb, oraniengelb,
	roth,	morgenroth, scharlachroth, blutroth, kupferroth, carminroth, carmoisinroth, pfersichblüthroth, fleischroth, mordoreeroth, bräunlichroth,
	braun,	röthlichbraun, nelkenbraun, gelblichbraun, tombackbraun, leberbraun, schwärzlichbraun.

Die hier aufgeführten Abänderungen der Hauptfarben sind bloß solche, welche man unter denen Foßilien antrifft; die übrigen, welche man außerdem hat, sind, um unnöthige Weitläuftigkeit zu vermeiden, weggelassen worden.

4.1.12 | Werners Farbenübersicht zur Mineralbestimmung, in: Abraham Gottlob Werner: Von den äußerlichen Kennzeichen der Foßilien, 1774. Halle, Franckesche Stiftungen

Werners Geognosie war als empirische Erfahrungswissenschaft angelegt und konzentrierte sich auf die Erkenntnis der sinnlich wahrnehmbaren Welt, die nur durch exakte Untersuchung zu erlangen sei. Die Grundlage dazu schuf er mit seiner noch zu Studienzeiten publizierten Schrift *Von den äußerlichen Kennzeichen der Foßilien*[21], einer Einführung zur systematischen Beschreibung der äußeren Mineraleigenschaften, die auch als ‚Kennzeichenlehre' bekannt wurde. Anhand von Farbe, Geruch, Geschmack, Klang, Schwere und Kälte sollten die Mineralien mit allen Sinnen möglichst vollständig erfasst werden, um sie anschließend benennen und klassifizieren zu können. Die Farbe galt Werner dabei als das auffälligste und zuverlässigste Unterscheidungsmerkmal, für das er eine besonders detaillierte Terminologie entwickelte, um die vielen Varianten und Abstufungen beschreiben zu können. Die Bestimmung der inneren Kennzeichen aber hielt er aufgrund der dazu erforderlichen, aber noch unzureichend entwickelten chemischen Kenntnisse generell für schwierig und speziell in der Geländearbeit für zu umständlich. Werner lehnte die Chemie zur Mineralanalyse nicht grundsätzlich ab, gehörte sie doch zum Curriculum der Ausbildung an der Bergakademie. Außerdem hatte die Mineralogie ihre großen Fortschritte nicht zuletzt der Chemie und Kristallographie zu verdanken.[22] Mit den äußeren Kennzeichen aber wollte er dem forschenden Geognosten ein unkompliziertes Werkzeug an die Hand geben, das auch aus Sicht seiner Zeitgenossen vollkommen ausreichte, um das Vorgefundene gleich an Ort und Stelle sicher bestimmen zu können. Der Vorteil lag auf der Hand, denn viel mehr als eines Hammers, einer Lupe und geschärfter Sinne bedurfte es dazu nicht. Trotzdem erforderte diese Herangehensweise Übung und jahrelange Erfahrung, gerade zur Bestimmung der ungleich komplexeren, vielfältigeren Gesteine, denen das eigentliche Erkenntnisinteresse der Wernerschen Geognosie galt.

Mit dem schmalen Bändchen *Kurze Klassifikation und Beschreibung der verschiedenen Gebirgsarten*[23] von 1787 übertrug Werner skizzenhaft seinen mineralogischen Ansatz auf die Gesteinsbestimmung. Er meinte, dass die charakteristischen Merkmale der Gesteine und ihre Einbettung in bestimmte Schichten auf die besonderen Umstände ihrer

Mineraloge und Botaniker mit Helfer im Gebirge, kolorierter Kupferstich in: Gottlieb Tobias Wilhelm: Unterhaltungen aus der Naturgeschichte. Des Mineralreichs 2ter Band. Wien: Pichler, 1828, T. 1. Berlin, akg-images/ De Agostini Picture Lib.: AKG2514109 (Foto: A. Rizzi)

Entstehung sowie Veränderungen schließen lassen. Er unterschied vier Hauptgebirgs- bzw. Gesteinsarten, die sich nacheinander „in dem ungeheuren Zeitraume der Existenz unserer Erde"[24] gebildet hätten: zuerst die uranfänglichen Gebirge wie Granit und Basalt, anschließend die Flötzgebirge, zu denen er Sandstein und Steinkohle zählte, darauf die aufgeschwemmten Gebirge aus Sand, Lehm und Kieseln sowie die vulkanischen Gebirge. Später führte Werner mit den Übergangsgebirgen notgedrungen eine fünfte Art ein, die er zwischen den schwer unterscheidbaren uranfänglichen und den Flötzgebirgen einordnete. Die vulka-

a, Grundriß.) und bei den Grund gebürgen an nächsten liegenden Ausgehenden sind die ältesten

Fig. 5.

Fig. 6

Thonschiefer.

Urkalk.

2, bey völliger Bedeckung des Grund gebürges, wo dasselbe nur zweifelhaft [?] erkannt werden kann, haben wir nur erhöhete Berglagen, und diese sind entweder

a, Rückenartig fig 7. a, Grundriß, b, Aufriß. wo die Schichten von beyden Seiten weg, abfallen, und die ganze Erhöhung in die Länge gezogen ist. – oder

b, Mantelförmig (fig. 8, a, b,) wenn die Schichten von einem Puncte weg, nach allen Seiten zu abfallen.

Für Mantelförmige Lagerung giebt das Harzgebürge ein schönes Beyspiel der höchste Punct ist der Brocken, und von diesem weg verbreiten sich die

nischen Gebirge unterteilte er in „Aechtvulkanische" wie Lava und Bimsstein, die durch „wirkliche vulkanische Ausbrüche angehäuft worden sind", und „Pseudovulkanische", die als Schlacken „bloß durchs Feuer umgeändert worden sind, und sich bey und durch Erdbrände erzeugt haben".[25]

Werners Ansichten prägten bis weit ins 19. Jahrhundert hinein die Forschungspraxis jener Geognosten, die bei ihm gelernt hatten und die Erfahrungen aus ihrer Freiberger Studienzeit an andere weitergaben und tradierten. Zwar veröffentlichte Werner zeitlebens nur wenige Schriften, doch kursierten seine Lehrmeinungen zur Oryktognosie und Geognosie in Form von Vorlesungsmitschriften und Lehrbüchern, die sich an seinem System orientierten. Die Theorie des Neptunismus, der Werner bis zu seinem Tod 1817 anhing und die mittels seiner geognostischen Methode bestätigt werden sollte, war als maßgebliche Theorie der Gesteinsentstehung besonders im letzten Drittel des 18. Jahrhunderts weit verbreitet. Ihre Vertreter, die Neptunisten, waren überzeugt, dass nahezu alle Gesteine Sedimente seien, die sich vor langer Zeit in einem Ur-Ozean herauskristallisiert und abgesetzt hätten. Dieser habe einst die gesamte Erde bedeckt, sich langsam zurückgezogen und dabei die unterschiedlichen Gesteinsformationen hervorgebracht. Abraham Gottlob Werner war zweifellos der prominenteste Vertreter und Verteidiger der Theorie des Neptunismus, wenn auch nicht ihr Erfinder. Ihm kommt aber das Verdienst zu, den Neptunismus als belastbare, systematische Theorie ausformuliert und popularisiert zu haben. Ihre Anfänge indes reichen in die Zeit um 1750 zurück, als sich aus der Sintfluttheorie allmählich der Neptunismus entwickelte. Er kann somit als säkularisierte Form der Sintfluttheorie betrachtet werden, bei der die gegenwärtige Gestalt der Erde ebenfalls durch Wasser gestaltet wurde, die aber nicht mehr explizit auf einen biblischen Kontext verweist. Auch wenn hier die allmähliche Loslösung von christlichen Deutungsmustern in den Wissenschaften erkennbar werden mag, die Mitte des 18. Jahrhunderts einsetzt, hatten sich die Fragen nach der Schöpfung

4.1.14 | Christian Keferstein kopierte Mitschriften aus Werners Vorlesung zur Geognosie, die Ernst Friedrich Germar ihm zum Selbststudium überlassen hatte. Handschrift mit Zeichnungen, 1807. Halle, Franckesche Stiftungen

und dem Wirken Gottes damit keinesfalls erledigt, sondern wurden lediglich aus dem unmittelbaren Zuständigkeitsbereich der Naturwissenschaften ausgegliedert.

Basaltstreit, Tiefenzeit und Katastrophen – Debatten der jungen Geologie

Die moderne Geologie formierte sich zwischen 1750 und 1850 entlang zahlreicher Debatten und Kontroversen, die sich zum Beispiel mit der Beschaffenheit und Bildung von Mineralen und Gesteinen befassten, Lagerungs- und Altersverhältnisse der Gesteine und Gesteinsschichten diskutierten und die grundsätzlichen Eigenschaften von Sedimenten zu ermitteln suchten. Theorien über Gebirgsbildungsprozesse wurden aufgestellt und die Wirkung von äußeren (exogenen) und inneren (endogenen) Kräften untersucht. Auch stellte sich die Frage, wie und vor allem welche Fossilien bei der relativen Altersbestimmung von Schichten behilflich sein könnten. Bei all diesen Debatten lässt sich auch ein Wandel des Erfahrungsbegriffs beobachten, der die Verwissenschaftlichung der Geologie begleitete: weg von Beobachtungen und Schlüssen, die auf alltäglichen Erfahrungen und dem ‚trügerischen' Augenschein der sinnlichen Wahrnehmung beruhen, hin zu konstruktiven Schlüssen, die nicht der unmittelbaren Erfahrung zugänglich sind, sondern sich erst durch eine theoriegeleitete, im engeren Sinne wissenschaftliche Interpretation des Vorgefundenen erschließen lassen.[26]

In den beiden wichtigsten Auseinandersetzungen, die zwischen 1750 und 1850 mit bisweilen harten Bandagen geführt wurden und auch als Gründungsdebatten der modernen Geologie gesehen werden können, ging es darum, die bestimmenden Kräfte und Prinzipien der Gesteinsbildung und Erdgeschichte zu ermitteln. Während Neptunisten mit Vulkanisten darüber stritten, welches Element – Wasser oder Feuer – die Oberhand bei der Gestaltung der Erdoberfläche hatte, ging es bei den Debatten zwischen den Anhängern des Aktualismus und Katastrophismus um die Frage, ob die Erde durch langsame, kontinuierliche Prozesse geprägt wird oder in ihrer Vergangenheit von plötzlichen ‚Revolutionen' heimgesucht wurde, die immer wieder zu tiefgreifenden Veränderungen führten.

Bereits in der ersten Hälfte des 18. Jahrhunderts kollidierte die Idee der Diluvianer von einer allmählichen Gesteinsgenese aus den Wassermassen der Sintflut mit der Vorstellung der Vulkanisten, alle Minerale, Gesteine und Formationen seien feuriger Herkunft. Das Problem dabei: beide Seiten verallgemeinerten lokal durchaus richtig beobachtete geologische Erscheinungen und hielten sie daher für allgemein gültig. Abraham Gottlob Werner und seine Anhänger fanden in den geologischen Gegebenheiten Deutschlands aus ihrer Perspektive den Neptunismus bestätigt und erhoben ihn zum universellen Prinzip. Von heute aus gesehen hatten sie damit zwar die Stratigraphie Deutschlands im Wesentlichen richtig erfasst, nicht aber

5.22 | Lagerungsfolge der Gebirgsformationen, dreiteilige Farblithographie in: Naturhistorischer Atlas [Geognosie], um 1828. Halle, Franckesche Stiftungen

deren Entstehung.[27] Als Werner das Ruder an der Bergakademie übernahm, war man in Freiberg noch der vulkanistischen Theorie zugetan, die ihn aber – obwohl er sie als rhetorisch schillernd empfand – nicht überzeugen konnte.[28] Die Vulkanisten waren zunächst eher im Nachteil, denn Deutschland hatte selbst keine aktiven Vulkane vorzuweisen, und das meiste, was man zu wissen meinte, bezog sich auf klassische, feuerspeiende Vulkane wie den Ätna oder Vesuv. Zudem konnten sie sich auf keine geschlossene Theorie wie die Neptunisten berufen, denen alle bisherigen Beobachtungen eher Recht zu geben schienen.[29] Indem Werner nur wenige Gesteinsarten als vulkanisch akzeptierte und sie lediglich als vereinzelte oder sekundäre Bildungen jüngeren Datums betrachtete, machte er unmissverständlich deutlich, dass er Vulkanen keine tragende Rolle in seiner großen Bildungsgeschichte der festen Erdkruste zugestehen wollte, sondern nur ein unbedeutendes Statistendasein – „vielleicht zu nicht geringem Misbehagen vieler feuersüchtige[r] Mineralogen und Geognosten."[30]

An der Frage nach der Natur und Entstehung des Basalts, eines magmatischen Ergussgesteins (Vulkanit), entbrannte schließlich in den 1780er Jahren eine erbitterte, auch persönlich beleidigende Kontroverse zwischen den beiden Lagern, die als Basaltstreit in die Geschichte eingegangen ist. Werners Anhänger suchten dessen Theorie vom wässrigen Ursprung des Basalts dabei ebenso mit immer neuen Belegen und regional-geologischen Beobachtungen an Basaltbergen zu beweisen wie die Vulkanisten ihre Überzeugung von der vulkanischen Entstehung. Besonders der Mineraloge und Bergrat Johann Carl Wilhelm Voigt (1752–1821), der als Staatsdiener des Großherzogtums Sachsen-Weimar-Eisenach Johann Wolfgang von Goethe (1749–1832) bei dem Versuch unterstützte, den Ilmenauer Kupferschieferbergbau wiederzubeleben, verteidigte vehement die feurige Herkunft des Basalts, der fließende Übergänge zur Lava zeige. Seine Argumente beruhten auf Erkenntnissen, die er bei der Untersuchung von Basaltgesteinen in Thüringen und der Rhön sowie anhand seiner eigenen umfangreichen Sammlung gewonnen hatte.[31] Unterstützung fand diese Position durch genauere Untersuchungen an den erloschenen Vulkanen in der Auvergne, die früh schon von französischen Forschern wie Jean Etienne Guettard (1715–1786) und Nicolas Desmarest (1725–1815) durchgeführt und später vom selbsternannten „Ultra-Vulkanisten" Leopold von Buch (1774–1853) bestätigt wurden.[32] Von Buch war einst dem Neptunismus zugetan, durch seine Forschungen in Italien und auf den Kanarischen Inseln aber zu anderer Ansicht gelangt. Sein Freund Alexander von Humboldt, mit dem er bei Werner in Freiberg studiert hatte, war zunächst ebenfalls vom Neptunismus überzeugt und zögerte selbst nach seiner Reise zu den Vulkanen der Anden und Mexikos noch, den Ideen Werners restlos zu entsagen. Erst in den frühen 1820er Jahren bekannte sich Humboldt öffentlich zum Vulkanismus, hauptsächlich angeregt durch Leopold von Buch und weitere Reisen. Sein publizierter Vortrag *Ueber den Bau und die Wirkungsart der Vulkane*[33] ließ Goethe, dem der Neptunismus zeitlebens lieber war, ratlos zurück.[34]

Auch wenn der Vulkanismus letztlich als Sieger aus dem Streit hervorging, verloren neptunistische Deutungen erst mit dem Tod Werners 1817 allmählich an Bedeutung. Noch im Laufe der ersten Hälfte des 19. Jahrhunderts erkannten die meisten Geologen an, dass sowohl Wasser als auch Feuer zu allen Zeiten tragende Rollen bei der Gestaltung der Erdoberfläche spielen.

Wie die Entstehung des Basalts war auch die des Granits, der heute als magmatisches Tiefengestein (Plutonit) gilt, um 1800 noch höchst umstritten.[35] Die Neptunisten hielten ihn für das älteste Gestein, das sich noch vor allen anderen Gesteinen aus dem angenommenen Urozean herauskristallisierte und keinerlei Versteinerungen enthält, da zu diesem Zeitpunkt noch kein Leben auf der Erde existierte. Alle anderen Gesteinsarten haben sich daher über dem Granit abgesetzt oder diesem angelagert. Er galt ihnen als Relikt aus den Anfangstagen der Erde, kurz nach ihrer Schöpfung. Der schottische Mediziner, Landwirt und Universalgelehrte James Hutton (1726–1797), der sich erst spät geologischen Fragen zuwandte, nahm demgegenüber 1785 an, dass Granit tief unter der Erdoberfläche durch Kristallisation von Gesteinsschmelzen entsteht und anschließend durch Hitze und Druck emporgehoben wird. Wirklich gesehen hatte er Granit bis dahin zwar nur an einer einzigen Stelle, aber seine Theorie von dessen plutonischer Herkunft fand Hutton kurz darauf bestätigt, als er im Glen Tilt, einem Tal im Zentrum Schottlands, den ortstypischen Schiefer von Granitadern durchzogen vorfand. Der Granit musste demnach in geschmolzener Form in die Risse und Furchen des bereits vorhandenen Schiefers eingedrungen und dort auskristallisiert sein.[36] Damit konnte er keinesfalls mehr zu den Urgesteinen gehören.

Huttons Deutung des Granits als Produkt heißer erdinnerer Prozesse war untrennbar mit seiner Erdtheorie verbunden, die er 1788 als kurze Abhandlung mit dem Titel *Theory of the Earth* veröffentlichte und 1795 zu einem mehrbändigen Werk erweiterte.[37] Darin beschreibt er die Erde als eine perfekt konstruierte, ewigwährende Maschine mit eingebautem Reparaturmechanismus, denn die permanente Abtragung der Landschaften durch Erosion, die letztlich alles Material ins Meer spült, musste ja wieder ausgeglichen werden. Als gläubiger Christ war Hutton fest davon überzeugt, dass Gott die Erde auf Basis der Naturgesetze vollkommen und ganz zum Wohle der Menschheit eingerichtet hatte. Sollte die Erde dem Menschen auch weiterhin als ideale Wohnstadt dienen, konnte sie nicht einfach bloß zerfallen. Daher beschrieb Hutton einen sich wiederholenden, vierphasigen Zyklus, der so langsam abläuft, dass er nicht unmittelbar beobachtet werden kann: zunächst wird das Land durch Erosion abgetragen (1), die dabei entstandenen Produkte lagern sich als Sedimente im Ozean ab (2), wo Druck und Hitze die Schichten verdichten und verfestigen (3). Anschließend werden diese ebenfalls von der Hitze zerbrochen und angehoben (4), wodurch neue Landmasse entsteht und der Kreislauf von Erosion, Ablagerung, Verdichtung und Erhebung von vorne beginnt und dabei kontinuierlich fruchtbares Land als Grundlage des Lebens erzeugt.[38] Dieser Prozess, so Hutton, zeige „keine Spur eines Anfangs, keine Aussicht auf ein Ende“[39]. Damit hatte er nicht nur den Gesteinskreislauf in seinen Grundzügen beschrieben, sondern auch das hohe Alter der Erde ins Spiel gebracht: die geologische ‚Tiefenzeit‘. Eine Entdeckung bestätigte ihm wiederum im Nachhinein die Richtigkeit seiner Theorie: Hutton sah im schottischen Jedburgh eine beeindruckende Diskordanz, eine sichtbare, durch Erosion hervorgerufene zeitliche Lücke in einer Schichtfolge, bei der die darunterliegenden älteren Schichten durch enorme Kräfte im rechten Winkel aufgestellt worden sein mussten, während die jüngeren Schichten über der Diskordanz horizontal lagen. Sein Freund John Playfair (1784–1819), mit dem er weitere Diskordanzen erkundete, berichtete später über den „unvergeßlichen Eindruck“, der sich einstellte angesichts des unfassbar großen Ausmaßes an Zeit, das bei „der unabhängigen Bildung der hier übereinanderliegenden Formationen und von dem

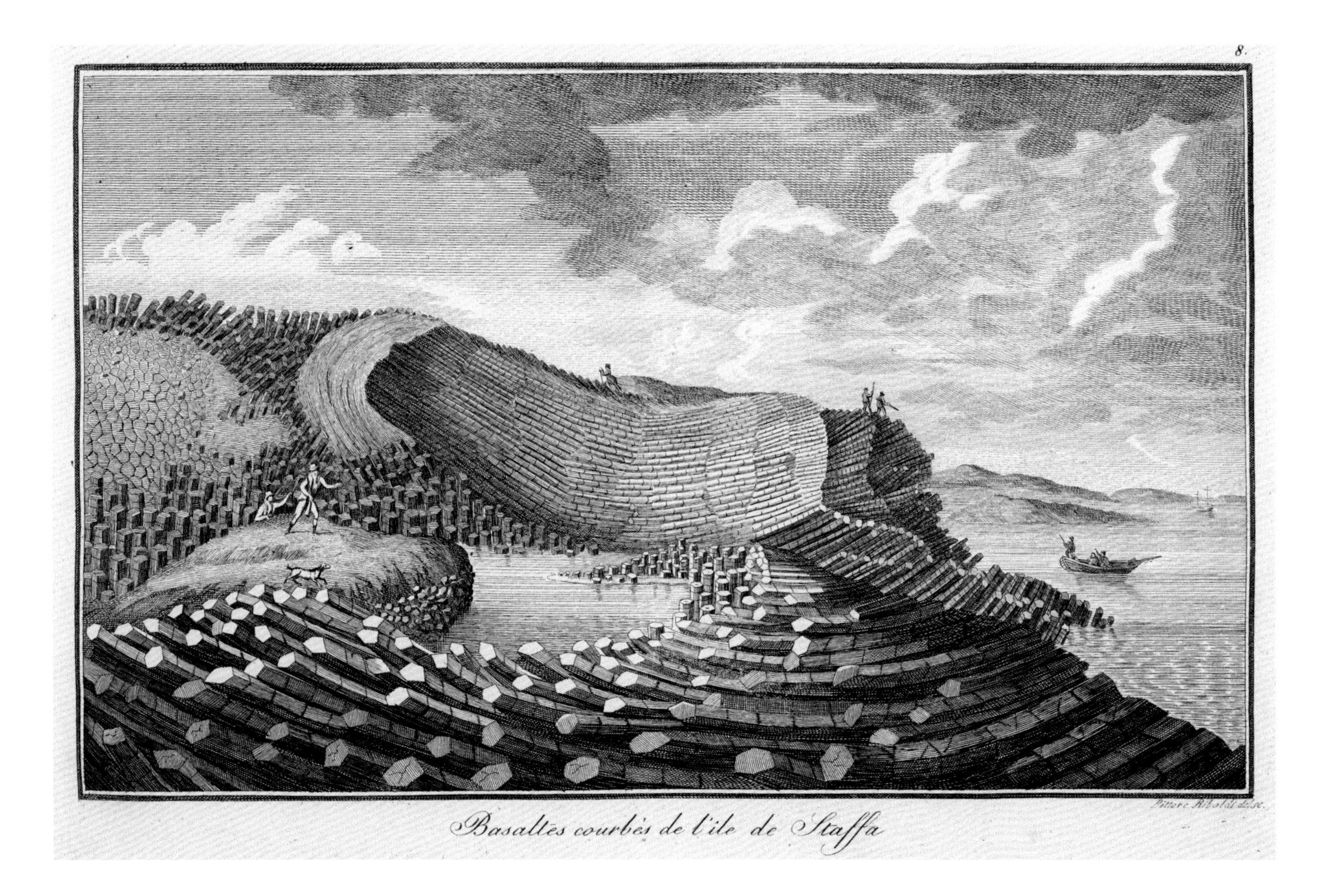

4.1.9 | Basaltsäulen auf der schottischen Insel Staffa, Kupferstich in: Scipione Breislak: Atlas Géologique, 1818. Halle, Franckesche Stiftungen

langen Zeitraum dazwischen" erforderlich gewesen sein musste und das dieser Anblick nun offenbarte: „Uns schwindelte beim Blick in den Abyssus der Zeit."[40] Bereits zuvor hatten sich Gelehrte wie Benoît de Maillet (1656–1738), Georges Louis Leclerc de Buffon (1707–1788) und Immanuel Kant (1724–1804) mit spekulativ oder experimentell ermittelten Erdaltern immer weiter auf diesen Abgrund der Zeit zubewegt,[41] der nun bei Hutton seine Bodenlosigkeit offenbarte. Damit war die Aussicht auf Zeiträume jenseits aller Vorstellungskraft eröffnet, wenngleich sie bei Hutton vollkommen unbestimmt blieben.

Einem größeren Publikum bekannt wurden Huttons ungewöhnliche Ansichten allerdings erst durch John Playfair, der wenige Jahre nach dessen Tod eine stark überarbeitete – aus seiner Sicht akzeptablere und verständlichere – Version der Theorie[42] schrieb und sie mit eigenen Erklärungen und Beispielen unterfütterte. Dabei gab er der vollkommen ahistorisch konstruierten Weltmaschine Huttons, die Gott irgendwann gestartet hatte und die zum Wohle der Menschheit ohne zusätzliche Eingriffe auf Basis der Naturgesetze bis auf weiteres läuft, einen historischen Anstrich, denn Hutton selbst interessierte sich gar nicht für unterscheidbare geologische Ereignisse und Entwicklungen der Erdgeschichte als solche. Seine Beobachtungen im Gelände sollten lediglich bestätigen, dass offensichtlich alles so funktionierte, wie er es von einer perfekt eingerichteten Welt erwartete. Wann genau etwas geschah, war dabei nebensächlich.[43]

Huttons Vorstellung vom unvorstellbar langsamen, ewigen Erosions- und Hebungskreislauf implizierte, dass zu jedem Zeitpunkt die gleichen Kräfte und Prinzipien auf der Erde wirksam sein müssen, ob vor langer Zeit oder gegenwärtig. Die Annahme, dass Vorgänge der Erdgegenwart

Leopold von Buch, der den Leitfossil-Begriff in die moderne Geologie einführte, zählt zu ihren bedeutendsten Vertretern in der ersten Hälfte des 19. Jahrhunderts. Öl auf Leinwand von Karl Begas d. Ä., 1850. Berlin, bpk-Bildagentur / Stiftung Preußische Schlösser und Gärten Berlin-Brandenburg: 70178730 (Foto: Daniel Lindner)

Der schottische Mediziner und Gentleman-Farmer James Hutton gilt als ‚Entdecker' der Zeit, da er die Vorstellung des unermesslichen Alters der Erde in die noch junge Geologie einbrachte. Öl auf Leinwand von Sir Henry Raeburn, um 1776. Berlin, bpk-Bildagentur | RMN – Grand Palais: 50178864

sich nicht oder nur unwesentlich von Vorgängen in der Erdvergangenheit unterscheiden, wird auch als Aktualismus bezeichnet, zu dessen Vordenkern Hutton gehört. Der in Schottland geborene britische Geologe Charles Lyell, der zunächst als Jurist arbeitete, seinen Beruf aber zugunsten der Geologie aufgab und 1831 sogar eine Geologieprofessur am Londoner King's College antrat, ließ sich von Huttons Weltmaschine und dem ihr zugrundeliegenden Aktualismus sowie der Erkenntnis unvorstellbar langer Zeiträume nachhaltig inspirieren. Berühmt wurde Lyell mit seinem überaus erfolgreichen Werk *Principles of Geology*,[44] das er immer wieder überarbeitete und zwischen 1830 und 1872 in elf Auflagen veröffentlichte. Obwohl es den Anschein eines Lehrbuchs der Geologie erweckt, ist es vielmehr eine ausführliche und rhetorisch geschickte Werbeschrift für Lyells visionäre Weltsicht, die auch als Uniformitarismus[45] bezeichnet wird und im Grunde eine komplexere Form des aktualistischen Prinzips von James Hutton darstellt.[46] Mit ähnlichen, aber längst nicht so weitgehenden Überlegungen war bereits einige Jahre zuvor auch der Naturforscher Karl Ernst Adolf von Hoff (1771–1837) aus Gotha in Erscheinung getreten,[47] der damit zwar ebenfalls zu den Wegbereitern des Aktualismus gehört, aber nur wenig Beachtung fand.[48] Um die allgemeine Gültigkeit seiner Theorie zu beweisen, unternahm Lyell zahlreiche Forschungsreisen durch Europa und Nordamerika, bei denen er sich mit stratigraphischen und paläontologischen Problemen wie der schwierigen Datierung des Erdzeitalters des Tertiärs[49] mittels statistischer Fossilienverteilung beschäftigte. Allerdings gilt er auch als brillanter Rhetoriker, der seine Ansichten überzeugend zu vermitteln wusste und auch nicht davor zurückschreckte, seine vermeintlichen Gegner mit unhaltbaren Unterstellungen lächerlich zu machen.[50]

Charles Lyells Uniformitarismus geht zunächst methodologisch davon aus, dass die Naturgesetze unabhängig von Raum und Zeit gelten und dass es keiner unbekannten oder gar geheimnisvollen Ursachen bedarf, wenn sich die Entstehung von Relikten der Vergangenheit – etwa Fossilien, Gebirgszüge oder charakteristische Gesteinsformationen – mit noch heute wirksamen Prozessen plausibel erklären lässt. Lyell verknüpfte nun diese Ansichten über die richtige wissenschaftliche Methode, denen seinerzeit wohl niemand widersprochen hätte, mit vergleichsweise kühnen theoretischen Behauptungen über das bestimmende Prinzip, das dem Verlauf der Erdgeschichte zugrundliegt. Er meinte, dass ausnahmslos alle Ereignisse der Erdvergangenheit mit heute wirkenden Ursachen erklärt werden können und frühere Ursachen niemals schneller oder intensiver gewirkt haben als heutige. Die Erde verändert sich aus dieser Perspektive seit jeher unendlich langsam, aber stetig. Selbst gigantische Gebirgszüge sind unmerklich, durch viele kleine Veränderungen, Schritt für Schritt in unvorstellbaren Zeiträumen entstanden (Gradualismus). Katastrophen wie Überschwemmungen, Erdrutsche, Vulkanausbrüche und Erdbeben waren in der Vergangenheit weder verheerender noch häufiger als heute und hatten stets nur lokale Auswirkungen, ohne die Erde grundsätzlich zu verändern.[51] Die langsame, kontinuierliche Veränderung ist dabei ziellos und ohne erkennbaren Fortschritt, so dass die Erde über alle Zeiten hinweg im Grunde immer gleich aussieht und funktioniert. Sie verharrt – wie Lyell spekulierte – in einem dynamischen Gleichgewicht, denn Kontinente und Ozeane ändern zwar ihre Positionen, nicht aber ihren jeweiligen Anteil an der Erdoberfläche, der immer ungefähr gleich groß bleibt. Die Erde der Urzeit unterscheidet sich somit in seiner Theorie nicht von der Erde der Gegenwart, was die Lebenswelt mit

4.2.9 | Diskordanz in Jedburgh (Schottland), Radierung, 1795. Berlin, akg-images / Science Photo Library

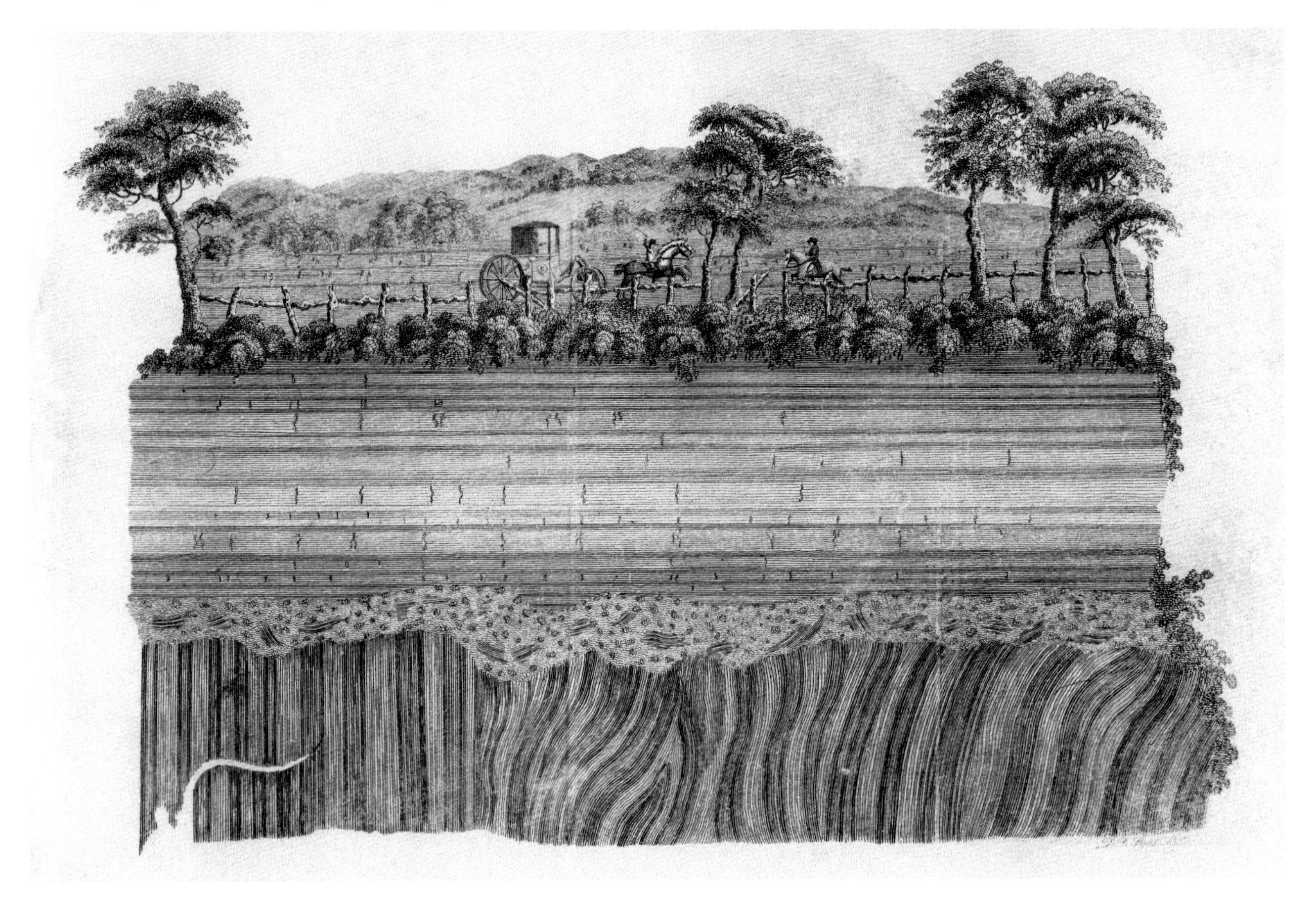

Der gebürtige Schotte Charles Lyell zählt zu den einflussreichsten Geologen des 19. Jahrhunderts. Seine Theorie des Uniformitarismus richtete sich vehement gegen die seinerzeit verbreitete Annahme, die Erdgeschichte sei durch plötzliche Katastrophen entscheidend geprägt worden. Fotografie, wahrscheinlich um 1840. Berlin, akg-images/Science Photo Library: AKG3121048

einschließt. Tiere beispielsweise verteilen sich laut Lyell gleichmäßig über Raum und Zeit und zeigen dabei keinerlei Anzeichen von Fortschritt und gesteigerter Komplexität. Abhängig vom wechselnden Globalklima tauchen sie auf und verschwinden wieder, stets angepasst an ihre Umgebung.[52] Er ging sogar so weit anzunehmen, dass bei einer erneuten Klimaerwärmung jene Tierarten wiederkommen könnten, „von denen die Erinnerung in den ältern Felsarten unseres Festlandes geblieben ist. Das ungeheure Iguanodon würde in den Gehölzen wieder erscheinen und der Ichthyosaurus in dem Meere […]“.[53] Einzig den Menschen hielt er für etwas Besonderes und Einzigartiges, denn aufgrund seiner Vernunft sei er den Tieren überlegen.[54]

Lyell formulierte seine Theorie vor allem in Abgrenzung zur Katastrophen- oder auch Kataklysmentheorie, die eine lange Tradition und auch um 1830 noch viele Anhänger hatte, darunter zahlreiche angesehene Naturwissenschaftler und Lehrstuhlinhaber wie der Schweizer Eiszeitforscher Louis Agassiz (1807–1873) oder der englische Theologe, Geologe und Paläontologe William Buckland (1784–1856), der versuchte, die Sintfluttheorie wiederzubeleben. Als ihr Hauptvertreter um 1800 aber gilt der einflussreiche französische Zoologe und Wegbereiter der Paläontologie Georges Cuvier (1769–1832). Im Kern geht die ‚klassische' Katastrophentheorie davon aus, dass in der Erdvergangenheit immer wieder große Umbrüche und Kata-

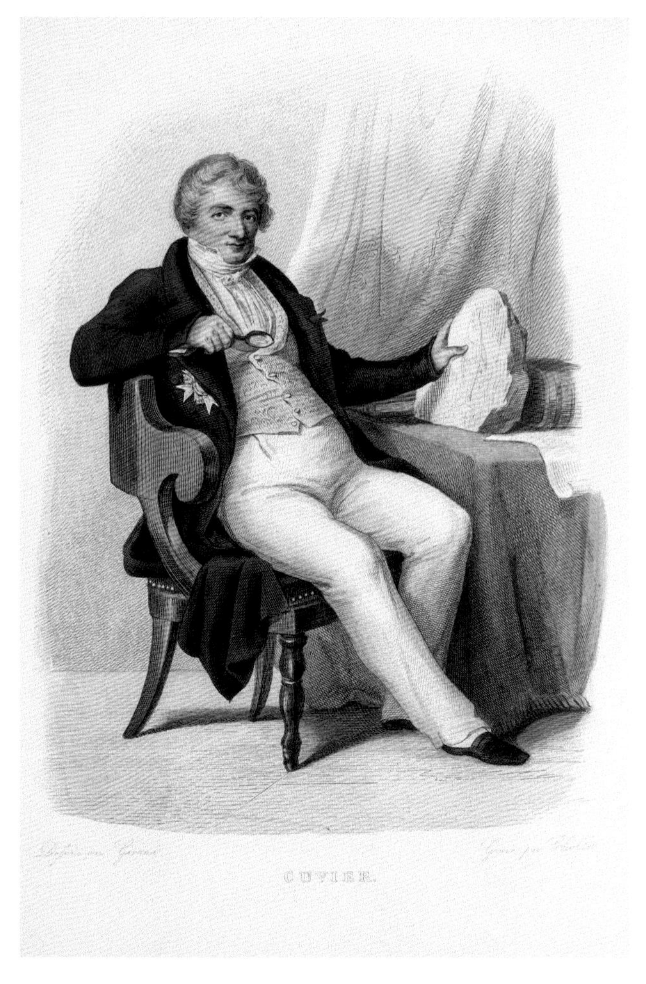

Der bekannteste Anhänger der Katastrophentheorie war der renommierte französische Paläontologe Georges Cuvier, kolorierter Kupferstich, 1847. Berlin, akg-images: AKG609869

5.42 | Bizarre Berglandschaft mit Wanderern in Schottland, Kupferstich in: John MacCulloch: A description of the Western Islands of Scotland, 1819. Halle, Franckesche Stiftungen

strophen mit enormen Ausmaßen – verheerende Fluten, Erdbeben und Vulkanausbrüche – für einschneidende Veränderungen auf der Erde gesorgt und neue Landschaftsformationen hervorgebracht haben. Auch die Lebenswelt habe sich dabei immer wieder grundlegend gewandelt: Arten seien ausgestorben, dafür andere eingewandert oder gänzlich neue entstanden. Die frühen Anhänger meinten, dass sich die Erde – angesichts der kurzen Zeit, die seit der Schöpfung vergangen war, – nur durch gewaltsame ‚Revolutionen' so stark habe verändern können. Auch die späteren Katastrophisten um 1830 waren sich einig, dass vereinzelte Katastrophen die vorherrschende Form für gravierende Veränderungen auf der frühen Erde waren. Allerdings gingen sie nicht mehr von einer jungen Erde aus, sondern ebenso wie Lyell von langen geologischen Zeiträumen, in denen sich die Erde aber nicht insgesamt ruhig, allmählich und kontinuierlich veränderte, sondern gewaltsam, abrupt und vergleichsweise radikal. Dennoch unterstellte Lyell den Katastrophisten, unwissenschaftlich und irrational zu argumentieren, was dazu führte, dass er fortan als ‚moderner' Geologe wahrgenommen wurde, der seine Theorien stets auf unermüdliche Beobachtungsarbeit und profunde Belege stützen konnte, während angesehene Wissenschaftler wie Cuvier wirkten wie lächerliche Verteidiger längst überholter Ansichten, die an eine wundersame Neuschöpfung nach der katastrophalen Auslöschung allen Lebens glaubten, ohne stichhaltige Beweise vorbringen zu

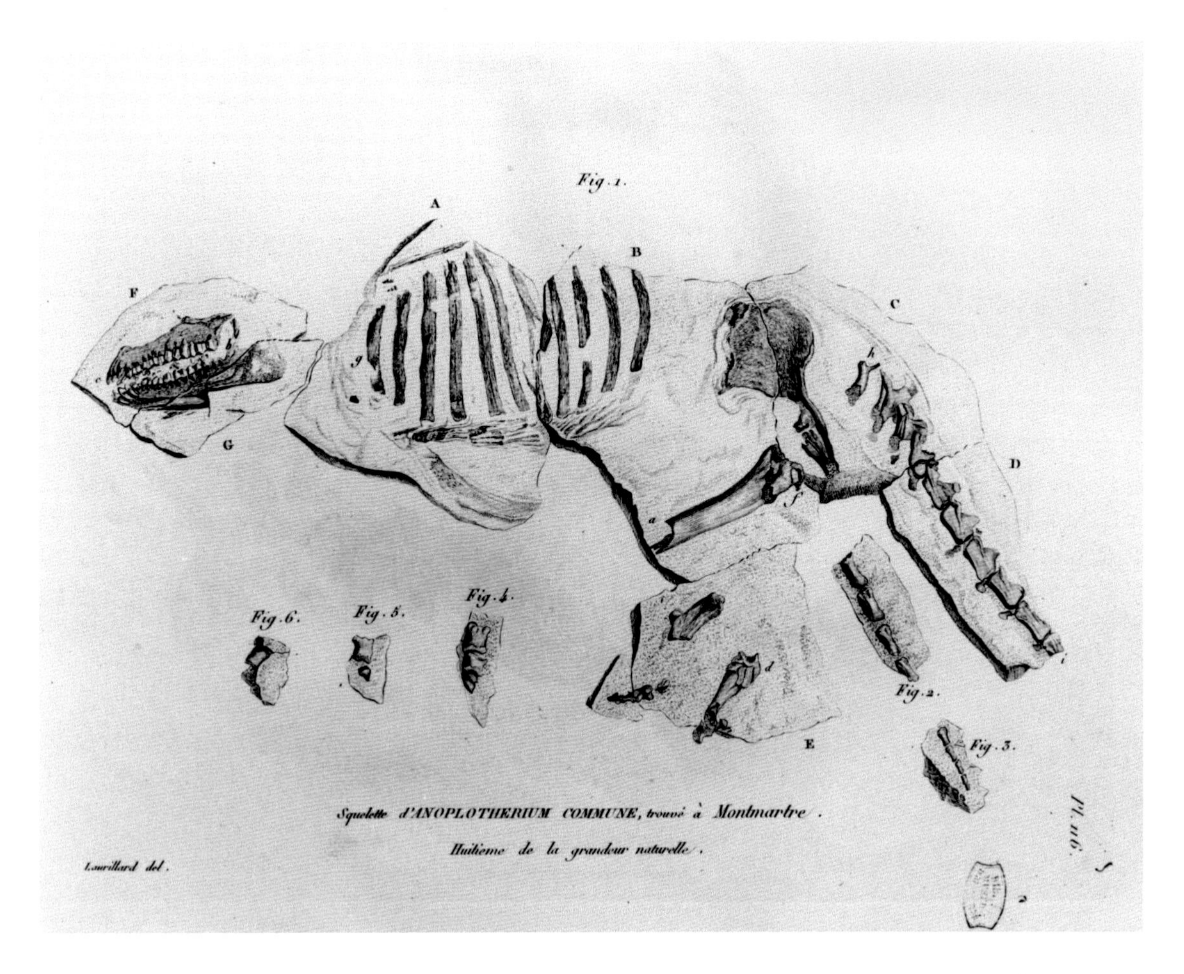

Das pflanzenfressende Anoplotherium lebte vor ungefähr 35 Millionen Jahren. Cuvier beschrieb diesen 1804 in Paris gefundenen Paarhufer erstmalig, Kupferstich in: Georges Cuvier: Recherches sur les ossements fossiles de quadrupèdes. Tome 3. Paris: Deterville, 1812. Berlin, akg-images: AKG231908

können.[55] Dabei war Cuvier alles andere als unseriös, sondern ein gewissenhafter Empiriker mit einer riesigen Materialsammlung, der als Pionier der Wirbeltierpaläontologie und mit Forschungen zur vergleichenden Anatomie berühmt wurde. Beobachtungen, die er an rezenten, also gegenwärtig noch lebenden Tieren gemacht hatte, übertrug er auf fossile Exemplare und konnte dadurch viele Arten, mitunter allein anhand eines Knochens, erstaunlich sicher bestimmen. Der Nachweis, dass das Mammut eine ausgestorbene Art ist, führte Cuvier schließlich zu der Vorstellung einer Urwelt, die es irgendwann einmal gegeben haben musste und die er sich ganz anders vorstellte als die gegenwärtige Welt. Eine Katastrophe enormen Ausmaßes musste diese Urwelt eines Tages ausgelöscht haben. Seine geologischen Erkenntnisse gewann Cuvier bei Untersuchungen des Pariser Beckens, das aus gut sichtbar voneinander abgegrenzten Schichten besteht, in denen er jeweils sehr unterschiedliche Fossilien ohne erkennbare Übergangsformen vorfand. Dieser Befund führte ihn zu der Annahme, dass es keinerlei Verbindung zwischen den Lebewesen der Urwelt und den heutigen gibt und daher mehrere plötzliche wie tiefgreifende „révolutions"[56] auf der Erdoberfläche stattgefunden haben, die immer wieder Lebenswelten zumindest teilweise auszulöschen vermochten. Diese Katastrophen mussten mit ganz anderen Kräften gewirkt haben als gewöhnliche Erosion oder Vulkanausbrüche, die tagtäglich die Erde mitgestalten.[57]

Uniformitaristen und Katastrophisten stimmten in Methodenfragen grundsätzlich überein, auch wenn sie unterschiedliche Schlüsse aus ihren geologischen Befunden und ermittelten Daten zogen. Manche dieser empirischen Daten und Befunde erwecken – wenn sie sozusagen buchstäblich gelesen werden – leicht den Anschein plötzlicher Einschnitte oder Umbrüche, etwa wenn marine Sedimentschichten unmittelbar über terrestrischen lagern oder Fossilienarten von einer Schicht zur anderen abrupt wechseln. Cuvier und die Vertreter der Katastrophentheorie hinterfragten ihre empirische Befunde nicht so sehr, sondern orientierten sich mehr am unmittelbaren Anschein des Vorgefundenen, das aber häufig nur bruchstückhaft überliefert ist. Plötzliche Schicht- und Fossilienwechsel konnten aus dieser Perspektive nur auf katastrophale Veränderungen des Klimas und der Tierwelt hindeuten. „Wer nun", wie Lyell schreibt, „mit diesen verbindenden Gliedern in der Kette der Ereignisse unbekannt ist, dem muß der Uebergang von einem Zustand der Dinge zu einem andern so heftig vorkommen, daß die Ideen von Revolutionen in dem System unvermeidlich von selbst entstehen müssen."[58] Die Vorstellungen der Katastrophisten beruhten also wesentlich auf teilweise missverstandenen Befunden, was einem phänomenologischen Erfahrungsbegriff geschuldet war, der den Blick zu sehr auf die unmittelbar sichtbare Welt beschränkte. Lyell hingegen stellte seine Theorie des Uniformitarismus als einzige Möglichkeit dar, diese eingeschränkte Perspektive durch die Suche nach den fehlenden Verbindungsgliedern der erdgeschichtlichen Ereigniskette zu erweitern, indem er eine kontinuierliche Entwicklung wissenschaftlich konstruierte.[59]

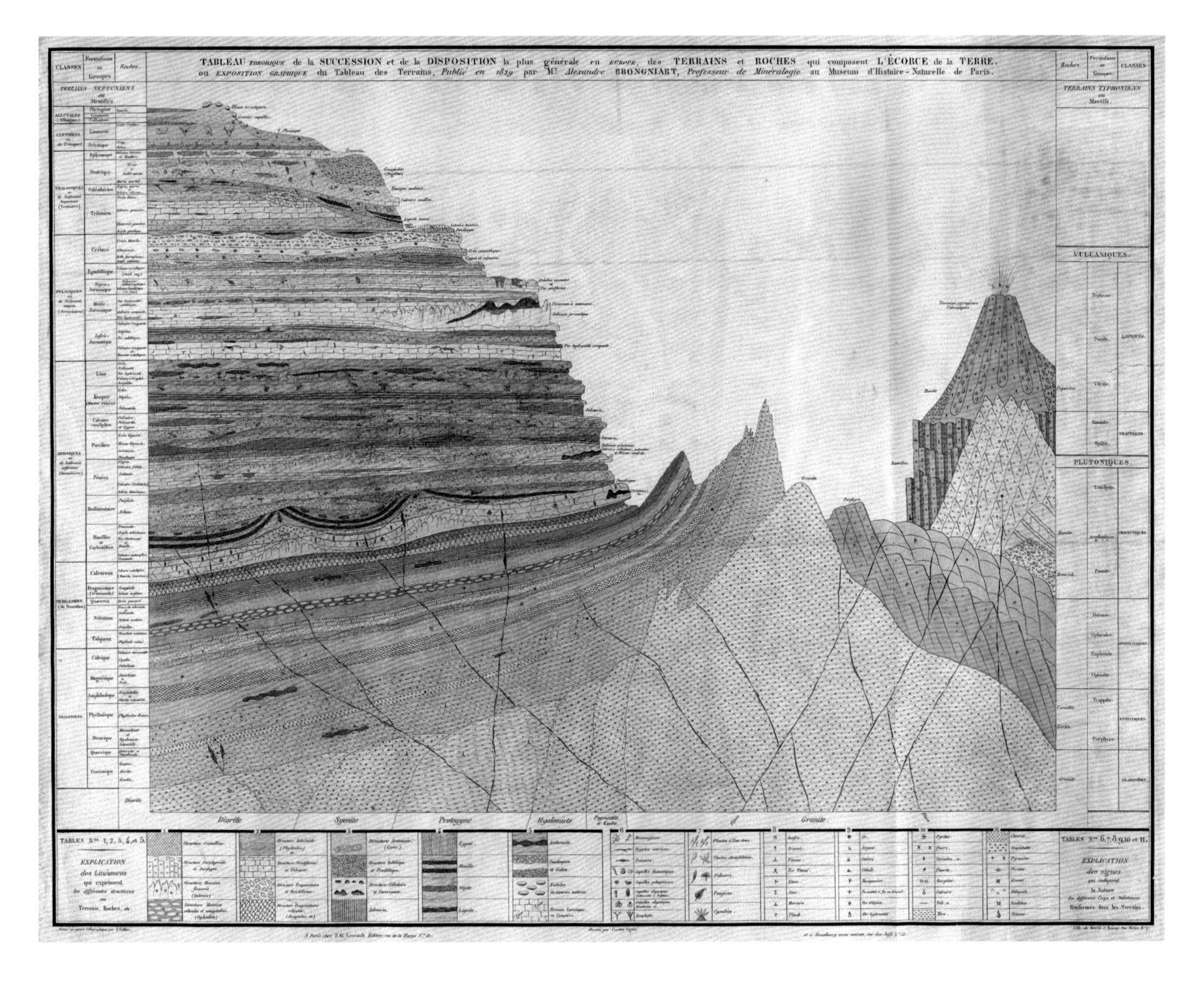

5.28 | Schema der Gesteinsformationen in Europa, Farblithographie, 1829. Halle, Franckesche Stiftungen

Nach dem Tod Cuviers 1832 wurde Lyells „konstruktiver Aktualismus"[60] zur Leittheorie in den modernen Geowissenschaften und beeinflusste Charles Darwins (1809–1882) Evolutionstheorie. Heute sind sich Forscher allerdings einig, dass der Aktualismus nicht uneingeschränkt gilt, sondern es immer wieder Katastrophen in der Geschichte der Erde gegeben hat, die zu massiven Veränderungen und Massenaussterben von Arten führten, wie das rasche Verschwinden der Dinosaurier – ausgelöst durch einen Asteroideneinschlag auf der mexikanischen Halbinsel Yucatán an der Kreide-Paläogen-Grenze vor etwa 66 Millionen Jahren – eindrucksvoll belegt.

Mit dem Hammer durchs Gebirge – Ratgeberliteratur zur praktischen Geognosie

In der zweiten Hälfte des 18. Jahrhunderts entstanden immer mehr naturwissenschaftliche Publikationen aller Art und Wissensgebiete, auch zur Mineralogie, Geognosie und Fossilienkunde. Titel wie *Mineralogische Belustigungen zum Behuf der Chymie und Naturgeschichte des Mineralreiches* und *Journal für die Liebhaber des Steinreichs und der Konchyliologie*[61] gehörten zu den ersten Spezialzeitschriften auf diesem Gebiet, von denen die meisten noch im Bergbau- und Hüttenwesen angesiedelt waren.[62] Nach 1800 kamen dann Magazine und Journale auf, die sich speziell mineralogischen, geognostischen und paläontologischen Fragen widmeten und die zunehmende Auffächerung der Disziplinen belegen, etwa das erfolgreiche *Taschenbuch für die gesamte Mineralogie*, das ebenso wie die *Zeitschrift für Mineralogie* von dem Heidelberger Mineralogieprofessor Carl Cäsar von Leonhard (1779–1862) herausgegeben wurde.[63] Sie sollten die Leserschaft über Neuigkeiten und Fortschritte informieren, dienten aber auch dem Wissensaustausch innerhalb der wissenschaftlichen Gemeinschaft. Die 1848 gegründete *Zeitschrift der Deutschen Geologischen Gesellschaft*[64], das Organ der ältesten und größten deutschen Geologenvereinigung, erscheint in Form ihrer Nachfolgerin übrigens bis heute.

Aus kultur- und wissenschaftshistorischer Perspektive sind neben den üblichen wissenschaftlichen Abhandlungen und Monografien, deren schiere Masse bereits Zeitgenossen kaum mehr zu überblicken vermochten, besonders

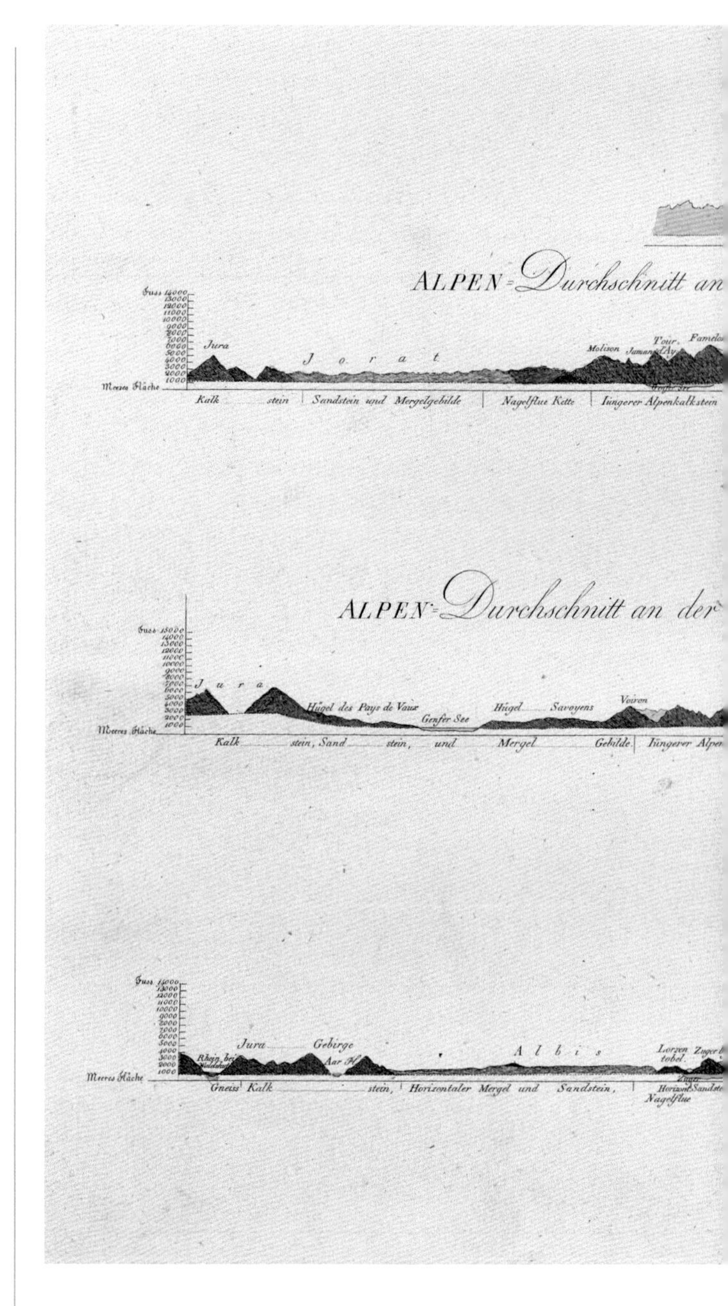

die Lehr- und Handbücher zur Mineralogie und Geognosie aufschlussreich. Sie spiegeln den sich wandelnden Forschungs- und Wissensstand der noch jungen Disziplinen im späten 18. und frühen 19. Jahrhundert wider und ermöglichen spannende Einblicke in das Denken und Tun der Mineralogen und Geognosten, in ihre Herangehensweisen und Techniken. Während Lehrbücher dazu angelegt waren, Neulinge theoretisch in das Fachgebiet einzu-

5.23 | Alpen-Durchschnitte, kolorierter Kupferstich in: Johann Gottfried Ebel: Ueber den Bau der Erde in dem Alpen-Gebirge, 1808. Halle, Franckesche Stiftungen

führen und die Leserschaft mit grundlegenden Begriffen, Theorien und Konzepten vertraut zu machen, suchten die Autoren von Leitfäden und Anleitungen zum „praktischen Geognosiren“[65] ihre eigenen Erfahrungen weiterzugeben und Anfänger wie Fortgeschrittene auf den mitunter harten Forschungsalltag vorzubereiten, denn

> „[m]ancher, wenn er seinen Kursus über Bergbau-Kunst und Geognosie auf Bergschulen und Akademien vollendet hat und anfangen soll, das in der Natur aufzusuchen und zu sehen, was ihm der Lehrer erklärte, weis nicht recht, wie er das Ding angreifen soll, sieht anfangs nichts und alles verkehrt, und findet sich nur langsam mit Mühe in das ungewohnte Beobachten.“[66]

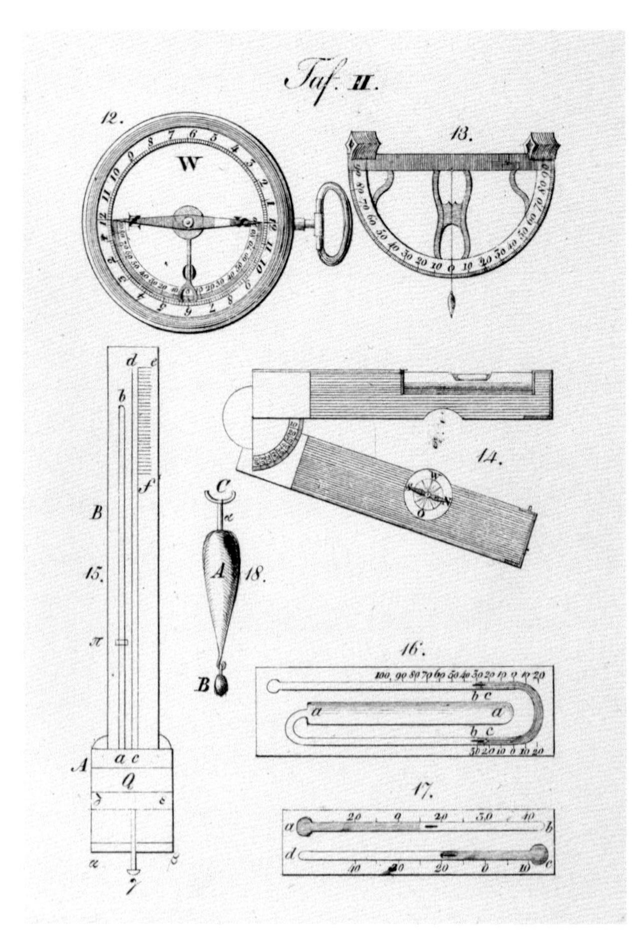

4.2.17b | Forschungsinstrumente der Geologie, Kupferstich in: Carl Cäsar von Leonhard: Agenda Geognostica, 1829. Halle, Franckesche Stiftungen

Ernstzunehmende Erkenntnisse konnte der Geognost also nur durch eigenes, systematisches Beobachten gewinnen, das kleinere Exkursionen, meistens aber ausgedehnte Reisen erforderlich machte.

> „Unmöglich lässt der Bau der Erdrinde in der Schreibstube hinter dem Studirtische [sic] sich erforschen, das grossartige Erdgezimmer will durch Anschauung der Natur selbst erkannt sein, und Reisen durch grosse Landstriche, mit dem Hammer in der Hand und die Aufmerksamkeit nur auf die Gesteine gerichtet, sind daher unerlässlich.“[67]

Wer aber die einstweiligen Entbehrungen nicht ertragen könne, die zu einer Reise etwa in entlegene Gebirgsregionen dazugehören, wer kränklich und „an ein behagliches und üppiges Leben der großen Städte gewohnt ist, der bleibe nur in Gottes Namen hinterm Ofen sitzen, und thue auf die Ehre Verzicht, ein praktischer Geognost zu werden.“[68] Leonhards *Agenda Geognostica. Hülfsbuch für reisende Gebirgsforscher und Leitfaden zu Vorträgen über angewandte Geognosie*[69] beschäftigt sich ausführlich mit allem, was nötig ist, um eine geognostische Forschungsreise zu planen und erfolgreich durchzuführen, angefangen bei den notwendigen Vorbereitungen, Werkzeugen, Gerätschaften und technischen Hilfsmitteln über zweckmäßige Bekleidung und Ausrüstung, Hinweise zur Orientierung im Gelände und zum Auffinden geeigneter Beobachtungsstellen bis hin zum Sammeln von Belegstücken und dem Zeichnen geognostischer Karten und Profile. Darüber hinaus beleuchtet es detailliert mögliche Geländegegebenheiten, die jeder Geognost bei der Untersuchung von Gesteinen, Formationen, Höhlen, Bergbauaufschlüssen und Gebirgen berücksichtigen sollte.

Sowohl für Anfänger als auch „bereits geübte Gebirgsforscher“[70] gedacht, war die *Agenda geognostica* als Praxisbuch angelegt, das den eigenen Forschungs- und Lehrerfahrungen Leonhards entsprang, aber auch aus den „trefflichen Schriften“ vieler international bekannter Geognosten schöpfte, allen voran den „Meisterwerken von L. v. Buch und A. v. Humboldt“,[71] die in der ersten Hälfte

4.2.19 | Geologenkompass, Freiberg, 1. Hälfte 19. Jahrhundert. Freiberg, TU Bergakademie Freiberg, Sammlung historischer markscheiderischer und geodätischer Instrumente (Foto: Tom Gärtig)

des 19. Jahrhundert die Speerspitze der Geologenzunft im deutschsprachigen Raum bildeten. Der Appell an die persönliche Unvoreingenommenheit des Naturforschers, sich keinesfalls „durch den beengenden Geist irgend einer Schule"[72] einschränken zu lassen, war angesichts der häufig unnachgiebig und polemisch geführten Auseinandersetzungen um Deutungshoheiten durchaus angebracht.

„Auch Thatsachen, mit herrschenden Meinungen in scheinbarem oder wahrhaftem Widerspruche stehend, versäume man nicht sorgsam zu beachten und treu zu schildern", denn jede „oberflächliche Forschung" könne „nur Nachtheil bringen für eine jugendliche Wissenschaft, wie die Geognosie es ist."[73]

Besonders die illustrierte Auflistung der „Werkzeuge zum Untersuchen der Gestein-Beschaffenheit", der „Geräthschaften zur Bestimmung von Streichen und Fallen" und „Hülfsmittel zur nähern Untersuchung von Mineralkörpern" sowie der „Physikalischen Instrumente" und „Vorrichtungen zum Zeichnen von Profilen und Ansichten" vermitteln einen guten Eindruck über den von moderner mechanischer Technik geprägten Arbeitsalltag des reisenden Gebirgsforschers, dem bei seiner Arbeit schon lange nicht mehr nur Hammer und Lupe genügten.[74] Wer exakte Untersuchungen anstellen und dabei belastbare Ergebnisse erzielen wollte, musste sich entsprechend ausrüsten, was die Geologie gerade auf ausgedehnten Reisen zu einer aufwendigen wie teuren Naturwissenschaft machte, denn die vielen Hilfsmittel und wissenschaftlichen Instrumente mussten nicht nur angeschafft, sondern während der Reise auch transportiert werden, was die Anwerbung und Entlohnung zahlreicher Assistenten und Träger erforderte.[75] Die legendären Forschungsreisen eines Alexander von Humboldt etwa waren nicht zuletzt logistische Meisterleistungen.

Zu den wichtigsten Hilfsmitteln des Geognosten auf Reisen zählt Leonhard, neben dem obligatorischen Hammer und der Lupe, unter anderem den Berg- oder Geologenkompass mit Gradbogen, um die Richtung und Neigung von Schichten und Gesteinslagen zu bestimmen, das Anlege-Goniometer zur Messung der Winkelverhältnisse von Mineralien, die Mohs'sche Härteskala,[76] um die Mineralhärte zu bestimmen, das Lötrohrset zur chemischen Mineralienanalyse samt verschiedener Chemikalien sowie das Barometer, das „nicht bloß dienlich die absolute Höhe besuchter Orte über der Meeresfläche, sondern auch die relative der verschiedenen Erhebungen über einander und die Mächtigkeit einzelner Schichten zu messen."[77] Da die üblichen Barometer jener Zeit aus einer mit Quecksilber gefüllten, äußerst zerbrechlichen Glasröhre bestanden, waren sie für strapaziöse Reisen eher ungeeignet. Aus diesem Grund entwickelten Instrumentenhersteller und Tüftler spezielle Reisebarometer, die höchst präzise, dabei aber möglichst leicht, kompakt und robust sein sollten und mit raffinierten Schutzvorrichtungen versehen waren. Ein zusätzlich eingebautes Thermometer diente dazu, die Glas-

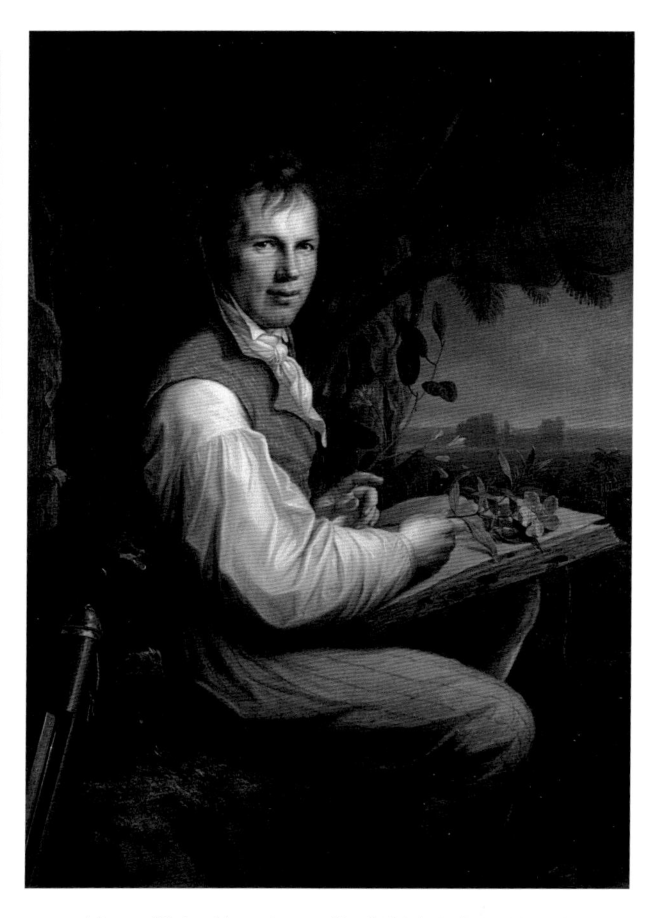

5.9.10a | Der 37-jährige Alexander von Humboldt beim Botanisieren in einer idealisierten lateinamerikanischen Urwaldlandschaft, im Vordergrund das unentbehrliche Reisebarometer. Öl auf Leinwand von Friedrich Georg Weitsch, 1806. Berlin, bpk-Bildagentur / Nationalgalerie, SMB (Foto: Karin März)

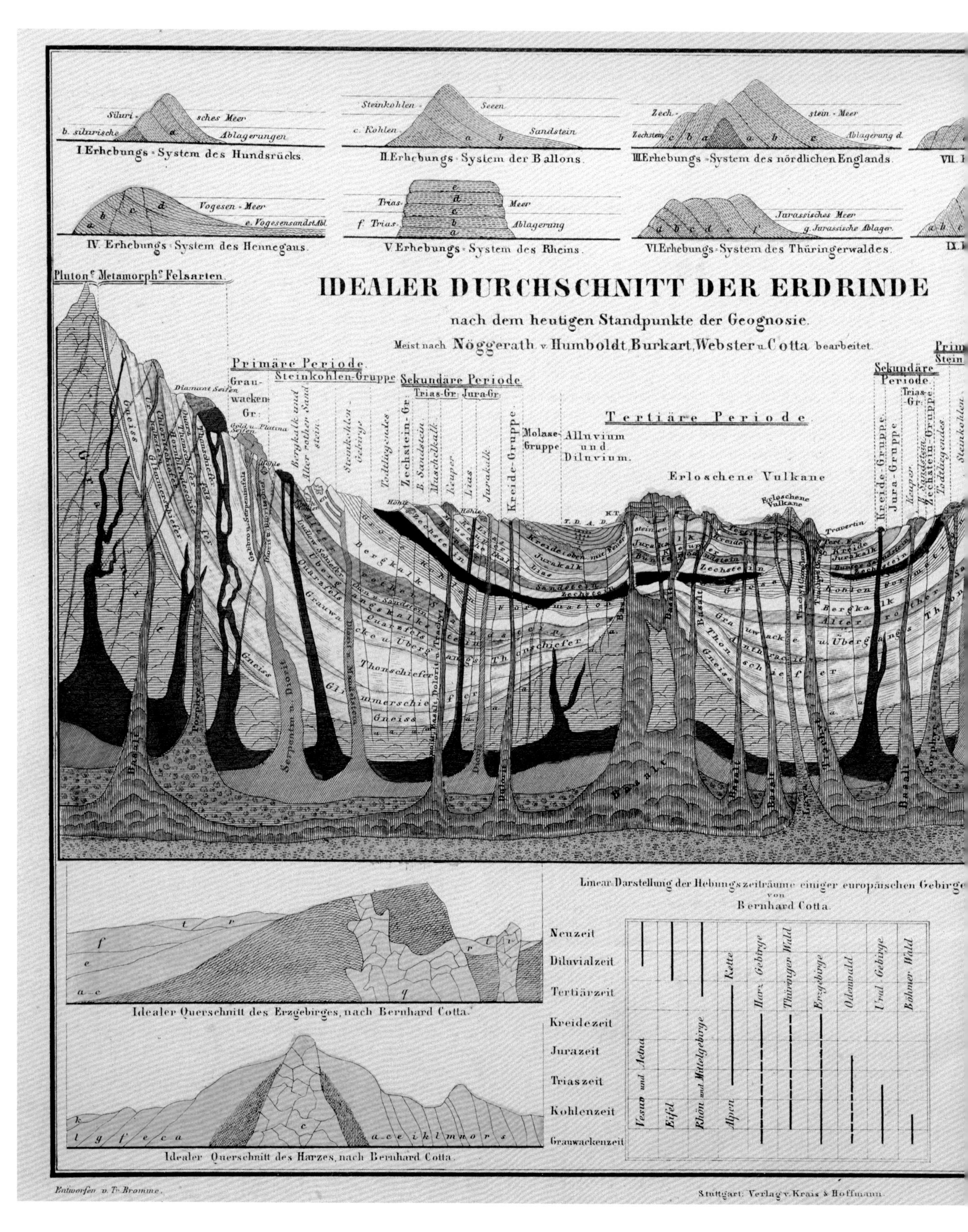
I. Erhebungs-System des Hundsrücks
II. Erhebungs-System der Ballons
III. Erhebungs-System des nördlichen Englands
IV. Erhebungs-System des Hennegaus
V. Erhebungs-System des Rheins
VI. Erhebungs-System des Thüringerwaldes
IDEALER DURCHSCHNITT DER ERDRINDE
nach dem heutigen Standpunkte der Geognosie.
Meist nach Nöggerath v. Humboldt, Burkart, Webster u. Cotta bearbeitet.
Pluton^e Metamorph^e Felsarten
Primäre Periode
Steinkohlen-Gruppe
Sekundäre Periode
Trias-Gr.
Jura-Gr.
Kreide-Gruppe
Molasse-Gruppe
Alluvium und Diluvium.
Tertiäre Periode
Erloschene Vulkane
Idealer Querschnitt des Erzgebirges, nach Bernhard Cotta.
Idealer Querschnitt des Harzes, nach Bernhard Cotta.
Linear Darstellung der Hebungszeiträume einiger europäischen Gebirge von Bernhard Cotta.
Neuzeit
Diluvialzeit
Tertiärzeit
Kreidezeit
Jurazeit
Triaszeit
Kohlenzeit
Grauwackenzeit
Vesuv und Aetna
Eifel
Rhön und Mittelgebirge
Alpen
Kette
Harz Gebirge
Thüringer Wald
Erzgebirge
Odenwald
Ural Gebirge
Böhmer Wald
Entworfen v. Tr. Bromme.
Stuttgart: Verlag v. Krais & Hoffmann.

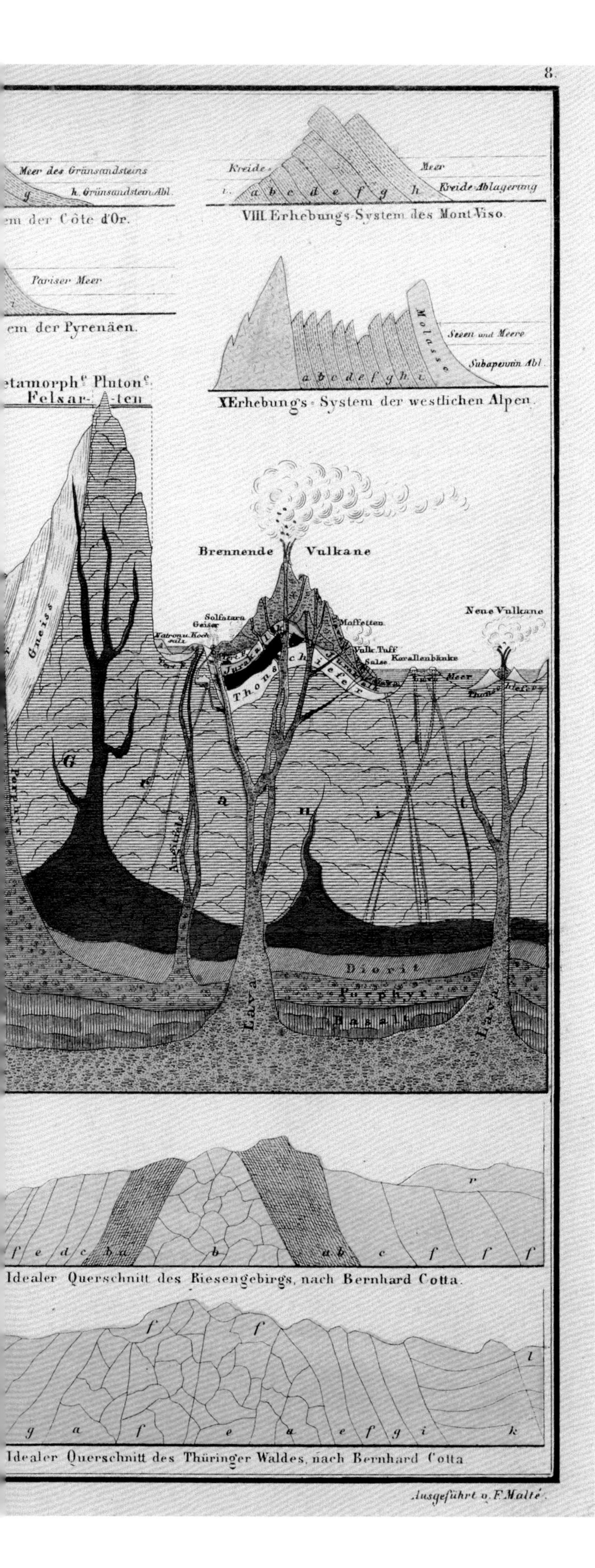

röhrentemperatur zu messen, da die Ausdehnung des Quecksilbers bei der Höhenberechnung berücksichtigt werden musste, um Ungenauigkeiten auszuschließen. Trotzdem waren die empfindlichen Instrumente in ihrer Handhabung aufwendig und kompliziert.[78] Nach seiner Rückkehr musste der Reisende die vielen gesammelten Daten, seine Aufzeichnungen und Reisetagebücher auswerten, Karten und Profilschnitte der besuchten Gegenden anfertigen und schlussendlich seine Forschungsergebnisse veröffentlichen, „auf solche Weise verfaßt, daß sie dem Leser ein deutliches von dem liefern, was die Natur beobachten ließ“[79], oder einen Vortrag vor einer der vielen naturforschenden Gesellschaften halten, wozu Leonhards Ratgeber ebenfalls Hilfestellung versprach.

Während die *Agenda geognostica* vor allem für das Fachpublikum geschrieben war, richtete sich die erfolgreiche 25-bändige Reihe *Unterhaltungen aus der Naturgeschichte*, die der Augsburger Pfarrer und Schriftsteller Gottlieb Tobias Wilhelm (1758–1811) ins Leben gerufen hatte und die sich auch dem Mineralreich widmete,[80] an den gebildeten, interessierten Laien, der die Naturforschung in ihrer gesamten Breite lieber bequem im Sessel sitzend betreiben und seinem „reifern Alter eine nützliche und angenehme Ausfüllung seiner Musestunden [sic]“[81] bescheren wollte. Um 1800 entwickelten weite Teile der Öffentlichkeit eine wachsende Begeisterung für die Naturforschung,[82] insbesondere für Mineraliensammlungen und Erdgeschichte – die junge Wissenschaft der Geologie wurde zu einer regelrechten Modeerscheinung. Diesem Interesse kam Wilhelms populärwissenschaftlicher Einblick in die geologische Naturforschung, zudem stimmungsvoll illustriert, auf ideale Weise entgegen. Neben den eher konservativ gefärbten, jedoch allgemeinverständlich aufbereiteten Grundlagen der Mineralogie und Geognosie, denen Werners System zu Grunde lag, gewährte sie – auf das Wesentliche beschränkt – unterhaltsame Einblicke in das als großes Abenteuer imaginierte Leben eines reisenden Geologen bei seinen „Wallfahrten in das Heiligthum der Schöpfung“.[83]

4.2.24 | Idealer Durchschnitt der Erdrinde, Farblithographie in: Atlas zu Alex. v. Humboldt's Kosmos, 1851. Halle, Franckesche Stiftungen

Epilog

„Wenn eine Geschichte des Forschens und Nachdenkens wert ist", sinniert der junge Heinrich Drendorf, Erzähler und Protagonist in Adalbert Stifters (1805–1868) Roman *Der Nachsommer*, „so ist es die Geschichte der Erde, die ahnungsreichste, die reizendste, die es gibt, eine Geschichte, in welcher die der Menschen nur ein Einschiebsel ist".[84] Mit diesem Lob der Erdgeschichte bekräftigt Stifters wissensdurstiger Held seinen Entschluss, sich – wenngleich als naturwissenschaftlicher Autodidakt – voll und ganz ihrer Erforschung zu widmen. Als das Werk 1857 erschien, hatte die Geologie ihre Sturm-und-Drang-Phase, später als „heroisches Zeitalter"[85] charakterisiert, gerade erst hinter sich gelassen. Die Handlung aber ist in den Jahren um 1830 angesiedelt und steht noch ganz im Zeichen des euphorischen Aufbruchs der jungen Naturwissenschaft. Überwältigt vom Anblick der Alpenbergwelt stellen sich Drendorf beim Durchwandern der Gesteinsmassen Fragen über Fragen nach ihrem Wesen und Werden:

> „Woher sind sie gekommen, wie haben sie sich gehäuft? Liegen sie nach einem Gesetze, und wie ist dieses gekommen? […] Wie ist überhaupt an einer Stelle gerade dieser Stoff entstanden und nicht ein anderer? […] Wie ist die Gestalt der Erde selber geworden, wie hat sich ihr Antlitz gefurcht, sind die Lücken groß, sind sie klein?"[86]

Es sind genau jene Fragen, die die Geologie seit ihrem Aufbruch Ende des 17. Jahrhunderts bewegten und bis heute faszinieren.

Adalbert Stifters Roman *Der Nachsommer* gilt gemeinhin als unfassbar langweilig, da auf seinen mehr als 1.300 Seiten im Grunde nichts weiter passiere. Und tatsächlich: die Handlung plätschert fast ereignislos dahin und jedes Jahr, das der Protagonist im Sternenhof verlebt, gleicht dem bereits vergangenen wie dem noch folgenden. Seine Liebe zu einem Mädchen entwickelt sich in Zeitlupe und am Ende zeigt sich die Geschichte als Variante bereits vergangener Ereignisse. Bei genauerem Hinsehen aber stellt man fest, dass Stifter, der sich intensiv mit der Geologie seiner Zeit beschäftigte, das geologische Prinzip des Aktualismus Lyell'scher Prägung sowie die auch mit Verstörung verbundene Erkenntnis der unfassbaren Tiefenzeit im *Nachsommer* zu einem poetologischen Prinzip erhoben hat.[87] Die scheinbare Ereignislosigkeit des ausgedehnten, entschleunigten Geschehens, das trotzdem zu sichtbaren Veränderungen führt, welche aber nur einen winzigen Ausschnitt im ewigen Fluss der Zeit darstellen, sind im Roman wie in der Geologie Ausdruck der Dynamik im scheinbar Statischen. Das emphatische Verhältnis des 19. Jahrhunderts zu den Entdeckungen der Geologie in ihrer Blütezeit spiegelt sich in der Literatur.

1 Georgio Christiano Fuchsel: Historia Terrae et Maris, ex historia Thuringiae, per montium descriptionem. et. Usus historiae suae terrae et maris. In: Acta Academiae Electoralis Moguntinae Scientarium Utilium Quae Erfurti Est. 2, Erfurt: Weber, 1761, 44–254.

2 Vgl. hierzu Rudolf Möller: Mitteilungen zur Biographie Georg Christian Füchsels. Freiberger Forschungshefte D 43. Leipzig 1963, sowie Siegfried Rein: Georg Christian Füchsel (1722–1773) – ein Aktualist entdeckt die Tiefenzeit der Erdgeschichte. In: VERNATE 28, 2009, 11–30.

3 Siehe dazu den Beitrag von Rainer Slotta und Claus Veltmann in diesem Katalog.

4 Vgl. Norbert Hauschke: Niels Stensen (1638–1686) – Ein Europäer der Barockzeit als Wegbereiter der Geologie, Paläontologie und Mineralogie. Mit bisherigen Würdigungen in der Philatelie. In: Der Aufschluss 70, 2019, H. 6, 358–374, hier 368.

5 Johann Gottlob Lehmann: Versuch einer Geschichte von Flötz-Gebürgen betreffend deren Entstehung, Lage, darinne befindliche Metallen, Mineralien und Foßilien größtentheils aus eigenen Wahrnehmungen und aus denen Grundsätzen der Natur-Lehre hergeleitet. Berlin: Lange, 1756.

6 U. a. Georg Christian Füchsel: Entwurf zu der ältesten Erd- und Menschengeschichte. Nebst einem Versuch, den Ursprung der Sprache zu finden. Frankfurt, Leipzig: [o. V.], 1773.

7 Siehe dazu den Beitrag von Dirk Evers in diesem Katalog.

8 Michael Kempe: Wissenschaft, Theologie, Aufklärung. Johann Jakob Scheuchzer (1672–1733) und die Sintfluttheorie. Epfendorf 2003, 53.

9 Gottfried Wilhelm Leibnitzens Protogaea Oder Abhandlung Von der ersten Gestalt der Erde und den Spuren der Historie in den Denkmaalen der Natur. Aus seinen Papieren herausgegeben von Christian Ludwig Scheid. Aus dem lateinischen ins teutsche übersetzt. Leipzig, Hof: Vierling, 1749.

10 Johann Gottlob Krüger: Geschichte der Erde in den allerältesten Zeiten. Halle: Lüderwald, 1746.

11 Kempe, Wissenschaft [s. Anm. 8], 239.

12 Johann Heinrich Gottlob von Justi: Grundriss des gesamten Mineralreiches worinnen alle Foßilien in einem, ihren wesentlichen Beschaffenheiten gemäßen, Zusammenhange vorgestellet und beschrieben werden. Göttingen: Vandenhöck, 1757.

13 Georg Wolfgang Knorr: Sammlung von Merckwürdigkeiten der Natur und Alterthümern des Erdbodens, welche petreficirte Cörper enthält. Nürnberg: Author; Bieling, 1755.

14 Knorrs Begeisterung für die Naturwissenschaft entwickelte sich wohl während seiner Mitarbeit an den Kupfern zu Johann Jakob Scheuchzers Monumentalwerk *Physica Sacra*. Vgl. Wilhelm von Gümbel: Art. „Knorr, Georg Wolfgang". In: Allgemeine Deutsche Biographie 16, 1882, 326f., hier 326.

15 Die Naturgeschichte der Versteinerungen zur Erläuterung der Knorrischen Sammlung von Merkwürdigkeiten der Natur. Hg. v. Johann Ernst Immanuel Walch. 4 Bde. Nürnberg: Felßecker, 1768–1773.

16 Walch, Naturgeschichte [s. Anm. 15], Bd. 1, Vorrede.

17 Vgl. Flavio Häner: Dinge sammeln, Wissen schaffen. Die Geschichte der naturhistorischen Sammlungen in Basel, 1735–1850. Bielefeld 2017, 139.

18 Vgl. Otfried Wagenbreth: Geschichte der Geologie in Deutschland. Stuttgart 1999, 18.

19 Charles Lyell: Lehrbuch der Geologie. Ein Versuch, die früheren Veränderungen der Erdoberfläche durch noch jetzt wirksame Ursachen zu erklären. Nach der zweiten Auflage des Originals aus dem Englischen übersetzt von Dr. Carl Hartmann. Bd. 1. Quedlinburg, Leipzig: Basse, 1833, 51.

[20] Vgl. Kathrin Polenz: The second generation. Geognosie nach Abraham Gottlob Werner. Diss. Jena 2015, 34f.; Wagenbreth, Geologie [s. Anm. 18], 43f.

[21] Abraham Gottlob Werner: Von den äußerlichen Kennzeichen der Foßilien. Leipzig: Crusius, 1774.

[22] Vgl. Martin Guntau: Zu einigen Wurzeln der Mineralogie in der Geschichte. In: Aus Wissenschaftsgeschichte und -theorie. Hubert Laitko zum 70. Geburtstag. Hg. v. Horst Kant u. Annette Vogt. Berlin 2005, 111–129, hier 116f.

[23] Abraham Gottlob Werner: Kurze Klassifikation und Beschreibung der verschiedenen Gebirgsarten. Dresden: Walther, 1787.

[24] Werner, Klassifikation [s. Anm. 23], 5.

[25] Werner, Klassifikation [s. Anm. 23], 21.

[26] Vgl. dazu Bernhard Fritscher: Die Verwissenschaftlichung der Geologie. Zur Bedeutung phänomenologischer und konstruktiver Erfahrungsbegriffe im Vulkanismusstreit. In: Sudhoffs Archiv 74, 1990, H. 1, 22–44.

[27] Vgl. Fritz Krafft: Alexander von Humboldts *Mineralogische Beobachtungen über einige Basalte am Rhein* und die Neptunismus-Vulkanismus-Kontroverse um die Basalt-Genese. In: Studia Fribergensia. Vorträge des Alexander-von-Humboldt-Kolloquiums in Freiberg vom 8. bis 10. November 1991 aus Anlaß des 200. Jahrestages von A. v. Humboldts Studienbeginn an der Bergakademie Freiberg. Berlin 1994, 117–150, hier 131.

[28] Vgl. Werner, Kennzeichen [s. Anm. 21], 25.

[29] Vgl. Krafft, Humboldt [s. Anm. 27], 130, 133.

[30] Werner, Kennzeichen [s. Anm. 21], 24.

[31] Vgl. Gerhard Holzhey: Johann Carl Wilhelm Voigt. Sein Wirken für den Fortschritt und die Verbreitung geologischer Anschauungen. In: Abenteuer der Vernunft. Goethe und die Naturwissenschaften um 1800. Hg. v. Kristin Knebel [u. a.]. Dresden 2019, 94–105, hier besonders 100.

[32] Vgl. Krafft, Humboldt [s. Anm. 27], 21f.

[33] Vgl. Alexander von Humboldt: Ueber den Bau und die Wirkungsart der Vulcane in verschiedenen Erdstrichen. Gelesen in der öffentlichen Versammlung der Königl. Akademie der Wissenschaften zu Berlin am 24. Januar 1823. Berlin 1923.

[34] Vgl. Thomas Schmuck: Die umstrittene Herrschaft des Feuers: Vulkane und ihre Interpreten. In: Abenteuer [s. Anm. 31], 106–113, hier 108.

[35] Vgl. Krafft, Humboldt [s. Anm. 27], 22.

[36] Vgl. Stephen Jay Gould: Die Entdeckung der Tiefenzeit. Zeitpfeil oder Zeitzyklus in der Geschichte unserer Erde. München 1992, 107.

[37] Die Veröffentlichung basierte auf einem Vortrag, den Hutton 1785 vor der Royal Society gehalten hatte. James Hutton: Theory of the Earth; or an Investigation of the Laws observable in the Composition, Dissolution, and Restoration of Land upon the Globe. In: Transactions of the Royal Society of Edinburgh. Vol. 1. Edinburgh: Oliver & Boyd, 1788, 209–304; sowie James Hutton: Theory of the Earth with Proofs and Illustrations. In four parts. Edinburgh: Cadell and Davies [u. a.], 1795.

[38] Vgl. Stephen Jay Gould: Wie das Zebra zu seinen Streifen kommt. Essays zur Naturgeschichte. Basel 1986, 83.

[39] „The result, therefore, of our present enquiry is, that we find no vestige of a beginning, – no prospect of an end." Hutton, Theory, 1788 [s. Anm. 37], 304.

[40] Zit. nach Gould, Tiefenzeit [s. Anm. 36], 94.

[41] Georges Louis Leclerc de Buffon etwa hielt die „ungeheure Dauer von 75.000 Jahren", die er als Erdalter experimentell bestimmte, „noch nicht hinreichend [...], um alle großen Werke der Natur zu erklären, deren Bauart uns zeigt, daß sie nur durch eine langsame Folge regelmäßiger und beständiger Bewegungen entstanden seyn können." Epochen der Natur, übersetzt aus dem Französischen des Herrn Grafen von Buffon. Bd. 1. St. Petersburg: Logan, 1781, 98.

[42] John Playfair: Illustrations of the Huttonian Theory of the Earth. Edinburgh: Cadell and Davies, Creech, 1802.

[43] Vgl. Gould, Tiefenzeit [s. Anm. 36], 129f., 141.

[44] Charles Lyell: Principles of Geology. Being an attempt to explain the former changes of the earth's surface, by reference to causes now in operation. London: Murray, 1830–1833.

[45] Im Englischen als ‚Uniformitarianism' bezeichnet.

[46] Vgl. Gould, Tiefenzeit [s. Anm. 36], 155, 209f.

[47] Vgl. Karl Ernst Adolf von Hoff: Geschichte der durch Überlieferung nachgewiesenen natürlichen Veränderungen der Erdoberfläche. Ein Versuch. Gotha: Perthes, 1822–1841.

[48] Vgl. Helmut Hölder: Kurze Geschichte der Geologie und Paläontologie. Ein Lesebuch. Berlin [u. a.] 1989, 70.

[49] Lyell prägte den Begriff des Tertiärs und untergliederte es in vier Serien – Eozän und Miozän sowie älteres und jüngeres Pliozän.

[50] Vgl. Gould, Tiefenzeit [s. Anm. 36], 154f.

[51] Vgl. Gould, Tiefenzeit [s. Anm. 36], 156.

[52] Vgl. Gould, Tiefenzeit [s. Anm. 36], 181f.

[53] Lyell, Lehrbuch [s. Anm. 19], 108f. Diese Vermutung sorgte für einigen Spott und regte eine Karikatur an, die Lyell als zukünftigen „Professor Ichthyosaurus" zeigt, der vor urzeitlichen Tieren über einen menschlichen Schädel doziert. Vgl. dazu ausführlich Gould, Tiefenzeit [s. Anm. 36], 146–154.

[54] Vgl. Gould, Tiefenzeit [s. Anm. 36], 208f.

[55] Vgl. Gould, Tiefenzeit [s. Anm. 36], 165–169.

[56] Georges Cuvier: Discours sur les revolutions de la surface du globe et sur les changements qu'elles ont produits dans le règne animal. Paris: Dufour et D'Ocagne, 1825.

[57] Vgl. Kai Torsten Kanz: Aussterben, Neuschöpfung, Revolutionen. Die Archäologie der Natur um 1800. In: Abenteuer [s. Anm. 31], 150–159, hier besonders 154–156.

[58] Lyell, Lehrbuch [s. Anm. 19], 141.

[59] Vgl. Fritscher, Verwissenschaftlichung [s. Anm. 26], 34f.

[60] Fritscher, Verwissenschaftlichung [s. Anm. 26], 33.

[61] Mineralogische Belustigungen zum Behuf der Chymie und Naturgeschichte des Mineralreiches. Hg. v. Johann Christoph Adelung. 6 Bde. Leipzig: Heineck und Faber, 1768–1771; Journal für die Liebhaber des Steinreichs und der Konchyliologie. Hg. v. Johann Samuel Schröter. Weimar: Hoffmann, 1773–1780.

[62] Vgl. Polenz, Generation [s. Anm. 20], 29.

[63] Taschenbuch für die gesamte Mineralogie mit Hinsicht auf die neuesten Entdeckungen. Hg. v. Carl Cäsar von Leonhard. 18 Bde. Frankfurt/Main: Hermann, 1807–1824; Zeitschrift für Mineralogie. Hg. v. Carl Cäsar von Leonhard. 5 Bde. Frankfurt/Main: Reinherz, 1825–1829.

[64] Zeitschrift der deutschen Geologischen Gesellschaft. Hg. v. d. Deutschen Geologischen Gesellschaft. 62 Bde. Berlin: Hertz, 1849–1910.

[65] Georg Gottlieb Pusch: Geognostischer Katechismus oder Anweisung zum praktischen Geognosiren für angehende Bergleute und Geognosten. Freiberg: Craz und Gerlach, 1819, V.

[66] Pusch, Katechismus [s. Anm. 65], Vf.

[67] Christian Keferstein: Geschichte und Litteratur der Geognosie. Halle: Lippert, 1840, 120.

[68] Pusch, Katechismus [s. Anm. 65], 18.

[69] Carl Cäsar von Leonhard: Agenda Geognostica. Hülfsbuch für reisende Gebirgsforscher und Leitfaden zu Vorträgen über angewandte Geognosie. 2., verm. u. verb. Aufl. Heidelberg: Mohr, 1838.

[70] Leonhard, Agenda [s. Anm. 69], VII.

[71] Leonhard, Agenda [s. Anm. 69], XIII.

[72] Leonhard, Agenda [s. Anm. 69], XVI.

[73] Leonhard, Agenda [s. Anm. 69], XVIf.

[74] Vgl. Leonhard, Agenda [s. Anm. 69], 15–53.

[75] Vgl. dazu Franz Joseph Hugi: Naturhistorische Alpenreise. Solothurn [u. a.]: Amiet-Lutiger [u. a.], 1830, 18f.

[76] Die Mohs'sche Härteskala geht auf den Mineralogen und Geognosten Carl Friedrich Christian Mohs (1773–1839) zurück, der zunächst die Naturwissenschaften an der Universität Halle und anschließend das Bergfach bei Werner in Freiberg studiert hatte. Zwischen 1822 und 1824 veröffentlichte er seine berühmte Härteskala zur Ermittlung der Ritzhärte von Mineralien nach zehn Härtegraden, von 1 für weich wie Talk bis 10 für hart wie Diamant. Anhand häufig vorkommender Mineralien, bei denen jedes Mineral die vorhergehenden ritzt und selbst von den nachfolgenden geritzt wird, lässt sich durch einfaches Vergleichen die Härte auch unbekannter Minerale bestimmen. Vgl. URL: https://www.spektrum.de/lexikon/geowissenschaften/mohssche-haerteskala/10664 (letzter Zugriff: 13.02.2020).

[77] Leonhard, Agenda [s. Anm. 69], 92.

[78] Vgl. dazu Carola Dahlke: Quecksilber auf Reisen. Über das Reisebarometer im zweiten Entdeckungszeitalter. In: Kultur & Technik 4, 2017, 40–45.

[79] Leonhard, Agenda [s. Anm. 69], 378.

[80] Gottlieb Tobias Wilhelm: Unterhaltungen aus der Naturgeschichte. Des Mineralreichs 2ter Band. Wien: Pichler, 1828.

[81] Wilhelm, Unterhaltungen [s. Anm. 80], XIIIf.

[82] Vgl. weiterführend dazu Kristina Johannes: Naturwissenschaftliche Lektüre um 1800. Zwischen Kompendium, Frauenzimmerbotanik und Lesebuch. In: Abenteuer [s. Anm. 31], 58–65.

[83] Wilhelm, Unterhaltungen [s. Anm. 80], 70.

[84] Adalbert Stifter: Der Nachsommer. Eine Erzählung. Bd. 2. Pesth: Heckenast, 1857, 38f.

[85] Karl Alfred von Zittel: Geschichte der Geologie und Paläontologie bis Ende des 19. Jahrhunderts. München, Leipzig: Oldenbourg, 1899, 76.

[86] Stifter, Nachsommer [s. Anm. 84], 35.

[87] Zur Geologie bei Adalbert Stifter allgemein vgl. Peter Schnyder: Geologie und Mineralogie. In: Stifter-Handbuch. Leben – Werk – Wirkung. Hg. v. Christian Begemann u. Davide Giuriato. Stuttgart 2017, 249–253. Zur Erzähltechnik vgl. Franziska Frei-Gerlach: Erosive Entschleunigung. Stifters Semiotisierung des Raumes im Modus der Geologie. In: Metropole, Provinz und Welt. Raum und Mobilität in der Literatur des Realismus. Hg. v. Roland Belbig u. Dirk Göttsche. Berlin 2013, 275–289, sowie Peter Schnyder: Die Dynamisierung des Statischen. Geologisches Wissen bei Goethe und Stifter. In: Zeitschrift für Germanistik 19, 2009, H. 3, 540–555.

Verzeichnis der Exponate

Antike Naturgeschichte, uraltes Bergbauwissen, unbändige Sammellust und fromme Glaubensgewissheit bildeten die Grundlage, auf der sich die Geologie zwischen 1750 und 1850 zu einer anerkannten Naturwissenschaft entwickelte. Dabei löste sie sich mehr und mehr von den traditionellen Bezügen zur Bibel oder verknüpfte sie mit neuen Theorien über den Bau und die Entwicklung der festen Erdrinde. An die Stelle des rein spekulativen Nachdenkens trat nun die empirische Erfahrung im Gelände, die es richtig zu interpretieren galt. Die frühen Geologen, zu jener Zeit noch Geognosten genannt, waren meist naturforschende Mediziner, Theologen, Privatgelehrte oder Bergbaukundige, die sich für die Welt der Steine und Fossilien begeisterten. Sie debattierten leidenschaftlich über die treibenden Kräfte der Gesteinsbildung und die grundlegenden Prinzipien der Erdgeschichte, tauschten ihr Wissen in gelehrten Gesellschaften oder Fachzeitschriften aus und bildeten weitverzweigte Netzwerke. Auf geologischen Reisen und Expeditionen, mit dem Hammer in der Hand, erkundeten sie Höhlen, Formationen und Gebirge, maßen Gipfelhöhen, legten Profilschnitte an und kartierten Gesteinsaufschlüsse. Die Ergebnisse ihrer Forschungen mündeten in aufwendig illustrierten Büchern und kolorierten Karten.

Die Frage nach dem Alter der Erde führte die junge Wissenschaft der Geologie schließlich zur wegweisenden Erkenntnis von unvorstellbar langen Zeiträumen, in denen sich die Oberflächengestalt der Erde und mit ihr die Lebenswelten stets gewandelt haben und noch immer wandeln.

4.1 Geologie 1750–1800

Mitte des 18. Jahrhunderts kursierten zahlreiche Theorien zur Entstehung und Entwicklung der Erde. Die biblische Sintflut stand dabei als wichtigstes erdgeschichtliches Ereignis im Zentrum. Erste regionalgeologische Untersuchungen erweiterten diese Theorien und schufen die Grundlage für den um 1780 populären Neptunismus. Dessen Anhänger meinten, fast alle Gesteine seien aus einem Urozean hervorgegangen. Hauptvertreter dieser Anschauung war der Mineraloge Abraham Gottlob Werner (1749–1817), der an der Bergakademie im sächsischen Freiberg lehrte und die erste Vorlesung in Geognosie hielt. Um die wahre Natur des Basalts entbrannte schließlich ein erbitterter Streit. War dieser ein Kind des Wassers, wie die Neptunisten behaupteten, oder aber des Feuers, wie die Vulkanisten meinten? Den Sieg in dieser Frage trugen letztlich die Vulkanisten davon.

In der zweiten Hälfte des 18. Jahrhunderts etablierten sich auch die typischen Methoden der Geologie: Minerale und Gesteine wurden anhand ihrer sinnlichen und chemischen Eigenschaften bestimmt, Gesteinsschichten stratigraphisch untersucht und erste geologische Karten angefertigt.

4.1.1 a–j
Titelblätter von Erdgeschichtstheorien, Reproduktionen
► Im 18. Jahrhundert machten sich zahlreiche Theologen, Mediziner und Universalgelehrte Gedanken über den bisherigen Verlauf der Erdgeschichte. Zwar beruhten die meisten ihrer Vorschläge und Beschreibungen noch größtenteils auf Spekulationen, doch wurden tatsächliche Beobachtungen immer wichtiger. Im Zentrum stand dabei häufig die Frage, welche Rolle die Sintflut bei der Veränderung der Erdoberfläche gespielt hat.

a) Thomas Burnet: Theoria Sacra Telluris. d. i. Heiliger Entwurff oder Biblische Betrachtung des Erdreichs. [...] Nebens dem Ursprung, die allgemeine Enderungen, welche unser Erd-Kreiß einseits allschon außgestanden, und anderseits noch außzustehen hat. Anfangs von Hn. T. Burnet in Latein zu London heraußgegeben [...]. Anjetzo aber ins Hochteutsche übersetzt [...]. Frankfurt, Leipzig: Brodhagen, 1693
Halle, Franckesche Stiftungen: BFSt: 43 E 12
► Der englische Theologe Thomas Burnet (um 1635–1715) meinte 1680, die biblische Sintflut habe die einstmals paradiesische Erde in eine hässliche Ruine verwandelt. Damit löste er eine scharfe Kontroverse in der Gelehrtenwelt aus.

b) John Woodward: Physikalische Erd-Beschreibung, oder Versuch einer natürlichen Historie des Erdbodens. [...]; ingleichen verschiedene über diese Materie gewechselte Briefe, nebst Dessen richtiger und ordentlicher Eintheilung derer Fossilien, beygefügt sind. Ehemals aus der Englischen in die Frantzösische, und nunmehro aus dieser in die Teutsche Sprache übersetzt; Erster und zweyter Theil. Erfurt: Weber, 1744
Halle, Franckesche Stiftungen: BFSt: S/KEF:V a 005
► Der Physikotheologe John Woodward (1665–1728) setzte sich in seinem 1692 veröffentlichten *Essay toward a Natural History of the Earth* unter anderem mit Burnets Thesen auseinander. Woodward argumentierte, dass die Sintflut eine Erde hervorgebracht habe, die den Bedürfnissen der sündigen Menschheit entspreche und somit gut und zweckmäßig eingerichtet sei.

c) Gottfried Wilhelm Leibniz: Protogaea Oder Abhandlung von der ersten Gestalt der Erde und den Spuren der Historie in den Denkmaalen der Natur. Aus seinen Papieren herausgegeben von Christian Ludwig Scheid. Aus dem lateinischen ins teutsche übersetzt. Leipzig, Hof: Vierling, 1749, Reproduktion
Zürich, ETH Zürich, ETH-Bibliothek: Rar 4300, URL: https://doi.org/10.3931/e-rara-2875, Public Domain Mark

► Leibniz (1646–1716) plante, seine letztlich unvollendet gebliebene Geschichte der braunschweigischen Welfendynastie mit einer Naturgeschichte der Erde einzuleiten, die vor allem auf geologischen Funden aus dem Harz beruhte. Bereits um 1694 fertiggestellt, wurde die *Protogaea* erst posthum 1749 in lateinischer und deutscher Sprache veröffentlicht.

d) William Whiston: Nova Telluris Theoria. Das ist: Neue Betrachtung der Erde Nach ihren Ursprung und Fortgang biß zu Hervorbringung aller Dinge [...]. Nebst einer Vorrede obgesagten Auctoris Von der eigentlichen Beschaffenheit der Mosaischen Geschichte von der Schöpffung [...]. Frankfurt/Main: Ludwig, 1713, Reproduktion
Dresden, Sächsische Landesbibliothek – Staats- und Universitätsbibliothek Dresden: Geolog.294, URL: http://digital.slub-dresden.de/id330296450, Public Domain Mark 1.0
► Der englische Theologe und Mathematiker William Whiston (1667–1752) versuchte in seiner 1696 erschienenen *New Theory of the Earth* wissenschaftlich zu beweisen, dass Gott die Sintflut mit Hilfe eines Kometen ausgelöst habe. Als er 1736 prophezeite, die Welt würde am 13. Oktober desselben Jahres durch einen Kometeneinschlag untergehen, sorgte er in London für helle Aufregung und zahlreiche Schaulustige.

e) Detlev Clüver: Geologia Sive Philosophemeta De genesi Ac Structura Clobi Terreni. Oder: Natürliche Wissenschaft, Von Erschaffung und Bereitung der Erd-Kugel. Wie nemlich Nach Mosis und der ältesten Philosophen Bericht Aus dem Chao Durch Mechanische Gesetze der Bewegungen die Erde sey herfür gebracht worden. Da insonderheit die neueste Theorie und Lehre betreffend die Vereinigung der H. Schrifft mit der Vernunfft, die Erschaffung der Welt in Zeit von 6. Jahren, der Aufgang der Sonnen im Westen, die Erregung der Sündfluth, wie auch Verbrennung der Erden durch einen Cometen, nebenst vielen andern Paradoxis und ungemeinen Sachen, aus den besten Englischen Autoren fürgestellet, und zur ferneren Censur und Nachforschung der Wahrheit denen Curiosis auffgegeben wird. Hamburg: Liebezeit, Gräfflinger, 1700
Halle, Franckesche Stiftungen: BFSt: 166 K 8 [2]
► Detlev Clüver (um 1645–1708) war wie Leibniz Universalgelehrter und tauschte sich mit diesem vor allem über mathematische Fragen aus. Den erdgeschichtlichen Ansichten Clüvers stand Leibniz allerdings kritisch gegenüber.

f) Johann Gottlob Krüger: Geschichte der Erde in den allerältesten Zeiten. Halle: Lüderwald, 1746
Halle, Franckesche Stiftungen: BFSt: S/KEF:VIII 005 [1]
► In seiner Erdgeschichte vertrat der Hallenser Naturforscher Johann Gottlob Krüger (1715–1759) die Ansicht, dass die Sintflut niemals solche gravierenden Veränderungen

Johann Gottlob Krügers
der Weltweisheit und Arzneygelahrheit Doctors und Profeßors auf der Königl. Preußischen Friedrichsuniversität
Geschichte der Erde in den allerältesten Zeiten.
QUANTUM MUTATUS AB ILLO
Halle, in der Lüderwaldischen Buchhandlung. 1746.

4.1.1f

hätte hervorrufen können, wie sie heute auf der Erde beobachtet werden können. Krüger hielt stattdessen drei große vorsintflutliche Ereignisse für entscheidend, die nacheinander stattgefunden haben mussten: eine allgemeine Überschwemmung, eine globale Erdbebenkatastrophe mit Feuern, die zum Aussterben früher Wasserbewohner und zur Bildung von Schiefergesteinen führte, sowie mehrere lokale Erdbeben, die schließlich die Gesteinswelt zertrümmerten. Wann genau sich all das abgespielt hatte, wusste er aber nicht zu sagen.

g) Johann Heinrich Gottlob von Justi: Geschichte des Erd-Cörpers aus seinen äusserlichen und unterirdischen Beschaffenheiten hergeleitet und erwiesen. Berlin: Himburg, 1771
Halle, Franckesche Stiftungen: BFSt: S/KEF:V a 048
► Justi (1720–1771) war Kameralist und gilt als äußerst schillernde Persönlichkeit mit vielfältigen Interessen. Als umtriebiger ‚Projektemacher' und Sachbuchautor beschäftigte er sich unter anderem mit Staatsökonomie, Politik, Bergbau, Literatur sowie Seidenraupenzucht und veröf-

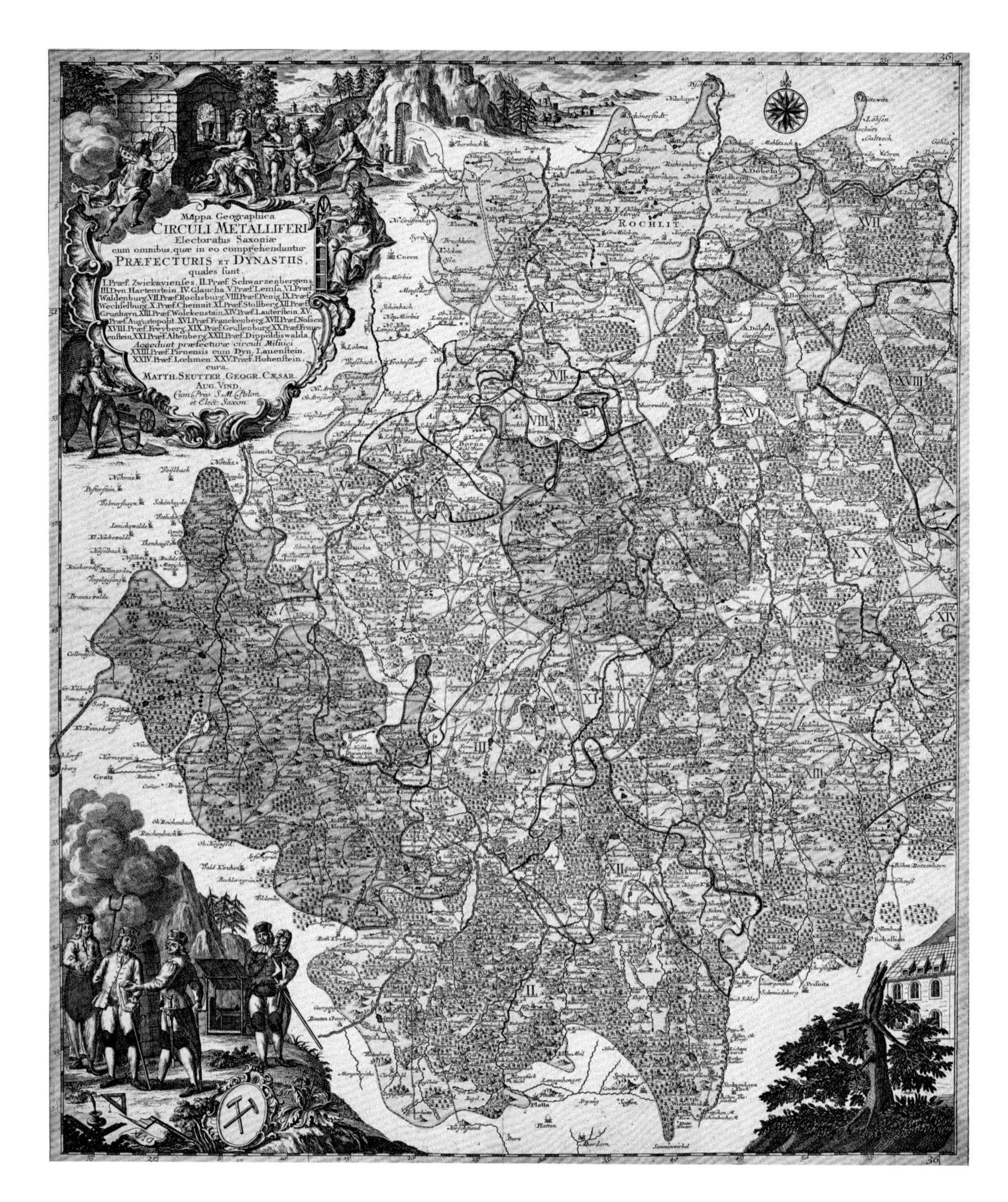

4.12a

fentlichte dazu zahlreiche Werke – eine Geschichte der Erde durfte da freilich nicht fehlen.

h) Johann Esaias Silberschlag: Geogenie oder Erklärung der mosaischen Erderschaffung nach physikalischen und mathematischen Grundsätzen. Erster Theil. Berlin: Realschule, 1780
Halle, Franckesche Stiftungen: BFSt: S/KEF:V a 063
► Der pietistisch orientierte Theologe und Professor für Wasserbau Johann Esaias Silberschlag (1721–1791) versuchte in seiner *Geogenie* zu zeigen, dass sich die Aussagen der Bibel und die Erkenntnisse der exakten Naturwissenschaften nicht widersprechen, sondern gegenseitig erhellen. Die Sintflut, gespeist aus einem riesigen Wasserreservoir im Erdinnern, steht im Zentrum seiner Theorie, der er darüber hinaus auch detaillierte Pläne der Arche beifügte. Die Aufteilung der Tierpaare im rettenden Schiff entspricht dabei Carl von Linnés *Systema Naturae*.
• *Abbildung auf Seite 147*

i) Wilhelm Friedrich Heinrich von Gleichen-Rußwurm: Von Entstehung, Bildung, Umbildung und Bestimmung des

Erdkörpers aus dem Archiv der Natur und Physik. Berlin: [o. V.], 1782
Halle, Franckesche Stiftungen: BFSt: S/KEF:V a 014
► Nach seiner Offizierskarriere widmete sich von Gleichen-Rußwurm (1717–1783) der Mikroskopie und Naturforschung, wobei ihn die Fortpflanzungsorgane der Pflanzen besonders beschäftigten. Physiologisch geprägte Erdgeschichtstheorien wie seine, die die Erde als einen lebendigen Gesamtorganismus begreifen, waren in der zweiten Hälfte des 18. Jahrhunderts weit verbreitet. Er schätzte das Alter der Erde auf „einige hundert tausend Jahre".

j) Jean-Claude Delamétherie: Theorie der Erde. Aus dem Französischen übersetzt und mit einigen Anmerkungen vermehrt [...]. Theil 1. Leipzig: Breitkopf und Härtel, 1797
Halle, Franckesche Stiftungen: BFSt: S/KEF:V a 037
► Der französische Mediziner Jean-Claude Delamétherie (1743–1817) war Anhänger der aristotelischen Elemente-Lehre und entschiedener Gegner von Antoine Laurent de Lavoisier (1743–1794), dem Wegbereiter der modernen Chemie. Delamétherie versuchte, unter anderem anhand von Berichten über die Klimaentwicklung auf Island zu beweisen, dass die ursprünglich heiße Erde immer kälter werde und sich dadurch auch in jüngster Zeit, innerhalb weniger Jahrhunderte, stark verändert habe. Der tatsächliche Rückgang der Wälder sowie die Ausbreitung kleiner Sträucher und Büsche auf Island schien diese Annahme zwar zu bestätigen, ist aber vermutlich auf die im Spätmittelalter einsetzende Kälteperiode – die sogenannte Kleine Eiszeit – sowie intensive Waldrodungen zur Gewinnung von Weideflächen und Nutzholz zurückzuführen.

4.1.2 a + b
Zweiteilige Karte des Erzgebirgskreises mit Darstellungen zum Markscheidewesen und Bergbau sowie zur Erzverhüttung (*Mappa Geographica Circuli Metalliferi Electoratus Saxoniae cum omnibus, quae in eo comprehenduntur Praefecturis*), kolorierter Kupferstich von Tobias Conrad Lotter und Matthäus Seutter nach Adam Friedrich Zürner, Augsburg, nach 1739
► Der Bergbau im Erzgebirge mit seiner über 800-jährigen Geschichte prägte nicht nur die regionale Landschaft und Kultur, sondern ebenso die wirtschaftliche und kulturelle Entwicklung Sachsens und Böhmens. Anderen Bergbauregionen auch über die Grenzen Deutschlands hinaus diente er als Vorbild. Nach den Verheerungen im Dreißigjährigen und Siebenjährigen Krieg erlebte der sächsische Bergbau in der zweiten Hälfte des 18. Jahrhunderts, nicht zuletzt durch die Gründung der Freiberger Bergakademie im Jahre 1765, eine erneute Blütezeit.

4.1.3

a) Blatt 1: Westliche Verwaltungsbezirke
Halle, Franckesche Stiftungen: BFSt: S/KEF:X 44-36
b) Blatt 2: Östliche Verwaltungsbezirke, Reproduktion
Berlin, Staatsbibliothek zu Berlin – Preußischer Kulturbesitz: Abteilung Historische Drucke; Kartenabteilung 2"@Kart. B 580-2,149/150

4.1.3 Idealisiertes Profil zwischen Ilfeld und Nordhausen am Südrand des Harzes, Kupferstich in: Johann Gottlob Lehmann: Versuch einer Geschichte von Flötz-Gebürgen, betreffend deren Entstehung, Lage, darinne befindliche Metallen, Mineralien und Foßilien, gröstentheils aus eigenen Wahrnehmungen, chymischen und physikalischen Versuchen, und aus denen Grundsätzen der Natur-Lehre hergeleitet, und mit nöthigen Kupfern versehen. Berlin: Klüter, 1756, Tab. 7. p. 162
Halle, Martin-Luther-Universität Halle-Wittenberg, Universitäts- und Landesbibliothek Sachsen-Anhalt: Sa 4347 a
► Der sächsische Arzt und Mineraloge Johann Gottlob Lehmann (1719–1767) stand ab 1750 in preußischen Diensten und wurde 1754 zum Bergrat berufen. In seinem einflussreichen Werk beschrieb er erstmals die Schichtfolge des Rotliegenden und Zechsteins, die er bei Nordhausen untersucht hatte. Diese Gesteinsschichten interpretierte er als Hinterlassenschaften der Sintflut, die sich den älteren, höheren Bergen angelagert hätten.

4.1.4 Geologische Karte der Berge eines Teils von Thüringen gemäß der Reihenfolge ihrer Lage (*Generalis delineatio montium secundum ordinem situs eorum*), Kupferstich in: Georg Christian Füchsel: Historia Terrae Et Maris, Ex Historiae Thuringiae, Per Montium Descriptionem. In: Acta Academiae Electoralis Moguntinae Scientiarum Utilium Quae Erfurti Est. Tome II. Erfurt: Keyser, 1761, Tab. V, Reproduktion
Jena, Friedrich-Schiller-Universität Jena, Thüringer Universitäts- und Landesbibliothek Jena: 8 Hist.litVII,46:2
► Der Rudolstädter Arzt Georg Christian Füchsel (1722–1773) veröffentlichte die erste geologische Überblickskarte eines größeren deutschen Gebietes überhaupt, basierend auf empirischen Untersuchungen, die er in seiner thüringischen Heimat durchgeführt hatte. Die geologischen Formationen sind dreidimensional dargestellt und zusätzlich mittels Zahlen entstehungszeitlich geordnet. Füchsels Vermutung, dass die verschiedenen Gesteinsschichten infolge mehrerer Überschwemmungen auf natürlichem Wege nacheinander abgelagert wurden, machte ihn zum wichtigen Impulsgeber der Neptunisten.
• *Abbildung auf Seite 146*

4.1.5 Farbige geologische Karte Sachsens („Petrographische Karte des Churfürstentums Sachsen und der Incorporirten Lande"), kolorierter Kupferstich in: Johann Friedrich Wilhelm Charpentier: Mineralogische Geographie der Chursächsischen Lande. Leipzig: Crusius, 1778
Halle, Franckesche Stiftungen: BFSt: S/KEF:IV a 101
► Die Karte veranschaulicht die geographische Verteilung der Gesteinsarten Kursachsens mithilfe verschiedener Farben, Zeichen und Buchstaben. Sie gilt als die erste, wenngleich noch grobe, geologische Karte Sachsens. Gezeichnet und veröffentlicht wurde sie vom sächsischen Berghauptmann Johann Friedrich Wilhelm von Charpentier (1738–1805), der an der Bergakademie in Freiberg lehrte. Sie war grundlegend für die umfassende geognostische Landesuntersuchung Sachsens ab Ende des 18. Jahrhunderts.
• *Abbildung auf Seite 149*

4.1.6 Modell des verzogenen Treibeschachts auf König David zu Annaberg mit Wassergöpel, Holz, Glas, um 1800
Freiberg, TU Bergakademie Freiberg, Kustodie: Vl. B. 40
► Die Lehrmodelle des Berg- und Hüttenwesens sollten den Studenten der Bergakademie Freiberg die vielfältigen Arbeitsprozesse im Bergbau veranschaulichen. Die ältesten Modelle stammen noch aus den Gründungstagen der Bergakademie. Später wurden weitere in Auftrag gegeben, ab 1840 unterhielt die Bergakademie eine eigene Modellwerkstatt. Heute sind noch rund 200 dieser Modelle in der Historischen Modellsammlung erhalten. Zu den frühen und besonders beeindruckenden Objekten dieser Sammlung zählt das Modell des verzogenen Treibeschachts der Grube König David bei Annaberg. Ein Treibeschacht dient der Förderung der abgebauten Erze. Da der Schacht entsprechend der Gebirgsfaltung nicht gerade, sondern s-förmig verläuft, wird er als verzogen bezeichnet. Im Häuschen darüber befindet sich die Fördermaschine, ein von Wasserkraft angetriebener Göpel, mit dessen Hilfe die abgebauten Erze aus dem Schacht heraufzogen werden.

4.1.7 Basaltsäule, Steinberg im Stadtwald bei Ostritz, Oberlausitz/Sachsen
Halle, Martin-Luther-Universität Halle-Wittenberg, Institut für Geowissenschaften und Geographie
► Basalt ist ein vulkanisches Gestein von dunkelgrauer bis schwarzer Farbe. Es entsteht, wenn dünnflüssiges, kieselsäurearmes Magma an der Erdoberfläche oder im Ozean austritt und dadurch relativ schnell zu Basaltlava erkaltet. Die ozeanische Kruste besteht hauptsächlich aus Basalt, aber auch auf dem Festland, etwa in den deutschen Mittelgebirgen, kommt das feinkristalline Gestein häufig

vor. Wenn Lava langsamer abkühlt und sich zusammenzieht, kann es zu Spannungen im Gestein kommen. Die dabei auftretenden Schrumpfungsrisse verlaufen senkrecht zu den Abkühlungsflächen, wodurch sich polygonale – häufig sechseckige – prismatische Säulen bilden. Dieser Säulenbasalt ist überall auf der Welt zu finden, in Deutschland zum Beispiel in der Eifel, im Erzgebirge oder in der Oberlausitz. Berühmt sind die großen Basaltsäulengebiete in Nordirland und an der schottischen Westküste. Über die Entstehung des Basalts entbrannte Ende des 18. Jahrhunderts eine heftige Debatte zwischen Neptunisten und Vulkanisten, der sogenannte Basaltstreit.

4.1.7

4.1.8 Geognostische Landschaft (Katzenköpfe bei Zittau), Öl auf Leinwand von Carl Gustav Carus, 1820, Reproduktion
Berlin, bpk-Bildagentur / Staatsgalerie Stuttgart: 70248630
► Die sogenannten „Katzenköpfe“ sind eine Felsformation auf der mittlerweile bewaldeten Phonolith-Kuppe des Steinbergs im südostsächsischen Zittauer Gebirge. Phonolith ist ein Basaltgestein und bildet bisweilen säulenförmige Strukturen aus. Das Gemälde zeigt eindrucksvoll, wie die Geologie als junge ‚Modewissenschaft‘ in ihrer Blütezeit die bildende Kunst des 19. Jahrhunderts beeinflusste. Der Mediziner, Naturphilosoph und Maler Carus (1789–1869), der zu den Vertretern der romantischen Malerei zählt und mit Caspar David Friedrich (1774–1840) befreundet war, verband mit der Darstellung einer *Geognostischen Landschaft* den programmatischen Anspruch wissenschaftlich fundierter und zugleich künstlerisch-lebendiger Landschaftsmalerei, die modernes geologisches Wissen mit andächtiger Naturanschauung in Einklang zu bringen suchte.

4.1.9 Geschwungene Basaltsäulen auf der Insel Staffa, Kupferstich in: Scipione Breislak: Atlas Géologique ou vues de Colonnes Basaltiques faisant suite aux Institutions Géologiques. Mailand: [o. V.], 1818, 8, Reproduktion
Halle, Franckesche Stiftungen: BFSt: S/KEF:V b 132
► Wenn Basaltlava langsam erstarrt, können große Ansammlungen von polygonalen Säulen entstehen, die eindrucksvolle Formationen und Landschaften bilden, wie etwa auf der kleinen schottischen Insel Staffa. Breislaks (1750–1826) Atlas der Basaltformationen führte Zeitgenossen den Reichtum der bisweilen bizarren Basaltlandschaften Europas und Mexikos auf hochwertigen Kupferstichen vor Augen.
• *Abbildung auf Seite 157*

4.1.10 Sedimentprofil mit synsedimentären Setzungserscheinungen
Halle, Martin-Luther-Universität Halle-Wittenberg, Institut für Geowissenschaften und Geographie
► Die einzelnen Schichten des hier gezeigten Profils weisen

Brüche, Wellen, Verschiebungen und unterschiedliche Neigungswinkel auf, die aufgrund verschiedener, häufig tektonischer Vorgänge während der Sedimentation entstanden sind. Die Neptunisten waren grundsätzlich der Ansicht, dass sich fast alle Gesteinsarten nacheinander durch chemische und mechanische Sedimentation aus dem Wasser gebildet haben. Anhand der Reihenfolge der abgelagerten Gesteinsarten und Sande, die als universelle Ordnung verstanden wurde, leiteten sie deren relatives Alter ab.

4.1.11 Bergrat Abraham Gottlob Werner, Büste aus Biskuitporzellan von Johann Daniel Schöne, 1801
Freiberg, TU Bergakademie Freiberg: J b 562
► Abraham Gottlob Werner (1749–1817) war Bergbauinspektor und Lehrer für Bergbaukunde und Mineralogie an der Bergakademie im sächsischen Freiberg. Er ist zweifellos die prominenteste Figur der Geologie in Deutschland um 1800, viele einflussreiche Bergbeamte und Geologen waren einst seine Schüler, unter ihnen auch der Romantiker Novalis (1772–1801), der Forschungsreisende Alexander von Humboldt (1769–1859) und der Geologe Leopold von Buch (1774–1853). Werner begründete nicht nur die Geognosie als Wissenschaft, sondern gilt als Hauptvertreter der Theorie des sogenannten Neptunismus, die im letzten Drittel des 18. Jahrhundert weithin akzeptiert war und davon ausging, dass nahezu alle Gesteine sich nach und nach aus einem Urmeer herauskristallisiert und abgelagert hätten. Nach seinem Tod verloren Werners neptunistische Thesen rasch an Bedeutung, seine Methoden der Geognosie aber prägten die Forschungspraxis der jungen Geologie bis weit ins 19. Jahrhundert hinein.

4.1.12 Farbenübersicht zur Mineralbestimmung, in: Abraham Gottlob Werner: Von den äußerlichen Kennzeichen der Foßilien. Leipzig: Crusius, 1774
Halle, Franckesche Stiftungen: BFSt: S/KEF:V c 009
► Werners Kennzeichenlehre diente der systematischen Beschreibung der äußeren Eigenschaften von Mineralen („Foßilien"), die es anhand von Farbe, Geruch, Geschmack, Klang, Schwere, Kälte und Härte mit allen Sinnen möglichst vollständig zu erfassen galt, um sie sicher benennen und klassifizieren zu können. Damit wollte er dem forschenden Geognosten ein einfaches Werkzeug in die Hand geben, um – bei entsprechender Übung – vorgefundene Minerale und Gesteine im Gelände schnell bestimmen zu können. Die Farbe betrachtete er als das wichtigste und zuverlässigste Bestimmungsmerkmal, für das er eine besonders detaillierte Terminologie entwickelte, die alle Varianten und Abstufungen erfassen sollte.
• *Abbildung auf Seite 150*

4.1.13 Abraham Gottlob Werner: Kurze Klassifikation und Beschreibung der verschiedenen Gebirgsarten. Dresden: Walther, 1787
Halle, Martin-Luther-Universität Halle-Wittenberg, Universitäts- und Landesbibliothek Sachsen-Anhalt: Sa 3804
► In der 1787 veröffentlichten kleinen Schrift unterschied Werner vier Hauptgebirgs- bzw. Gesteinsarten, die sich in der Erdvergangenheit nacheinander gebildet und einander angelagert hätten: uranfängliche Gebirge ohne fossile Versteinerungen (Granit, Basalt), Flötzgebirge (Sandstein, Steinkohle), aufgeschwemmte Gebirge aus Sand, Lehm und Kieseln sowie wenige „aechtvulkanische" und „pseudovulkanische" Gebirge. Den vulkanischen Gesteinsarten, die er für vergleichsweise junge lokale Erscheinungen hielt und hauptsächlich auf unterirdische Kohlebrände zurückführte, maß er für die Bildung des festen Erdkörpers kaum Bedeutung bei – zum Ärger der Vulkanisten, die gegenteiliger Ansicht waren. Später fügte Werner zwischen den uranfänglichen und den Flötzgebirgen noch die Übergangsgebirge als älteste fossilführende Sedimente ein.
• *Abbildung auf Seite 195*

4.1.14 Geognosie. Nach dem Vortrage des Herrn Bergraths A. G. Werner im Jahre 1805–1806, Manuskript von Christian Keferstein [nach Ernst Friedrich Germar], 1807
Halle, Franckesche Stiftungen: BFSt: S/KEF:X 18
► Werner hat nur wenig veröffentlicht, aber sein Wissen in über 40 Jahren Lehrtätigkeit an fast 600 Studenten weitergegeben, die er dazu ermunterte, in seinen Vorlesungen genau mitzuschreiben. Einige dieser Vorlesungsmitschriften haben sich bis heute erhalten. Ernst Friedrich Germar (1786–1853), der in Freiberg bei Werner studiert hatte, gab seinem Schwager Christian Keferstein (1784–1866) seine Aufzeichnungen, der sie wiederum säuberlich abschrieb und anschließend zum Selbststudium verwendete. Werners Vorlesung zur Geognosie beschäftigte sich mit dem Bau des festen Erdkörpers und der natürlichen Folge der Gesteine im Sinne des Neptunismus, die er seinen Studenten anhand von Beispielen näherbrachte, wie die Skizze der abgelagerten Schichten am Brocken im Harz zeigt.
• *Abbildung auf Seite 152f.*

4.1.15 Oryctognosie. Nach dem Vortrage des Herrn Bergraths Werner in den Jahren 1806–1807, Manuskript von Christian Keferstein [nach Ernst Friedrich Germar] mit Farbtafel, 1807
Halle, Franckesche Stiftungen: BFSt: S/KEF:X 19
► In der Vorlesung zur Oryktognosie gab Werner seine Ansichten von der Klassifikation und den Eigenschaften der Minerale an seine Schüler weiter, wobei er die sinnlich

4.1.8

erfahrbaren, äußeren Merkmale besonders ausführlich behandelte. Die in der Abschrift enthaltene Farbtafel sollte vermutlich Werners Farbsystem zur Mineralbestimmung veranschaulichen.

4.1.16 Strick- oder auch Pahoehoe-Lava
Halle, Martin-Luther-Universität Halle-Wittenberg, Institut für Geowissenschaften und Geographie
► Die Vulkanisten maßen feuerspeienden Vulkanen und vermeintlichen großen unterirdischen Feuern zentrale Bedeutung für die Gesteinsbildung zu, wenngleich sie das zugrundeliegende Prinzip aufsteigender Gesteinsschmelzen (Magma) noch nicht erkannten. Das Wissen darüber bezog sich in erster Linie auf „klassische" Vulkane wie den Ätna oder Vesuv, die eindrucksvolle Lavaströme hervorbringen.

4.1.17 Vulkanerde, kolorierter Kupferstich in: Anton Lazzaro Moro: Philosophische Ergötzungen oder auf Vernunft und Erfahrung gegründete Untersuchung wie die wahrhaften Seemuscheln auf die höchsten Berge und in die festesten Steine gekommen, nebst einer deutlichen Erklärung der Erdbeben und anderer wunderbarer Naturbegebenheiten. Bremen: Cramer, 1765, Fig. 4
Halle, Franckesche Stiftungen: BFSt: S/KEF:IV 006
► Der italienische Geistliche Anton Lazzaro Moro (1687–1764), der sich auch der Naturforschung widmete, zählt zu den frühen Vertretern des Vulkanismus. Angesichts der Entstehung junger Vulkaninseln im Meer vor Neapel und bei Santorin gelangte er zu der Überzeugung, dass allein gewaltige Vulkanausbrüche und Hebungsvorgänge für die gegenwärtige Gestalt der Erde und das Vorkommen mariner Fossilien auf hohen Bergen verantwortlich seien.

4.1.18 Petrographische Landkarte des Hochstifts Fuld[a] mit vulkanischen Bergen, kolorierter Kupferstich in: Johann Carl Wilhelm Voigt: Mineralogische Beschreibung des Hochstifts Fuld und einiger merkwürdigen Gegenden am Rhein und Mayn [...]. Leipzig: Gräff, [2]1794, Reproduktion
München, Bayerische Staatsbibliothek: BHS II G 70 a, URL: http://mdz-nbn-resolving.de/urn:nbn:de:bvb:12-bsb10707307-1, Public Domain Mark

4.1.20

► Werners feste Überzeugung von der wässrigen Entstehung des Basalts reizte seinen ehemaligen Schüler Johann Carl Wilhelm Voigt (1752–1821) zum entschiedenen Widerspruch, was später im sogenannten Basaltstreit gipfelte, mit Voigt und Werner als Hauptakteuren. Nach intensiven Untersuchungen in Thüringen und der Rhön bestand für Voigt kein Zweifel mehr am vulkanischen Ursprung des Basalts. Dieses 1783 erstmals publizierte Werk enthält diese Karte, in der er mehrere Vulkanberge verzeichnete. Werners Kritik an Voigts Haltung zum Basalt bezog sich auch auf die Karte.

4.1.19 Johann Carl Wilhelm Voigt: Praktische Gebirgskunde. Weimar: Industrie-Comptoir, 1792
Halle, Franckesche Stiftungen: BFSt: S/KEF:V a 089
► In seiner *Gebirgskunde* unterteilte Voigt die Gebirgsarten ganz nach Werners Vorbild in ‚uranfängliche', Flötzgebirge, vulkanische und aufgeschwemmte Gebirgsarten, ordnete den Basalt aber nicht mehr den Urgebirgen, sondern den vulkanischen Gesteinen zu, wenngleich er die damit verbundenen Prozesse noch nicht erkannte. Auch akzeptierte er nach wie vor die wässrige Entstehung des Granits, der erst später als magmatisches Gestein erkannt wurde.

4.1.20 Spitze des Bergs Aetna, Kupferstich in: Lazzaro Spallanzani: Reisen in beyde Sicilien und in einige Gegenden der Appenninen. Leipzig: Dyck, 1795–1798, Taf. II
Halle, Franckesche Stiftungen: BFSt: S/KEF:VIII 135
► Werner und seine Anhänger wie Gegner orientierten sich noch stark an der Vorstellung klassischer Schichtvulkane mit großen Kratern wie dem Ätna oder dem Vesuv, die Asche und Lavaströme hervorbrachten und immer wieder beliebte Ziele von Forschungs- und Kavaliersreisen waren.
• *Abbildung auf Seite 144 (Detail)*

4.1.21 Vesuvausbruch mit dem Tod des Plinius, Öl auf Leinwand von Pierre-Henri de Valenciennes, 1813, Reproduktion
Berlin, akg-images: AKG149304
► Das Gemälde des französischen Landschaftsmalers

Pierre-Henri de Valenciennes (1750–1819) zeigt den Naturforscher Plinius den Älteren (23–79), der im Jahr 79 am feuerspeienden Vesuv in den Armen zweier Helfer tot zusammenbricht. Die Szenerie wird vom gewaltigen Ausbruch des Vulkans dominiert, die Gebäude am rechten Bildrand, aus denen Menschen panisch fliehen, fallen infolge starker Erdbeben in sich zusammen. Der berühmte „Tod des Plinius" ist durch zwei Briefe Plinius des Jüngeren (61–114) an Tacitus (um 58–120) überliefert. In diesen berichtet er über die Todesumstände seines Onkels, der den Ausbruch des Vesuvs zu Forschungszwecken aus nächster Nähe beobachten wollte. Plinius' Versuch, dabei anderen Menschen das Leben zu retten, scheiterte wegen des starken Ascheregens. Er verstarb am darauffolgenden Tag, die genaue Todesursache ist bis heute unklar. Bei dem Ausbruch wurden mehrere Städte, darunter Pompeji und Herculaneum, zerstört.

• *Abbildung auf Seite 142f.*

4.2 Am Abgrund der Zeit: Geologie 1800–1850

Viele Geologen des frühen 19. Jahrhunderts meinten, die Erde sei in der Vergangenheit wiederholt durch gewaltige Naturkatastrophen – Vulkanausbrüche, Erdbeben und Überflutungen – grundlegend verändert worden. Nach 1830 setzte sich hingegen die Überzeugung durch, dass die Erde seit ihrer Entstehung einem unablässigen Wandel unterliege, der unspektakulär, extrem langsam und oft tief in ihrem Innern ablaufe. Auch wenn er nicht unmittelbar beobachtet werden könne, vermöge er dennoch, Gebirge hervorzubringen und wieder abzutragen – durch Zeiträume jenseits aller Vorstellungskraft. Diese ‚Entdeckung' der geologischen Tiefenzeit war eine der bedeutendsten Errungenschaften auf dem Weg zur modernen Geologie.

Exaktes Untersuchen, Messen, Vergleichen und Kartieren wurden nun unverzichtbar, die Techniken dazu entstammten vor allem dem Bergwesen und der Chemie. Ausgedehnte Forschungsreisen weiteten den Blick und brachten alte Überzeu-

4.1.21

gungen ins Wanken. Mit Karten, Schaubildern und Panoramen versuchte die junge Geologie des 19. Jahrhunderts, das immer komplexere Wissen über die verborgenen, unvorstellbaren Vorgänge auf und unter der Erdoberfläche sichtbar zu machen.

4.2.1 Granitblock
Halle, Martin-Luther-Universität Halle-Wittenberg, Institut für Geowissenschaften und Geographie
► Granit ist ein häufiges magmatisches Tiefengestein (Plutonit), das hauptsächlich aus Feldspat, Quarz und Glimmer besteht. Er galt lange Zeit als Urgestein, das sich laut neptunistischer Theorie als erstes im Urmeer auskristallisiert und Granitmassive gebildet hat, an die sich später jüngere Gebirge anlagerten. Auch Goethe hielt Granit für die „Grundfeste der Erde". Doch bereits Ende des 18. Jahrhunderts wurden Schiefergesteine mit Granitadern (Intrusionen) entdeckt, die nahelegten, dass der Granit in geschmolzener Form in Risse und Furchen bereits vorhandenen Gesteins eingedrungen und dort auskristallisiert sein musste und somit offensichtlich jünger war.

4.2.2 Filminstallation: Katastrophismus, Murat Haschu, Halle, 2020
► Die Anhänger der Katastrophen- oder auch Kataklysmen-Theorie meinten, dass die Erde seit ihrer Entstehung immer wieder von plötzlichen, gewaltigen Katastrophen heimgesucht wurde. Verheerende Fluten, Erdbeben und Vulkanausbrüche haben sie mehrmals grundlegend verändert und neue Landschaften hervorgebracht. Auch Pflanzen und Tiere seien dabei immer wieder ausgestorben, dafür andere Arten eingewandert oder gänzlich neue entstanden. Wissenschaftler wie der Paläontologe Georges Cuvier (1769–1832) schlossen aus unregelmäßig gelagerten Gesteinsformationen oder Fossilwechseln in Sedimenten, die auf plötzliche Veränderungen hinzudeuten schienen, dass abrupte, gewaltsame und radikale „Revolutionen" der Hauptantrieb der Erdgeschichte seien.

4.2.3 The Subsiding of the Waters of the Deluge, Öl auf Leinwand von Thomas Cole, 1829, Reproduktion
Berlin, bpk-Bildagentur / Smithsonian American Art Museum / Art Ressource, NY: 70226133
► Einige Katastrophisten hielten die biblische Sintflut für die jüngste Katastrophe der Erdgeschichte. Das Gemälde des US-amerikanischen Landschaftsmaler Thomas Cole (1801–1848), der sich intensiv mit der Geologie seiner Zeit beschäftigte, richtet den Blick aus einer Höhle heraus auf eine wüste Felsenlandschaft, aus der die Wassermassen der Sintflut langsam wieder abfließen. Im Bildzentrum fliegt ein Vogel, wahrscheinlich die Taube mit dem Ölzweig, die mit ihrer frohen Botschaft zur im Wasser treibenden Arche zurückkehrt. Am unteren Bildrand liegt wie zur Warnung der Schädel eines Menschen, der in den Fluten offenbar sein Leben gelassen hat.

4.2.4 Fossiles Skelett eines Plesiosauriers, Kupferstich in: Georges Cuvier: Discours sur Les Révolutions De La Surface De La Globe Et Sur Les Changesmens Qu'elles Ont Produits Dans Le Règne Animal. 3. Edit. Paris, Amsterdam: Dufour, Maison, 1825
Halle, Franckesche Stiftungen: BFSt: S/KEF:V b 010
► Georges Cuvier gilt als Hauptvertreter der im frühen 19. Jahrhundert noch populären Katastrophentheorie. Seine Forschungen waren wegweisend für die moderne Paläontologie, denn es gelang ihm, viele ausgestorbene Tierarten oft nur anhand weniger versteinerter Knochenreste erstaunlich genau zu rekonstruieren und zu beschreiben. Da diese nur in bestimmten Gesteinsschichten vorkamen, schien klar, dass die Erde sich immer wieder sprunghaft verändert haben musste. Das erste fossile Skelett eines Plesiosaurus, eines langhalsigen Meeresreptils, wurde allerdings von einer Frau im Jahr 1821 entdeckt und minutiös freigelegt: der Fossiliensammlerin Mary Anning (1799–1847), die wenige Jahre zuvor auch das erste Skelett eines Fischsauriers (Ichthyosaurus) ausgegraben hatte.

4.2.5 Querschnitt der Baumannshöhle im Harz, Kupferstich in: William Buckland: Reliquiae Diluviane, Or Observations On The Organic Remains Contained In Caves, Fissures, And Diluvial Gravel, And On Other Geological Phenomena, Attesting The Action Of An Universal Deluge. London: Murray, 1823, Pl. 15
Halle, Franckesche Stiftungen: BFSt: S/KEF:V c 059
► Die Baumannshöhle zog seit dem 16. Jahrhundert zahlreiche Naturforscher an, nicht zuletzt wegen der Knochenfunde, die zuerst als Gebeine vorsintflutlicher Menschen, später als Überreste ausgestorbener Höhlenbären identifiziert wurden. Auch Leibniz und Goethe besuchten die Baumannshöhle. In den 1820er Jahren versuchte der englische Theologe und Geologe William Buckland (1784–1856) anhand fossiler Knochen aus den Höhlen Europas zu beweisen, dass die Sintflut eine geologische Tatsache sei.

4.2.6 Idealer geologischer Schnitt, handkolorierter Kupferstich in: William Buckland: The Bridgewater Treatises On The Power And Goodness Of God As Manifested In The Creation. Treatise VI: Geology and mineralogy considered with reference to natural theology. Vol 2. London: Pickering, 1836

4.2.3

Halle, Franckesche Stiftungen: BFSt: S/KEF:V a 052
► Das Schaubild zeigt geologische Gegebenheiten, Prozesse und Erdzeitalter, denen bestimmte Pflanzen und Tiere zugeordnet sind. Mit seinem Werk wollte William Buckland Gottes Macht und Güte am Beispiel der Geologie und Mineralogie demonstrieren. Buckland, der 1819 den ersten Lehrstuhl für Geologie an der Universität Oxford innehatte und später Vorsteher von Westminster Abbey in London wurde, ist ein gutes Beispiel dafür, dass auch im 19. Jahrhundert ernstzunehmende Naturwissenschaft mit tiefer Glaubensgewissheit einhergehen konnte. Mit seinen Untersuchungen hoffte er, die Sintfluttheorie der Physikotheologen des 18. Jahrhunderts in modernisierter Form wiederbeleben zu können. Er prägte den noch bis ins 20. Jahrhundert hinein verwendeten, aber mittlerweile veralteten Begriff Diluvium (lat. Überschwemmung) für das letzte Eiszeitalter, das heute Pleistozän genannt wird.

4.2.7 2,7 Milliarden Jahre altes Bändereisenerz (= Banded Iron Formation, BIF) von der Halbinsel Kola, Russland
Halle, Privatbesitz Thomas Degen
► Bändererze sind eisenhaltige marine Sedimentgesteine mit magnetischen Eigenschaften, die in der Frühzeit der Erde entstanden sind und somit zu den ältesten Gesteinen der Erde gehören. Da im Meerwasser und der Atmosphäre noch kein Sauerstoff vorhanden war, sind sie nicht oxidiert. Unter den heutigen Bedingungen auf der Erde können keine BIFs mehr entstehen. Bis ins 20. Jahrhundert hinein konnte das Alter von Gesteinen nur relativ bestimmt oder bestenfalls anhand von angenommen Erosions- und Sedimentationsraten geschätzt werden. Heute jedoch lässt es sich geochronologisch mithilfe verschiedener radioaktiver Isotope und ihrer Zerfallsprodukte sehr genau ermitteln (radiometrische Datierung). Das Erdalter wird derzeit mit 4,7 Milliarden Jahren angegeben, das der ältesten Gesteine mit 4 Milliarden Jahren.

4.2.8 Filminstallation: Aktualismus/Uniformitarismus, Murat Haschu, Halle, 2020
► Das Prinzip des Aktualismus setzte sich im Laufe des 19. Jahrhunderts allmählich in der Geologie durch. Es besagt zunächst, dass die heute zu beobachtenden Vorgänge auf der Erde sich nicht oder nur unwesentlich von jenen Prozessen unterscheiden, die in früheren Zeiten abliefen. Der britische Geologe Charles Lyell vertrat um 1830 eine besonders weitreichende Variante dieses Prinzips, die für das Verständnis der Erdgeschichte maßgeblich wurde: den Uniformitarismus. Er meinte nicht nur, dass sich ausnahmslos alle geologischen Erscheinungen mit noch heute wirkenden Ursachen plausibel erklären lassen, sondern war auch fest davon überzeugt, dass Gebirgszüge, Gesteinsformationen und Lebenswelten zu allen Zeiten unendlich langsam, aber kontinuierlich in unvorstellbar langen Zeiträumen gleichförmig entstehen, sich wandeln und wieder vergehen. Überschwemmungen, Vulkanausbrüche und Erdbeben waren in der Vergangenheit weder verheerender noch häufiger als heute und hatten stets nur lokale Auswirkungen, ohne die Erde grundsätzlich zu verändern.

4.2.9 Diskordanz bei Jedburgh (Schottland), Radierung nach einer Skizze von John Clerk of Eldin (1728–1812) in: James Hutton: Theory of the earth, with proofs and illustrations. In four parts. Vol 1. Edinburgh: Cadell u. a., 1795, Plate III, Reproduktion
Berlin, akg-images / Science Photo Library: AKG3125462
► Der schottische Mediziner und Privatgelehrte James Hutton (1726–1797) beschrieb die Erde als eine perfekt konstruierte Maschine, die von einem permanenten Zyklus der Erosion, Ablagerung, Verdichtung, Verfestigung und Hebung von Erd- und Gesteinsmaterial am Leben erhalten wird, bei dem Druck und Hitze eine wesentliche Rolle spielen. Erosionsbedingte, sichtbare Zeitlücken in

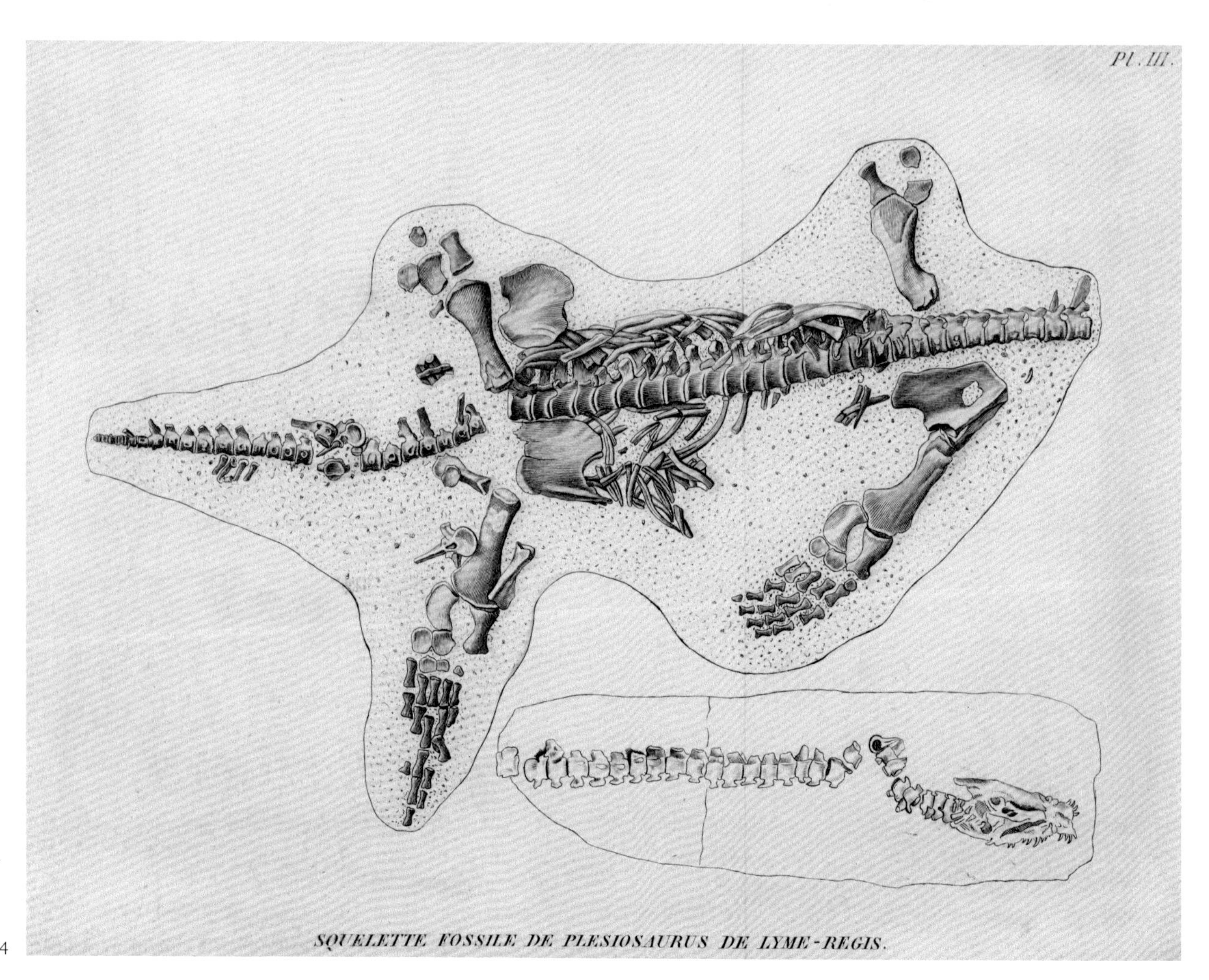

4.2.4

4.2.7 ►

winkelig bzw. unregelmäßig gelagerten Schichtfolgen, sogenannte Diskordanzen, wie jene in Jedburgh, zeugten laut Hutton nicht nur von den enormen Hebungs- und Verformungskräften im Erdinnern, sondern ließen auch erahnen, wie lange es gedauert haben muss, solche Formationen zu bilden. Huttons Beschreibung des Gesteinskreislaufs ist in ihren Grundzügen bis heute gültig. Seine Annahme unendlich langsamer, aber kontinuierlicher Prozesse war wegweisend für die Theorie des Aktualismus bzw. Uniformitarismus.
• *Abbildung auf Seite 159*

4.2.10 Karl Ernst Adolf von Hoff: Geschichte der durch Überlieferung nachgewiesenen natürlichen Veränderungen der Erdoberfläche. Ein Versuch. Bd. 1. Theil 1. Eine von der Kön. Gesellschaft der Wissensch. zu Göttingen gekrönte Preisschrift. Gotha: Perthes, 1822
Halle, Franckesche Stiftungen: BFSt: S/KEF:V a 071
► Auch der Gothaer Naturforscher und Mineraloge von Hoff (1771–1837) zählt heute zu den Vordenkern des Aktualismus, wenngleich seine Ansichten weniger weitgehend als Huttons waren und nur wenig Beachtung fanden.

4.2.11 Charles Lyell: Lehrbuch der Geologie. Nach der 2. Auflage des Originals aus dem Englischen übersetzt von Carl Hartmann. Bd. 1. Quedlinburg, Leipzig: Basse, 1833
Halle, Martin-Luther-Universität Halle-Wittenberg, Universitäts- und Landesbibliothek Sachsen-Anhalt: Sa 3705 (1)
► Zwischen 1830 und 1833 veröffentlichte der Brite Charles Lyell (1797–1875) seine erfolgreichen *Principles of Geology* – hier in einer frühen deutschen Übersetzung –, die die Geologie nach 1830 entscheidend beeinflussten. Den Anschein eines ausgewogenen Lehrbuchs erweckend, sind sie vor allem eine rhetorisch geschickte Werbeschrift für Lyells visionäre Weltsicht des Uniformitarismus, der Huttons aktualistische Vorstellungen erweiterte, mit dem bis dahin verbreiteten Katastrophismus konkurrierte und diesen schließlich weitgehend ablöste.

4.2.12 Diskordanz zwischen leicht geneigten Sandsteinschichten und senkrechtem Schiefer am Siccar-Point (Schottland), Kupferstich in Charles Lyell: Geologie oder Entwicklungsgeschichte der Erde und ihrer Bewohner. Bd. 1. Berlin: Duncker und Humblot, 1857
Halle, Deutsche Akademie der Naturforscher Leopoldina – Nationale Akademie der Wissenschaften: Jd 8 : 57. (1)
► Lyells Uniformitarismus baute maßgeblich auf Huttons Theorien auf, was auch an dieser unscheinbaren Zeichnung deutlich wird. Am Fuße des Siccar Point, einer Landspitze an der schottischen Ostküste, befindet sich die berühmte ‚Hutton Unconformity', bei der horizontale Schichten aus rotem Sandstein nahezu senkrecht stehende, stark gefaltete Grauwacke- und Tonschieferschichten überlagern. Hutton und seine Begleiter hatten die beeindruckende Formation 1788 von einem Boot aus besichtigt und gemutmaßt, dass Derartiges nur in unermesslich langen Zeiträumen entstehen könne. John Playfair (1784–1819), der bei der Besichtigung zugegen war, poetisierte diese Erfahrung später zum schwindelerregenden Blick in den bodenlosen „Abgrund der Zeit".

4.2.15

4.2.13 Installation: Am Abgrund der Zeit
► Im Laufe des 18. Jahrhunderts gab es erste Spekulationen und Berechnungen über das Alter der Erde, die über jene 6.000 Jahre hinausgingen, die mithilfe der Bibel errechnet worden waren. Wenngleich viele Gelehrte diesbezüglich eher vage blieben, reichten die Angaben von 75.000 Jahren (Georges Louis Leclerc de Buffon, 1781) über „einige hundert tausend Jahre" (Gleichen-Rußwurm, 1782) oder „eine Reihe von Millionen Jahren" (Immanuel Kant, 1755) bis hin zu 2 Milliarden Jahren (Benoît de Maillet, 1748). Mit

Hutton, der 1788 „keine Spur eines Anfangs, keine Aussicht auf ein Ende“ mehr erkennen konnte, eröffneten sich schließlich Zeiträume jenseits aller Vorstellungskraft, die in der Geologie und Paläontologie des 19. Jahrhunderts diskutiert und zunehmend akzeptiert wurden.

4.2.14 Horace Bénédict de Saussure und seine Begleiter beim Abstieg vom Gipfel des Mont Blanc, kolorierter Kupferstich, um 1790, Reproduktion
Berlin, akg-images / De Agostini Picture Library: AKG 5478794
► Der Genfer Naturforscher Horace Bénédict de Saussure (1740–1799) unternahm zahlreiche geologische Alpenreisen und gilt als Vater des modernen Alpinismus. Ein Jahr nach der Erstbesteigung des Mont Blanc 1786 wagte er den Aufstieg zu Forschungszwecken, begleitet von einem Bediensteten und 18 Führern, die Marschgepäck, Messinstrumente, Behälter für Schnee- und Gesteinsproben sowie Zelt und Arbeitstisch trugen. Seine vergleichenden Messungen ergaben, dass der Mont Blanc Europas höchster Gipfel ist. Beschrieben hat Saussure die abenteuerliche wie gefährliche Expedition in seinen *Voyages dans les Alpes* (1779–1796).

4.2.15 Karikatur des britischen Geologen und Theologen William Buckland, Kupferstich von Thomas Sopwith, um 1840, Reproduktion
Berlin, akg-images / Science Photo Library: AKG3121555
► Thomas Sopwith (1803–1879) karikierte seinen exzentrischen Freund Buckland anlässlich einer gemeinsamen Exkursion ins schottische Hochland, die Louis Agassiz' (1807–1873) These von der einstigen Gletscherbedeckung Nordeuropas nachgehen wollte. Parallele Furchen und Kratzer auf Gesteinen, die von Gletscherbewegungen herrührten, bestätigten ihnen diese Annahme. Buckland, der stets voluminöse Taschen für Fundstücke bei sich führte und selbst im Gelände nicht auf vornehme Kleidung verzichten wollte, wird hier in voller Reisemontur mit Zylinder gezeigt, behangen mit Karten und Taschen.

4.2.16 Carl Cäsar von Leonhard: Agenda Geognostica. Hülfsbuch für reisende Gebirgsforscher und Leitfaden zu Vorträgen über angewandte Geognosie. Heidelberg: Mohr, 1829
Halle, Franckesche Stiftungen: BFSt: S/KEF:IV b 104
► Dieses Werk war als Praxisbuch im Taschenformat für Geognosten auf Reisen gedacht und versorgte Anfänger wie erfahrene Forscher mit nützlichen Informationen, angefangen bei den nötigen Vorbereitungen, Werkzeugen und Messinstrumenten über zweckmäßige Bekleidung und Hinweise zur Orientierung im Gelände bis hin zum Sammeln von Belegstücken und dem Zeichnen geognostischer Karten und Profile.

4.2.17 a+b
Gerätschaften und Messinstrumente der Geologie des frühen 19. Jahrhunderts, Kupferstiche in: Carl Cäsar von Leonhard: Agenda Geognostica. Hülfsbuch für reisende Gebirgsforscher und Leitfaden zu Vorträgen über angewandte Geognosie. Heidelberg: Mohr, 1829, Taf. I + II, Reproduktionen
Halle, Franckesche Stiftungen: BFSt: S/KEF:IV b 104
► Die Illustrationen aus der *Agenda Geognostica* zeigen ausgewählte Werkzeuge, Geräte und Messinstrumente der Geologie des frühen 19. Jahrhunderts. Neben dem obliga-

4.2.16

torischen Hammer, dem Hauptwerkzeug des Geologen, waren vor allem der Kompass mit Gradbogen und das Barometer zur Höhenmessung unentbehrlich. Das Buch geht auch auf die Handhabung und Praxistauglichkeit der teuren wie empfindlichen Ausrüstung ein und empfiehlt verlässliche Hersteller.

a) Tafel I: Hämmer unterschiedlicher Größe, Schwere und Funktion (1–8), Meißel (9), Zange (10), Keilhaue (11)

b) Tafel II: Geologenkompass mit Gradbogen (12), Gradbogen mit Lot (13), einfaches Klinometer (14), Differenzial-Barometer (15), Register-Thermometer nach James Six (16) und Daniel Rutherford (17)

• *Abbildung auf Seite 166*

4.2.18 Halbkreis-Anlegegoniometer mit Etui, Goniometer: Messing, vermutlich Freiberger Werkstatt, 1. Hälfte des 19. Jahrhunderts

Freiberg, TU Bergakademie Freiberg, Gerätesammlung zur Mineralbestimmung

► Mit einem Anlegegoniometer misst der Mineraloge am Spaltungsstück eines Minerals den Winkel, den zwei Flächen eines Kristalls miteinander bilden. Jedes Spaltungsstück eines Minerals, das durchaus in unterschiedlicher Gestalt vorkommen kann, hat stets die gleichen, typischen Winkelverhältnisse, die es von anderen Mineralen unterscheidet. Zur Messung werden die Schenkel an die Kristallflächen angelegt, der Winkel wird anschließend am Halbkreis abgelesen.

4.2.19 Geologenkompass mit Gradbogen, Messing, Glas, 1. Hälfte 19. Jahrhundert

Freiberg, TU Bergakademie Freiberg, Sammlung historischer markscheiderischer und geodätischer Instrumente: II/174

► Der Geologenkompass mit Gradbogen wird zur Kartierung und Orientierung im Gelände eingesetzt, vor allem aber, um die Raumlage von Gesteinsstrukturen zu ermitteln. Dazu muss mit der Kompassnadel das Streichen und mit dem Gradbogen das Fallen der Gesteinsschichten oder -lagen gemessen werden, also deren Richtung und Neigungswinkel gegen eine waagerechte Ebene. Im 19. Jahrhundert war, wie beim Bergbaukompass, die Einteilung in zwei gleiche Hälften zu je 12 Stunden (1 Stunde = 15°) üblich, der Gradbogen wurde wie heute in zweimal 90° geteilt.

• *Abbildung auf Seite 166*

4.2.20

Kleines Lötrohrbesteck (Apothekerlötrohr) mit Etui, um 1800

Freiberg, TU Bergakademie Freiberg, Gerätesammlung zur Mineralbestimmung

► In der zweiten Hälfte des 18. Jahrhunderts kamen kleine Lötrohrbestecke und Taschenlaboratorien auf den Markt. Die heutzutage nur noch selten verwendete Lötrohrprobierkunde erlaubte, mit einfachen Mitteln die chemischen Hauptbestandteile von Mineralproben, besonders Erzen, zu bestimmen. Hierzu wird mit dem Lötrohr kontrolliert Luft auf eine Flamme geblasen und die Probe dabei je nach Intensität und Ausrichtung des Luftstroms unterschiedlich stark erhitzt. Anhand der beobachteten Reaktionen, z. B. der Flammenfärbung, lassen sich erste Rückschlüsse auf die Zusammensetzung der Probe ziehen. Im 19. Jahrhundert war die Bergakademie Freiberg eine Hochburg der Lötrohrprobierkunst.

4.2.21

Einfaches Libellen-Nivellierinstrument von Friedrich Wilhelm Lingke, Messing, Glas, Freiberg, um 1840

Freiberg, TU Bergakademie Freiberg, Sammlung historischer markscheiderischer und geodätischer Instrumente

► Das Libellen-Nivellier ist ein optisches Instrument zur Messung von Höhenunterschieden im Gelände. Es wird mittig zwischen zwei Messpunkten aufgestellt und mit Hilfe der Libelle, die dem Fernrohr aufsitzt, horizontal ausgerichtet. Anschließend werden die beiden Messpunkte, an denen Nivellierlatten lotrecht aufgestellt sind, nacheinander mit dem Zielfernrohr anvisiert. Die Differenz der abgelesenen Werte ergibt den Höhenunterschied der beiden Messpunkte.

4.2.22

Theodolit mit exzentrischem Fernrohr für steile Zielungen, Messing, Glas, 19. Jahrhundert

Freiberg, TU Bergakademie Freiberg, Sammlung historischer markscheiderischer und geodätischer Instrumente

► Der Theodolit ist ein Winkelmessinstrument, das in der Vermessungskunde zur Messung von Horizontalrichtungen und Vertikalwinkeln eingesetzt wird, wobei nacheinander verschiedene Zielpunkte anvisiert werden müssen, um aus deren Differenz den Winkel bestimmen zu können. Mit dem seitlich gelagerten Zielfernrohr ließen sich größere Höhenwinkel messen. Die Winkelmaße werden auch heute noch in der Einheit „Gon" angegeben, wobei 100 Gon genau 90° entsprechen.

4.2.23

Richtungs- und Winkelmessinstrument, Messing, 19. Jahrhundert

Freiberg, TU Bergakademie Freiberg, Sammlung historischer markscheiderischer und geodätischer Instrumente

4.2.25

4.2.24

Idealer Durchschnitt der Erdrinde nach dem heutigen Standpunkte der Geognosie, Farblithographie in: Atlas zu Alex. v. Humboldt's Kosmos in zweiundvierzig Tafeln mit erläuterndem Texte. Hg. v. Traugott Bromme. Stuttgart: Krais & Hoffmann, 1851, Reproduktion
Halle, Franckesche Stiftungen: BFSt: 195 A 2

► Ideale Profildarstellungen der Erdrinde, die im Laufe des 19. Jahrhunderts immer beliebter wurden, sollten alle wesentlichen geologischen Verhältnisse und Prozesse übersichtlich auf einen Blick veranschaulichen. Sie spiegeln den Wissensstand ihrer Entstehungszeit, aber auch die individuellen Ansichten der Autoren zu den treibenden Kräften und Prinzipien der Erdgeschichte wider.

• *Abbildung auf Seite 168f.*

4.2.25

Rekonstruktion einer prähistorischen Landschaft mit Flora und Fauna (*Duria Antiquior*), Lithographie von George Scharf nach einem Aquarell von Henry Thomas de la Bèche, um 1845
Halle, Franckesche Stiftungen: BFSt: S/KEF:X 46-4

► Nicht nur Maler versuchten sich im 19. Jahrhundert daran, anhand von paläontologischen Funden und mit viel Phantasie fossile Überreste künstlerisch zum Leben zu erwecken. Der englische Geologe de la Bèche (1796–1855) schuf 1830 mit seinem später oft kopierten und adaptierten Aquarell die erste Rekonstruktion einer vorzeitlichen Lebenswelt mit Pflanzen und Tieren. Er stützte sich dabei auf Funde aus Südwestengland. Zwischen Flugsauriern, Schildkröten und Krokodilen finden sich – in einen dramatischen Kampf verwickelt – Plesiosaurus und Ichthyosaurus, die erstmals von Mary Anning ausgegraben worden waren.

5

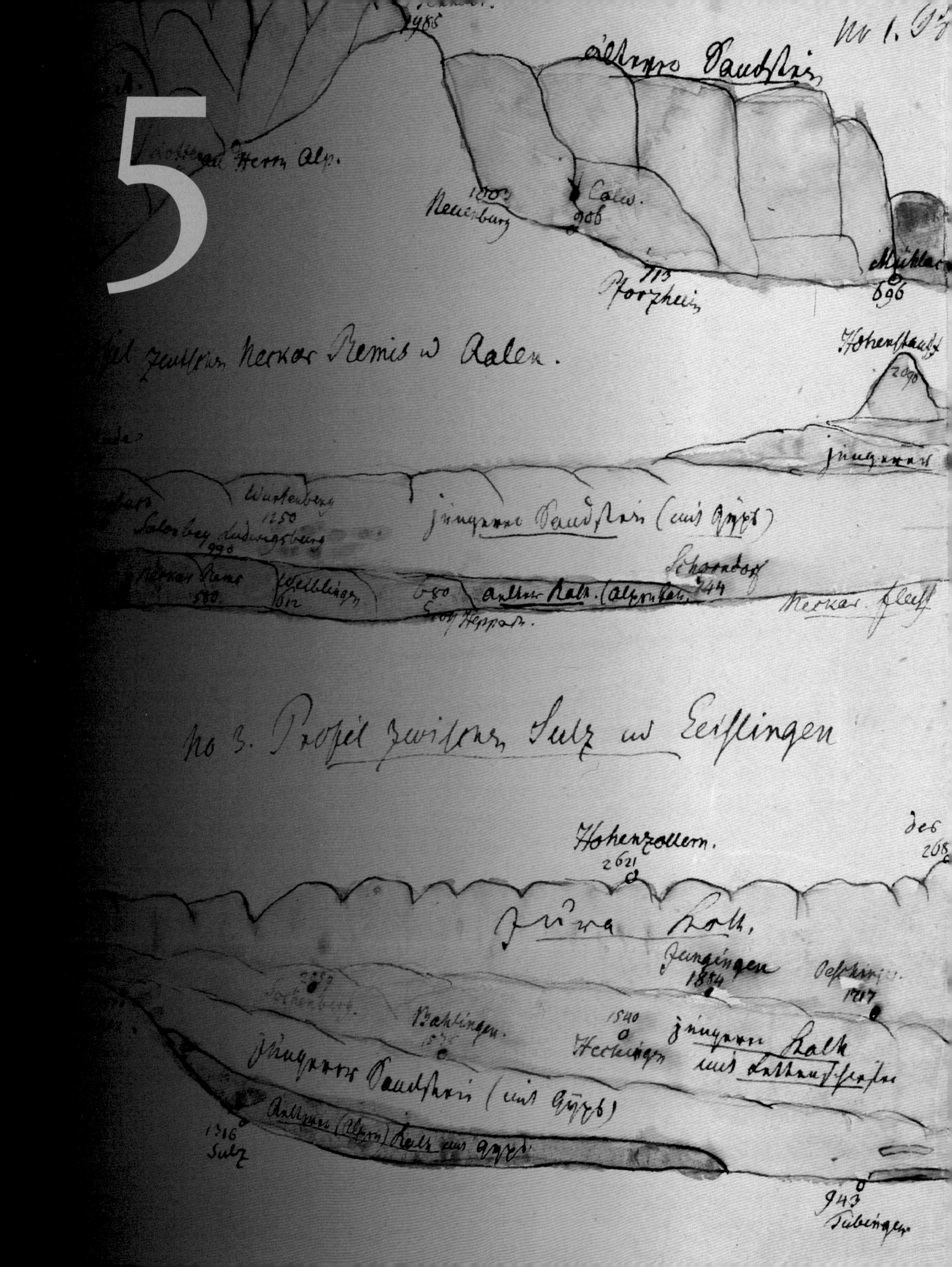

Nr 1. P…

1485

ältere Sandstein

… Herrn Alp.

1000 Neuenburg

Calw. 906

713 Pforzheim

Mühlac… 696

…fil zwischen Neckar Rems u Aalen.

Hohenstaufen 2090

jüngerer …

Wartenberg 1250

Salonberg Ludwigsburg 996

jüngerer Sandstein (mit Gyps)

Schorndorf 744

Neckar Rems 580

Waiblingen 812

680

alter Kalk. (Alpenkalk)

Heppach

Neckar fluss

No 3. Profil zwischen Sulz u Geislingen

Hohenzollern 2621

…

Jura Kalk.

Jungingen 1834

Oeschingen 1717

Bahlingen

1540 Hechingen

jüngerer Kalk mit Lettenschiefer

jüngerer Sandstein (mit Gyps)

älterer (Alpen) Kalk mit Gyps

1316 Sulz

943 Tübingen

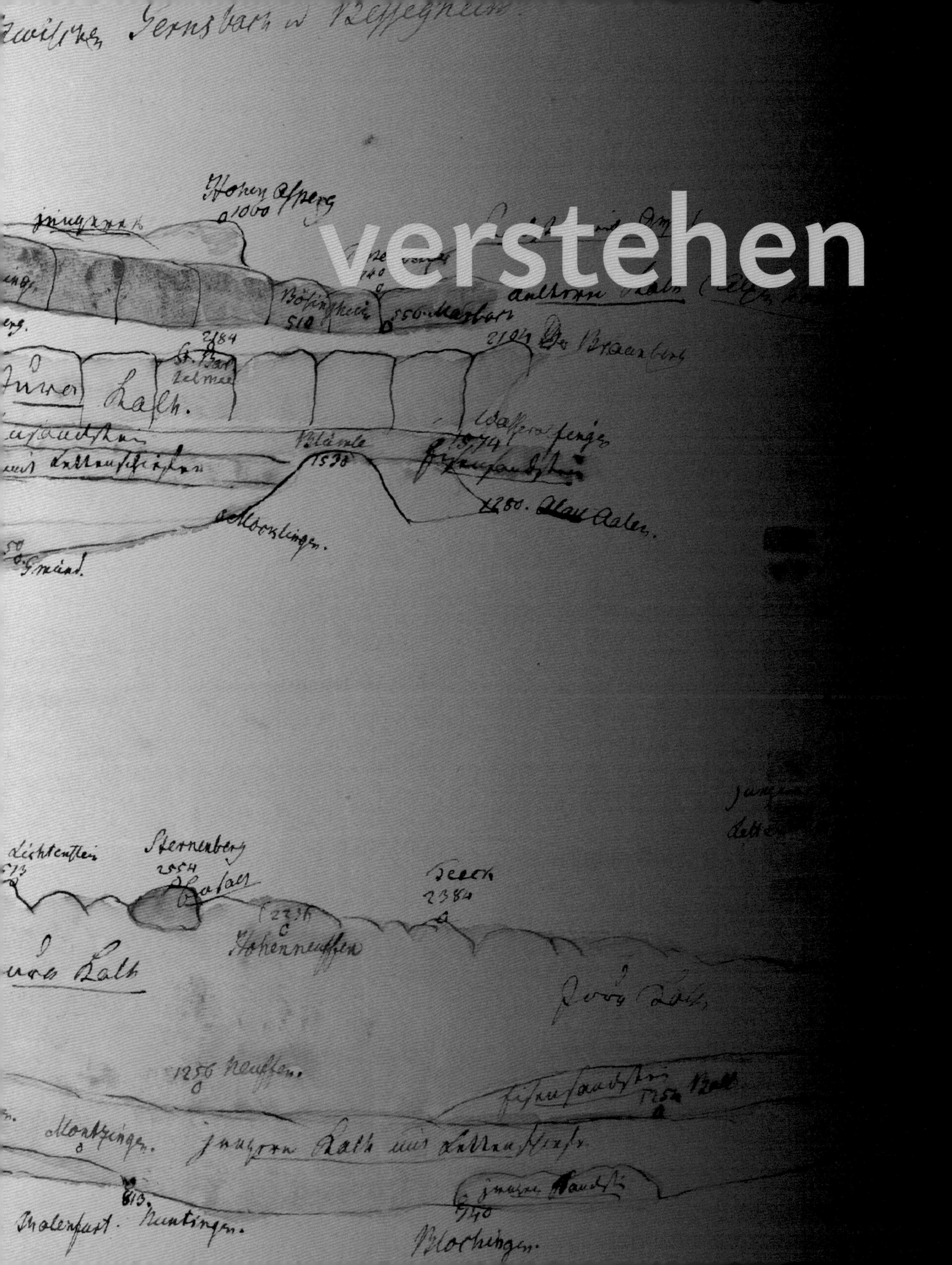
verstehen
Hohen Asperg
Sternenberg
2054
Hohenneuffen
Teck
2384
1256 Neuffen
Blochingen

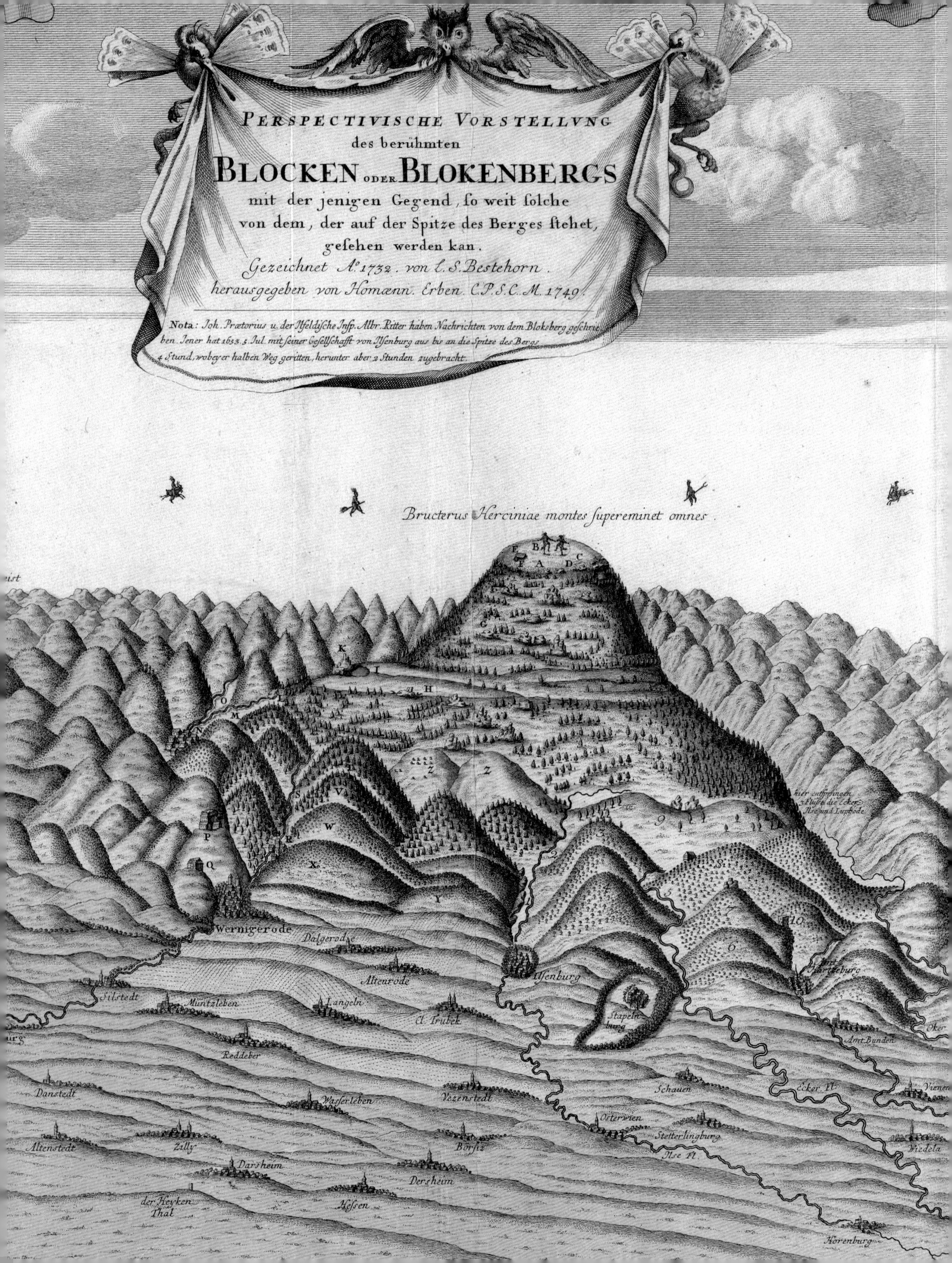
PERSPECTIVISCHE VORSTELLUNG
des berühmten
BLOCKEN ODER BLOKENBERGS
mit der jenigen Gegend, ſo weit ſolche
von dem, der auf der Spitze des Berges ſtehet,
geſehen werden kan.
Gezeichnet Aº. 1732. von L. S. Bestehorn.
herausgegeben von Homænn. Erben. C.P.S.C.M. 1749.
Nota: Joh. Prætorius u. der Ilfeldiſche Inſp. Albr. Ritter haben Nachrichten von dem Bloksberg geſchrie-
ben. Jener hat 1653. 5. Jul. mit ſeiner Geſellſchafft von Ilſenburg aus bis an die Spitze des Bergs
4 Stund, wobey er halben Weg geritten, herunter aber 2 Stunden zugebracht.
Bructerus Herciniae montes ſupereminet omnes.
hier entſpringen 3 Flüſſe die Ecker, Ilse und Luppbode
Wernigerode
Dalgerode
Altenrode
Ilſenburg
Silſtedt
Müntzleben
Langeln
Cl. Trubek
Stapelnburg
Amt Bunden
Reddeber
Danstedt
Waſſerleben
Vezenstedt
Schauen
Ecker Fl.
Vienen
Osterwien
Stetterlingburg
Altenstedt
Zilly
Börſſ
Wiedela
Ilse Fl.
Darsheim
Dersheim
der Heyken Thal
Heſſen
Horenburg
Oker

KATHRIN POLENZ

Christian Keferstein – Ein „Dilletant der Wißenschaft"[1]

Als Christian Keferstein (1784–1866) 61-jährig seine Lebenserinnerungen publizierte,[2] blickte er auf eine langjährige und intensive Auseinandersetzung mit verschiedenen wissenschaftlichen Bereichen zurück: Er hatte sich aktiv mit Geologie und Ethnographie beschäftigt. Sein Hauptinteresse galt dabei der geologischen Forschung, wohingegen er sich erst nach seinem ‚geologischen Ruhestand' mit ethnographischen Fragen befasste. Schon früh hatte er sowohl den Kontakt zu Naturforschern als auch zu wissenschaftlichen Gesellschaften gesucht, später reiste er in verschiedene Regionen, die er methodisch untersuchte und deren Ergebnisse er in geowissenschaftlichen Periodika und als Monographien veröffentlichte, und er tat sich darüber hinaus als Herausgeber einer geognostisch-geologischen Zeitschrift mit einem beigefügten geognostischen Atlas hervor.

Von diesen vielseitigen geologischen Beschäftigungen legen auch seine mineralogische Sammlung und seine äußerst umfangreiche Fachbibliothek und Kartensammlung Zeugnis ab. Bibliothek und Karten übergab er im Februar 1853 den Franckeschen Stiftungen zu Halle, um sie möglichst als geschlossenen Bestand zu erhalten, wo sie heute noch nutzbar sind und durch ihre Umfänglichkeit von großer Bedeutung für die Beschäftigung mit der Geschichte der Geowissenschaften des 18. und 19. Jahrhunderts.

Doch wer war dieser Christian Keferstein, der sein Leben der Forschung gewidmet hatte und ein umfangreiches Werk hinterließ, der aus heutiger Sicht jedoch nahezu in Vergessenheit geraten ist? Geboren wurde er am 20. Januar 1784 als Sohn des Juristen Gabriel Wilhelm Keferstein (1755–1816) in Halle an der Saale. Er wuchs in einem aufgeklärten und gebildeten Haushalt auf; sein Vater, als Mitglied des Magistrats der Stadt Halle, pflegte freundschaftlichen Umgang mit angesehenen Mitgliedern der Universität und den Honoratioren der Stadt.[3] Von 1803 bis 1806 studierte Christian Keferstein an der Universität Halle Jurisprudenz und hörte, neben den Vorlesungen zum Recht, auch bei Ludwig Wilhelm Gilbert (1769–1824) Chemie und Physik.

Keferstein schenkte den Franckeschen Stiftungen nicht nur seine Mineraliensammlung, sondern auch viele geologische und topographische Karten – so auch diese skurrile Darstellung des Brockens mit herumfliegenden Hexen auf ihren Besen („Perspectivische Vorstellung des berühmten Blocken oder Blokenbergs […]"), kolorierter Kupferstich nach L. S. Bestehorn, Nürnberg, 1749. Halle, Franckesche Stiftungen: BFSt: S/KEF:X 33-20 (Detail)

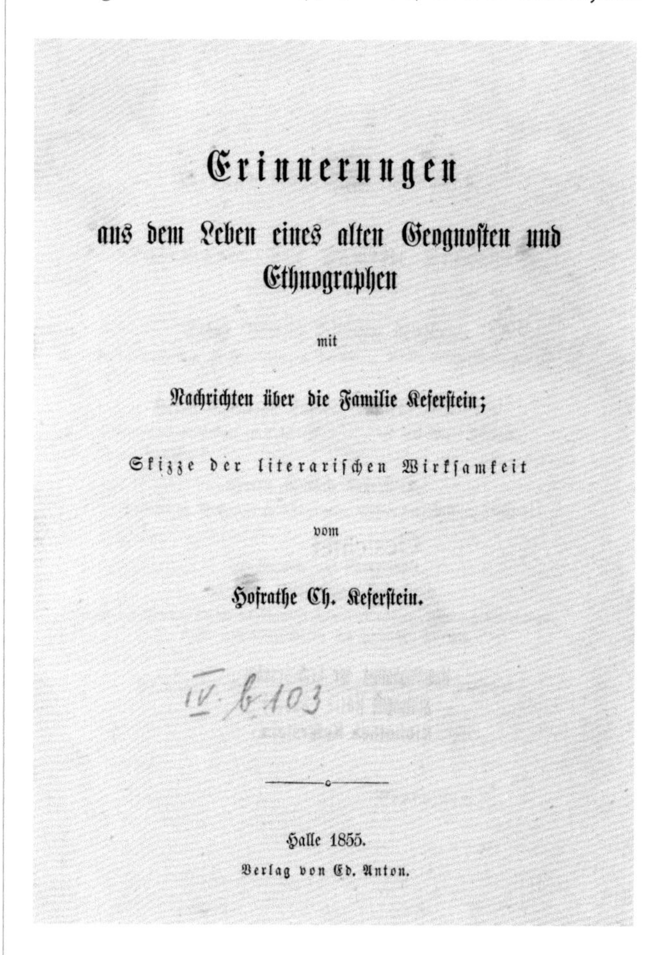

Erinnerungen

aus dem Leben eines alten Geognosten und Ethnographen

mit

Nachrichten über die Familie Keferstein;

Skizze der literarischen Wirksamkeit

vom

Hofrathe Ch. Keferstein.

Halle 1855.

Verlag von Ed. Anton.

5.39 | Titelseite der Autobiographie Kefersteins, in: Christian Keferstein: Erinnerungen, 1855. Halle, Franckesche Stiftungen

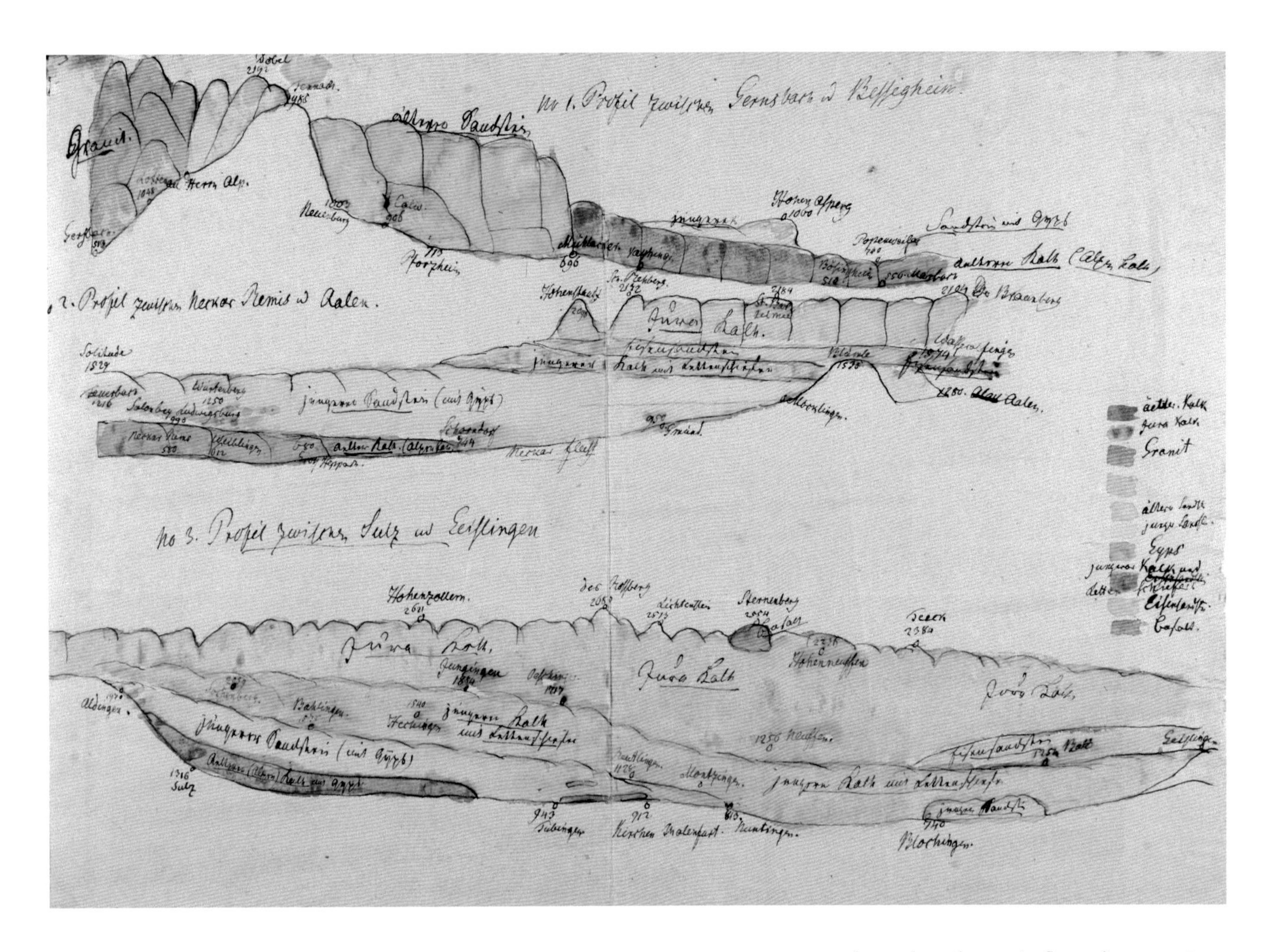

5.31b | Handkolorierte Gebirgsprofile mit Notizen Kefersteins. 1. Hälfte 19. Jahrhundert. Halle, Franckesche Stiftungen

Am 10. Mai 1806 wurde er nach erfolgreich abgeschlossenem Studium am Obergericht Magdeburg examiniert und erhielt am 3. Juni eine Anstellung als Auskultator[4] am Stadtgericht Halle, 1809 folgte die Anstellung als Rechtsanwalt.[5] Er baute sich bald eine einträgliche Praxis auf und wurde 1815 zum Justizrat und 1823 zum Hofrat ernannt.

Kefersteins vorrangiges Interesse galt aber schon in seiner Jugend der Naturkunde, vor allem dem Reich der Steine: „Ich sammelte und suchte recht fleißig was von Steinen aufzutreiben war, etiquettirte auch jedes Stück und es liegt mir noch heute ein Verzeichniß meiner Sammlung vom Jahre 1798 vor, aus dem hervorgeht, wie ich schon als 14jähriger Knabe die Umgegend von Halle recht durchsucht und vieles zusammengebracht hatte."[6] Unterstützt wurde er dabei nicht nur von verschiedenen Lehrern, sondern auch von seinem Vater, der ihm einzelne Stücke sowie einen Mineralienschrank zur Aufbewahrung seiner Sammlung schenkte.[7]

Durch das Sammeln von Mineralien, Gesteinen und Fossilien, das Beobachten der geologischen Verhältnisse und die Darstellung des Beobachteten anhand der auf Abraham Gottlob Werner (1749–1817) zurückgehenden Kennzeichenlehre[8] – der Beschreibung aller äußerlichen, sinnlich wahrnehmbaren Kennzeichen nach festen Regularien und einer eigenen Semantik – boten die Geowissenschaften vor ihrer Ausdifferenzierung in der Mitte des 19. Jahrhunderts[9] auch zahlreichen Amateuren und Dilettanten die Möglichkeit, aktiv an der Naturforschung teilzuhaben.[10] Eine genaue Abgrenzung von Amateur und Wissenschaftler ist dabei keineswegs einfach, besieht man sich nur die Situation der universitären Ausbildung in den naturwissenschaftlichen Disziplinen bzw. die noch im Entstehen begriffene Institutionalisierung.[11] Amateure waren nicht etwa eine Randerscheinung, sondern vielmehr eine große

Gruppe innerhalb der Forschergemeinschaft, die durch ihre Sammeltätigkeit Daten erfasste, in Einzelfällen trugen sie sogar federführend zur Entwicklung theoretischer Ansätze oder Methoden innerhalb der Naturforschung bei.

Die Geognosie um 1800

Die Geognosie spielt innerhalb der Geschichte der Geowissenschaften eine maßgebliche Rolle. Werner definierte sie als Teil der Mineralogie, „der uns über den festen Erdkörper als Inbegriff der Foßilien, und zwar sowohl nach seinen Verhältnißen zu den uns bekannten Naturgegenständen als auch, und vorzüglich, nach und mit den Verhältnißen seiner äußeren und inneren Bildung, deren Verschiedenheiten und ihren Ursachen gründlich und systematisch bekannt macht."[12] Sie prägte als empirische und beschreibende Disziplin bis weit ins 19. Jahrhundert hinein die stratigraphische Gliederung der Erde, auch wenn die von Werner angenommenen Kräfte der Gesteinsbildung später umfassend erweitert wurden.[13]

Dabei bildete die allgemein anerkannte Theorie des Neptunismus die wesentliche Grundlage zu einer chronologischen Abfolge der Gesteinsbildungen. Die aus einer allgemeinen Wasserbedeckung – dem sogenannten Urozean – gebildeten Gesteine unterscheiden sich demnach aufgrund ihrer Zusammensetzung und ihres Aussehens, denn Untersuchungen hatten, so Werner, „merkwürdige Verhältnisse"[14] gezeigt: Ältere Gebirge sollten demnach „fast durchaus chemisch –, die neueren hingegen grossentheils mechanisch gebildet" worden sein. Die ältesten Gebirgsmassen waren fast immer „kristallinisch" gebildet, wohingegen in den neueren die „mechanischen Gesteinsbildungen anfangen".[15] Anhand dieser äußeren Merkmale machte Werner vier verschiedene Bildungsepochen fest: die Urgebirge mit dem Granit als Basis, die Flötzgebirge und die aufgeschwemmten Gebirge als Bildungen aus dem Wasser sowie vulkanische Gesteine als lediglich lokale Erscheinungen.[16] Später fügte er die Übergangsgebirge als Glied zwischen Ur- und Flötzgebirge ein, die teils chemische, teils mechanische Bildungsmerkale aufwiesen.[17]

Werners Wirkungsort war die 1765 gegründete Bergakademie Freiberg in Sachsen, an die er 1775 als Berginspektor und Lehrer für Bergbaukunde und Mineralogie berufen worden war. Die Bergakademie wurde als eine staatliche Einrichtung des Königreichs Sachsen mit dem Ziel geschaffen, die Ausbildung von Beamten für das sächsische Berg- und Hüttenwesen zu befördern, da gerade das Montanwesen als eine wichtige ökonomische Säule der sächsischen Wirtschaft angesehen wurde, die es nach Ende des Siebenjährigen Krieges entscheidend zu verbessern galt.[18] Werner selbst war eine der herausragendsten Lehrerpersönlichkeiten dieser Institution, der mit seinem Amtsantritt die Lehrveranstaltungen sowohl inhaltlich als auch methodisch umgestaltete. Neben den Vorlesungen, in denen er den grundlegenden Lehrstoff systematisch vermittelte, auf aktuelle Forschungsfragen hinwies und seine Hörer zur Nachschrift seiner Lehrveranstaltung anregte, etablierte er praktische Übungen mit Exkursionen im Gelände und mo-

Kurze
Klassifikation und Beschreibung
der
verschiedenen Gebirgsarten,
von
A. G. Werner,
Bergakademie-Inspektor und Lehrer der Bergbaukunst und Mineralogie
zu Freyberg.

Dresden, 1787.
In der Waltherischen Hofbuchhandlung.

4.1.13 | Titelseite von Werners Klassifikation der Gebirgsarten, in: Abraham Gottlob Werner: Kurze Klassifikation, 1787. Halle, Martin-Luther-Universität Halle-Wittenberg, Universitäts- und Landesbibliothek Sachsen-Anhalt

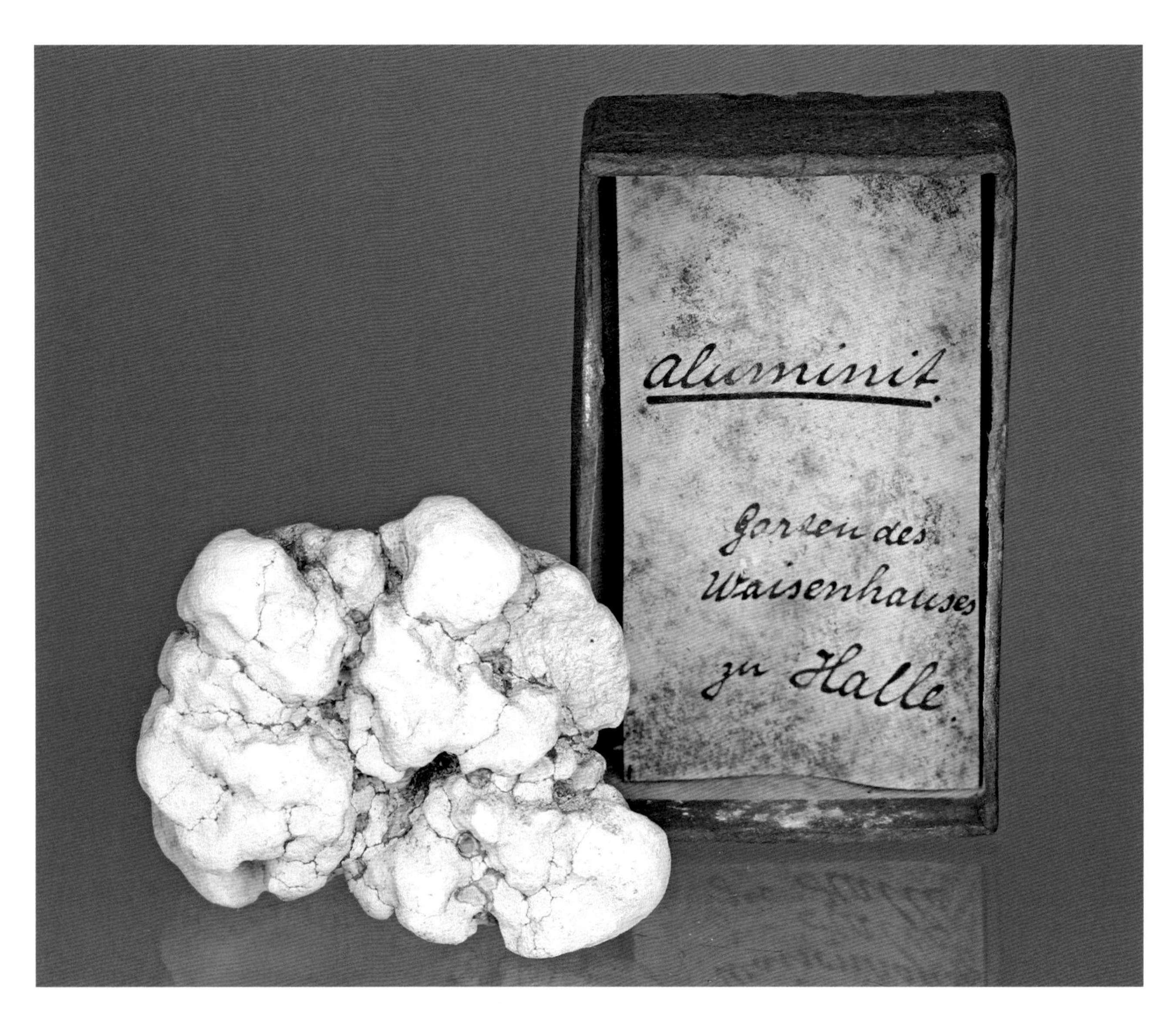

In einem frühen wissenschaftlichen Beitrag aus dem Jahr 1816 beschäftigte sich Keferstein mit dem Sulfatmineral Aluminit, das im frühen 18. Jahrhundert auf dem Gelände der Franckeschen Stiftungen erstmals entdeckt worden war. Siegen, Sammlung Norbert Stötzel (Foto: Stefan Koch)

tivierte die Studenten auch zum eigenständigen Literaturstudium. Auch durch Werners Reform des Studiums durch eine Verbindung von Theorie und Praxis sowie seine intensive Betreuung und Förderung seiner Schüler entwickelte die Bergakademie Freiberg seit den 1780er Jahren eine enorme Anziehungskraft auf Studenten aus ganz Europa, so dass sich Freiberg zu einem international anerkannten Ausbildungsort entwickelte und sich um Werner ein großer Schülerkreis herausbildete, zu dem namhafte Gelehrte des ausgehenden 18. und beginnenden 19. Jahrhunderts zählen wie Alexander von Humboldt (1769–1859), Leopold von Buch (1774–1853), Theodor Körner (1791–1813), Johann Carl Freiesleben (1774–1846), Friedrich Mohs (1773–1839), Friedrich August Breithaupt (1791–1873), Friedrich von Hardenberg (Novalis) (1772–1801), Henrik Steffens (1773–1845) und Ernst Friedrich Germar (1786–1853).[19]

Geognostische Kontakte

Keferstein engagierte sich zunächst aktiv in der Halleschen Naturforschenden Gesellschaft, in die er 1808 aufgenommen wurde[20] und deren Schriftführer er längere Zeit war. Hier fand sich ein Kreis wissenschaftlich Interessierter, der sich weniger aus Fachgelehrten als vielmehr aus Amateuren zusammensetzte, die sich gegenseitig ihre Beobachtungen und Erfahrungen mitteilten, „ohne daß sie gerade von sehr wissenschaftlicher Tiefe zu sein brauchten."[21] Bereits im ersten Jahr seiner Aufnahme hielt er zwei Vorträge („ Über ein neues Vorkommen des Aluminits bei Morl, im Saalkreise" und „Über Hauys System der Mineralogie") auf den Versammlungen der Gesellschaft.[22] Diese Vortragstätigkeit blieb über die Zeit, in der sich Keferstein mit Geognosie beschäftigte, gleichbleibend rege. Diese Mitgliedschaft war ihm nicht genug: Keferstein ersuchte im selben Jahr auch um Aufnahme in die Societät für die gesammte Mineralogie zu Jena.[23] Zunächst trat Keferstein, der „Dilletant der Wißenschaft"[24], mit ihrem Stifter und Direktor Johann Georg Lenz (1748–1832) in Kontakt, um eine Gesteinsanalyse durchführen zu lassen. In einem späteren Brief bat Keferstein, „mit der mineralogischen Societät in nähere Verbindung zu kommen."[25] Die angestrebte Aufnahme erfolgte noch im selben Jahr und Keferstein wurde das Diplom übersandt, das ihn als auswärtiges Mitglied auswies.[26]

In diese Zeit fielen auch enge Verbindungen zur Universität Halle und im Speziellen zu Henrik Steffens, der dort von 1804 bis 1806 und von 1808 bis 1811 als Professor für Naturphilosophie, Physik und Mineralogie tätig war.[27] Keferstein hörte Steffens Vorlesungen zur Mineralogie mit großem Interesse.[28] Er gehörte auch zu dem kleinen Kreis interessierter Studenten, dem Steffens seine Ansichten der Naturphilosophie vermittelte. Diese Darstellungen, so Keferstein, entsprachen seinen eigenen philosophischen Vorstellungen über die Natur, die er in seinen späteren Schriften umzusetzen versuchte.[29] Auch mit Steffens Nachfolger Germar verband Keferstein ein gemeinsames Interesse an den Naturwissenschaften.[30] Dieser stellte ihm auch seine in Freiberg angefertigten Vorlesungsmitschriften über Oryktognosie und Geognosie[31] zur Verfügung, so dass sich Keferstein die geognostischen Ansätze erschloss, „ohne eigentlich einen Lehrer gehabt zu haben, der mir seine Theorie einimpfte, mich durch schöne Vorträge bestochen hätte."[32]

Unterstützung bei bergbaulichen und ingenieurstechnischen Fragen erhielt Keferstein von Franz Wilhelm Werner von Veltheim (1785–1839), der von 1806 bis 1808 in Freiberg bei Werner sowie in Göttingen studiert hatte, bevor er 1808 in die preußische Bergverwaltung eintrat. Mit seiner

5.9.6a | Henrik Steffens, norwegischer Naturforscher und Anhänger der romantischen Naturphilosophie, Öl auf Leinwand von Christian August Lorentzen, 1804. Berlin, akg-images

Beförderung zum Direktor und Berghauptmann des Oberbergamtes in Halle im Jahr 1816 ermöglichte er Keferstein, an dessen Sitzungen teilzunehmen und das Aktenarchiv zu nutzen, um eine entsprechende Übersicht zu erlangen.[33]

Geognostische Forschungen

Kefersteins Interesse galt nicht nur dem theoretischen Wissen; er wollte vielmehr reisen, beobachten, sammeln. Nachdem er bereits seit seiner Jugend die Umgebung von Halle geologisch untersucht hatte, trat er ab 1811 größere Reisen in das nahegelegene Thüringen und schließlich in den gesamten mitteldeutschen Raum an. Im Jahr 1818 brach er zu seiner ersten größeren Exkursion in die Eifel auf, um die dort vorkommenden Basalte zu untersuchen,[34] deren Beobachtungen und Ergebnisse in seine ersten beiden Publikationen mündeten.[35] Schließlich konnte Keferstein sich aufgrund seiner finanziellen Unabhängigkeit ganz seinem geognostischen Interesse widmen, er reiste in den Sommermonaten, um „allmählig alle Theile von Deutschland wie der Nachbar-Länder in geognostischer Hinsicht zu studiren, die Männer von Fach, wie die geognostischen Sammlungen kennen zu lernen".[36]

Dabei kam der empirische Ansatz zum Tragen, der spätestens seit Horace Bénédict de Saussures (1740–1799) Erforschung der Alpen in der zweiten Hälfte des 18. Jahrhunderts einen wichtigen methodischen Zugang innerhalb der Geowissenschaften darstellte: auf Grundlage eines systematischen Planes gezielte Forschungen anzustellen, um möglichst alle interessanten Gegenstände zu erfassen und vor allem nicht Gefahr zu laufen, Wichtiges auszulassen.[37]

Diese umfängliche Erfassung geognostischer Daten aus den bereisten Gegenden Deutschlands und dem europäischen Raum veranlassten Keferstein schließlich zu einem Projekt, das er über zehn Jahre lang im Alleingang realisierte: einem geognostischen Atlas mit begleitendem Journal. Er wusste aus eigener Erfahrung um die Notwendigkeit und Bedeutung geognostischer Karten für den Naturforscher: „Jede noch so vortreffliche geognostische Beschreibung ohne Charte, giebt nur ein unvollkommenes Bild der Gegend, so wie die Zeichnung eines Krystalls erst die Beschreibung desselben instructiv und anschaulich macht."[38]

Erst seit der zweiten Hälfte des 18. Jahrhunderts wurden geologische Karten in nennenswertem Umfang angefertigt. Ziel dieser Projekte war die systematische geologische Erfassung von Gebirgen oder einzelnen Regionen, um den bergbaulichen Fragestellungen entsprechend neue Lagerstätten in ihrer Verteilung und ihrem Umfang erschließen zu können. Stellvertretend seien hier die Karten von Christian Hieronymus Lommer (1741–1787) von 1768 oder von Johann Friedrich Wilhelm von Charpentier (1738–1805) aus dem Jahre 1778 genannt, auf denen jeweils Teile des

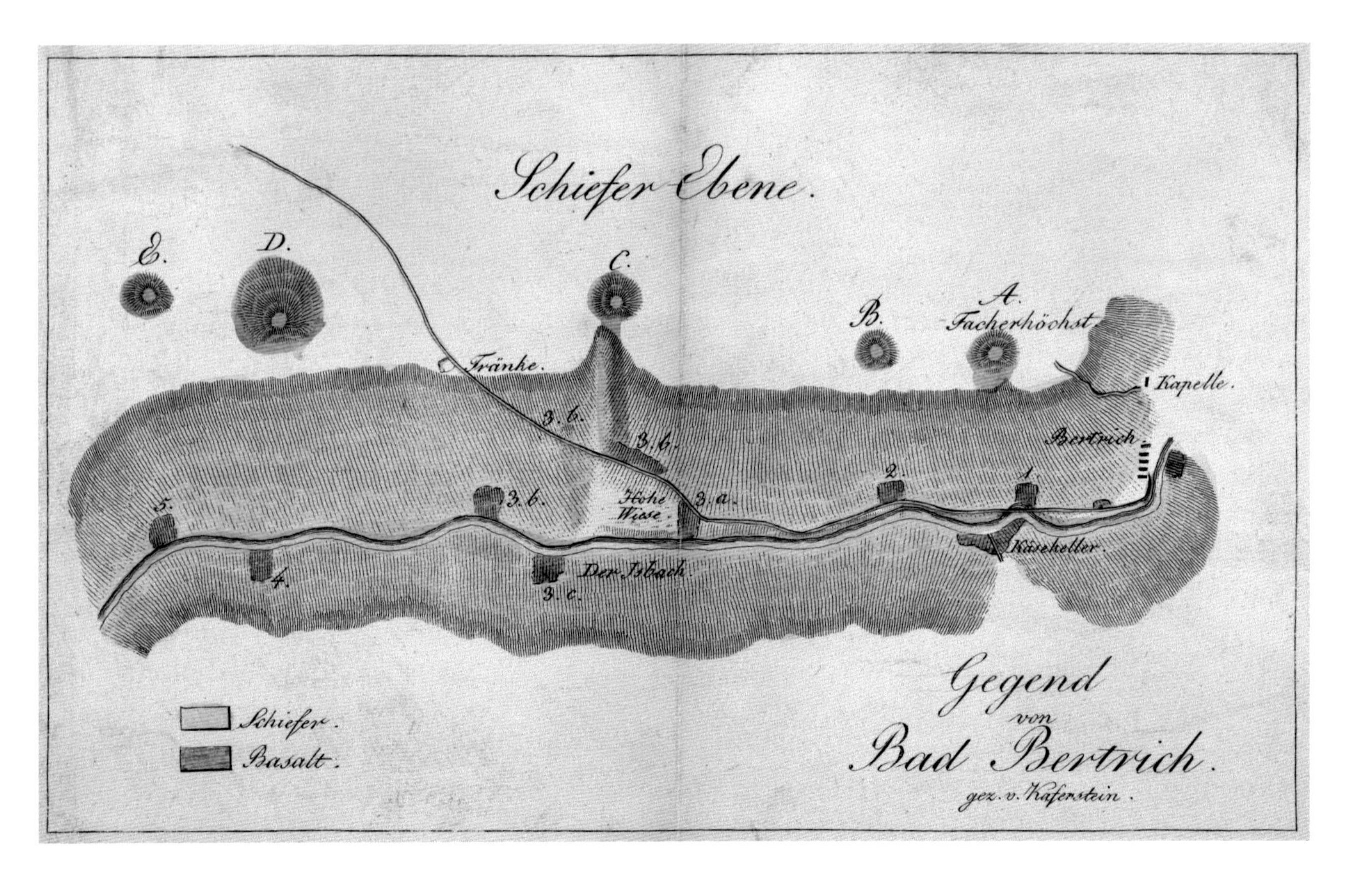

5.33 | Geognostisches Kärtchen der Gegend von Bad Bertrich in der Eifel, kolorierter Kupferstich nach einer Zeichnung von Christian Keferstein, in: Christian Keferstein: Geognostische Bemerkungen über die basaltischen Gebilde, 1820. Halle, Franckesche Stiftungen

Königreichs Sachsen geognostisch aufbereitet wurden. Besondere Bedeutung erlangte schließlich die geognostische Landesaufnahme des Königreichs Sachsen, die unter Werners Leitung seit dem Jahre 1786 als großangelegtes Projekt an der Bergakademie Freiberg aufgenommen worden war und erst lange nach Werners Tod im Jahre 1845 ihren endgültigen Abschluss fand.[39]

Im Gegensatz zu diesen staatlich geförderten Projekten zur Kartierung ökonomisch relevanter Bodenschätze, wie Braun- und Steinkohle sowie Salzvorkommen, stand das von Keferstein verfolgte Ziel, die erste geognostische Übersichtskarte von Deutschland und weitere regionale Spezialkarten anzufertigen,[40] im Zeichen der geognostischen Wissensvermittlung.

5.4 | Die erste geognostische Generalkarte Deutschlands von Christian Keferstein, kolorierter Kupferstich, 1821. Berlin, Staatsbibliothek zu Berlin – Preußischer Kulturbesitz: Abteilung Historische Drucke; Kartenabteilung

FOLGENDE SEITEN:
5.5 | Brief von Johann Wolfgang von Goethe an Keferstein, 1821. Halle, Franckesche Stiftungen

zum Theile auf- unter- und durcheinander liegt.

Aus eigener Anschauung wüßte ich daher das mir übersendete Blatt der Herzogl. Sächsischen Lande nicht zu beurtheilen, doch werden sich gewiß in der Beziehung Ihres Gewährsmannes, Voigts von Hoffs und von Heims genauere Bestimmungen finden.

Wir besitzen in Jena das Heimische Cabinet, welches bey seinem großen Werthe, aber jene Ordnung des schwer zu unterscheidenden Vorkommens vermissen läßt.

So viel für dießmal. Ich werde den Gang Ihrer Arbeiten theilnehmend verfolgen, mich von Zeit zu Zeit mit den ausführenden Künstlern besprechen und zuletzt das Urtheil über Gelingen und zu hoffenden Nutzen Ihrer Arbeit einigermaßen melden. Gewiß wird es an guter Wirkung derselben nicht fehlen.

Das Beste wünschend

Weimar
den 12. May
1821.

ergebenst
J W v Goethe

Charpentier: mineralogische Geographie der Chur=sächsischen Lande. Lpzg. 1778. . . . . 4.

—— Beobachtungen über die Lagerstätte der Erze, hauptsächlich aus den sächs. Gebirgen. Ein Beitrag zur Geognosie; m. K. Lpzg 1799. . . . . 4.

Heim: Geologische Beschreibung des Thüringer Waldgebirgs Th. 1–3. Meiningen 1812. . . . . 8.

Hof Gemälde der physischen Beschaffenheit des Thüringer Waldgebirgs. Erfurt 1812 . . . . . 8.

—— und Jacobs: der Thüringer Wald; für Reisende g. m. K. Th. 1–4. Gotha 1807 . . . . 8.

Voigt: mineralog. Reisen durch das Herzogthum Weimar und Eisenach u. einigen angränzenden Gegenden. Th. 1. Dessau 1782. Th. 2. Weimar 1785. . 8.

—— mineralogische Beschreibung des Hochstifts Fulda, mit einer petrographischen Landcharte. Dessau u. Lpzg. 1783. 8.

Schneider naturhistorische Beschreibung des diesseitigen hohen Rhöngebirges. Frkf. a/M. 1816. . . 8.

Goldfuss u. Bischof: physikalisch-statistische Beschreibung des Fichtelgebirges Th. 1. 2. Nürnb. 1817. 8.

u. s. w.

Geognostische Karten und Periodikum

Zur Umsetzung seines ehrgeizigen Plans wandte sich Keferstein an das von Friedrich Justin Bertuch (1747–1822) gegründete und in Weimar ansässige Landes-Industrie-Comptoir, einen renommierten Wissenschaftsverlag mit besonderem Fokus auf Geographie und Kartenproduktion, hoffte er doch, auf dessen großen Kartenbestand zurückgreifen zu können.[41] In seinem ersten Brief, den er 1820 an Bertuchs Nachfolger und Schwiegersohn, den Mediziner Ludwig Friedrich von Froriep (1779–1847) richtete, machte er seine Ziele deutlich:

> „Seit vielen Jahren habe ich mich mit der Geognosie von Deutschland beschäftigt, [...], bin ich nun in Stand gesetzt genaue geognostische Charten und eine detaillirte geognostische Beschreibung von Deutschland zu liefern, und hierdurch eine Lücke auszufüllen, die nicht allein von den Naturforschern sondern auch von den Geographen gefühlt wurde, da noch zur Zeit Niemand versucht hat eine geognostische Charte von Deutschland, oder nur von einem größern Theil davon zu liefern. Ich wünsche nun ein größeres Werk, unter dem Titel ‚Deutschland, geognostisch-geologisch dargestellt' herauszugeben, und [...] in einzelnen, monatlich[en] [...] Heften erscheinen zu lassen; das erste würde eine geognostische General Charte von Deutschland nebst einer allgemeinen geognostischen Beschreibung enthalten [.]"[42]

Und Kefersteins Vorschlag fand das Interesse von Froriep, der seinen Verlag auf dem Gebiet der Geowissenschaften weiter ausbauen wollte, auch da sich sein Sohn mit Mineralogie und Geognosie beschäftigte.[43] Finanzielle Fragen wurden zwischen beiden Partnern ebenso zügig geregelt[44] wie inhaltliche, nämlich die Wahl der passenden Karte für die geognostische Übersichtskarte. Die Entscheidung fiel auf die *General Charte von Teutschland* von Karl Ferdinand Weiland (1782–1847), einem der Kartographen des Landes-Industrie-Comptoirs. Auf dieser topographischen Karte trug Keferstein die Grenzen der zu unterscheidenden Gesteine ein, die dann von den Kupferstechern in Weimar nachträglich auf die vorhandenen, nicht illuminierten Kartenblätter gestochen wurden. Schwieriger als die Wahl der Karte war jedoch die Wahl der passenden Farben für die

5.9.2a | Auch mit dem Göttinger Mineralogen Carl Cäsar von Leonhard stand Keferstein in regem Briefkontakt. Kupferstich, um 1800. Berlin, bpk-Bildagentur

einzelnen zu kartierenden Gesteinsformationen, war diese Entscheidung doch richtungsweisend für die nachfolgenden Spezialkarten, die in gleicher Weise farblich gestaltet werden sollten. Keferstein bat sich daher die Meinung Johann Wolfgang von Goethes (1749–1832) aus, nachdem er bereits versucht hatte, die einzelnen Flächen selbst zu illuminieren.[45] Innerhalb von drei Monaten hatte Goethe eine Farbentafel erarbeitet, die Kefersteins Zustimmung fand:

> „Die Farbentabelle des Hr. Gr. v. Göthe ist ganz vortrefflich! Ich weiß nicht, wie ich diesen würdigen Gelehrten danken soll für die gefällige Theilnahme an meinen Versuchen, durch ihn gewinnt die Darstellung ganz ungemein; sagen Sie vorläufig den selben meinen wärmsten und innigsten Dank."[46]

Die Zeitschrift erschien unter dem Titel *Teutschland geognostisch-geologisch dargestellt, mit Charten und Durchschnittszeichnungen, welche einen geognostischen Atlas bilden*[47] und wurde von 1821 bis 1831 in sieben Bänden mit insgesamt 20 Heften verlegt. Ihr Erscheinen wurde jedoch aufgrund mangelnden Absatzes sowie des Erscheinens eines Konkurrenzprodukts, des geognostischen Atlasses von Leopold von Buch, eingestellt. Auch blieb Kefersteins Rettungsversuch, seine Zeitschrift bei der Cotta'schen Buchhandlung in Stuttgart zu platzieren, ohne Erfolg.[48]

Das Ende seines Karten- und Zeitschriftenprojekts war aber keinesfalls der Schlusspunkt in Kefersteins geognostischem Wirken, vielmehr folgten weitere Buchprojekte zur Geschichte der Geognosie und als mineralogische Wörterbücher, schließlich wandte er sich in den 1840er und 1850er Jahren ethnographischen Fragen zu. Keferstein starb am 28. August 1866 in seiner Heimatstadt Halle.

Resümee

Keferstein stellt sich in seiner Autobiographie als Gelehrter vor, der retrospektiv mit gewissem Stolz auf seine vielfältigen wissenschaftlichen Tätigkeiten blickt. Er sieht sich als Naturforscher mit eigenen Ideen, die er nach außen in zahlreichen Schriften vertritt, auch wenn sie nicht immer der gängigen Lehrmeinung entsprechen.

Seine Ansichten fußten nicht nur auf bloßen Spekulationen, sondern basierten auf ausgedehnten empirischen Untersuchungen. Selbstbewusst bewertete er seine Arbeiten auf den verschiedenen Feldern der Wissenschaft als positiv und gewinnbringend, da sie „von der Geschichte der Wissenschaft einen Theil bilden, der zum Ganzen gehört."[49]

Vor dem Hintergrund einer noch nicht ausdifferenzierten und etablierten Wissenschaft arbeitete Keferstein weitestgehend allein an seinem geognostischen Forschungsprogramm, auch wenn er den Kontakt zu Naturforschern in seinem näheren Umfeld suchte und sich ein weit gespanntes Korrespondenznetzwerk[50] aufbaute, das ihm die Möglichkeit des wissenschaftlichen Austauschs bot. Obgleich seine Arbeiten zu seinen Lebzeiten vielleicht nicht die erhoffte Resonanz erfuhren und nach seinem Tod in Vergessenheit gerieten, bilden doch gerade die hinterlassenen Schriften, Sammlungen, seine Forschungsbibliothek und Kartensammlung einen enthusiastischen und an der Wissenschaft hochgradig interessierten Gelehrten ab, der, seinem Verständnis nach, seinen Platz innerhalb der wissenschaftlichen Gemeinschaft eingenommen hatte.

Seine Mineraliensammlung, „über 10,000 Stück mit den Schränken",[51] hatte Keferstein 1850 den Franckeschen Stiftungen geschenkt. Sie befindet sich heute im Institut für Geowissenschaften und Geographie der Martin-Luther-Universität Halle-Wittenberg, jedoch sind die Sammlungsmöbel nicht mehr vorhanden. Auch seine Bibliothek, „besonders die Werke und Zeitschriften über Geognosie und Geologie, wie [...] Landkarten, Autographensammlung und Manuscripte", übergab er 1853 den Franckeschen Stiftungen „als Pertinenz der ‚Kefersteinschen Mineraliensammlung', die dadurch nutzbarer werden dürfte." Zudem vermachte er ihnen „ein Capital von 500 Thlr. [...], von dessen Zinsen die Bibliothek vermehrt und die Sammlung erhalten werden soll".[52] Diese Bibliothek befindet sich noch heute im Studienzentrum August Hermann Francke der Stiftungen.

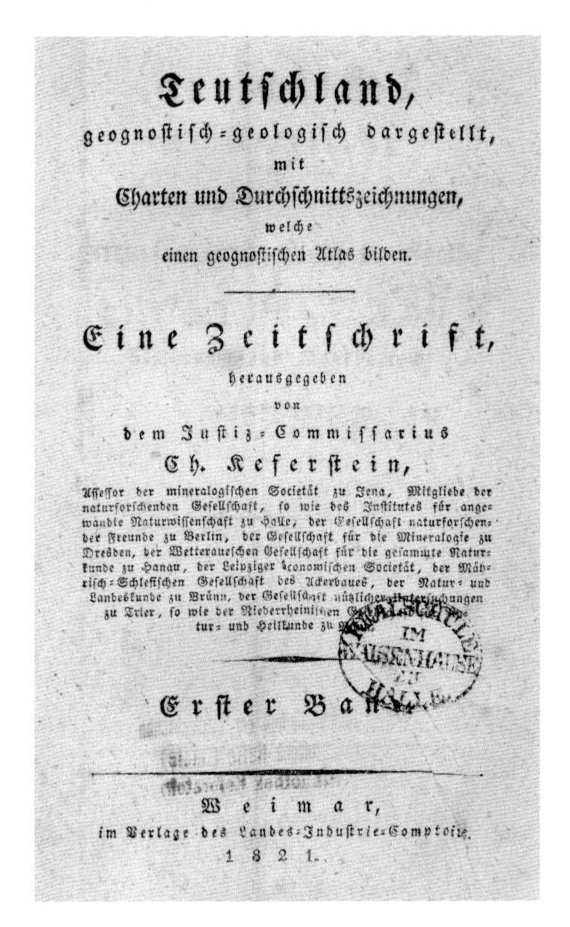

Teutschland,
geognostisch-geologisch dargestellt,
mit
Charten und Durchschnittszeichnungen,
welche
einen geognostischen Atlas bilden.

Eine Zeitschrift,
herausgegeben
von
dem Justiz-Commissarius
Ch. Keferstein,
Assessor der mineralogischen Societät zu Jena, Mitgliede der naturforschenden Gesellschaft, so wie des Institutes für angewandte Naturwissenschaft zu Halle, der Gesellschaft naturforschender Freunde zu Berlin, der Gesellschaft für die Mineralogie zu Dresden, der Wetterauischen Gesellschaft für die gesammte Naturkunde zu Hanau, der Leipziger öconomischen Societät, der Mährisch-Schlesischen Gesellschaft des Ackerbaues, der Natur- und Landeskunde zu Brünn, der Gesellschaft nützlicher Untersuchungen zu Trier, so wie der Niederrheinischen Gesellschaft für Natur- und Heilkunde zu Bonn.

Erster Band.

Weimar,
im Verlage des Landes-Industrie-Comptoirs.
1821.

5.35 | Titelblatt des ersten Bandes von Kefersteins Zeitschrift, dem die Generalkarte Deutschlands beigegeben war, in: Teutschland, geognostisch-geologisch dargestellt, 1821. Halle, Franckesche Stiftungen

ANHANG

Die Keferstein'sche Mineraliensammlung.[53]

Die ganze Sammlung zerfällt in zwei Hauptteile, einen oryktognostischen und einen geognostischen, ersteren in 10 Schränken mit 172 Schubladen, letzteren in 9 Schränken mit 190 Schubladen; in jeder Schublade liegen die einzelnen Mineralien geordnet in Pappkästchen, von denen jedes bei kleinen Formen gewöhnlich eine Menge Exemplare enthält. Dazu kommt noch 1 Schrank mit Petrefacten, eine äußere Kennzeichen-Sammlung nach Werner'schen Grundsätzen von c. 200 Stück, eingepackt in eine Kiste, und eine Menge einzelner Mineralien, theils in offenen Kasten, theils eingepackt, worunter namentlich viele Schaustücke sind.

A. Die oryktognostische Sammlung.

Diese Sammlung ist nach Werner's System geordnet. Bei jeder größern Gattung beginnt die Kristallisationssuite, enthaltend die zur Gattung gehörigen Mineralien ihren verschiednen Kristallformen nach von der einfachsten bis zur zusammengesetztesten. Dieser Theil der Sammlung ist vom Herrn Geschenkgeber mit ganz besondrer Sorgfalt angelegt worden, indem jede Suite nicht allein zahlreiche natürliche Kristalle enthält und zwar die kleinern Exemplare sämtlich auf Trägern von Wachs befestigt, um sie bequemer anfassen und beschauen zu können, sondern auch überall die zugehörigen Bezeichnungen aus Hauy's Kristallographie[54] ausgeschnitten und auf Papierblätter aufgeleimt beigefügt sind, welche die Erläuterung der Kristallformen der betreffenden Mineralien enthalten. Dazu kommt, daß die Sammlung die hauptsächlichsten Kristallformen in Pappe modellirt besitzt und außerdem in jeder Schublade die Modelle der darin vorkommenden Kristalle aus Holz, Talk, Thon, etc. geschnitzt liegen, ebenfalls von dem einfachsten zu den zusammengesetzteren Formen übergehend, so daß durch diese reichen Hilfsmittel das schwierige Studium der Kristallographie möglichst erleichtert wird.

Auf die Kristallisationssuite folgt die Farbensuite, welche die zur Gattung gehörigen Mineralien nach ihrer verschiednen Färbung geordnet enthält; alsdann folgen die Arten, die Uebergänge, das verschiedne Vorkommen etc. Diese Anordnung erleichtert den Gebrauch der Sammlung gar sehr, indem man ohne viel Mühe die in jedem Falle instructiven Handstücke herausfinden kann, zumal jede Schublade auf einer Etiquette die Namen der darin befindlichen Mineralien, und bei größern Gattungen, welche sich oft durch viele Schubladen hindurchziehen, auch die nähere Angabe enthält, ob die Kristallisations- oder Farben- etc. Suite darin sei.

Die einzelnen Mineralien vertheilen sich wie folgt:

I. Erdige Mineralien über 4000 Kasten, darunter sind 4 Demante, 71 Kasten Topas, 26 Beryll und Smaragd, 528 Quarz, 93 Opal, 125 Granat, 273 Feldspath, 49 Albin, Ichthyophthalm, 36 Mesotyp, 168 Augit, 189 Amphibol, Hornblende, 247 Glimmer, 98 Marmolit, Serpentin, 47 Speckstein, 225 Kalkspath, 114 Kalkstein, 40 Mergel, 26 Braunspath, 129 Gyps, 88 Fluß[spat], 15 Steinsalz, 18 Magnesia, 52 Arragonit, 27 Strontian, 36 Cölestin, 105 Baryt etc.

II. Schwefel und Schwefelmetalle über 600 Kasten, darunter 21 Kasten Schwefel, 23 Rauschgelb, 35 Spießglanzerz, 53 Blende, 62 Bleiglanz, 32 Zinnober, 28 Rothgiltig, 26 Glanzkobalt, 42 Speiskobalt, 37 Kupferkies, 120 Schwefelkies, 23 Arsenikkies etc.

III. Metalle, gediegen, oxydirt und gesäuert über 1000 Kasten, darunter 5 Kasten Arsenik, 5 Spießglanz, 12 Tellur, 18 Wismuth, 36 Galmey, 57 Zinnstein, 130 Blei, 10 Quecksilber, 21 Silber, 16 Gold, 1 Platin, 24 Nickel, 33 Kobalt, 163 Kupfer, 380 Eisen, 104 Braunstein, 25 Wolfram und schwefelsaures Scheel[it], 24 Uranglimmer und Pechuran, 8 Selenblei etc.

IV. Kohlige Mineralien über 300 Kasten, und zwar 29 Kasten Anthracit, 40 Steinkohle, 142 Braunkohle, Alaunerde etc., 4 Kohlen-Hornblende, 16 Torf, 20 Erdpech, 38 Retinit, 12 Bernstein, 11 Graphit.

Die ganze oryktognostische Sammlung enthält demnach über 6000 Kasten, darunter eine große Anzahl mit Prachtexemplaren.

Perspectivische Vorstellung des berühmten Blocken oder Blokenbergs […], kolorierter Kupferstich nach L. S. Bestehorn, Nürnberg, 1749. Halle, Franckesche Stiftungen: BFSt: S/KEF:X 33-20

B. Die geognostische Sammlung.

I. Deutschland.

1. Norddeutschland.

a. Das Rheinische Schiefergebirge, 127 Kasten mit Suiten von Grauwacke, Schiefer, Kalk, Porphyr und Kohle.

b. Das sächsische Gebirge, 370 Kasten mit Suiten des dortigen Gneis, Schiefer, Porphyr und Todtliegendem.

c. Das Fichtelgebirge, 21 Kasten mit Schiefer etc.

d. Das Böhmisch-Bairische Waldgebirge, 30 Kasten.

e. Das Schlesische Gebirge, 268 Kasten mit Suiten von Schiefer, Porphyr, Todtliegendem, Steinkohlen, Muschelkalk, Erzen.

f. Der Thüringer Wald, 106 Kasten vom Schiefer bis zur Steinkohle.

g. Der Harz mit 310 Kasten.

h. Die Porphyre und Steinkohlen von Halle in 267 Kasten.

i. Das Flözgebirge, enthaltend die Suiten des Todtliegenden, Weißliegenden, Kupferschiefers, Zechsteins aus Mannsfeld in 223 Kasten, den Gyps der Zechsteinformation und von Lüneburg in 42 Kasten, die Formation des bunten Sandsteins in 77 Kasten, die Formation des Muschelkalkes in 134 Kasten, des Keupers in 125 Kasten, des Lias in 68 Kasten, des Grünsands in 211 Kasten, der Braunkohle vom Meisner, Coldiz, Kaltennordheim, Salzhausen, Halle etc.

2. Süddeutschland.
Suiten vom Schwarzwald in 60, vom Odenwald in 33, vom Speßard in 23, vom bunten Sandstein in 34, vom Muschelkalk in 40, von der Keuperformation in 86, vom Lias in 115, vom Jurakalk in 75, vom Grünsand und der Kreide in 35, vom Süßwasserkalk in 34 Kasten.

3. Andere tertiäre Straten aus Deutschland.
Suiten der tertiären Straten von Ilsenburg, Langenweddingen, Minden, der Wetterau etc. in 206, vom Süßwasserkalk und Kalksinter in 56, vom Lehm und Grand [=Schotter] in 15, vom Torf in 10, vom Meerkalk der Jetztzeit in 8 Kasten.

4. Basaltisches Gebirge.
Basalt-Suiten aus der Eiffel in 70, von Steinheim in 26, von der Rhön in 24, von der blauen Kuppe in 16, aus Sachsen und Böhmen in 50, aus dem Breisgau in 47 Kasten.

II. Die Alpen und angrenzenden alpinischen Gebirge mit Italien.
Suiten aus der Centralkette der Alpen in 100, vom Alpenkalk in 370, der Molasseformation in 110, von Padua in 50, Petrefacten aus dem Alpenkalk in 100, Suite aus Dalmatien und den Apenninen in 110, vulkanische Suite von Vesuv und Aetna in 362 Kasten.

III. Ungarn, Frankreich etc.
Suite aus Ungarn vom Granit, Grauwacke. Trachyt etc. in 95, Suite aus den Karpathen in 179, Suite der tertiären Straten aus dem Bassin von Wien in 50, Suite der tertiären und vulkanischen Straten aus der Auvergne in 100, Suite aus Burgund in 27, Suite des Steinsalzgebirges Vic in Lothringen in 20, Suite der Juraformation in Frankreich und der französischen Schweiz mit Neuenburg in 50, Suite der tertiären Straten im Becken von Paris in 150, Suite der tertiären Straten von Aix en Provence in 100 Kasten.

IV. England.
100 Stück Gebirgsarten aus England.

V. Andere Länder.
89 Gebirgsarten aus Island, Rußland und Nord-Amerika. Diese geognostische Sammlung enthält die Beweisstücke zu den Ansichten, welche der Herr Hofrath Keferstein in der von ihm herausgegebenen Zeitschrift: „Deutschland geognostisch-geologisch dargestellt und mit Karten und Durchschnittszeichnungen erläutert, Weimar 1821–1831, VII Bände," und in der „Zeitung für Geographie und Geologie, Weimar 1826–1831, XI. Stück" niedergelegt hat. Jedes einzelne Stück der Sammlung ist mit einem Zettel versehen, welcher neben dem Namen auch eine genaue Angabe des Fundortes enthält.

C. Die Petrefacten-Sammlung.
Dieselbe enthält meist Conchylien, welche von Marklin[55] aus Upsala bestimmt sind, und zwar neben den versteinerten auch eine große Anzahl noch jetzt vorkommender Arten, in mehr als 1600 Kasten; außerdem aber eine große Parthie fossiler Knochen, c. 200 Stück von Vierfüßlern, auch Zähne vom Elephanten etc., meist von Egeln aus den Spalten des Gyps.

Diese kurze Übersicht – ein genaues Verzeichniß wird im Laufe des Herbstes angefertigt werden[56] – möge genügen, um auf die Reichhaltigkeit der Sammlung und somit auf die Bedeutung des Geschenkes aufmerksam zu machen.

[1] Brief von Keferstein an Johann Georg Lenz, 22.08.1808, Universitätsarchiv Jena, U Abt. IX, 14, MB 1479.

[2] Christian Keferstein: Erinnerungen aus dem Leben eines alten Geognosten und Ethnographen mit Nachrichten über die Familie Keferstein; Skizze der literarischen Wirksamkeit. Halle: Anton, 1855, siehe auch: Walter Steiner: Christian Keferstein. Ein Wegbereiter der regionalen Geologie Deutschlands. In: Berichte der Deutschen Gesellschaft für Geologische Wissenschaften, Reihe A, 14, 1969, 269–320.

[3] Keferstein, Erinnerungen [s. Anm. 2], 14–19.

[4] Gerichtsreferendar.

[5] Keferstein, Erinnerungen [s. Anm. 2], 32.

[6] Keferstein, Erinnerungen [s. Anm. 2], 43.

[7] Keferstein, Erinnerungen [s. Anm. 2], 44.

[8] Abraham Gottlob Werner: Von den äußerlichen Kennzeichen der Foßilien. Leipzig: Crusius, 1774.

[9] Peter Schimkat: Geologie in Deutschland. Zur Etablierung einer naturwissenschaftlichen Disziplin im 19. Jahrhundert. Augsburg 2008 (Algorismus, 69).

[10] Der Dilettantismus ist seit den 1970er Jahren in der Forschung verstärkt thematisiert worden, wobei hier auf die Unterscheidung zwischen dem Dilettantismusbegriff innerhalb der bildenden Künste und dem der Naturwissenschaften hinzuweisen ist. Siehe dazu u. a.: Dilettantismus um 1800. Hg. v. Stefan Blechschmidt u. Andrea Heinz. Heidelberg 2007 (Ereignis Weimar-Jena. Kultur um 1800, Ästhetischen Forschungen, 16); Marie-Theres Federhofer: „Moi simple amateur." Johann Heinrich Merck und der naturwissenschaftliche Dilettantismus im 18. Jahrhundert. Hannover 2001.

[11] Federhofer, Merck [s. Anm. 10], 22–29.

[12] Christian Keferstein nach Ernst Germar: Geognosie nach dem Vortrage des Herrn Bergrathes A. G. Werner im Jahre 1805–1806, Manuskript, Halle, Bibliothek der Franckeschen Stiftungen (nachfolgend BFSt): KEF:X 18, Bl. 5r.

[13] Bernhard Fritscher: Ein „physisches System" der Erde. Zur Bedeutung der Geognosie A. G. Werners für die Entwicklung einer chemischen Geologie. In: Beiträge zur Geschichte von Bergbau, Geologie und Denkmalschutz. Festschrift zum 70. Geburtstag von Otfried Wagenbreth. Hg. v. Helmuth Albrecht [u. a.]. Freiberg 1997, 54–58, hier 54.

[14] Abraham Gottlob Werner: Allgemeine Betrachtungen über den festen Erdkörper. Eine Vorlesung des Bergraths Werner. In: Auswahl aus den Schriften der unter Werner's Mitwirkung gestifteten Gesellschaft für Mineralogie zu Dresden. Bd. 1. Leipzig: Gleditsch, 1818, 39–56, hier 53.

[15] Werner, Allgemeine Betrachtungen [s. Anm. 14], 53.

[16] Abraham Gottlob Werner: Kurze Klassifikation und Beschreibung der verschiedenen Gebirgsarten. Dresden: Walther, 1787, 5.

[17] Kathrin Polenz: The second generation. Geognosie nach Abraham Gottlob Werner. Diss. rer. nat. Jena 2015, 48.

[18] Siehe dazu u. a. Helmuth Albrecht u. Jörg Zaun: Montanwissenschaft in Sachsen. In: Erleuchtung der Welt. Sachsen und der Beginn der modernen Wissenschaften, Hg. v. Detlef Döring u. Cecilie Hollberg. Dresden 2009, 272–281.

[19] Martin Guntau: Abraham Gottlob Werner. Leipzig 1984 (Biographien hervorragender Naturwissenschaftler, Techniker und Mediziner, 75), 24–31.

[20] Unter der Nummer 205 des Mitgliederverzeichnisses wird „Hr. Christian Keferstein, Referendar beim Hallischen Tribunal, als hies. vortr. Mitgl." geführt, s. C[arl] C[hristoph] Schmieder: Neue Schriften der naturforschenden Gesellschaft zu Halle. 1. Heft: Geschichte ihrer Entstehung und neuern Einrichtung. Halle: Hendel, 1809, 47.

[21] Keferstein, Erinnerungen [s. Anm. 2], 33.

[22] Dokumentiert bei Schmieder, Neue Schriften [s. Anm. 20], 20f.

[23] Zur Geschichte der Societät siehe: Johanna Salomon: Die Sozietät für die gesamte Mineralogie zu Jena unter Goethe und Johann Georg Lenz. Köln, Wien 1990 (Mitteldeutsche Forschungen, 98).

[24] Brief von Keferstein an Lenz [s. Anm. 1].

[25] Brief von Keferstein an Lenz, 07.09.1808, Universitätsarchiv Jena, U Abt. IX, 14, MB 1484.

[26] Brief von Keferstein an Lenz, 24.10.1808, Universitätsarchiv Jena, U Abt. IX, 14, MB 1499; Johann Georg Lenz: Schriften der Herzoglichen Societät für die gesammte Mineralogie zu Jena. 3. Bd. Jena 1811, 373.

[27] Dietrich von Engelhardt: Henrik Steffens. In: Naturphilosophie nach Schelling. Hg. v. Thomas Bach u. Olaf Breidbach. Stuttgart, Bad Cannstadt 2005 (Schellingiana, Bd. 17), 701–735, hier 708f.

[28] Keferstein, Erinnerungen [s. Anm. 2], 47.

[29] Keferstein, Erinnerungen [s. Anm. 2], 35, siehe dazu Christian Keferstein: Die Naturgeschichte des Erdkörpers in ihren ersten Grundzügen. 2 Theile. Leipzig: Fleischer, 1834.

[30] Eine private Verbindung bestand ebenso, da Germar 1815 Kefersteins jüngere Schwester heiratete.

[31] Geognosie nach Werner [s. Anm. 12].

[32] Keferstein, Erinnerungen [s. Anm. 2], 46.

[33] Keferstein, Erinnerungen [s. Anm. 2], 41.

[34] Walter Steiner: Christian Keferstein und das Erscheinen der ersten geologischen Übersichtskarte von Mitteleuropa im Jahre 1821. Zugleich ein Beitrag zur Goetheforschung und zur Geschichte des Kartendruckes und des Verlagswesens. In: Abhandlungen des Staatlichen Museums für Mineralogie und Geologie zu Dresden, 29, 1979, 99–147, hier 103f.

[35] Christian Keferstein: Beiträge zur Geschichte und Kenntniß des Basaltes, und der ihm verwandten Massen, in mehrern Abhandlungen. Halle: Hendel, 1819; ders.: Geognostische Bemerkungen über die basaltischen Gebilde des westlichen Deutschlands, als Fortsetzung der Beyträge zur Geschichte und Kenntniß des Basalts. Halle: Hendel, 1820.

[36] Keferstein, Erinnerungen [s. Anm. 2], 42.

[37] Horatius Benedictus von Saussure: Reisen durch die Alpen, nebst einem Versuche über die Naturgeschichte der Gegenden von Genf. Aus dem Französischen übersetzt und mit Anmerkungen bereichert. Theil 1. Leipzig: Junius, 1781, XVII. Das dreibändige Werk befindet sich als deutsche Übersetzung auch in der Bibliothek Kefersteins, siehe BFSt: S/KEF:VIII 001a-d.

[38] Christian Keferstein: Vorrede. In: Teutschland, geognostisch-geologisch dargestellt, mit Charten und Durchschnittszeichnungen, welche einen geognostischen Atlas bilden. Hg. v. dems. Bd. 1. Weimar: Landes-Industrie-Comptoir, 1821, V–X, hier V.

[39] Kathrin Polenz: Von Freiberg in die Welt. Die Entwicklung und Tradierung von Farbkodes auf frühen geognostischen und geologischen Karten. In: Farre. Farbstandards in den frühen Wissenschaften. Hg. v. André Karliczek u. Andreas Schwarz. Jena 2016, 149–190, hier 153–157.

[40] Steiner: Christian Keferstein [s. Anm. 34]; ders.: Die erste geologische Karte Mitteleuropas wurde im Jahre 1821 im Bertuch'schen Verlag des Geographischen Instituts in Weimar gedruckt. Weimar 1997.

[41] Siehe dazu u. a. Andreas Christoph: Geographica und Cartographica aus dem Hause Bertuch. Zur Ökonomisierung des Naturwissens um 1800. München 2012 (Laboratorium Aufklärung, 16); Gerhard R. Kaiser u. Siegfried Seifert: Friedrich Justin Bertuch (1747–1822). Verleger, Schriftsteller und Unternehmer im klassischen Weimar. Tübingen 2000; Katharina Middell: „Die Bertuchs müssen doch in dieser Welt überall Glück haben." Der Verleger Friedrich Justin Bertuch und sein Landes-Industrie-Comptoir um 1800. Leipzig 2002; Walter Steiner u. Uta Kühn-Stillmark: Friedrich Justin Bertuch. Ein Leben im klassischen Weimar zwischen Kultur und Kommerz. Köln [u. a.] 2001.

[42] Brief von Keferstein an Froriep, 01.12.1820, Goethe-Schiller-Archiv Weimar 06/3663, Bl. 1. Hervorhebungen im Original.

[43] Brief von Froriep an Keferstein, 07.12.1820, Goethe- und Schiller-Archiv Weimar, 06/3663, Mappe Geographisches Institut.

[44] Brief von Froriep an Keferstein, 07.12.1820 [s. Anm. 43].

[45] Brief von Keferstein an Froriep, 08.01.1821, Goethe-Schiller-Archiv Weimar 03/3663, Bl. 3.

[46] Brief von Keferstein an Froriep, 02.04.1821, Goethe-Schiller-Archiv Weimar 03/3663, Bl. 5.

[47] Dieser Titel war bereits im ersten Brief Kefersteins an Froriep genannt worden, allerdings in der Schreibweise „Deutschland geognostisch-geologisch dargestellt". Möglicherweise wurde die Schreibweise (Teutschland) dem vorliegenden Kartenmaterial angepasst. Brief von Keferstein an Froriep, 01.12.1820 [s. Anm. 42], Bl. 1; zur Kartenproduktion siehe Kathrin Polenz: Christian Kefersteins Weg nach Teutschland. Geognosie und Kartographie von 1821 bis 1831. In: Die Werkstatt des Kartographen. Materialien und Praktiken visueller Welterzeugung. Hg. v. Steffen Siegel u. Petra Weigel. München 2011, 67–88.

[48] Deutsches Literaturarchiv Marbach, Cotta-Archiv, Cotta: Briefe.

[49] Keferstein, Erinnerungen [s. Anm. 2], VI.

[50] Kefersteins nachgelassene Autographensammlung umfasst mehr als 500 Briefe.

[51] Keferstein, Erinnerungen [s. Anm. 2], 48; eine Übersicht über die Sammlung gibt: Die Kefersteinsche Mineraliensammlung. In: Nachricht über das Königliche Pädagogium zu Halle. Hg. v. Hermann Agathon Niemeyer. 15. Fortsetzung. Halle: Waisenhaus, 1850, 30–32, siehe Anhang.

[52] Keferstein, Erinnerungen [s. Anm. 2], 49 und Anm.

[53] In: Nachricht über das Königliche Pädagogium zu Halle. Hg. v. Hermann Agathon Niemeyer. 15. Fortsetzung. Halle: Waisenhaus, 1850, 30–32.

[54] René Just Haüy: Traité De Cristallographie. Suivi D'Une Application Des Principes De Cette Science A La Détermination Des Espèces Minérales, Et D'une nouvelle Méthode pour mettre les formes cristallines en projection. Paris: Bachelier et Huzard, 1822.

[55] Gabriel Marklin (1777–1857).

[56] Es ist unklar, ob dieses Verzeichnis jemals angefertigt wurde, im Archiv der Franckeschen Stiftungen ist es nicht vorhanden.

Verzeichnis der Exponate

Die Geologie entwickelte sich um 1800 zu einer regelrechten Modewissenschaft, die viele Naturforscher anzog, aber auch Laien ohne eigentliche naturkundliche Ausbildung. Der hallische Jurist und Amateurgeologe Christian Keferstein (1784–1866), bereits als Kind vom Reich der Steine fasziniert, eignete sich sein Wissen ebenfalls autodidaktisch an. Er trug eine beeindruckende Mineraliensammlung zusammen und stand im Austausch mit namhaften Naturwissenschaftlern und Bergfachleuten, darunter Alexander von Humboldt (1769–1859), der Naturforscher und Philosoph Henrik Steffens (1773–1845) sowie der Geologe Ami Boué (1794–1881). Als praktischer Geognost erforschte Keferstein auf ausgedehnten Reisen unter anderem die deutschen Mittelgebirge und die Alpenbergwelt. Die dabei gewonnen Erkenntnisse schlugen sich in seinen zahlreichen Schriften nieder. Sein ehrgeizigstes Projekt beschäftigte Keferstein insgesamt zehn Jahre: ein geognostischer Atlas samt Fachjournal, der auch die erste geognostische Überblickskarte Deutschlands enthält. Johann Wolfgang von Goethe (1749–1832) höchstpersönlich entwickelte hierfür die Farbtafel zur ausgewogenen Kolorierung der Gesteinsformationen.

Gebildete Dilettanten wie Keferstein waren noch in der ersten Hälfte des 19. Jahrhunderts keine Seltenheit und bereicherten mit ihrer Forschung die Geologie auf ihrem Weg zur anerkannten Wissenschaft. Um 1850 aber wurden sie zu einem Auslaufmodell, die Zeiten der Quereinsteiger ohne naturwissenschaftliches Studium waren nun vorbei. Die Geologie hatte sich als eigenständige Wissenschaft an den Universitäten etabliert.

5.1 Aluminit, Morl bei Halle
Freiberg, TU Bergakademie Freiberg, Stiftungssammlung im Krüger-Haus: 44786
► Erstmals gefunden wurde Aluminit im frühen 18. Jahrhundert auf dem Gelände des Halleschen Waisenhauses, und zwar bei Bauarbeiten im Botanischen Garten des Königlichen Pädagogiums. Im Jahr 1730 gab der hallische Mediziner Johann Jakob Lerche (1708–1780) in seiner *Oryctographia Hallensis* – noch unter der Bezeichnung „Lac lunae“ (lat. Mondmilch) – eine erste Beschreibung des seltenen Sulfatminerals. Keferstein beschäftigte sich in seiner ersten wissenschaftlichen Arbeit mit dem Aluminit und beschrieb weitere Vorkommen im Umkreis von Halle, unter anderem bei Morl. Weltweit sind heute nur etwa 60 Fundorte des Minerals bekannt, das auch als ‚hallische Erde‘ bezeichnet wird.

5.2 Der Geologe, Öl auf Leinwand von Carl Spitzweg, um 1860/65
Schweinfurt, Museum Georg Schäfer: MGS 2241
► Wir wissen leider nicht, wie Christian Keferstein ausgesehen hat. Carl Spitzwegs (1808–1885) *Geologe* soll diesem Mangel ein Stück weit begegnen. Der Maler Spitzweg, eigentlich gelernter Apotheker und studierter Pharmazeut, war wie Keferstein Autodidakt, der für seine Passion den Beruf an den Nagel hängte. Vielleicht kann man sich Keferstein ein klein wenig wie den Geologen auf dem Bild vorstellen: in voller Reisemontur im Gebirge, andächtig in die Gesteinsuntersuchung versunken, ganz Natur und Wissenschaft ergeben. „Bald wurde der Wanderstab auch weiter gesetzt; […] stets hatte ich den Ränzel auf dem Rücken, den Hammer in der Hand und war mit Steinen beladen“, schrieb Keferstein in seinen Memoiren. Spitzwegs Forscher wirkt dabei etwas aus der Zeit gefallen und mit der fürs Steinesammeln ungeeigneten Botanisiertrommel eher schrullig-skurril. Keferstein hingegen stand, wenngleich einige seiner Ansichten nur wenig Anklang fanden, auf der Höhe der Zeit und galt lange als respektabler und engagierter Geologe.

5.3 a+b
Zwei Geologenhämmer nach Leopold von Buch, Holz, Metall, Repliken
Weimar, Klassik Stiftung Weimar, Museen
► Der Geologenhammer ist auch heute noch das Hauptwerkzeug der Geologie, hervorgegangen aus dem Maurer- und Bergmannshammer. Er kommt hauptsächlich bei der Geländearbeit zum Einsatz, um anstehendes Gestein zu zerschlagen und passende Handstücke mit frischen Bruchlinien zu gewinnen, wird aber auch bei der Suche nach Fossilien verwendet. Im ausgehenden 18. Jahrhundert wird er zum Symbol des aktiven Feldforschers: Viele Geologen ließen sich von nun an nicht mehr in der Studierstube mit Büchern, sondern an der frischen Luft mit ihrem Hammer porträtieren.

5.4 GeneralCharte von Teutschland auf der vom Hauptmann Weiland gezeichneten Charte geognostisch begrenzt von Ch. Keferstein, kolorierter Kupferstich von Karl Ferdinand Weiland und Christian Keferstein, Ludwig Friedrich Froriep (Verleger), Weimar, 1821
Berlin, Staatsbibliothek zu Berlin – Preußischer Kulturbesitz, Abteilung Historische Drucke; Kartenabteilung: Kart. W 12730
► Die Erarbeitung eines geognostischen Atlas von Deutschland mitsamt geowissenschaftlicher Fachzeitschrift (1821–1831) war Kefersteins ehrgeizigstes Projekt, das er größtenteils im Alleingang bewältigte. Im ersten Band legte er eine geognostische Übersichtskarte von

Deutschland vor, die erste ihrer Art überhaupt. Auf bereits vorhandenen topographischen Karten eines Weimarer Wissenschaftsverlages trug Keferstein Lagen und Grenzen anstehender Gesteine ein, die anschließend nachgestochen und koloriert wurden. Für die Farbgestaltung konnte kein geringerer als Johann Wolfgang von Goethe (1749–1832) gewonnen werden. Er entwarf auf Grundlage seiner Farbtheorie eine ausgewogene Farbtabelle für die verschiedenen Gesteinsarten auf der Übersichtskarte und den folgenden Spezialkarten, was Keferstein mit Stolz und Dankbarkeit erfüllte. Sein ambitioniertes Kartenwerk verkaufte sich allerdings nur mäßig und wurde noch vor der Vollendung eingestellt. Zudem hatte der Geologe Leopold von Buch unterdessen (1774–1853) einen weitaus detaillierteren Atlas herausgebracht.

• *Abbildung auf Seite 199*

5.5 Brief von Johann Wolfgang von Goethe an Christian Keferstein, Handschrift des Sekretärs Theodor Kräuter, Weimar, 12. Mai 1821
Halle, Franckesche Stiftungen: AFSt/H D 110a : 1
► Goethe versicherte in seinem Brief von 12. Mai 1821, Kefersteins Arbeit an den geologischen Karten „theilnehmend verfolgen“ und sich „von Zeit zu Zeit mit den ausführenden Künstlern“ besprechen zu wollen. Zudem zeigte er sich zuversichtlich, dass es dem Kartenprojekt „an guter Wirkung […] nicht fehlen“ werde.

• *Abbildung auf Seite 200f.*

5.2

5.6 Brief von Johann Wolfgang von Goethe an Christian Keferstein, Handschrift des Schreibers Johann August Friedrich John, Weimar, 12. Juli 1821
Halle, Franckesche Stiftungen: AFSt/H D 110a : 2
► Kurz nach Erscheinen der Zeitschrift *Teutschland, geognostisch-geologisch dargestellt,* der die Generalkarte beigegeben war, bedankte sich Goethe mit diesem Brief bei Keferstein. Dieser hatte das erste Heft seinem prominenten Mitstreiter „mit Verehrung und Dankbarkeit gewidmet“. Goethe schien überaus zufrieden: „Seit 50 Jahren durchwanderte [ich] gar manchen Theil den Sie bezeichnen,

[illegible] [illegible] [illegible] und [illegible] [illegible] [illegible]
[illegible] [illegible] [illegible] [illegible] [illegible]
Schriftstellern, [illegible] [illegible] [illegible] Verbesserungen
[illegible] [illegible] [illegible] [illegible] [illegible] [illegible]
[illegible], [illegible] [illegible] [illegible] [illegible]
[illegible], [illegible] [illegible] [illegible] [illegible] [illegible]
[illegible] [illegible] [illegible] [illegible] [illegible]
~~[illegible]~~ ~~[illegible]~~ [illegible] [illegible]
~~[illegible]~~, [illegible] Ober Berghauptmannschaft
[illegible] [illegible] [illegible] [illegible] [illegible]
[illegible] [illegible] [illegible] [illegible]
[illegible] [illegible], [illegible] [illegible] [illegible]
[illegible] [illegible] [illegible] [illegible]. [illegible] [illegible]
[illegible] [illegible] [illegible]. [illegible] [illegible] [illegible]
[illegible] [illegible] [illegible] [illegible] [illegible] [illegible]
Majestät [illegible] [illegible] [illegible] [illegible]
[illegible] [illegible] [illegible] [illegible]

zu überreichen, [illegible] [illegible] [illegible] [illegible]
[illegible] [illegible] unmittelbar zu ertheilen,
[illegible] [illegible] [illegible] der Form [illegible]
[illegible] [illegible] [illegible] [illegible] [illegible] [illegible]
[illegible] ([illegible] [illegible] [illegible] [illegible] [illegible]
Albrecht, [illegible] [illegible] Rochow) bestimmen [illegible]
[illegible] [illegible] [illegible] [illegible] [illegible] [illegible] [illegible] [illegible]
[illegible] [illegible] [illegible] [illegible] [illegible] [illegible] [illegible]
[illegible] der [illegible] [illegible] [illegible] [illegible]
[illegible] der Arbeit [illegible] [illegible] [illegible] [illegible]
[illegible].

mit der ausgezeichnetsten Hochachtung,

Ew. Hochwohlgeb.

Berlin
d. 11 [illegible] Mai
1828

ganz ergebenster
A. Humboldt

5.8

5.9.7a

manche Stellen kenne ich genau, an alles was ich wußte werd ich erinnert und finde mit meinen Erfahrungen nirgends Widerspruch [...]; das Ganze läßt sich in schönem Zusammenhang übersehen; man weiß wo man sich befindet, es sey nun auf der Reise selbst, oder bey der Erinnerung. [...] Zu der Sorgfalt womit Charte sowohl als Durchschnitte illuminiert sind, zu dem reinlichen Gebrauch der Farbe, worauf hier alles ankam, können wir uns Glück wünschen [...].“

5.7 Brief von Alexander von Humboldt an Christian Keferstein, Paris, wahrscheinlich 1825
Halle, Franckesche Stiftungen: AFSt/N Keferstein 1 : 140
► Keferstein besuchte 1825 während seiner Reise durch Frankreich auch Paris, wo er mit prominenten französischen Geologen zusammentraf. Dabei begegnete er Alexander von Humboldt, der zu dieser Zeit noch in Paris lebte. In einem kurzen Brief an Keferstein, der während seines Aufenthalts in Montmartre wohnte, entschuldigt sich Humboldt dafür, diesem ein „interessantes Manuscript über die Erdbeben u. den Mineral Reichthum der Preuss. Staaten“ noch nicht zurückgegeben zu haben, was er nun nachholen möchte: „Darf ich mich des Glükkes erfreuen, Sie, Verehrungswerther Freund, noch einmal in meinem Dachzimmer etwa um 1 Uhr zu besizen? Humboldt.“

5.8 Brief von Alexander von Humboldt an Christian Keferstein, Berlin, 14. März 1828
Halle, Franckesche Stiftungen: AFSt/N Keferstein 1 : 139
► Wenige Jahre nach ihrem Zusammentreffen in Paris bedankte sich Humboldt bei Keferstein für einen Brief und die Übersendung „Ihres so überaus lehrreichen und wichtigen Werkes“. Weiter schrieb er: „Seit dem ich das Vergnügen hatte, Sie in Paris zu sehen haben Sie nicht aufgehört Ihre Thätigkeit auf die Gebilde von Deutschland zu richten“. Humboldt versprach, „überall, nach meinen geringen Kräften, dazu beizutragen Ihre Zwekke zu fördern.“ Keferstein hatte sich von seiner Bekanntschaft mit Humboldt offensichtlich aber nicht nur dessen Fürsprache in einflussreichen Kreisen versprochen, sondern ihn darüber hinaus gebeten, dem preußischen König und dem Kronprinzen Exemplare seiner Werke zu überreichen. Diesen „gütigst geäußerten Wunsch“ aber, „erlaubt es meiner Lage leider! nicht unmittelbar zu erfüllen, da eherne Gesetze der Form diese Sendungen [...] bestimmen.“ Keferstein wusste wohl und wollte davon profitieren, dass Humboldt seine Nähe zum preußischen Königshaus gelegentlich nutzte, um sich für kulturelle und wissenschaftliche Anliegen einzusetzen und junge talentierte Künstler und Wissenschaftler zu fördern.

5.9.11a

5.9.1–5.9.12

Multimedia-Installation: Karte mit Christian Kefersteins Netzwerk und Reisen

► Keferstein pflegte intensive, zum Teil freundschaftliche Kontakte zu Forschern und Fachleuten aus dem Bergwesen, den Naturwissenschaften und der Geologie. Dieses Netzwerk diente der Informationsgewinnung für sein Kartenprojekt und dem Austausch von Erkenntnissen, Theorien und Gesteinen. Als Laie hoffte er dadurch, mehr Einfluss und Anerkennung in Fachkreisen zu erlangen, wenngleich sich dieser Wunsch nicht immer erfüllte. Anhand von Briefen an Keferstein, die im Archiv der Franckeschen Stiftungen erhalten sind, und seiner Autobiographie lässt sich dieses Netzwerk teilweise rekonstruieren. Neben Laienforschern finden sich darin auch einige Personen von Rang und Namen, mit denen sich Keferstein austauschte oder denen er begegnete.

Um 1808 begann Keferstein, zunächst die geologischen Verhältnisse seiner näheren Umgebung zu erforschen, wandte sich aber bald darauf den deutschen Mittelgebirgen und ganz besonders den Alpen zu. Seine Reisen führten ihn dabei unter anderem in die Schweiz, nach Frankreich, Italien und Ungarn.

5.9.1 a+b

a) Porträt Ami Boué (1794–1881), Kupferstich, 19. Jahrhundert, Reproduktion
https://www.wikidata.org/wiki/Q61610
► Boué, der einer Hugenottenfamilie entstammte, war ein deutsch-österreichischer Geologe und Mediziner. Er pflegte intensive Beziehungen zu fast allen zeitgenössischen Mineralogen und Geologen und gilt als bedeutender internationaler Vermittler innerhalb der jungen Geologie. Gemeinsam mit Keferstein reiste Boué durch Ungarn nach Galizien in die Hohe Tatra. Beide verband eine recht enge Freundschaft, die meisten Briefe aus Kefersteins Nachlass stammen von Boué.

b) Ami Boué: Geognostisches Gemälde von Deutschland. Mit Rücksicht auf die Gebirgs-Beschaffenheit nachbarlicher Staaten. Hg. v. C. C. von Leonhard. Frankfurt/Main: Hermann, 1829, Titelblatt und Taf. V, Reproduktion
Zürich, ETH Zürich, ETH-Bibliothek: Rar 29811, URL: https://doi.org/10.3931/e-rara-70841 / Public Domain Mark

5.9.2 a+b

a) Porträt Carl Cäsar von Leonhard (1779–1862), Kupferstich von Johann Conrad Felsing, Anfang 19. Jahrhundert, Reproduktion
Berlin, bpk-Bildagentur: 10024499
► Der Mineraloge und Geologe Leonhard hatte den ersten

5.9.12a

Lehrstuhl für Mineralogie an der Universität Heidelberg inne. Er veröffentlichte vor allem zahlreiche geologisch-mineralogische Lehr- und Handbücher und wirkte jahrelang als Herausgeber eines erfolgreichen Fachmagazins.
• *Abbildung auf Seite 202*

b) Carl Cäsar von Leonhard: Handbuch der Oryktognosie. Für akademische Vorlesungen und zum Selbststudium. 2., verm. u. verb. Aufl. Heidelberg: Mohr, 1826, Titelblatt und Taf. II, Reproduktion
Zürich, ETH Zürich, ETH-Bibliothek: Rar 30086, URL: https://doi.org/10.3931/e-rara-71106 / Public Domain Mark

5.9.3 a+b

a) Porträt Ernst Friedrich von Schlotheim (1764–1832), Kupferstich, in: Bruno von Freyberg: Die geologische Erforschung Thüringens in älterer Zeit. Berlin: Borntraeger, 1932, 40, Reproduktion
Halle, Martin-Luther-Universität Halle-Wittenberg, Universitäts- und Landesbibliothek Sachsen-Anhalt: Pon Wa 21
► Schlotheim wurde als Paläontologe über die Grenzen Deutschlands hinaus bekannt und gilt mit Graf Kaspar von Sternberg (1761–1838) als Begründer der Paläobotanik, der wissenschaftlichen Beschäftigung mit der erdgeschichtlichen Entwicklung der Pflanzenwelt.

b) Ernst Friedrich von Schlotheim: Merkwürdige Versteinerungen aus der Petrefactensammlung des verstorbenen wirklichen Geh. Raths. Gotha: Becker, 1832, Titelblatt und Taf. III, Reproduktion
Zürich, ETH Zürich, ETH-Bibliothek: Rar 2147,URL: https://doi.org/10.3931/e-rara-15276 / Public Domain Mark

5.9.4 a+b

a) Porträt Kaspar von Sternberg (1761–1838), Kupferstich, 1. Hälfte 19. Jahrhundert, Reproduktion
Berlin, akg-images / bilwissedition: AKG2097813
► Der böhmische Theologe, Mineraloge und Botaniker Sternberg gilt ebenso wie Schlotheim als einer der Begründer der Paläobotanik. Beider Werke beschreiben bedeutende Pflanzenfossilien erstmals nach neuzeitlichen wissenschaftlichen Kriterien.

b) Kaspar von Sternberg: Versuch einer geognostisch-botanischen Darstellung der Flora der Vorwelt. Bd. 1. Regensburg: Brenck, 1820, Titelblatt und Tab. XXXV, Reproduktion
Zürich, ETH Zürich, ETH-Bibliothek: Rar 579, URL: https://doi.org/ 10.3931/e-rara-13294 / Public Domain Mark

5.9.5 a+b

a) Porträt Johann Carl Freiesleben (1774–1846), Öl auf Karton von Sigmund von Sallwürk, 1942, Reproduktion
Bochum, Montanhistorisches Dokumentationszentrum (montan.dok) beim Deutschen Bergbau-Museum Bochum: 030350259001
► Der in Freiberg geborene sächsische Oberberghauptmann Johann Carl Freiesleben war Werner-Schüler und eng mit Alexander von Humboldt befreundet. Ab 1838 leitete er das gesamte sächsische Montanwesen. Nach ihm ist der ausgestorbene Knochenfisch *Palaeoniscum freieslebeni* benannt, der auch Kupferschiefer-Hering genannt wird und vor etwa 255 Millionen Jahren im Flachmeer lebte.

b) Johann Carl Freiesleben: Geognostische Arbeiten. Bd. 3. Freiberg: Craz und Gerlach, 1815, Titelblatt und Petrographische Karte, Reproduktion
Zürich, ETH Zürich, ETH-Bibliothek: Rar 1849, URL: https://doi.org/ 10.3931/e-rara-14645 / Public Domain Mark

5.9.6 a+b

a) Porträt Henrik Steffens (1773–1845), Öl auf Leinwand von Christian August Lorentzen, 1804, Reproduktion
Berlin, akg-images: AKG79181
► Steffens war ein norwegisch-deutscher Naturforscher und Naturphilosoph der Romantik. Seine Studenten schätzten das charismatische Wesen des Werner-Schülers, der zwischen 1804 und 1811 als Professor für Naturphilosophie, Physiologie und Mineralogie an der Universität Halle lehrte. Auch Keferstein, der Steffens Vorlesungen und Seminare besuchte, war fasziniert von dessen Ausstrahlung. Die von Friedrich Wilhelm Joseph Schelling (1775–1854) geprägte, spekulative Naturphilosophie Steffens' hatte großen Einfluss auf Kefersteins eigene geologische Vorstellungswelt.
• *Abbildung auf Seite 197*

b) Henrik Steffens: Beyträge zur innern Naturgeschichte der Erde. Erster Theil. Freyberg: Craz, 1801, Titelblatt und S. 275, Reproduktion
Zürich, ETH Zürich, ETH-Bibliothek: Rar 3403, URL: https://doi.org/ 10.3931/e-rara-17435 / Public Domain Mark

5.9.7 a+b

a) Porträt Ernst Friedrich Germar (1786–1853), Holzstich, 1853, Reproduktion
Berlin, bpk-Bildagentur: 10024627
► Der Entomologe und Mineraloge Germar war Mineralogieprofessor an der Universität Halle und Kefersteins Schwager. Er beschäftigte sich hauptsächlich mit fossilen Insekten, seine Insektensammlung zählte zu den größten Deutschlands. Germar, der an der Bergakademie in Freiberg studiert hatte, stellte seine Mitschriften aus Werners Vorlesungen Keferstein zum Selbststudium zur Verfügung.

b) Ernst Friedrich Germar: Die versteinerten Insecten Solenhofens. Breslau, Bonn: Weber, 1839, Titelblatt und Tab. XXII, Reproduktion
Zürich, ETH Zürich, ETH-Bibliothek: Rar 30359, URL: https://doi.org/ 10.3931/e-rara-78804 / Public Domain Mark

5.9.8 a+b

a) Porträt Johann Carl Wilhelm Voigt (1752–1821), Kupferstich von Georg Friedrich Vogel, 1. Hälfte 19. Jahrhundert, Reproduktion
Halberstadt, Gleimhaus – Museum der deutschen Aufklärung: glca-1104
► Der Mineraloge Voigt studierte an der Bergakademie Freiberg, erkundete als Staatsdiener im Auftrag Goethes die mineralogisch-geologischen Gegebenheiten des Großherzogtums Sachsen-Weimar-Eisenach und wurde schließlich zum Bergrat ernannt. Als überzeugter Vulkanist stellte er sich in der Debatte um die Natur des Basalts gegen seinen einstigen Lehrer Werner.

b) Johann Carl Wilhelm Voigt: Practische Gebirgskunde. 2., stark verm. Ausg. Weimar: Industrie-Comptoir, 1797, Titelblatt und Fig. I–VI, Reproduktion
Zürich, ETH Zürich, ETH-Bibliothek: Rar 5901, URL: https://doi.org/ 10.3931/e-rara-22913 / Public Domain Mark

5.9.9 a+b

a) Johann Wolfgang von Goethe (1749–1832), Lithographie nach einer Zeichnung von Ferdinand Jagemann (1780–1820), 19. Jahrhundert, Reproduktion
Halle, Franckesche Stiftungen: AFSt/B A 3319
► Goethe beschäftigte sich zeitlebens mit Bergbau und Geologie, legte eine beachtliche, noch heute erhaltene Gesteinssammlung an, unternahm zahlreiche Exkursionen

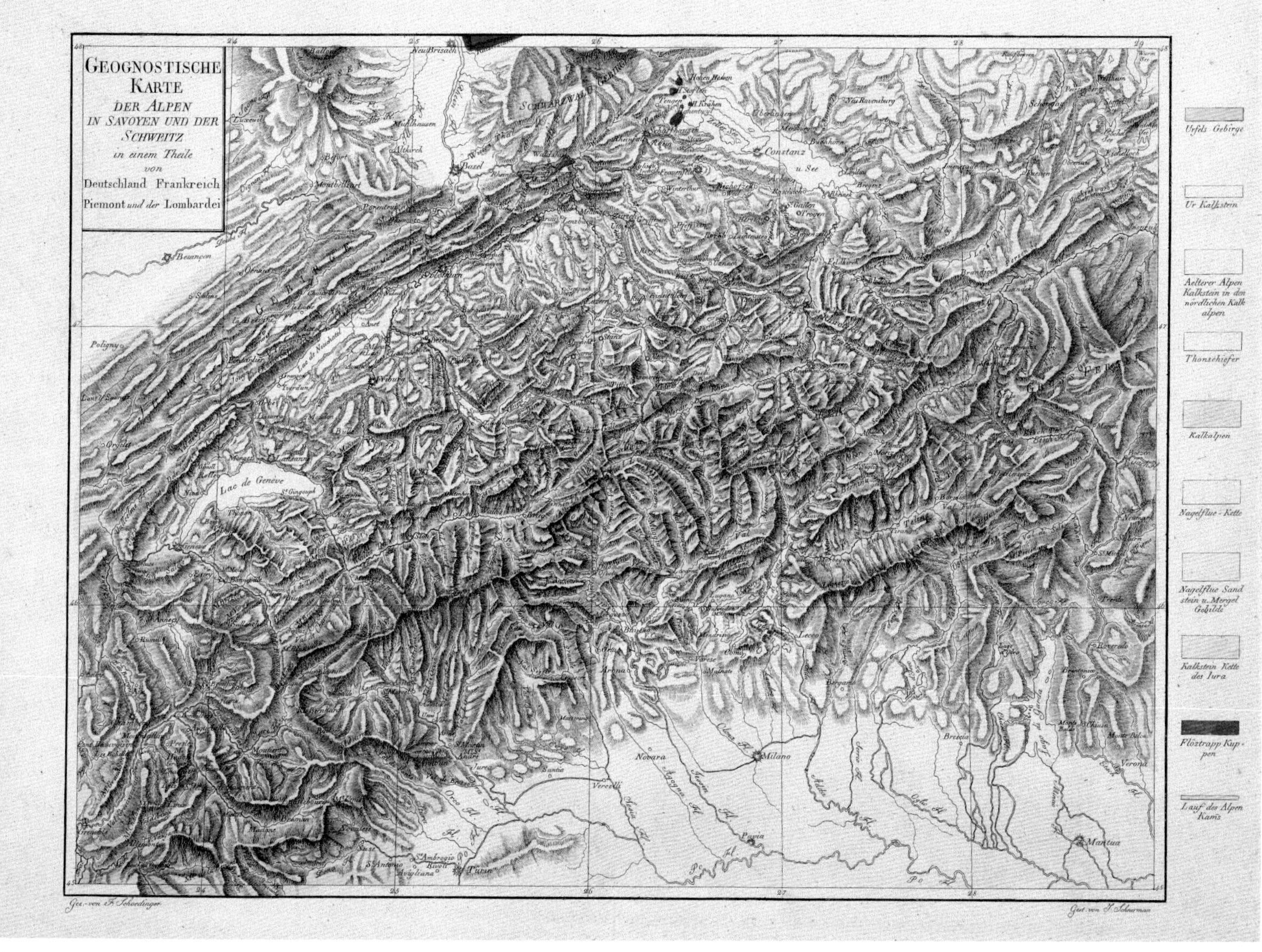

5.12

und zeichnete charakteristische Gesteinsformationen. Allerdings veröffentlichte er nur wenige seiner geologischen Arbeiten, vieles aber fand Eingang in sein literarisches Werk, so etwa der Basaltstreit im *Faust*. Keferstein empfand Goethes Mitarbeit am Kartenprojekt als große persönliche Ehre und Würdigung seiner Arbeit.

b) Johann Wolfgang von Goethe: Faust. Der Tragödie zweiter Theil. In fünf Acten. In: Goethe's sämmtliche Werke in vierzig Bänden. Vollst., neugeordn. Ausg. Bd. 12. Stuttgart, Tübingen: Cotta 1840, Titelblatt und 228f., Reproduktion
Zürich, Zentralbibliothek Zürich: 42.803 & a-u, URL: https://doi. org/10.3931/e-rara-78527 / Public Domain Mark

5.9.10 a+b

a) Porträt Alexander von Humboldt, Öl auf Leinwand von Friedrich Georg Weitsch, 1806, Reproduktion
Berlin, bpk-Bildagentur / Nationalgalerie, SMB: 70169966 (Foto: Karin März)
► Als Universalist betrachtete Humboldt die Geologie der Erde als einen Teil des großen Naturzusammenhangs, den er auf seinen ausgedehnten Reisen zu erschließen hoffte. Als Werner-Schüler stand er zunächst dem Neptunismus nahe, entwickelte sich aber später zu einem überzeugten Vulkanisten. Neben Goethe war er Kefersteins prominentester Kontakt im Netzwerk.
• *Abbildung auf Seite 167*

b) Alexander von Humboldt: Umrisse von Vulkanen aus den Cordilleren von Quito und Mexico. Ein Beitrag zur Physiognomik der Natur. Stuttgart, Tübingen: Cotta, 1853, Titelblatt und Taf. XII, Reproduktion
Zürich, ETH Zürich, ETH-Bibliothek: Rar 9139, URL: https://doi.org/ 10.3931/e-rara-41245 / Public Domain Mark

5.9.11 a+b

a) Porträt Karl Ernst Adolf von Hoff (1771–1837), Zeichnung von Samuel Friedrich Diez, [1834], Reproduktion
Berlin, bpk-Bildagentur / Kupferstichkabinett, SMB: 00092901 (Foto: Volker-H. Schneider)
► Der Jurist und Naturforscher von Hoff stand im diplomatischen Dienst des Herzogtums Sachsen-Gotha-Alten-

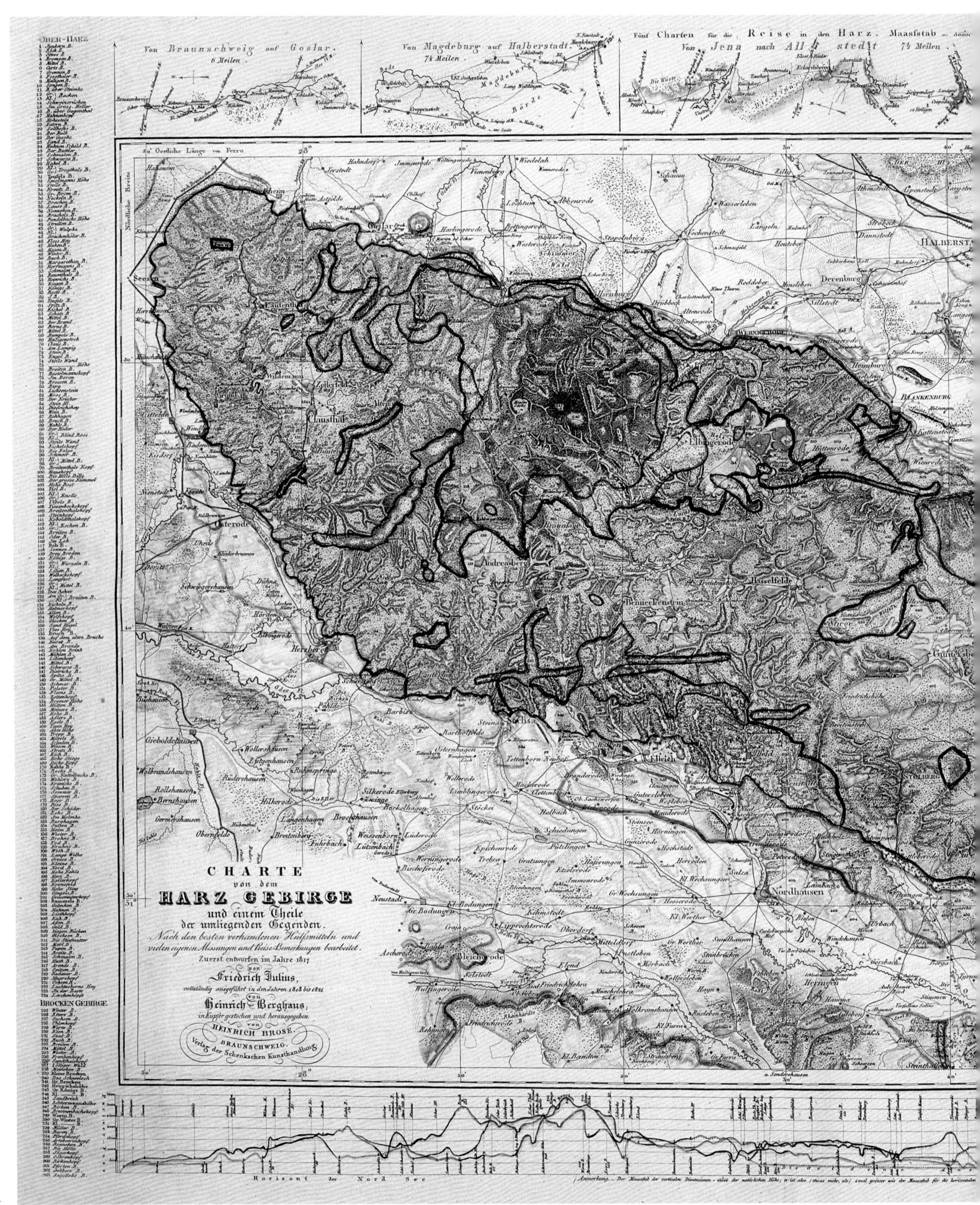
OBER-HARZ
Von Braunschweig auf Goslar. 6 Meilen.
Von Magdeburg auf Halberstadt. 7¼ Meilen.
Fünf Charten für die Reise in den Harz.
Von Jena nach Allstedt 7¼ Meilen.
CHARTE
von dem
HARZ GEBIRGE
und einem Theile
der umliegenden Gegenden.
Nach den besten vorhandenen Hülfsmitteln und
vielen eigenen Messungen und Reise-Bemerkungen bearbeitet.
Zuerst entworfen im Jahre 1817
von
Friedrich Julius,
vollständig ausgeführt in den Jahren 1818 bis 1821
von
Heinrich Berghaus;
in Kupfer gestochen und herausgegeben
von
HEINRICH BROSE.
BRAUNSCHWEIG.
Verlag der Schenkschen Kunsthandlung.
BROCKEN GEBIRGE
Goslar
Seesen
Clausthal
Zellerfeld
Osterode
Andreasberg
Herzberg
Benneckenstein
Hasselfelde
Nordhausen
Halberstadt
Blankenburg
Wernigerode
Derenburg
Ellrich
Bleicherode
Stolberg
Horizont der Nord See
5.14

burg und beschäftigte sich in seiner Freizeit intensiv mit Geologie. Wie Keferstein unterhielt er ein großes Netzwerk aus bedeutenden Fachkollegen und Naturwissenschaftlern. Mit seinem fünfbändigen Hauptwerk *Geschichte der durch Überlieferung nachgewiesenen natürlichen Veränderungen der Erdoberfläche* zählt er zu den Begründern des Aktualismus.

b) Karl Ernst Adolf von Hoff: Geognostische Bemerkungen über Karlsbad. Gotha: Perthes, 1825, Titelblatt und Taf. III, IV, Reproduktion
Berlin, Humboldt-Universität zu Berlin: URL: https://doi.org/10.18452/254

5.9.12 a+b

a) Porträt Lorenz Oken (1779–1851) Kupferstich von Franz Krüger, um 1830, Reproduktion
Zürich, Zentralbibliothek Zürich: Oken, Lorenz I, 3, URL: https://doi.org/10.3931/e-rara-61505 / Public Domain Mark
► Ähnlich wie Steffens gilt auch der Mediziner Oken als bedeutender Vertreter der romantisch-spekulativen Naturphilosophie. Er gab mit der enzyklopädisch angelegten *Isis* nicht nur die erste fachübergreifende wissenschaftliche Zeitschrift des deutschsprachigen Raums heraus, sondern trug auch mit seiner mehrbändigen *Allgemeinen Naturgeschichte für alle Stände* maßgeblich zur Popularisierung der Naturwissenschaften bei.

b) Lorenz Oken: Allgemeine Naturgeschichte für alle Stände. Bd. 9: Abbildungen zu Oken's Allgemeiner Naturgeschichte für alle Stände. Stuttgart: Hoffmann, 1843, Titelkupfer und Taf. 3, Reproduktion
Heidelberg, Universität Heidelberg, Universitätsbibliothek: O 486 Folio RES::ABB, URL: https://katalog.ub.uni-heidelberg.de/titel/67220209, Public Domain Mark

Karten aus dem Nachlass Kefersteins

5.10 Schnittzeichnung des Soleschachtes in Bad Dürrenberg mit Borlachturm („Durchschnitts Zeichnung des von dem Bergrath Gottfried Borlach abgesunkenen Sool-Schachtes zu Dürrenberg"), kolorierte Zeichnung, wahrscheinlich von Johann Gottfried Borlach (1687–1768), nach 1763
Halle, Franckesche Stiftungen: BFSt: KEF:X 44-53

5.11 Abriss des Alpen-Gebirges der Schweitz, handkolorierte zweiteilige Panorama-Zeichnung in: Johann Gottfried Ebel: Ueber den Bau der Erde in dem Alpen-Gebirge zwischen 12 Längen- und 2–4 Breitengraden. Nebst einigen Betrachtungen über die Gebirge und den Bau der Erde überhaupt. Mit geognostischen Karten. Zürich: Orell, Füssli und Compagnie, 1808
Halle, Franckesche Stiftungen: BFSt: S/KEF:X 44-54

5.12 Geognostische Karte der Alpen in Savoyen und der Schweitz in einem Theile von Deutschland, Frankreich, Piemont und der Lombardei, kolorierter Kupferstich von F. Schroedinger (Zeichner) und J. Scheurman (Stecher) in: Johann Gottfried Ebel: Ueber den Bau der Erde in dem Alpen-Gebirge zwischen 12 Längen- und 2–4 Breitengraden. Nebst einigen Betrachtungen über die Gebirge und den Bau der Erde überhaupt. Mit geognostischen Karten. Zürich: Orell, Füssli und Compagnie, 1808
Halle, Franckesche Stiftungen: BFSt: S/KEF:X 44-1

5.13 Geologische Karte des Harzes, kolorierter Kupferstich, 19. Jahrhundert
Halle, Franckesche Stiftungen: BFSt: S/KEF:X 44-8

5.14 Charte von dem Harz-Gebirge und einem Theile der umliegenden Gegenden, geognostisch illuminiert, kolorierter Kupferstich von Friedrich Julius und Heinrich Berghaus, Berlin, 1822
Halle, Franckesche Stiftungen: BFSt: S/KEF:X 44-9

5.15 Teil einer Karte des US-amerikanischen Nordostens (*The Provinces of New York, and New Jersey; with part of Pensilvania, and the Province of Quebec*), teilkolorierter Kupferstich von Samuel Holland, London, 1776
Halle, Franckesche Stiftungen: BFSt: S/KEF:X 44-12

5.16 Karte Mitteldeutschlands (Harz, Thüringer Wald, Rhön) mit geologischen Formationen, handkolorierter Kupferstich, 19. Jahrhundert
Halle, Franckesche Stiftungen: BFSt: S/KEF:X 44-15

5.17 Karte von Mexiko („Neue Charte des Tales von Mexico und der benachbarten Gebirge"), Kupferstich nach Don Louis Martin, Weimar, 1810
Halle, Franckesche Stiftungen: BFSt: S/KEF:X 44-27

5.18 Generalkarte des Königreichs Sachsen mit handkolorierter geologischer Begrenzung und handschriftlicher Legende von Christian Keferstein („General-Charte von dem Koenigreiche Sachsen"), Kupferstich von Karl Ferdinand Weiland, Weimar, 1820/24
Halle, Franckesche Stiftungen: BFSt: S/KEF:X 44-29

5.19 Teil einer bergbaulich-geologischen Karte des Ostharzes („Geognostisch Bergmännische Charte des östlichen Harzes. 1ste Abtheilung"), Lithographie, Braunschweig: Schenk, [1825]
Halle, Franckesche Stiftungen: BFSt: S/KEF:X 44-33

5.20 Teil einer Karte des Königreichs Bayern mit handkolorierter geologischer Begrenzung von Christian Keferstein („Charte vom Königreiche Bayern"), Kupferstich, um 1821
Halle, Franckesche Stiftungen: BFSt: S/KEF:X 44-46

5.21 Geognostische Profile des Thüringer Waldes, mehrfarbige Lithographie von Herrmann Credner, Gotha: Perthes, 1847
Halle, Franckesche Stiftungen: BFSt: S/KEF:X 48-5

5.22 Lagerungsfolge der Gebirgsformationen nach Alexander von Humboldt und Christian Keferstein, dreiteilige Farblithographie von Aimé Henry in: Naturhistorischer Atlas [Geognosie]. Hg. v. August Goldfuß. Düsseldorf: Arnz, [um 1828], Taf. 156, 157, Geogn. V. VI
Halle, Franckesche Stiftungen: BFSt: S/KEF:X 32-4, 32-5, 32-6
• *Abbildung auf Seite 154f.*

5.23 Drei Profile der Alpen („Alpen-Durchschnitt an der Nord-ost-Seite des Montblanc über den grossen Bernhard. Alpen-Durchschnitt an der Südwestseite des Montblanc über den Bonhom und Cenis. Alpen-Durchschnitt über den Gotthard"), kolorierter Kupferstich in: Johann Gottfried Ebel: Ueber den Bau der Erde in dem Alpen-Gebirge zwischen 12 Längen- und 2–4 Breitengraden. Nebst einigen Betrachtungen über die Gebirge und den Bau der Erde überhaupt. Mit geognostischen Karten. Zürich: Orell, Füssli und Compagnie, 1808
Halle, Franckesche Stiftungen: BFSt: S/KEF:X 32-2
• *Abbildung auf Seite 164f.*

5.24 Zwei Süd-Nord-Profile von Deutschland („Zwey Durchschnitte von Teutschland in der Richtung von Süd nach Nord"), kolorierter Kupferstich in: Teutschland. Geognostisch-geologisch dargestellt und mit Charten und Durchschnittszeichnungen, welche einen geologischen Atlas bilden. Hg. v. Christian Keferstein. Bd. 1. Weimar: Landes-Industrie-Comptoir, 1821, Taf. II
Halle, Franckesche Stiftungen: BFSt: S/KEF:X 32-13

5.25 Höhenkarte von Bergen und Städten Böhmens („Höhen-Karte oder Vergleichende Tafel der barometrisch gemessenen Berg- und Städte-Höhen Böhmens"), Lithographie, 1. Hälfte 19. Jahrhundert
Halle, Franckesche Stiftungen: BFSt: S/KEF:X 48-6

5.26 Höhenkarte von Bergen in Deutschland und der Schweiz („Hoehen-Charte oder Bildlich vergleichende Uebersicht der bedeutendesten Berge in Teutschland und der Schweiz [...]"), Kupferstich von Karl Ferdinand Weiland und Anton

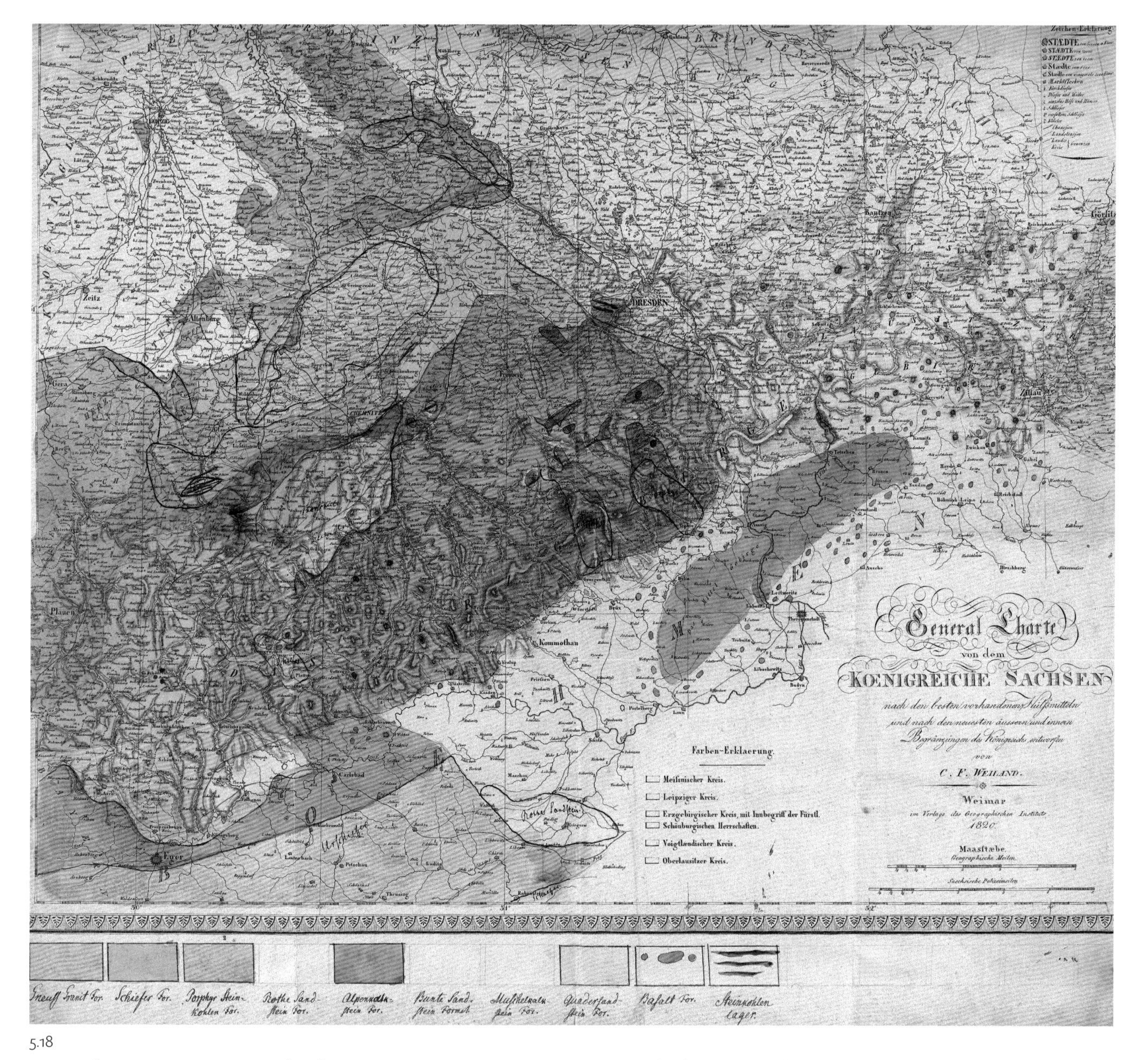

5.18

Falger, Weimar: Geographisches Institut, 1821
Halle, Franckesche Stiftungen: BFSt: S/KEF:X48-4

5.27 a+b
Zwei Karten der Königlichen Salzbergwerke Wieliczka in Polen mit Darstellungen zum Salzbergbau und Salinenwesen, Kupferstiche von Willem Hondius nach Martin German, Danzig, 1645

a) Lageplan mit Bergbauszenen (*Delineatio Tertiae Salisfodniae Wielicensis. Wizerunk Żupy Wielickey Trzeći*)
Halle, Franckesche Stiftungen: BFSt: S/KEF:X 32-11

b) Stadtplan von Wieliczka mit Saline (*Miasto Wieliczka. Cum Gratiâ et Privilegio S. R. M. Poloniae, et Sveciae*)
Halle, Franckesche Stiftungen: BFSt: S/KEF:X 32-10

5.28 Ideale Stratigraphie der Böden und Gesteine Europas mit Leitfossilien (*Tableau théorique de la succession et de la disposition la plus générale en Europe de terrains et roches qui composent l'écore de la terre*), Farblithographie nach Alexandre Brongniart (1770–1847), Paris, 1829
Halle, Franckesche Stiftungen: BFSt: S/KEF:X 32-19
• *Abbildung auf Seite 163*

5.29 Übersicht geologischer Lagerungsverhältnisse für bergbauliche Erschließung, Kupferstich, Frankreich, 19. Jahrhundert
Halle, Franckesche Stiftungen: BFSt: S/KEF:X 32-16

5.30 Schichtenfolge des Berges Stuifen bei Schwäbisch Gmünd auf der Seite von Wissgoldingen, kolorierter Kupferstich von Karl Hartwig von Zieten, um 1830
Halle, Franckesche Stiftungen: BFSt: S/KEF:X 32-17

5.31 a+b
Kolorierte Skizzenzeichnungen von Gebirgsformationen und -profilen, wahrscheinlich von Christian Keferstein
a) Zwei Gebirgsprofile von Jura- und Alpenformationen nach Leopold von Buch, 1. Hälfte 19. Jahrhundert
Halle, Franckesche Stiftungen: BFSt: S/KEF:X 32-14
b) Drei Profile in Württemberg: Profil zwischen Gernsbach und Besigheim (No. 1), Profil zwischen Neckar Remis und Aalen (No. 2), Profil zwischen Sulz und Geislingen, 1. Hälfte 19. Jahrhundert
Halle, Franckesche Stiftungen: BFSt: S/KEF:X 32-15
• *Abbildungen auf Seite 190f. (Detail) und 194*

Bücher aus dem Nachlass Kefersteins

5.32 Christian Keferstein: Beiträge zur Geschichte und Kenntniß des Basaltes und der ihm verwandten Massen, in mehrern Abhandlungen. Halle: Hendel, 1819, Titelblatt
Halle, Franckesche Stiftungen: BFSt: S/KEF:V b 133
► In seinem ersten eigenständigen Werk arbeitete Keferstein die Deutungsgeschichte des Basalts seit dem Altertum bis hin zum damals gerade abflauenden Streit um dessen Genese umfassend auf. Er selbst plädierte für eine vulkanische Entstehung des Basalts.

5.33 Kärtchen der Gegend um Bad Bertrich (Vulkaneifel), kolorierter Kupferstich nach einer Zeichnung Christian Kefersteins in: Christian Keferstein: Geognostische Bemerkungen über die basaltischen Gebilde des westlichen Deutschlands; als Fortsetzung der Beyträge zur Geschichte und Kenntniß des Basaltes. Halle: Hendel, 1820
Halle, Franckesche Stiftungen: BFSt: S/KEF:V b 032
► Ein Jahr nach seinem Erstlingswerk veröffentlichte Keferstein ein weiteres Buch zu den „basaltischen Gebilden", dem nun eigene Beobachtungen in Sachsen, Hessen, Bayern und den Rheingegenden zugrunde lagen, wo er „sehr deutliche Beweise für ihre Vulkanität" fand. Zu dieser Zeit, kurz nach Werners Tod, war die Ansicht von der neptunischen Entstehung des Basalts zwar noch allgemein verbreitet, fand aber in der Fachwelt immer weniger Anhänger.
• *Abbildung auf Seite 198*

5.34 Mineralogisches Taschenbuch für Deutschland. Zum Behuf mineralogischer Excursionen und Reisen. Hg. v. Johann Ludwig Georg Meinecke und Christian Keferstein.

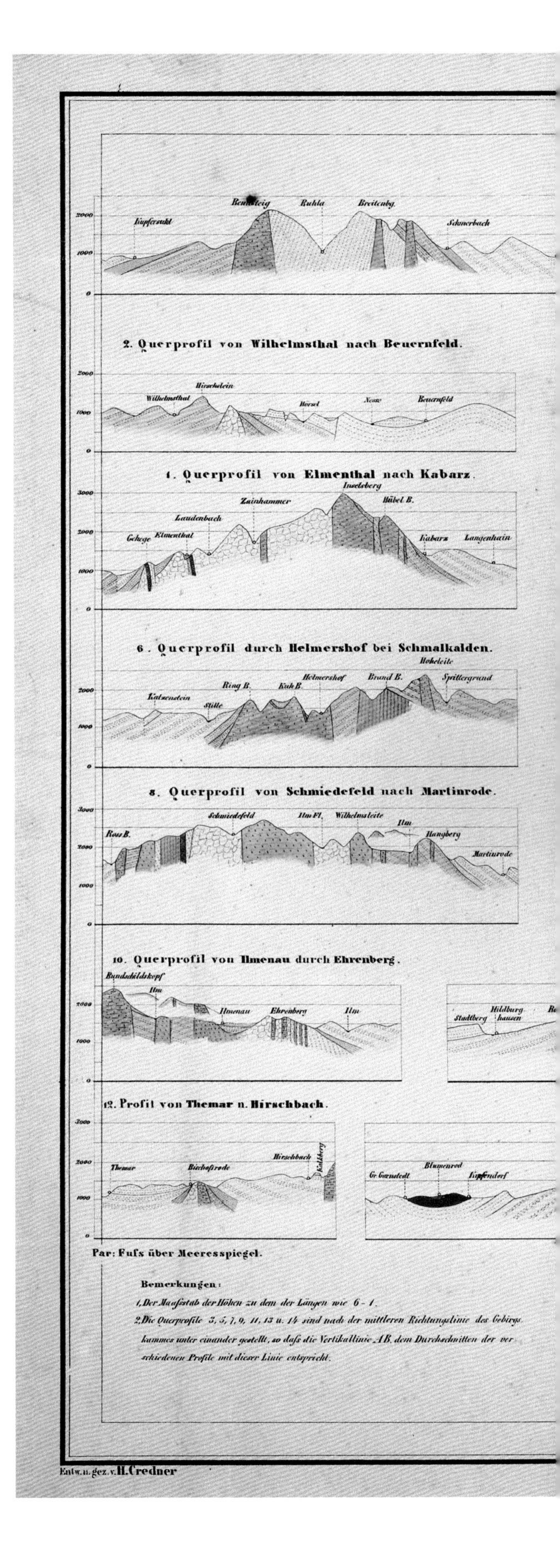

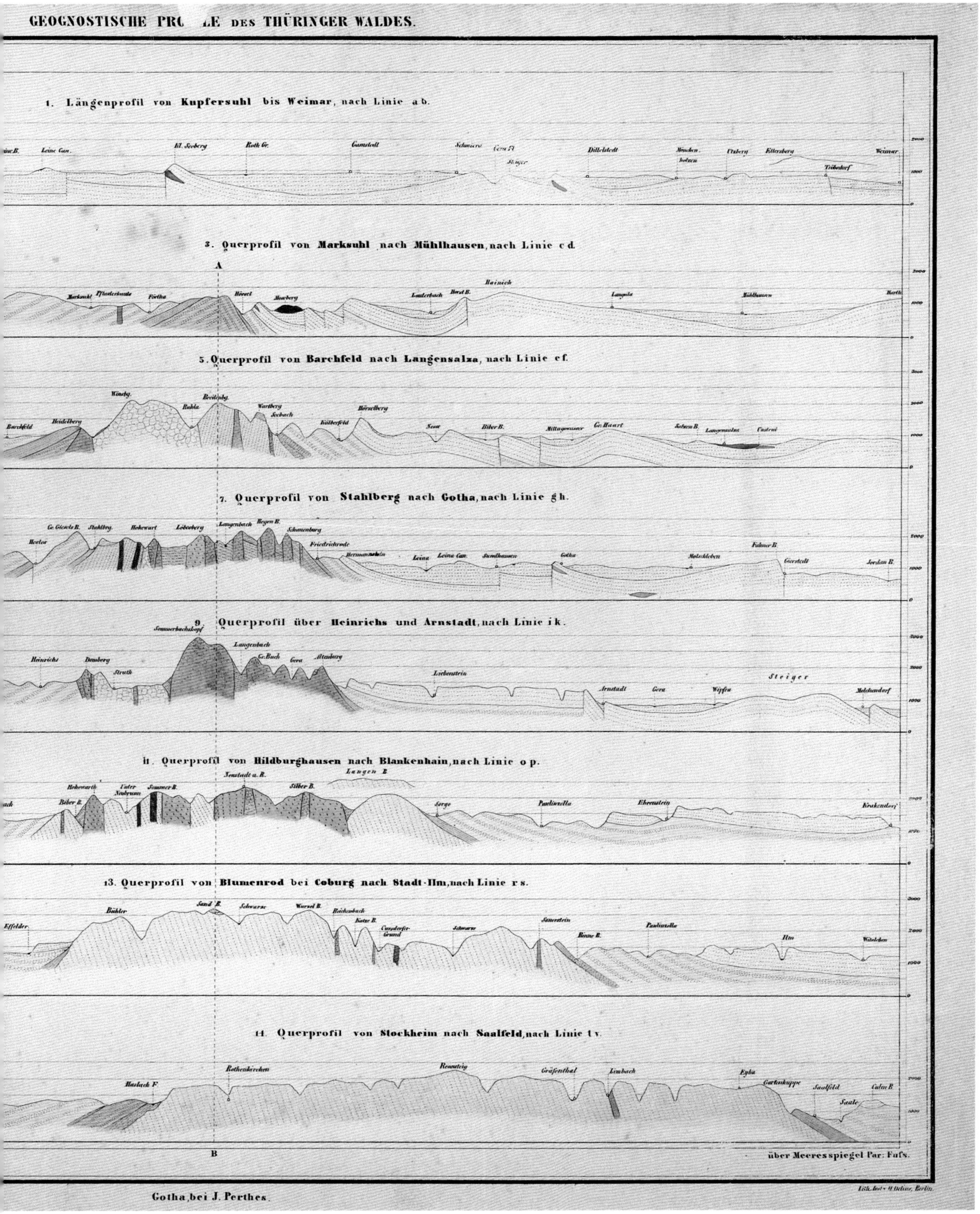

GEOGNOSTISCHE PRO[illegible]LE DES THÜRINGER WALDES.

1. Längenprofil von **Kupfersuhl** bis **Weimar**, nach Linie a b.

3. Querprofil von **Markauhl** nach **Mühlhausen**, nach Linie c d.

5. Querprofil von **Barchfeld** nach **Langensalza**, nach Linie e f.

7. Querprofil von **Stahlberg** nach **Gotha**, nach Linie g h.

9. Querprofil über **Heinrichs** und **Arnstadt**, nach Linie i k.

11. Querprofil von **Hildburghausen** nach **Blankenhain**, nach Linie o p.

13. Querprofil von **Blumenrod** bei **Coburg** nach **Stadt-Ilm**, nach Linie r s.

14. Querprofil von **Stockheim** nach **Saalfeld**, nach Linie t v.

über Meeresspiegel Par. Fufs.

Gotha, bei J. Perthes.

Lith. Anst. v. H. Delius, Berlin.

5.21

Halle: Hemmerde & Schwetschke, 1820, Titelblatt
Halle, Franckesche Stiftungen: BFSt: S/KEF:IV a 020
► Dieses Werk war eine Gemeinschaftsproduktion Kefersteins mit dem Mineralogen und Chemiker Meinecke (1781–1823), der bis 1808 Mathematik und Physik am Königlichen Pädagogium der Franckeschen Stiftungen unterrichtete und 1814 Professor für Technologie an der Universität Halle wurde. In seinen Memoiren schrieb Keferstein, Alexander von Humboldt habe ihm gesagt, dass ihn dieses Werk auf seinen späteren Reisen stets begleitet habe.

5.35 Teutschland, geognostisch-geologisch dargestellt, mit Charten und Durchschnittszeichnungen, welche einen geognostischen Atlas bilden. Eine Zeitschrift. Hg. v. Christian Keferstein. Bd. 1. Weimar: Landes-Industrie-Comptoir, 1821, Titelblatt
Halle, Franckesche Stiftungen: BFSt: S/KEF:I 019
► Die Herausgabe dieser Zeitschrift, das Verfassen der Artikel und die Erarbeitung der Karten beschäftigten Keferstein zehn Jahre lang. Absatzprobleme und Spannungen mit dem Verleger brachten das ambitionierte Projekt nach sieben Bänden mit insgesamt 20 Heften schließlich zum Erliegen.
• *Abbildung auf Seite 203*

5.36 Christian Keferstein: Die Naturgeschichte des Erdkörpers. In ihren ersten Grundzügen dargestellt. Th. 1: Die Physiologie der Erde und Geognosie. Leipzig: Fleischer, 1834, 62f.
Halle, Franckesche Stiftungen: BFSt: S/KEF:V a 080
► In diesem Buch führte Keferstein seine auf mehrere Schriften verstreuten „geognostisch-geologischen Ideen, die von den herrschenden in wesentlichen Punkten ab-

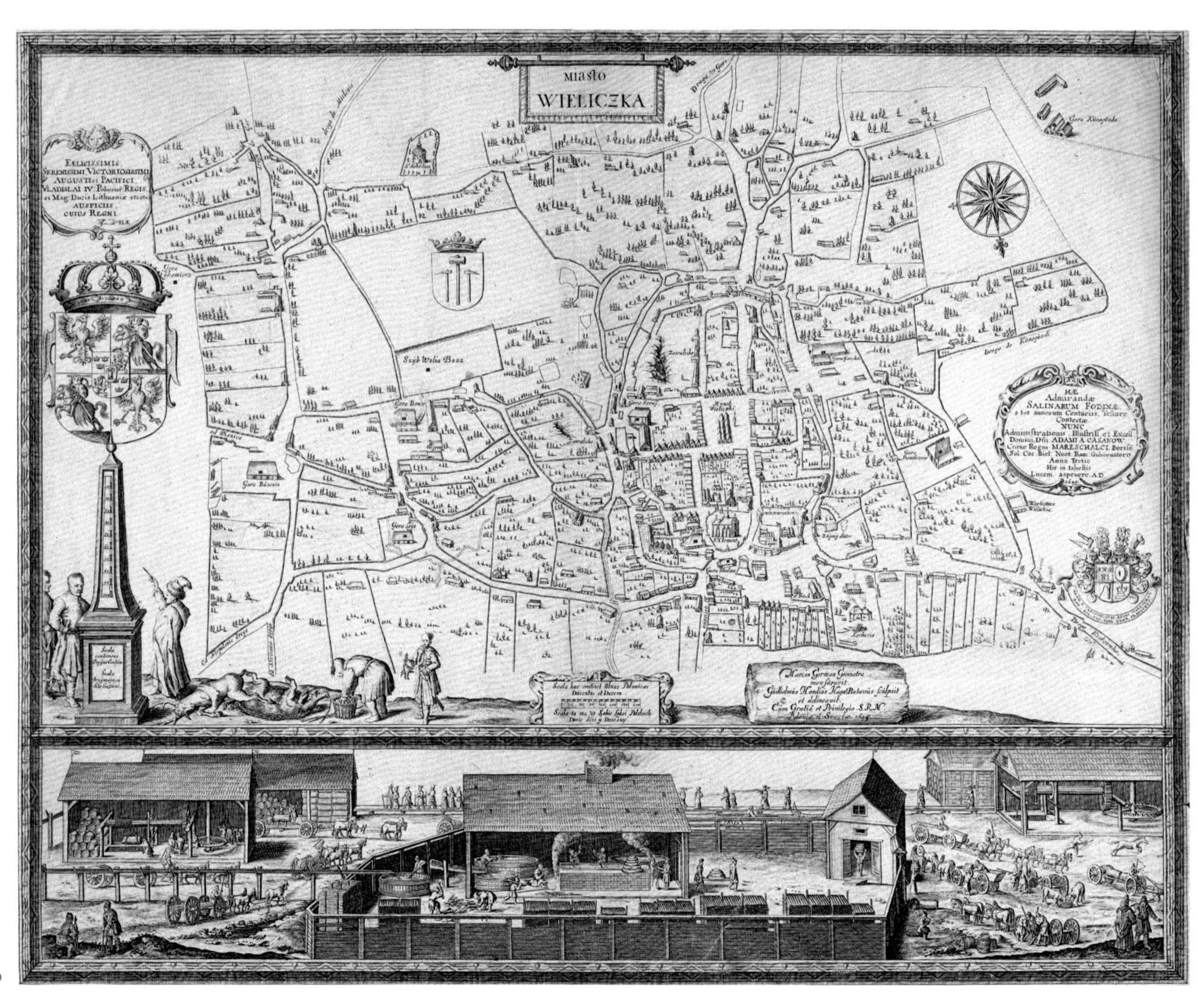

5.27b

weichen", zu einer Erdtheorie zusammen. Da sie zum Teil unhaltbare Spekulationen enthielt und Kefersteins Defizite in chemischen Fragen offenbarte, fand sie unter Fachkollegen nur wenig Anklang.

5.37 Christian Keferstein: Geschichte und Literatur der Geognosie. Ein Versuch. Halle: Lippert, 1840, Titelblatt
Halle, Franckesche Stiftungen: BFSt: S/KEF:IV b 033
► Keferstein war ein sehr guter Kenner der schon damals unüberschaubar gewordenen Fachliteratur. Zahlreiche, mitunter seltene Werke der Mineralogie, Geologie und Paläontologie seit der Frühen Neuzeit beschaffte er für seine umfangreiche Privatbibliothek, die er schließlich 1853 – neben seiner Mineraliensammlung – den Franckeschen Stiftungen schenkte. Für seine *Geschichte der Geognosie*, noch in der zweiten Hälfte des 19. Jahrhunderts ein geschätztes Standardwerk auf diesem Gebiet, konnte Keferstein aus diesem reichen Fundus schöpfen.

5.38 Christian Keferstein: Mineralogia Polyglotta. Halle: Anton, 1849, 96f.
Halle, Franckesche Stiftungen: BFSt: S/KEF:IV 149a
► Bereits während der Befreiungskriege zwischen 1813 und 1815 widmete sich Keferstein den Bezeichnungen von Mineralen in verschiedenen Sprachen, um zu ermitteln, „aus welcher Ursprache die Mineralnamen der neuern europäischen Sprachen stammen, ob aus dem Keltischen, Indischen, Phönizischen, Persischen." Ursprünglich nicht zur Veröffentlichung vorgesehen, erschien das Buch schließlich zu einer Zeit, in der Keferstein sich bereits aus der Geologie zurückgezogen und stattdessen der Sprachgeschichte, Ethnographie und Altertumskunde zugewandt hatte.

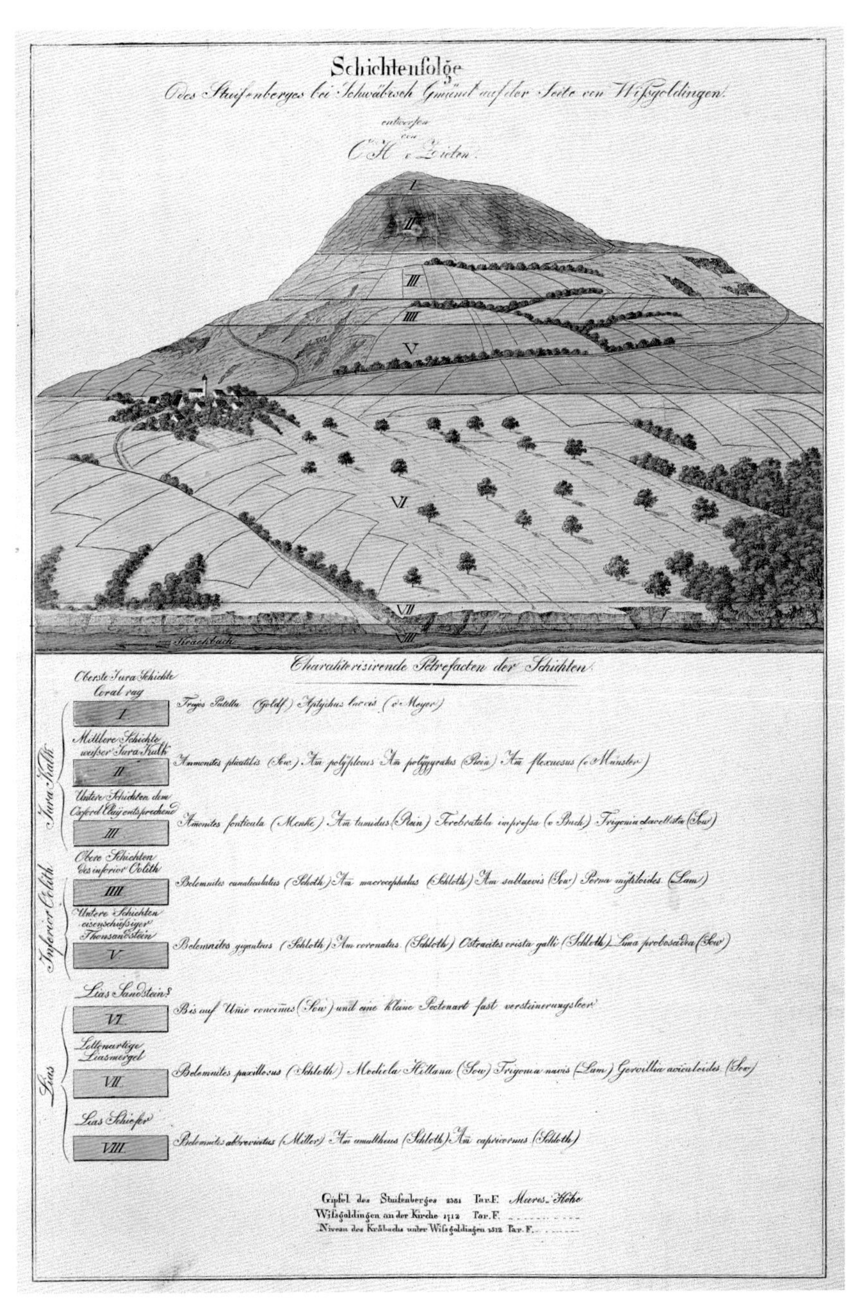

5.30

5.39 Christian Keferstein: Erinnerungen aus dem Leben eines alten Geognosten und Ethnographen mit Nachrichten über die Familie Keferstein. Skizze der literarischen Wirksamkeit. Halle: Anton, 1855, Titelblatt
Halle, Franckesche Stiftungen: BFSt: S/KEF:IV b 103
► In seiner Autobiographie schilderte Keferstein hauptsächlich sein Wirken in der Geologie der ersten Hälfte des 19. Jahrhunderts. Dabei inszenierte er sich als unab-

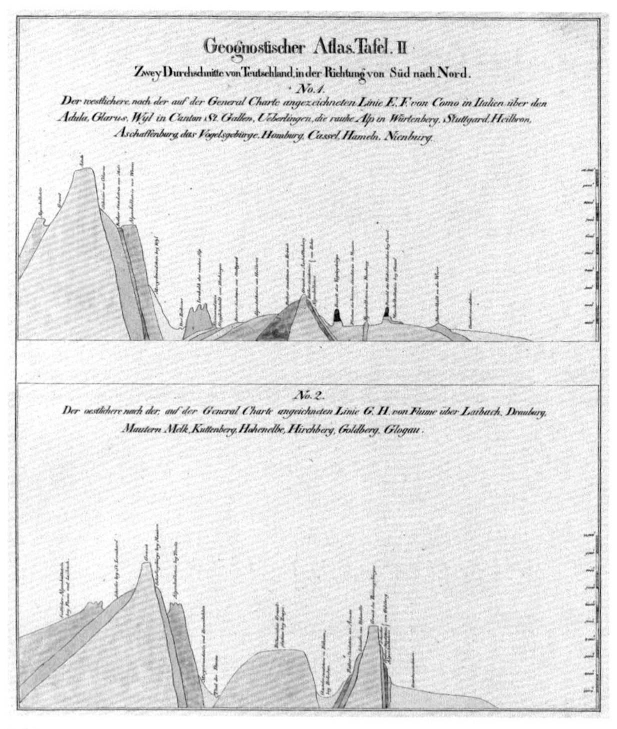

Geognostischer Atlas. Tafel. II
Zwey Durchschnitte von Teutschland, in der Richtung von Süd nach Nord.
No. 1.
No. 2.

5.24

hängiger, den herrschenden Ansichten mutig entgegentretender Geologe. Die stets erhoffte Anerkennung von Fachkollegen blieb ihm allerdings weitgehend verwehrt. Nach 1840 wandte sich Keferstein, auch wegen seines fortgeschrittenen Alters, das keine Wanderungen mehr zuließ, anderen Themen zu – wiederum mit ganz eigentümlichen Thesen. So versuchte er etwa mittels Sprachforschung und archäologischen Quellen, das „Keltenthum der Germanen" zu beweisen.

• *Abbildung auf Seite 193*

5.40 Mammutmolar und rekonstruiertes Skelett eines Einhorns, Kupferstich von Nicolaus Seeländer in: Gottfried Wilhelm Leibniz: Protogaea Sive De Prima Facie Telluris Et Antiquissimae Historiae Vestigiis In Ipsis Naturae Monumentis Dissertatio Ex Schedis Manuscriptis Viri Illustris (Früherde oder vom ersten Antlitz der Erde und den Spuren der ältesten Geschichte in den Denkmalen der Natur selbst…). Göttingen: Schmid, 1751, Tab. XII
Halle, Franckesche Stiftungen: BFSt: S/KEF:V c 034
► Die berühmte Darstellung eines Einhornskeletts bezieht sich auf eiszeitliche Knochenfunde aus dem Jahr 1663 bei Quedlinburg, die fälschlicherweise für Überreste eines Einhorns gehalten wurden. Anders als lange Zeit behauptet, geht die Rekonstruktion des Skeletts aber weder auf Otto von Guericke (1602–1686) noch auf Leibniz zurück, sondern beruht auf einer älteren Beschreibung und Bildvorlage, die Leibniz für seine *Protogaea* „korrigierte" und vervollständigte.

5.41 Schnarcherklippen, Schiffelbergerklippe und Steinbruch, kolorierte Kupferstiche in: Friedrich Wilhelm Heinrich von Trebra: Erfahrungen Vom Innern Der Gebirge, nach Beobachtungen gesammlet und herausgegeben. Dessau, Leipzig: Verlagskasse für Gelehrte u. Künstler, 1785, Titelblatt und Taf. 1
Halle, Franckesche Stiftungen: BFSt: V a 002
► Trebra (1740–1819) war der erste, der sich 1766 an der frisch gegründeten Bergakademie im sächsischen Freiberg als Student einschrieb. Später wurde er Oberberghauptmann und damit verantwortlich für den gesamten sächsischen Bergbau, den er durch neue Techniken und Methoden wesentlich zu erneuern half. In den *Erfahrungen vom Innern der Gebirge* beschäftigte sich Trebra, der ein

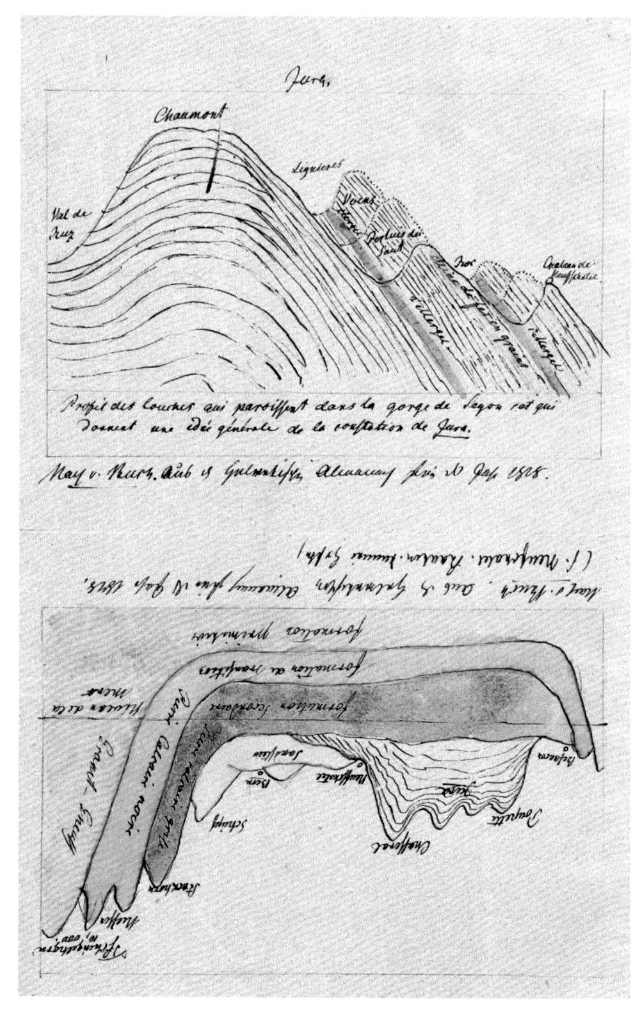

5.31a

5.41

enger Freund Goethes war, eingehend mit der Mineralogie und Geologie des Harzes. Das Buch mit beeindruckenden farbigen Stichen zählt zu den bibliophilen Kostbarkeiten der Bibliothek Kefersteins.

5.42 Felsformationen auf der schottischen Isle of Skye (*View at the Storr in Sky*), Kupferstich in: John MacCulloch: A description of the Western Islands of Scotland, including the Isle of Man. Comprising an account of their geological structure, with remarks on their agricultur, scenery, and antiquities. Vol. 3. London, Edinburgh: Hurst, Robinson & Co., Constable, 1819, Pl. S.
Halle, Franckesche Stiftungen: BFSt: S/KEF:VIII 004
► Der schottische Geologe MacCulloch (1773–1835) erarbeitete die erste geologische Karte von Schottland, die kurz nach seinem Tod veröffentlicht wurde. Seine 1819 publizierten Beschreibungen der schottischen Westinseln, damals noch wenig besucht, enthalten faszinierende Stiche bizarrer Fels- und Landschaftsformationen mit geradezu märchenhafter Anmutung.
• *Abbildungen auf Seite 2f. (Detail) und 161*

6

verändern

CHRISTIAN SCHWÄGERL UND REINHOLD LEINFELDER

Anthropozän – mehr als eine wissenschaftliche Hypothese

Die 2020er Jahre sind für die Zukunft der Erde auf unabsehbare Zeit bedeutend: In der Klimapolitik sind es die Jahre, in denen die Menschheit Milliarden Tonnen Kohlenstoff, die uns an die Schwelle zu einer gefährlichen Erderhitzung bringen, entweder emittiert oder im Boden belässt. Es ist zugleich die Zeit, in der sich die Staaten der Erde entweder dazu durchringen, beim Schutz der Ökosysteme entweder zu kooperieren oder den Wettlauf ihrer Zerstörung fortzusetzen.[1] Zudem wird sich in den kommenden Jahren zeigen, ob eine wissenschaftliche Hypothese offiziell anerkannt wird und dadurch Wirkung entfalten kann, die unseren Blick auf uns selbst und auf die Erde verändert. Die Rede ist vom Anthropozän. Um zu sehen, wie wir Menschen die Erde verändern, reicht ein Rundumblick im eigenen Leben: Unsere Städte aus Stein, Glas, Beton bilden weltweit eine neue geologische Struktur. Unser Essen kommt direkt aus vom Menschen dominierten Agrarlandschaften. Der Abfall, den wir erzeugen, landet auf Deponien. Jede Autofahrt, jeder Flug trägt zum Klimawandel bei. Doch summiert sich all dies, multipliziert mit der Zahl der Menschen, nicht nur zu den allseits bekannten Umweltproblemen, sondern zu viel mehr – einer neuen geologischen Erdepoche, dem Anthropozän? Schüler lernen, dass wir im Holozän leben, der geologischen Erdepoche, die mit dem Ende der letzten Eiszeit vor rund 11.600 Jahren begonnen hat. Es war der französische Zoologe und Paläontologe Paul Gervais (1816–1879), der 1867 diesen Begriff als Erster vorschlug, um das „gänzlich Neue", so die Übersetzung aus dem Griechischen, vom vorangegangenen, von Kälte geprägten Pleistozän abzugrenzen. Für hundert Jahre blieb Gervais' Idee jedoch alles anderes als selbstverständlich und gehörte nicht zum weltweiten Schulbuchwissen. Zuerst dauerte es 18 Jahre, bis das Holozän-Konzept auf dem Dritten Internationalen Geologen-Kongress 1885 überhaupt offiziell Gehör fand. Für weitere 82 Jahre blieb seine Nutzung dann weitgehend auf Europa beschränkt. Erst 1967 akzeptierte nach langwierigen Diskussionen auch die US-amerikanische Kommission für stratigraphische Nomenklatur das Holozän und sorgte damit für eine weltweite Anerkennung.

Geologen operieren nach den Kosmologen mit den größten Zeitabschnitten in der Naturgeschichte. Sie sind für alle Prozesse zuständig, seit die Erde sich gebildet hat. Deshalb sollten sie sich auch ausreichend Zeit nehmen, um ihre Aufgabe zu erfüllen. Die Erdgeschichte in stimmige, aussagekräftige und für die Forschung nützliche Kapitel und Unterkapitel einzuteilen, ist ein schwieriges naturwissenschaftliches Unterfangen, bei dem Moden und Zeitgeist keine Rolle spielen sollten. Eine Disziplin, die alle paar Jahre eine neue Epoche ausriefe, stünde ziemlich schnell blamiert da. Vor allem aber wird der Blick der Geologen auch für das tagesaktuelle Geschehen immer relevanter. Die Linse des Anthropozäns kann uns helfen zu verstehen, wie groß die Verantwortung ist, die wir in Händen haben: Für eine Erde, in der menschliches Handeln zur Naturgewalt wird.

Die alten Grenzziehungen zwischen Natur und Kultur verlieren bereits seit mehreren Jahrzehnten ihre Bedeutung. Vom Klimawandel bis zur synthetischen Biologie ist die Erde heute von Phänomenen geprägt, die es schwer machen, klare Grenzen zwischen Natur und Kultur zu erkennen. Eine Projektion aktueller Trends in die Zukunft führt zu dem Ergebnis, dass die Erde künftig noch deutlich stär-

VORHERIGE DOPPELSEITE:
Landschaft mit Maschine, Mischtechnik auf Karton von Carl-W. Röhrig, 1979. Berlin, akg-images / © Carl-W. Röhrig / VG Bild-Kunst: AKG360422

Tokyo, eine Megacity mit 10 Millionen Einwohnern. © Olaf Schülke/ Süddeutsche Zeitung Photo: 02489841

Heute liegt die ehemalige Hafenstadt Aralsk (Kasachstan) kilometerweit vom Aralsee entfernt. Aufgrund der seit Jahrzehnten anhaltenden Entnahme von Wasser aus dessen Zuflüssen trocknete der See aus und ist mittlerweile in mehrere erheblich kleinere Seen zerfallen. © Ulrich Baumgarten/Süddeutsche Zeitung Photo: 02649736

ker vom Menschen geprägt sein wird, als es ohnehin schon der Fall ist. Wenn die Zahl der Menschen von heute sieben Milliarden bis zum Jahr 2100 auf neun oder zehn Milliarden steigt und wenn diese Menschen die Ressourcen der Erde immer weiter auf die derzeitige Art und Weise nutzen, entsteht eine „Menschen-Erde", auf der menschliche Bedürfnisse, die menschliche Infrastruktur sowie menschliche Wirkung auf die Natursphären eine dominante Stellung im Erdsystem einnehmen.

Die Hypothese vom „Anthropozän", die auf den Atmosphärenchemiker und Nobelpreisträger Paul J. Crutzen (geb. 1933) und den Limnologen Eugene Stoermer (1934–2012) zurückgeht, bringt diese Veränderung in einem einzigen Wort zum Ausdruck.[2] Die Anthropozän-Idee ist primär eine wissenschaftliche Hypothese. Sie besagt, dass die vom Menschen initiierten Veränderungen sich in geologisch sichtbarer Form niederschlagen und von ausreichend langfristiger Natur sind, um sie auf der Zeitskala der Erdgeschichte zu verorten. Sie impliziert zugleich, dass aktuelle und zukünftige geologische Prozesse und Dynamiken, wie Sedimentation, Meeresspiegelverlauf, Wasserhaushalt oder geobiologische Kreisläufe zum Teil anders verlaufen, als dies noch im Holozän der Fall war. Zugleich lässt sich das Anthropozän als Beginn einer neuen Gesamtsicht von der Rolle des Menschen auf der Erde interpretieren, einer Gesamtsicht, die in einem offenen kollektiven Prozess erst noch zu entwickeln ist.

Der Mensch hat das Erdsystem schon seit seinem eigenen Entstehen als biologische Art vor rund 300.000 Jahren genutzt und verändert. Während diverser Eis- und Zwischeneiszeiten des Pleistozäns war der Homo sapiens als Jäger so effektiv, dass er zur Ausrottung mehrerer Arten mindestens beitrug, etwa des Wollhaarmammuts. Im nacheiszeitlichen Holozän schafften Menschen einen steilen Aufstieg zu einer wichtigen Kraft im Erdsystem. Sie entwickelten Ackerbau, Viehzucht, Städtebau, Handel und Verkehr und begannen dabei, Stoffströme zu verändern. Regional gestalteten Menschen sehr früh ihre Umwelt um, etwa durch die Abholzung im Mittelmeerraum und die Kultivierung weiter Landstriche für den Reisanbau in Asien und den Maisanbau in Südamerika. Seit Beginn der Industrialisierung, also in den vergangenen rund 250 Jahren, haben sich die Effekte menschlichen Tuns globalisiert. Vor allem der Ausstoß des Treibhausgases Kohlendioxid verursacht weltweite Effekte.

Aktuelle Zahlen illustrieren, wie realistisch die Anthropozän-Hypothese ist. So ist bereits heute nur noch ein Viertel der eisfreien Landoberfläche in einem menschlich eher unbeeinflussten Zustand.[3] Statt in Biomen, also natürlichen Lebensräumen, leben wir heute hauptsächlich in Anthromen, also menschengemachten Kulturlandschaften.[4] Menschen lagern durch Landwirtschaft und Bautätigkeit fast dreißig Mal mehr Sediment und Gestein um, als es im Schnitt der letzten 500 Millionen Jahre ohne sein Zutun der Fall gewesen ist.[5] Wissenschaftler schätzen das Gewicht der „Technosphäre“, also der Summe aller menschlich gestalteten Infrastruktur für Ernährung, Wohnen, Verkehr und Energieversorgung, auf 30 Billionen Tonnen, was ungefähr 50 Kilogramm pro Quadratmeter Erdoberfläche entspricht.[6] Wir Menschen gestalten ganze Wassersysteme um und trocknen Binnenmeere wie den Aralsee aus. Die Sedimentfracht der Flüsse wird von zehn-

Gewächshäuser in Andalusien, Südspanien. © Ken Welsh/Alamy Stock Photo: CNPJ6M

Etwa 30 % der 48.000 in Deutschland beheimateten Tierarten sind vom Aussterben bedroht, darunter auch der Goldregenpfeifer (Pluvialis apricaria). © David Whitaker/Alamy Stock Photo: BFBXFK

tausenden menschengemachten Staudämmen abgefangen und gelangt nur noch zu einem geringen Teil in die Meere. Dort ziehen sich die Flussdelten mangels Sedimenten zurück, was an vielen Orten den Meeresspiegel lokal stark steigen lässt.[7] Dagegen tragen Flüsse einen anderen, neuartigen Sedimenttyp in den offenen Ozean: Zwischen vier und 12 Millionen Tonnen Plastik landeten allein 2010 auf diesem Weg im Meer, wobei bei einem Großteil der weltweiten Plastikproduktion von mehr als 350 Millionen Tonnen jährlich noch unbekannt ist, wo sie nach dem Verbrauch verbleibt.[8] Die Hälfte des kontinuierlich verfügbaren Süßwassers wird inzwischen in der einen oder anderen Form vom Menschen genutzt, was massive Änderungen in Fließmustern zur Folge hat.[9] Eine weitere geologische Umgestaltung stellt der menschliche Umgang mit Rohstoffen für die Industrieproduktion dar. Aluminium, seltene Erden, Phosphat und viele andere Stoffe werden aus konzentrierten Lagern extrahiert und über die Entsorgung von Elektroschrott und Abraum global neu verteilt. Mengenmäßig noch mehr ins Gewicht fallen die Abgase aus der Gewinnung und Verbrennung fossiler Energieträger und aus der industrialisierten Landwirtschaft: Der Gehalt von Kohlendioxid und Methan in der Atmosphäre war seit mehreren Hunderttausend Jahren nicht höher. Innerhalb der historischen Skala liegt der bisherige Rekordwert von knapp über 415 ppm Kohlendioxid, gemessen im Mai 2019, deutlich über dem Wert von 260 ppm vor der industriellen Revolution.[10] Der zusätzliche Kohlenstoff hat langfristige Wirkung: Selbst wenn ab sofort kein Erdöl,

Palmölplantage auf einer gerodeten Parzelle im tropischen Regenwald. © RDW Aerial Imaging/Alamy Stock Photo: W6GXC2

kein Erdgas und keine Kohle mehr verbrannt würden, würde es wegen der langen atmosphärischen Verweildauer von CO_2 mehrere zehntausend Jahre dauern, bis wieder vorindustrielle Werte erreicht wären.[11] Der durch das Haber-Bosch-Verfahren und die Verbrennung fossiler Energieträger menschengemachte Anteil von Stickstoff in der Biosphäre übersteigt inzwischen die Mengen aus natürlichen Quellen.[12]

Auch die Ökosysteme der Erde sind inzwischen vom Handeln von Homo sapiens geprägt. Im Mai 2019 legten Wissenschaftler des International Panels for Biodiversity and Ecosystem Services (IPBES), des von den Vereinten Nationen eingesetzten Weltrats für Biodiversität, die Dimensionen dar.[13] 145 Wissenschaftler sichteten für einen Report die gesamte wissenschaftliche Literatur und kamen dabei zu einer weitreichenden Einsicht: Jede achte Art – eine Million von schätzungsweise acht Millionen Arten – ist dem Bericht zufolge in den kommenden Jahren und Jahrzehnten vom Aussterben bedroht, sollte es zu keinen grundlegenden Änderungen etwa bei der Landnutzung und dem Ausstoß von Treibhausgasen kommen. „Die globale Rate des Artensterbens ist mindestens um den Faktor zehn bis Hunderte Male höher als im Durchschnitt der vergangenen zehn Millionen Jahre, und sie wächst", heißt es im IPBES-Bericht. Alleine die vom Menschen verursachte Erderhitzung könnte rund fünf Prozent der Arten

FOLGENDE SEITEN:
Der Braunkohletagebau Garzweiler in Nordrhein-Westfalen mit dem Kraftwerk Frimmersdorf im Hintergrund. © Caro/Oberhaeuser/Süddeutsche Zeitung Photo: 02617882

auslöschen, wenn der Schwellenwert von zwei Grad Celsius globaler Temperaturerhöhung überschritten wird. 99 Prozent der Korallenriffe würden bei einer solchen Entwicklung mit großer Wahrscheinlichkeit absterben. Als wichtigsten Faktor des Artensterbens benennt der Bericht landwirtschaftliche Praktiken, die nicht nachhaltig sind.

Die Synthese Tausender wissenschaftlicher Studien hat ergeben, dass

- 23 Prozent der Landfläche des Planeten ökologisch heruntergewirtschaftet sind und nicht mehr ausreichend genutzt werden können,
- 85 Prozent der Feuchtgebiete bereits zerstört worden sind,
- seit dem späten 19. Jahrhundert rund die Hälfte der Korallenriffe verschwunden ist,
- neun Prozent der Nutztierrassen ausgestorben sind,
- zwischen 1980 und der Jahrtausendwende 100 Millionen Hektar tropischer Regenwald zerstört wurden, weitere 32 Millionen Hektar allein zwischen 2010 und 2015.

Auch dass durch Schiffe und Flugzeuge Tausende von Arten von einem Kontinent zum anderen gelangen, was ohne das Zutun des Menschen kaum passieren würde, wird die Natur der Zukunft und das, was in Form von Fossilien von ihr übrig bleibt, prägen. Beispielsweise stehen wenigen Tausend wild lebenden Tigern heute Hunderte Millionen Hauskatzen gegenüber – sie sind es, die den Grundstock für die weitere Evolution der zoologischen Gruppe der Katzenartigen (Feloidea) bilden werden. Weil Aussterbeereignisse irreversibel sind, verändert menschliches Tun massiv die Zusammensetzung von Lebensgemeinschaften und damit langfristig sogar den Fossilienbestand der Zukunft.[14]

Hinzu kommen die Überreste unserer Haustiere. Israelischen und US-amerikanischen Wissenschaftlern zufolge wiegt der Kohlenstoff, der in den Körpern aller Menschen und ihrer Nutztiere (wie Rinder und Schweine) enthalten ist, heute zusammen rund 160 Millionen Tonnen. Alle wildlebenden Säugetiere bringen zusammengenommen dagegen nur noch rund 7 Millionen Tonnen auf die Waage. Ein Verhältnis von 96:4, eine genaue Umkehrung der Verhältnisse am Beginn des Holozäns.[15]

Das Anthropozän-Konzept: von der Umwelt zur Unswelt

Solche und andere Neuerungen in der Evolution und im globalen Stoffkreislauf haben Paul J. Crutzen veranlasst, das Wirken der Menschen nicht mehr nur auf der Skala von Jahren und Jahrzehnten, sondern auf der geologischen Skala zu betrachten und das menschliche Wirken im „Anthropozän" zu fassen. Was als Idee begann, hat nun weltweit einen breiten und vielfältigen Forschungsprozess initiiert. Die Weiterentwicklung des Konzepts wird durch eine internationale Gruppe von Geologen vorangetrieben und formalisiert. Auch Geographen, Historiker, Literatur-, Sozial-, Kultur- und Wirtschafts-, Rechts- sowie Ingenieurwissenschaftler und andere greifen das Konzept auf. Klassische Ansätze der Umweltvorsorge setzen entweder auf Vermeidung, um die Welt im bisher so stabilen Holozän zu belassen oder auf technikbasierte Adaptation, um der menschenveränderten Umwelt Rechnung zu tragen. Im Unterschied dazu berücksichtigt das Anthropozän-Konzept den systemischen Bezug auf unterschiedlichen Zeitskalen. Die Hypothese fusioniert Erdgeschichte und Menschheitsgeschichte, Kultur und Natur, ökologischen und industriellen Metabolismus in ein gemeinsames Denkmodell.

Eine Arbeitsgruppe der Internationalen Kommission für Stratigraphie (ICS) untersucht seit 2007, ob das Anthropozän als geologische Zeiteinheit anerkannt werden soll. 2016 hat das Gremium nach einem Treffen in Johannesburg ein erstes offizielles Votum veröffentlicht. Das Gremium stimmte beinahe einstimmig für das Anthropozän als neuer Zeiteinheit.[16] Zu klären ist auch noch, wann genau das Startdatum für die neue Erdepoche gesetzt werden sollte: Bei der sogenannten Neolithischen Revolution vor rund 10.000 Jahren, als die Menschen zu Ackerbau und Viehzucht übergingen? Im 17. Jahrhundert, als nach den von europäischen Invasoren begangenen Genoziden und Seucheneinschleppungen an den nordamerikanischen Ureinwohnern die Steppe kontinentweit zu Wald wurde und dieser soviel CO_2 aus der Luft fixierte, dass eine globale Abkühlung zu registrieren war?[17] Beim Beginn der Industriellen Revolution vor rund 250 Jahren, als der Wechsel von solarer zu fossiler Energie begann? Oder in den Jahr-

Korallen (Palythoa caribaeorum) mit großflächiger Korallenbleiche vor der brasilianischen Küste. © Octavio Campos Salles/Alamy Stock Photo: RPTC7D

zehnten nach dem Zweiten Weltkrieg, als der Konsum vor allem in der westlichen Welt geradezu explodierte? Die Anthropocene Working Group spricht sich für letztere Lösung aus. Welchen dieser Startpunkte man auch immer als besonders sinnvoll erachtet, in jedem Fall verändert die Perspektive des Anthropozäns, wie wir auf die maßgeblichen Triebkräfte und Weichenstellungen der Menschheitsgeschichte blicken. Das Anthropozän-Konzept könnte auch dazu beitragen, neue Werte und Verantwortungsmuster, neue gesellschaftliche Vorgehensweisen und neue Wege der Interdisziplinarität und Partizipation in Wissenschaft, Technik und Gesellschaft zu finden.[18]

Herausforderungen für das Anthropozän-Konzept

Deshalb beginnt auch eine Reihe von Institutionen damit, über die Weiterungen des Anthropozän-Konzepts für die menschliche Selbstwahrnehmung und das menschliche Handeln nachzudenken: Was bedeutet es, das Holozän zu verlassen und künftig in der Erdepoche des Menschen zu leben? Nachdenken ist wichtig, denn das Anthropozän-Konzept könnte auch missverstanden und damit kontraproduktiv werden. So ist es explizit nicht nur als Auflistung aller Übel, die der Mensch mit der Natur angestellt hat, gemeint. Gefährlich könnte es auch werden, wenn aus dem Anthropozän ein Freibrief für Technologiegläubigkeit und zu kurz gedachte globale Ingenieurlösungen abgeleitet werden oder gar ein „Transhumanismus" mit dem Ziel, die Menschheit vollends mit Bio-, Nano-, Geotechnologien zu fusionieren. Paul Crutzen jedenfalls hat globales Geoengineering, etwa das Einblasen von Aerosolen in die Atmosphäre zur Reduzierung der Sonneneinstrahlung, nur

Arbeiter in einer Coltan-Mine in Ruanda. Coltan ist Grundstoff für Tantal, das zur Herstellung der in nahezu allen elektronischen Gerät verwendeten Elektrolytkondensatoren benötigt wird. © agefotostock/Alamy Stock Photo: DFTE24

zu Beginn der Diskussion als Möglichkeit genannt. Er möchte das Geoengineering jedoch ausschließlich als allerletzten Notanker erforscht wissen, nicht als Ausrede, um ursächliche Maßnahmen gegen die Klimakrise, also eine Reduktion von Treibhausgasen, hinauszuzögern.[19] Weitere Einwände stammen von Akteuren der Geowissenschaften selbst. Manche Geologen haben Zweifel, ob die vom Menschen verursachten Veränderungen bereits tiefgreifend genug und ausreichend langfristig messbar sind, um einen Platz auf der geologischen Zeitskala zu verdienen. Andere verweisen darauf, dass es ja bereits Quartärgeologie gebe oder die geologische Methodik verwässert werde. Von einer „Geographisierung der geologischen Wissenschaften" ist die Rede. Wieder andere scheinen zu unterstellen, dass das Anthropozän nichts weiter als ein Versuch der Geologie sei, eine angeblich versäumte Gesellschaftsrelevanz der geologischen Wissenschaften nun unter dem Deckmantel des Anthropozäns einführen zu wollen. „Pop-Geologie" lautet der Vorwurf.[20] Doch das Anthropozän hat eine große und wachsende Anhängerschaft innerhalb der Geologie. Den Anspruch an eine neue geologische Zeiteinheit, sie müsse auch „nützlich für die Wissenschaft sein", löst die Anthropozän-Hypothese nämlich bereits ein, wie die weltweite Debatte zeigt.

Dass sich manche eher traditionell arbeitende Wissenschaftler mit dem Anthropozän-Gedanken schwer tun, liegt auch daran, dass er inter- und transdisziplinäres Denken und Forschen bedingt. Es geht plötzlich nicht mehr nur um die Geologie der Vergangenheit und Gegenwart, sondern auch um die Geologie der Zukunft, die wir durch unser derzeitiges und zukünftiges Handeln gestalten. Die Forschungslandschaft erscheint vor dieser Perspektive allerdings bislang oft als ungeeignet. Gerade in Deutschland ist die ‚Versäulung' innerhalb der fachlich häufig eng definierten Fakultäten immer noch sehr hoch. Geeignete inter- und transdisziplinäre, regional und international verknüpfende Strukturen wie Center, Colleges, Schools nehmen zwar zu, sind aber immer noch zu wenig entwickelt. In der Regel müssen interdisziplinär arbeitende Forscher heute schon eine geglückte disziplinäre Karriere sozusagen als Absicherung hinter sich haben, um schadlos transdisziplinär arbeiten zu können. Entsprechend schlagen nur wenige junge Wissenschaftlerinnen und Wissenschaftler von vorneherein diesen Weg ein. Notwendig wären Kriterien für leistungsbezogene Zuweisungen, die auch Inter- und Transdisziplinarität honorieren. Auch könnten verbesserte Laufbahnchancen für interdisziplinär arbeitende Nachwuchswissenschaftler angeboten werden.[21] Um im Anthropozän die richtigen Entscheidungen zu treffen, ist es wichtig, dass Wissenschaftler Gelegenheit bekommen, umfassend über das Verhältnis von Technik, Natur und Kultur nachzudenken und zu forschen.

Was also bedeutet das Anthropozän für die geowissenschaftlichen Fächer? Geowissenschaftliche Forschung umfasste seit jeher sowohl Grundlagenforschung als auch angewandte, gesellschaftsrelevante Forschung. Dinosaurierforschung repräsentiert das Grundlagen-Ende, Ingenieurgeologie das angewandte Ende des Spektrums. Die Geologie ist umfassend gerüstet, um die anthropogene Welt von heute zu beschreiben und zu analysieren. Das gilt für die geowissenschaftlichen Erkenntnisse zu Biodiversitätsmustern und Selektionsfaktoren genauso wie für

Frauen pflanzen Mangroven zum Schutz der Küste bei Mombasa in Kenia an.
© Joerg Boethling/Alamy Stock Photo: G47JW3

weite Teile geochemischer, sedimentologischer, mineralogischer, geophysikalischer, tektonischer, geobiologischer oder erdgeschichtlicher Forschung. Paläontologie und Geobiologie sollten sich schon allein deshalb aktiv an Anthropozän-Forschungen beteiligen, da die Erdgeschichte hervorragende Fallbeispiele für Kipppunkte im Erdsystem bietet, an denen es zu vergleichsweise schnellen Umschwüngen kam. Beispiele mit Anthropozän-Bezug gibt es zuhauf in der Erdgeschichte, etwa die Reaktion mariner Ökosysteme auf Umweltveränderungen, die Rekonstruktion plötzlicher, unerwarteter Umweltveränderungen insbesondere in kondensierten Schichten, Meeresversauerungen, Sauerstoffzehrung bei Meeresspiegelanstiegen und Eutrophierungen, aber auch Anpassungen und Organismenmigrationen nach geologischen und klimatischen Veränderungen oder neue Adaptations- und Diversifikationsmuster nach lokalen und regionalen Aussterbeereignissen. Die Vorgänge an der Paläozän-Eozän-Grenze vor 56 Millionen Jahren oder an der Basis der kurzen Eem-Warmzeit vor 130.000 Jahren dienen als repräsentative Szenarien für mögliche zukünftige globale Umweltszenarien. Die Liste wäre beliebig verlängerbar. Insbesondere wird es notwendig sein, drei wesentliche Aspekte der Erdsystemforschung auszubauen:

– Verbessertes systemisches Arbeiten: Geologische Prozesse laufen verschachtelt, selbstverstärkend, sich gegenseitig abschwächend, jedenfalls fast immer in Wechselbeziehungen ab. Indem im Anthropozän Kultur und Natur eins werden, eröffnet sich auch der Bezugsraum der Erdgeschichte, um für die Gegenwart zu lernen.
– Die Geologie kann der Gesellschaft langfristiges Denken vermitteln. Während Geologen in Jahrmillionen denken, ist unser Wirtschaftssystem in Tagen und Quartalen organisiert. Die Langfristigkeit unseres Tuns ist im Denken noch unterrepräsentiert.[22] Vieles von dem, was wir jetzt tun, hat Auswirkungen in geologischen Zeiträumen. Dies gilt etwa für die im Anthropozän erfolgten Klimaänderungen, massive Änderungen der Sedimentationsmuster, Artenlücken nach Aussterbeereignissen oder nukleare Unfälle. Der Kurzskaligkeit dieser Welt können die Geowissenschaften Langskaligkeit entgegensetzen. Das „Lange Jetzt“ gilt es in das wissenschaftliche Denken auch anderer Disziplinen einzubauen.[23] Spuren menschlicher Bautätigkeit, invasive Arten, neue „Technofossilien“, die Umverteilung von seltenen Metallen und Erden aus wenigen Lagerstätten der Erde in eine Globallandschaft aus „Gewürzmetallen“ oder der Verbleib von Müllpartikeln in pazifischen Ozeanwirbeln können erklären helfen, wie Lang- und Kurzfristskalen ineinandergreifen.[24] Auch in der Erdgeschichte müssen dazu Langfrist- und Kurzfristszenarien deutlich differenziert betrachtet werden. Aussagen, wie „Tropische Riffe sind schon mehrfach in der Erdgeschichte ausgestorben, aber immer wieder zurückgekommen“, mögen aus geowissenschaftlicher Langskalensicht korrekt sein. Entscheidend ist aber, wie lang die Lückenzeiten nach regionalen oder globalen Aussterbeereignissen tatsächlich waren. Sie belaufen sich bekanntermaßen auf Hunderttausende bis Millionen von Jahren, für die Lücke gut ausgebildeter korallenreicher Flachwasserriffe nach dem intraspätdevonischen Aussterbeereignis sogar auf etwa 140 Millionen Jahre. Wenn also Forscher des Weltbiodiversitätsrats IPBES im Mai 2019 davor warnten, dass im 21. Jahrhundert 99 Prozent aller Korallenriffe absterben könnten, bietet die erdgeschichtliche Perspektive wenig Trost. Das gilt es zu erkennen und vermitteln.
– Die Geologie kann ihr eigenes Repertoire um das Konzept des industriellen Metabolismus erweitern, aber auch weitere Transformationsbemühungen in eine nachhaltige zukunftsfähige Gesellschaft unterstützen, indem sie sich an tatsächlich interdisziplinärer Zusammenarbeit möglichst vieler Disziplinen aus Natur-, Technik-, Kultur-, Geistes-, Sozial-, Wirtschafts-, Rechts- und Politikwissenschaften beteiligt.[25] Neben den eher grundlagenbetonten Sektoren der geologischen Wissenschaften, wie Allgemeine Geologie, Historische Geologie und Paläontologie, sollten sich insbesondere auch die geowissenschaftlichen Materialwissenschaften, die Wirtschaftsgeologie, Ingenieurgeologie, Quartärgeologie, Geochemie, Geophysik und Geobiologie in Verbünde zu systemischer Forschung

eingliedern mit dem Ziel, einen „safe operating space" für unsere Zivilisation und die mit ihr verwobenen Ökosysteme aufzubauen.[26]

Die ganze Stärke des Anthropozän-Konzeptes liegt darin, eine Arena für ein wissensbasiertes, zukunftsverantwortliches Gestalten des Erdsystems zu schaffen. Geologisch gesprochen: Diese Erdepoche hat gerade erst begonnen. Es liegt auch in den Händen der Wissenschaften, darunter der Geowissenschaften, sie mitzugestalten. Man kann das Anthropozän-Konzept als eine Art Bewusstwerdungsprozess begreifen, wie tief unsere menschliche Verantwortung in die Zukunft reicht.[27] Paul Crutzen, 1995 mit dem Nobelpreis für seinen Beitrag zum Erhalt der Ozonschicht geehrt, formulierte das Ziel, dass die Anthropozän-Bewohner zu „Bewahrern des Erdsystems" avancieren sollten.[28] Auf dieser vielfältigen metaphorischen Ebene ist die neue Erdepoche bereits anerkannt. Museen, Universitäten und Kulturinstitutionen in aller Welt gebrauchen den Begriff wie selbstverständlich, soziale Medien sind voll von ihm. Ob das Anthropozän allerdings in die offizielle Zeitrechnung der Geologie Einzug halten und letztlich in Schulbüchern landen wird, entscheidet sich erst noch – in einem Prozess der Geologen-Community mit offenem Ausgang, bei dem um Positionen gerungen wird, um in Abstimmungen Mehrheiten zu erzielen. Dabei wird sehr deutlich werden, wie menschlich die Kriterien sind, nach denen Menschen die Erdgeschichte einteilen. Die Erde der Zukunft liegt buchstäblich in unseren Händen.[29]

1 Christian Schwägerl: Countdown Erde 2020: Schicksalsjahr für Mensch und Natur. In: RiffReporter. Magazine unabhängiger Reporter, 15.1.2020; URL: https://www.riffreporter.de/flugbegleiter-koralle/countdown-2020-entwurf-cbd-naturschutz/ (letzter Zugriff: 31.01.2020).

2 Paul J. Crutzen u. Eugene Stoermer: The „anthropocene". In: IGBP Global Change Newsletter of the Royal Swedish Academy of Sciences 41, 2000, 17f.; Paul J. Crutzen: Geology of Mankind. In: Nature 415, 2002, 23.

3 IPCC: Climate Change and Land: an IPCC special report on climate change, desertification, land degradation, sustainable land management, food security, and greenhouse gas fluxes in terrestrial ecosystems. 2019 (Druck in Vorbereitung); vgl. die Online-Veröffentlichung: URL: https://www.ipcc.ch/srccl/ (letzter Zugriff: 04.02.2020).

4 Erle Ellis u. Navin Ramankutty: Putting people in the map: anthropogenic biomes of the world. In: Frontiers in Ecology and the Environment 6, 2008, 439–447; Erle Ellis: Anthropogenic transformation of the terrestrial biosphere. In: Philosophical Transactions of the Royal Society A: Mathematical, Physical and Engineering Sciences 369, 2011, 1010–1035.

5 Bruce H. Wilkinson: Humans as geologic agents. A deep-time perspective. In: Geology 33, 2005, 161.

6 Jan Zalasiewicz [u. a.]: Scale and diversity of the physical technosphere: A geological perspective. In: The Anthropocene Review 4, 2017, 1, 1–14.

7 James Syvitski u. Albert Kettner: Sediment flux and the Anthropocene. In: Philosophical Transactions of the Royal Society A: Mathematical, Physical and Engineering Sciences 369, 2011, 957–975.

8 Jenna R. Jambeck [u. a.]: Plastic waste inputs from land into the ocean. In: Science 347, 2015, Ausgabe 6223, 768–771; Andrés Cózar [u. a.]: Plastic debris in the open ocean. In: PNAS 111, 2014, Nr. 28, 10239–10244.

9 Dorothy Merritts [u. a.]: Anthropocene streamsand base-level controls from historic dams in the unglaciated mid-Atlantic region, USA. In: Philosophical Transactions of the Royal Society A: Mathematical, Physical and Engineering Sciences 369, 2011, 976–1009.

10 NOAA: Trends in Atmospheric Carbon Dioxide; URL: https://www.esrl.noaa.gov/gmd/ccgg/ trends/full.html (letzter Zugriff: 04.02.2020).

11 Mark William [u. a.]: The Anthropocene: a new epoch of geological time? In: Philosophical Transactions of the Royal Society A: Mathematical, Physical and Engineering Sciences 369, 2011, 835–1111.

12 Peter M. Vitousek: Beyond global warming: ecology and global change. In: Ecology 75, 1994, 1861–1876.

13 IPBES: Global Assessment Report on Biodiversity and Ecosystem Services, 2019; URL: https://ipbes.net/global-assessment-report-biodiversity-ecosystem-services (letzter Zugriff: 04.02.2020).

14 Mark Williams [u. a.]: The Anthropocene biosphere. In: The Anthropocene Review 2015, 1–24.

15 Yinon M. Bar-On [u. a.]: The biomass distribution on Earth. In: PNAS 115, 2018, 25, 6506–6511.

16 Colin N. Waters [u. a.]: The Anthropocene is functionally and stratigraphically distinct from the Holocene. In: Science Magazine 351, 2016, Issue 6269, 2622.

17 Simon Lewis u. Mark A. Maslin: Defining the Anthropocene. In: Nature 519, 2015, 7542, 171–180.

18 Reinhold Leinfelder: Paul Joseph Crutzen, The „Anthropocene". In: Schlüsselwerke der Kulturwissenschaften. Hg. v. Claus Leggewie [u. a.]. Bielefeld 2012, 257–260.

19 Christian Schwägerl: Wir sind nicht dem Untergang geweiht. Ein Interview mit Paul J. Crutzen. In: Willkommen im Anthropozän. Unsere Verantwortung für die Zukunft der Erde. Hg. v. Nina Möllers [u. a.]. München 2014.

20 Whitney J. Autin u. John M. Holbrook: Is the Anthropocene an issue of stratigraphy or pop culture? In: GSA Today 22, 2012, 7, 60f.

21 Reinhold Leinfelder: Von der Umweltforschung zur Unsweltforschung. In: Frankfurter Allgemeine Zeitung, Forschung und Lehre, 12.10.2011; WBGU [Wissenschaftlicher Beirat der Bundesregierung Globale Umweltveränderungen]: Welt im Wandel. Gesellschaftsvertrag für eine große Transformation. Berlin 2011, auch online verfügbar: URL: https://www.wbgu.de/de/publikationen/publikation/welt-im-wandel-gesellschaftsvertrag-fuer-eine-grosse-transformation#sektion-downloads (letzter Zugriff: 04.02.2020).

22 Curt Stager: Deep future: The next 100,000 years of life on Earth. New York: Thomas Dunne Books, 2011.

23 Jan Zalasiewicz: Die Erde nach uns: Der Mensch als Fossil der fernen Zukunft. Heidelberg 2010.

24 The Anthropocene as a geological time unit. A Guide to the scientific evidence and current debate. Hg. v. Jan Zalasiewicz [u. a.]. Cambridge (UK): Cambridge University Press, 2019.

25 Reinhold Leinfelder [u. a.]: Die menschengemachte Erde. Das Anthropozän sprengt die Grenzen von Natur, Kultur und Technik. In: Kultur & Technik 2/2012, 12–17.

26 Johan Rockstrom [u. a.]: A safe operating space for humanity. In: Nature 461, 2011, 472–475.

27 Christian Schwägerl: Menschenzeit. Zerstören oder Gestalten? Die entscheidende Epoche unseres Planeten. München 2010.

28 Will Steffen [u. a.]: The Anthropocene: Are Humans Now Overwhelming the Great Forces of Nature? In: Ambio 36, Dezember 2007, No. 8, 614–621.

29 Paul J. Crutzen u. Christian Schwägerl: Living in the Anthropocene: Toward a New Global Ethos. In: Yale Environment 360, 2011; URL: https://e360.yale.edu/features/living_in_ the_anthropocene_toward_a_new_global_ethos (letzter Zugriff: 04.02.2020).

Exkurs

THOMAS JUNKER

Evolution oder Schöpfung: Ein Streit, der nicht vergeht

Es gibt kaum ein anderes Thema, bei dem sich die religiöse und die wissenschaftliche Weltanschauung so unversöhnlich gegenüberstehen wie bei der Frage von Evolution und Schöpfung. Spätestens nachdem Charles Darwins (1809–1882) berühmtes Buch *Über die Entstehung der Arten* im Jahr 1859 erschienen war,[1] konkurrierten die beiden Erklärungsmodelle um Wahrheit und öffentliche Aufmerksamkeit, ohne dass sich das eine oder andere gänzlich durchsetzen konnte. Seit dieser Zeit gab es immer wieder Versuche von beiden Seiten, den Konflikt beizulegen – letztlich aber ohne durchgreifenden Erfolg. Kaum schien die Vermittlung gelungen, brach die Kontroverse mit neuer Vehemenz wieder auf.

Warum will es nicht gelingen, die Widersprüche zwischen dem religiösen Schöpfungsglauben und der wissenschaftlichen Evolutionstheorie zu überwinden? Auf der persönlichen Ebene ist dies durchaus möglich, wie einige Berichte zeigen. So war beispielsweise Theodosius Dobzhansky (1900–1975), einer der einflussreichsten Evolutionstheoretiker des 20. Jahrhunderts, tiefreligiös.[2] Auf meine Frage, wie dies möglich sei, antwortete sein langjähriger wissenschaftlicher Weggefährte Ernst Mayr (1904–2005): „Von Montag bis Freitag widmete sich Dobzhansky der atheistischen Wissenschaft, am Sonntag verwandelte er sich in einen gläubigen Christen und am Samstag nahm er sich frei.“ Die Regel ist ein solch harmonisches Nebeneinander allerdings nicht. So ergab eine Umfrage in den USA, dass mittlerweile „unter den führenden Naturwissenschaftlern der Unglaube größer ist als jemals zuvor – [er ist] fast vollständig.“[3] Wir scheinen also heute ebenso weit von einem verallgemeinerbaren, widerspruchsfreien Modell, das Schöpfung und Evolutionstheorie verbindet, entfernt zu sein wie zu Darwins Zeit.

Der britische Theologe und Naturwissenschaftler Charles Darwin, Fotografie, 1874. Berlin, akg-images/Pictures From History: AKG4503234

Der historische Ursprung

Warum kam es gerade durch Charles Darwin zur entscheidenden Weichenstellung, die unsere Debatten bis heute prägt? Darwin war ja nicht der erste Vertreter der Evolutionsidee. Schon im 18. und frühen 19. Jahrhundert hatten Naturforscher Hypothesen über die gemeinsame Abstammung der Organismen und die Evolution der Arten formuliert. Aber erst Darwin gelang es, diese Ideen theoretisch und empirisch im Detail zu belegen und zu zeigen, wie sich die Existenz, die Eigenschaften und die Zweckmäßigkeit der Organismen auf natürliche Weise erklären lassen. Darwins Argumente überzeugten viele seiner Zeitgenossen und seine Grundgedanken haben seither allen kritischen Überprüfungen standgehalten.

Für den Evolutionsbiologen Theodosius Dobzhansky, bekannt für seine genetischen Forschungen zur Taufliege Drosophila melanogaster, waren Glaube und Wissenschaft kein Widerspruch. Fotografie, um 1959. Berlin, akg-images/Science Photo Library/American Philosophical Society: AKG5509263

Die Lösung des Rätsels war verblüffend einfach: Die unterschiedlichen Arten von Lebewesen stammen von gemeinsamen Vorfahren ab, die sich durch einen natürlichen Mechanismus aus Variation und Selektion allmählich in verschiedene Richtungen entwickelt haben. Darwin selbst nannte sein Modell „die Theorie der Abstammung mit Abänderung durch natürliche Auslese" („the theory of descent with modification through natural selection").[4] Im Laufe der Zeit setzte sich das prägnantere Wort Evolution durch, aber die Idee als solche blieb unangetastet.

Indem Darwin „an die Stelle der übernatürlichen Einwirkungen eine natürliche Entwickelung, an die Stelle des Wunders den Causalnexus" setzte,[5] machte er die Biologie in vielerlei Hinsicht erst zu einer echten Naturwissenschaft. Und so galt die Durchsetzung des Naturalismus in der Biologie in den ersten Jahrzehnten nach 1859 als Darwins wichtigste Leistung. Theistische Evolutionsmodelle wurden an den Rand gedrängt und Evolution wurde mit naturalistischen Evolutionstheorien gleichgesetzt.[6]

Darwin hatte die „übernatürlichen Einwirkungen" erfolgreich aus der wissenschaftlichen Biologie vertrieben, nicht jedoch aus dem Bewusstsein großer Teile der Bevölkerung. Letzteres, der Kampf um die allgemeine weltanschauliche Deutungshoheit, erwies sich als bedeutend schwieriger, denn viele Vertreter der religiösen Weltanschauung konnten und wollten dieses Terrain, bei dem es nicht zuletzt um die Menschen ging, nicht kampflos preisgeben. Da evolutionskritische Positionen innerhalb der wissenschaftlichen Biologie schon im letzten Drittel des 19. Jahrhunderts kaum mehr eine Rolle spielten, sahen sich Theologen und religiöse Philosophen gezwungen, selbst Position zu beziehen. Aus dem innerbiologischen Disput war der Streitfall Evolution, die philosophische und weltanschauliche Kontroverse geworden, die bis in unsere Zeit fortbesteht. Besondere Beachtung hat in diesem Zusammenhang der sogenannte Kreationismus erfahren.

Die Arche Noah im US-amerikanischen Bundesstaat Kentucky, nachgebaut von der fundamentalchristlichen Gruppe Answers in Genesis für einen religiösen Erlebnispark, beherbergt auch Dinosaurier. Fotografie, 2017. Berlin, akg-images/Science Photo Library/Jim West: AKG5001442

Was ist Kreationismus?

Das Wort Kreationismus leitet sich von lateinisch *creare* (erschaffen, hervorbringen) ab und bedeutet Schöpfungslehre. Unter Schöpfung wiederum wird die „Hervorbringung der Welt und ihrer ‚Geschöpfe'" durch „den unbegreiflichen Willen, die unbegreifliche Tat eines Gottes" verstanden.[7] Im Deutschen wurde das Wort Kreationismus erst in den letzten Jahrzehnten nach Berichten über den so genannten *scientific creationism* in den USA gebräuchlich. Dieser behauptet, dass die Welt vor vielleicht 10.000 Jahren vom Gott des Alten Testaments erschaffen wurde, mit Organismen, die sich nur wenig von den heute lebenden unterscheiden. Man beruft sich dabei auf die biblischen Texte und fordert, diese auch in den Naturwissenschaften als wörtlich verstandene, verbindliche Wahrheit vorauszusetzen.[8] Schöpfungsgeschichte, Sündenfall und Sintflut gelten als reale geschichtliche Ereignisse, Adam und Eva als echte Personen, Menschen und Dinosaurier haben zusammengelebt und vor dem Sündenfall haben sich auch Raubtiere und Blutegel von rein pflanzlicher Kost ernährt. Da die Evolutionstheorie zu anderen Aussagen kommt, wird sie als Irrtum bzw. als Fälschung atheistischer Wissenschaftler abgelehnt.

Mitte der achtziger Jahre des 20. Jahrhunderts kam es dann aus politischen Gründen zu einer Umbenennung des Kreationismus in Intelligent Design (ID) und zu einer argumentativen Neuausrichtung.[9] An die Stelle positiver Aussagen über die Schöpfungstätigkeiten des (christlichen) Gottes trat die Kritik an der Evolutionstheorie. Diese sei nicht in der Lage, die Komplexität der Organismen und ihrer Merkmale zu erklären, sondern man müsse annehmen, dass es einen intelligenten Konstrukteur gebe. Merkmale wie die Geißel (Flagelle) der Bakterien, die es ihnen erlaubt, sich wie mit einem Schiffspropeller fortzubewegen, sollen irreduzibel komplex sein. Damit ist gemeint, dass sie nicht durch allmähliche Veränderungen aus einfacheren Vorformen entstanden sein können.

Aus politischen Erwägungen verzichteten die Vertreter des Intelligent Design darauf, den Konstrukteur mit dem christlichen Gott gleichzusetzen. Es ist aber unverkennbar, dass hier unter einem neuen Namen die vor Darwin allgemein verbreitete Idee wiederbelebt wurde, der zufolge die Zweckmäßigkeit der Lebewesen ein Beweis für die Existenz eines Schöpfers sei (teleologischer Gottesbeweis). Da sich das Intelligent Design-Argument auf die Kritik an der naturalistischen Evolutionstheorie beschränkt, lässt es sich mit verschiedenen Varianten des Schöpfungsglaubens verbinden. Und es ist mit der Evolution vereinbar, wenn man davon ausgeht, dass diese von einem intelligenten Konstrukteur geplant oder beeinflusst wird.

Neben dem Kurzzeit- und dem Intelligent Design-Kreationismus gibt es noch eine ganze Reihe weiterer Schöpfungslehren, die vor allem eines verbindet: die Ablehnung der wissenschaftlichen Evolutionstheorie. Aus diesem Grund wird Kreationismus heute meist negativ definiert: als Sammelbegriff für alle Konzepte, in denen die natürliche Erklärung der Entstehung der Organismen verworfen und durch einen Schöpfungsglauben ersetzt wird. Wenn man Kreationismus in dieser Weise als Anti-Naturalismus und allgemeinen Schöpfungsglauben definiert, dann ist es unmittelbar einleuchtend, warum das Thema nicht nur für fundamentalistische Splittergruppen, sondern für religiöse Menschen ganz allgemein relevant ist. Denn bis heute ist der Schöpfungsglauben ein wichtiger Bestandteil des christlichen Glaubensbekenntnisses, das mit den Worten beginnt: „Ich glaube an Gott, den Vater, den Allmächtigen, den Schöpfer des Himmels und der Erde". Meist wird dies so interpretiert, dass die Schöpfungstätigkeit sich nicht nur auf Himmel und Erde, sondern auch auf die Organismen erstreckt hat.[10] Diese enge Verflechtung von Schöpfungsideen mit zentralen jüdischen, christlichen und islamischen Glaubensinhalten macht verständlich, warum die Ablehnung der Evolutionstheorie nicht nur in fundamentalistischen evangelikalen Gruppen, sondern auch in den großen christlichen Kirchen und im islamischen Kulturkreis so weit verbreitet ist.

Eine im Jahr 2005 durchgeführte Untersuchung ergab, dass 38% der US-Jugendlichen den Kurzzeit-Kreationismus vertreten, 43% der Intelligent Design-Idee nahestehen und nur 18% die wissenschaftliche Evolutionstheorie für richtig halten. In Deutschland gibt es in der Bevölkerung ein fast ausgeglichenes Verhältnis, wenn man das naturalistische

Der römische Dichter Lukrez glaubte an Urzeugung, Kupferstich in: T. Lucretius Carus: Of the Nature of Things [De Rerum Natura]. In six books. In two volumes. London: Sawbridge, 1714. Berlin, akg-images: AKG7236038

und das religiöse Weltbild gegenüberstellt.[11] Im globalen Maßstab muss man wohl davon ausgehen, dass die Evolutionstheorie nur einer informierten Minderheit geläufig ist und dass sie von noch weniger Menschen verstanden und akzeptiert wird.

Alles nur ein Missverständnis?

Theologen und religiöse Biologen haben nun darauf hingewiesen, dass sich der von Darwin postulierte Widerspruch zwischen Evolution und Schöpfung auflösen lässt. Man muss nur annehmen, dass die Veränderung der Arten von einem höheren Wesen gelenkt wird, wie dies beispielsweise in der Intelligent Design-Bewegung der Fall ist. Beruht der Konflikt zwischen Wissenschaft und Religion über die Evolution also auf einem Missverständnis? Tatsächlich wird in diesem Zusammenhang häufig übersehen, dass sich die Kontroverse an zwei unterschiedlichen Fragen entzündet.

Bei der ersten Frage geht es um den Modus der Entstehung der Arten: Entstehen Arten unabhängig voneinander (Konstanz der Arten) oder gehen sie auseinander hervor (Evolution)? Sind beispielsweise die Menschen direkt aus Materie durch Urzeugung entstanden bzw. wurden sie unmittelbar erschaffen oder stammen sie von einer langen Reihe äffischer und früherer Vorfahren ab? Bei der zweiten Frage geht es um die Kausalität der Evolution: Handelt es sich um einen Naturvorgang oder um einen göttlichen Schöpfungsakt? Sind die Menschen mit ihren Eigenschaften also ein Produkt von Zufall und Notwendigkeit oder wurden sie von einem höheren Wesen konstruiert? Entsprechend ergeben sich vier Optionen: a) Natürliche Entstehung konstanter Arten (Urzeugung), b) Schöpfung konstanter Arten, c) natürliche Evolution, d) theistische Evolution. Wenn man nicht annehmen will, dass die Arten der Lebewesen schon ewig existieren, müssen sie irgendwann ihren Anfang genommen haben. Die meisten Naturforscher des 18. und frühen 19. Jahrhunderts waren nun davon überzeugt, dass die biologischen Arten nicht nur eindeutig unterscheidbar, sondern auch unveränderlich sind. Im Einklang mit den religiösen Überlieferungen nahmen sie zudem meist an, dass die Arten mit ihren charakteristischen Eigenschaften von einem Gott erschaffen wurden: „Wir zählen so viele Arten, wie verschiedene Formen im Anfang [in principio] geschaffen worden sind" (Option b).[12]

Auf der anderen Seite gab es bereits in der Antike Versuche, die Entstehung der Arten auf natürliche Weise durch Urzeugung zu erklären (Option a). In seinem Lehrgedicht *De rerum natura* hatte der aus der Schule der Epikureer stam-

FOLGENDE SEITEN:
Die Erschaffung des Menschen, kolorierter Kupferstich von Matthäus Merian d. Ä. in: Biblia [...], verteutscht durch Martin Luther. Straßburg: Zetzner, 1630. Berlin, akg-images: AKG42483 (Detail)

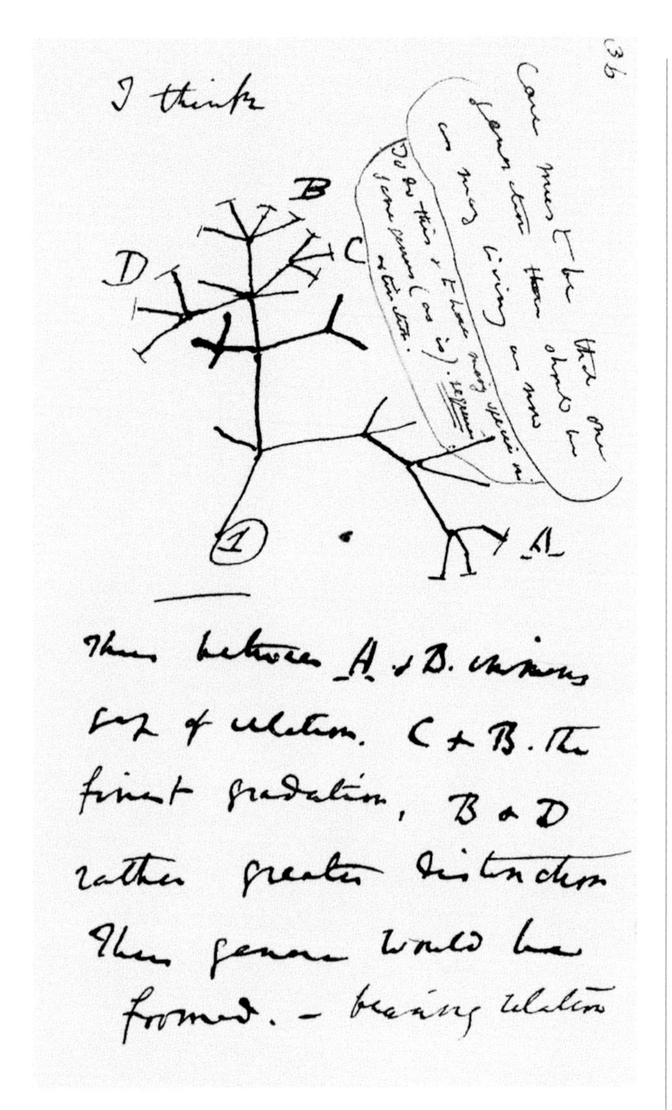

Darwin zeichnete die erste Skizze des Evolutionsbaumes 1837 in sein Tagebuch, Fotografie. Berlin, akg-images / bilwissedition: AKG2097462

mende römische Dichter und Philosoph Lukrez (97–55 v. Chr.) spekuliert, dass die Lebewesen „auf ganz natürliche Weise entstanden" seien, indem „Urkörper sich von allein und zufällig trafen, vielfältig, blindlings, unnütz, vergeblich zusammen sich ballten, schließlich nach jäher Vereinigung miteinander verwuchsen".[13] Das Urzeugungsmodell hat durchaus poetische Qualitäten, aber von einer echten Erklärung kann man nicht sprechen. Insofern ist nicht verwunderlich, dass es bereits im 19. Jahrhundert fast spurlos aus der Biologie verschwand, sobald es mit der Evolutionstheorie eine wissenschaftlich überzeugende Erklärung gab. Heute ist es nur noch von historischem Interesse und es existiert nur noch ein einziges naturalistisches Modell für die Entstehung der Arten: die Evolutionstheorie. Anders sieht es auf der religiösen Seite aus. Hier gibt es bis in die Gegenwart beide Varianten: nicht nur theistische Evolutionstheorien, sondern auch die Vorstellung, dass konstante Arten erschaffen wurden. Der Grund hierfür ist, dass einige religiöse Strömungen die biblischen Texte als wörtlich zu verstehende, göttliche Offenbarung auffassen, d.h. als unumstößliche Wahrheit, die nicht relativiert werden darf.

Evolution als Schöpfung

Die großen Kirchen Deutschlands legen nun Wert darauf zu betonen, dass sie die Evolution der Organismen uneingeschränkt akzeptieren. Zugleich bekräftigen sie ihr Glaubensbekenntnis, dass der christliche Gott die Welt, die Lebewesen und vor allem die Menschen erschaffen hat. Wie ist das möglich? Evolution und Schöpfung werden verbunden, indem man sagt, dass die Entwicklung des Lebens „auf den schöpferischen Willen Gottes" zurückgehe.[14] Die Steuerung der Evolution soll dabei nicht durch materielle Ursachen erfolgen, sondern durch einen geistigen Vorgang, einen schöpferischen Willen. In diesem Sinne schrieb Papst Johannes Paul II. (1920–2005): „Recht verstandener Schöpfungsglaube und recht verstandene Evolutionslehre [stehen sich] nicht im Wege: Evolution setzt Schöpfung voraus; Schöpfung stellt sich im Licht der Evolution als ein zeitlich erstrecktes Geschehen – als creatio continua – dar".[15] Wie er weiter erläuterte, versteht er unter einer „recht verstandenen Evolutionslehre" *nicht* die Evolutionstheorie im Sinne der heutigen Biologie. Letztere wird als „evolutionistisches Weltbild" ausdrücklich abgelehnt. Die Katholische Kirche glaubt auch, das Ziel zu kennen, auf das die Entwicklung des Lebens seit seinen Anfängen zusteuerte. Es ist die Entstehung der Menschen und ihres Geistes. Wenn all dies stimmt, dann hat die wissenschaftliche Evolutionsbiologie Unrecht, wenn sie behauptet, dass die Entwicklung des Lebens ausschließlich durch natürliche Prozesse bestimmt wird, dass die Evolution kein Ziel hat und die Entstehung der Menschen ein eher unwahrscheinliches Zufallsereignis war.

Naturtheologen glaubten, dass Gott die Welt ebenso zweckmäßig geplant und erschaffen habe wie ein intelligenter Uhrmacher seine Uhren, kolorierter Kupferstich. Berlin, akg-images: AKG5443176

Der Evolutionsbiologie zufolge wird der Wandel der Organismen durch Veränderungen der Erdkruste und der Atmosphäre, Modifikationen des Erbmaterials (Mutationen) und die Konkurrenz der Lebewesen vorangetrieben, um nur einige der wichtigsten Faktoren zu nennen. In dieser Lotterie des Lebens gibt es keinen Plan, kein Ziel und keine Gerechtigkeit, sondern nur Zufall und Notwendigkeit.

Die Zufälligkeit der Evolution wurde schon im 19. Jahrhundert bestritten. Der amerikanische Botaniker Asa Gray (1810–1888) beispielsweise, einer der wichtigsten wissenschaftlichen Freunde Darwins, versuchte zu zeigen, dass die Selektionstheorie mit dem Glauben an einen göttlichen Plan vereinbar ist. Man müsse nur annehmen, dass die Variationen, das heißt das Material für die natürliche Auslese, nicht zufällig auftreten, sondern von einem Gott gezielt hervorgerufen werden.[16] In den letzten Jahren scheint es um das Argument, dass der biblische Gott den Darwinschen Mechanismus aus Variation und Selektion lenkt, still geworden zu sein. Ganz wurde es aber nicht aufgegeben. Vielleicht, so spekulierte Papst Benedikt XVI. (geb. 1927) vor wenigen Jahren, manifestiert sich die göttliche Vernunft in der „Auswahl der wenigen positiven Mutationen und in der Ausnützung der geringen Wahrscheinlichkeit“.[17]

Die biologische Zweckmäßigkeit

Die religiösen Erklärungen für die Entstehung der Organismen galten bis ins 19. Jahrhundert vor allem deshalb als überzeugend, weil die naturalistischen Urzeugungstheorien nicht erklären konnten, wie die Zweckmäßigkeit der Organismen zustande kommt. Wenn man, wie die Naturtheologen des 18. Jahrhunderts argumentierten, bei einem Spaziergang eine Uhr findet, dann müsse man aufgrund ihres komplizierten Baus folgern, dass sie nicht zufällig entstanden sei, sondern geplant und hergestellt wurde. In derselben Weise müssten wir aus den zweckmäßigen Eigenschaften der Lebewesen auf einen Planer und Baumeister der Natur schließen, und zwar auf einen wesentlich mächtigeren als einen menschlichen Uhrmacher, eben auf einen Gott.

Auch Darwin ging davon aus, dass die meisten Eigenschaften der Organismen zweckmäßig sind oder waren. Er sprach in diesem Zusammenhang von der Nützlichkeitslehre („utilitarian doctrine“).[18] Die durchgängige Zweckmäßigkeit der biologischen Merkmale wird also sowohl von der Naturtheologie als auch von der (adaptionistischen) Evolutionstheorie behauptet. Der wesentliche Unterschied besteht in der kausalen Entstehung: Sind zweckmäßige Strukturen und Verhaltensweisen Hinweise auf einen Plan oder können sie aus dem Zusammenspiel von zufälliger Variation und Selektion entstehen? Die Debatte um die Entstehung der biologischen Zweckmäßigkeit hat sich seit ihren Anfängen merklich verändert. Im Unterschied zur Naturtheologie des 18. Jahrhunderts werden heute nicht mehr *alle* zweckmäßigen biologischen Merkmale als Gottesbeweis angeführt, sondern man konzentriert sich auf spezielle, besonders schwierig zu erklärende Beispiele wie das Auge der Wirbeltiere oder die oben erwähnte Bakteriengeißel. Allgemein lässt sich das religiöse Zweckmäßigkeitsargument der Gegenwart (Intelligent Design) als ein durch den wissenschaftlichen Fortschritt stark eingeschränktes Relikt der Naturtheologie verstehen. Mit jedem wissenschaftlichen Fortschritt hat es an Terrain verloren. Auch aus diesem Grund distanzieren sich die großen christlichen Kirchen trotz aller Sympathien für den grundsätzlichen Ansatz meist von der Idee des Intelligent Design. Zudem hat schon Darwin auf das grundsätzliche Problem hingewiesen, dass die biologische Zweckmäßigkeit Grenzen hat, dass beispielsweise Krankheiten und Fehlfunktionen regelmäßig vorkommen, und dass dies schwer mit dem Konzept eines allmächtigen und gütigen Gottes in Übereinstimmung zu bringen ist.

Die zwei Wirklichkeiten

Da die Konfrontation zwischen Wissenschaft und Religion von vielen gläubigen Menschen als unbefriedigend empfunden wird, die erhoffte Verbindung von Schöpfung und Evolution aber schwer überwindbare Probleme aufwirft, gewann das Abgrenzungsmodell im Laufe des 20. Jahrhunderts an Akzeptanz. Es besagt, dass beide Bereiche scharf voneinander zu trennen sind und dass Naturwissenschaftler bzw. Theologen bezüglich des jeweils anderen Bereichs inkompetent sind. So wollte der einflussreiche katholische Theologe Karl Rahner (1904–1984) den Naturwissenschaften nicht widersprechen, wenn sie den „funktionalen Zusammenhang der Einzelphänomene“ mit ihrer atheistischen Methode untersuchen, glaubte aber, dass der christliche Gott präsent sei, „wo der Grund des Ganzen schweigend uns anblickt“, womit er existentiell wichtige Lebenssituationen wie Verantwortung, Treue, Liebe, Tod und Freude meinte.[19] Auch in der evangelischen Kirche wird argumentiert, dass die evolutionsbiologischen Erkenntnisse zwar in sich stimmig und richtig seien, dass die wissenschaftliche Methode aber bestimmte Dimensionen der Wirklichkeit ausblende und folglich zu einem einseitigen Bild komme. Wenn die Naturwissenschaften die Evolution als Folge von Zufall und Notwendigkeit beschreiben, dann sei dies zwar richtig, zeige aber eben nur die materielle Seite der Phänomene. Es gebe aber noch eine weitere (geistige) Dimension, die sich nur den Gläubigen erschließe. Dass ein höheres Wesen die Welt erschaffen habe und die Evolution steuere, sei also naturwissenschaftlich weder zu beweisen noch zu widerlegen. Sie müsse geglaubt werden.

Gemeinsame Überzeugung beider Kirchen ist also, dass es Bereiche der Wirklichkeit gibt, zu denen die Wissenschaft nichts sagen kann. Die menschliche Vernunft (im Katholizismus) bzw. jeder einzelne Gläubige (im Protestantismus) können diese Grenzen dagegen überschreiten und Offenbarungswissen gewinnen.

Ein unlösbarer Konflikt?

Was also ist von dem Argument zu halten, dass es zwischen Evolution und Schöpfung keinen Widerspruch geben muss? Wie wir sahen, ist dies oberflächlich betrachtet richtig; die Aussage ist aber unvollständig, in zentraler Hinsicht falsch und zudem missverständlich. Das Problem entsteht, da das Wort Evolution unterschiedlich gebraucht wird. Zum einen versteht man darunter die zeitliche Veränderung der Arten von Lebewesen. Solange damit keine Aussage über die kausalen Ursachen verbunden ist, kommt es auch nicht zu Widersprüchen mit Schöpfungsideen. Zum anderen versteht man unter Evolution die wissenschaftliche Interpretation dieser Phänomene, die moderne Evolutionstheorie. Hier gibt es einen schwer auflösbaren Widerspruch, da in den Naturwissenschaften nur natürliche Ursachen akzeptiert werden und diese Grundannahme von den Kirchen nicht akzeptiert werden kann.

Die Darwinsche Theorie erklärt die Schöpfung ohne Schöpfer, sie ist die Ausdehnung des naturwissenschaftlichen Weltbildes auf die gesamte belebte Natur. Organismen sind biologische Maschinen mit konkretem Zweck und entsprechendem Bau (Design), wobei ihr Zweck (der Sinn ihres Lebens) darin besteht, ihre Gene zu verbreiten. Ein darüber hinausgehender allgemeiner Sinn der Welt lässt sich nicht feststellen.[20] Der Unterschied zu religiösen Glaubensüberzeugungen könnte kaum tiefgreifender sein, und bisher gibt es keinen tragfähigen Ansatz, der zeigen könnte, wie sich beide Weltbilder verbinden lassen.

Welche gesellschaftspolitischen Konsequenzen und Handlungsoptionen ergeben sich aus dieser Situation? Da es im Moment nicht danach aussieht, dass die (Natur-)Wissenschaft oder die Religion die jeweils andere Weltanschauung vollständig verdrängen kann, muss die Minimalforderung aus Sicht der Wissenschaft darin bestehen, die Aufweichung der wissenschaftlichen Standards durch religiöse Einflussnahme auf die Lehrinhalte zu verhindern. Und wenn der Konflikt zwischen Schöpfungsglauben und Evolutionstheorie schon nicht gelöst werden kann, dann sollten die sich daraus ergebenden Auseinandersetzungen sachlich und fair, aber ohne falsche Kompromisse geführt werden. Dies wiederum setzt gesellschaftliche Regeln voraus, die ein friedliches Zusammenleben trotz unvereinbarer Weltanschauungen gewährleisten. Sollte dies gelingen, dann wäre wohl mehr erreicht als durch eine oberflächliche Harmonisierung, bei der die Streitpunkte nicht behoben, sondern lediglich verleugnet werden.

FOLGENDE SEITEN:
Ein Affe an Adams Stelle in Michelangelos berühmten Deckenfresko *Die Erschaffung Adams* in der Sixtinischen Kapelle, Illustration von Jose Antonio Penas, 2018. Berlin, akg-images/Science Photo Library/Jose Antonio Penas: AKG6550128

1 Charles Darwin: On the origin of species by means of natural selection, or the preservation of favoured races in the struggle for life. London: Murray, 1859.
2 The evolution of Theodosius Dobzhansky. Essays on his life and thought in Russia and America. Hg. v. Mark B. Adams. Princeton: Princeton Univ. Press, 1994.
3 Edward J. Larson u. Larry Witham: Leading scientists still reject God. In: Nature 394, 1998, 313 (Übersetzung durch den Autor).
4 Darwin, Origin of species [s. Anm. 1], 459.
5 Carl Nägeli: Entstehung und Begriff der Naturhistorischen Art. München: Königliche Akademie, ²1865, hier 10.
6 Vgl. Ernst Mayr: The growth of biological thought. Cambridge, MA, [u. a.]: Belknap Press of Harvard Univ.Press, London 1982; Thomas Junker u. Uwe Hoßfeld: Die Entdeckung der Evolution. Eine revolutionäre Theorie und ihre Geschichte. Darmstadt ²2009.
7 Rudolf Eisler: Handwörterbuch der Philosophie. Berlin 1913, hier 580; Wörterbuch der philosophischen Begriffe. Hg. v. Johannes Hoffmeister. Hamburg 1955, hier 544.
8 John C. Whitcomb u. Henry M. Morris: The genesis flood. The biblical record and its scientific implications. Philadelphia, PA: Presbyterian & Reformed Publishing, 1961.
9 Michael J. Behe: Darwin's black box. The biochemical challenge to evolution. New York: Free Press, 1996.
10 Vgl. Die Bekenntnisschriften der evangelisch-lutherischen Kirche. Göttingen ¹²1998, 510f.; Ecclesia Catholica: Katechismus der Katholischen Kirche [Weltkatechismus]. München, Wien 1993, Nr. 293.
11 Geoff Brumfiel: Intelligent design. Who has designs on your students' minds? In: Nature 434, 2005, 1062–1065; Rolf Höneisen: Gott hat die Hand im Spiel. Knapp und trotzdem. Für die Mehrheit der Bevölkerung hat der Ursprung des Lebens einen Bezug zu Gott. In: Factum 2003, Heft 3, 24–26.
12 Carl Linnaeus: Philosophia botanica. Stockholm: Kiesewetter, 1751, These 157.
13 Lukrez: De rerum natura (Vom Wesen des Weltalls). Leipzig 1989, II. Gesang, Verse 1057–1063.
14 Weltentstehung, Evolutionstheorie und Schöpfungsglaube in der Schule. Eine Orientierungshilfe des Rates der Evangelischen Kirche in Deutschland. In: EKD-Texte 94, 2008, hier 14.
15 Evolutionismus und Christentum. Hg. v. Robert Spaemann [u. a.]. Weinheim 1986, hier 146.
16 Asa Gray: Darwiniana. Essays and reviews pertaining to Darwinism. New York: Appleton, 1876, hier 121f.
17 Schöpfung und Evolution. Eine Tagung mit Papst Benedikt XVI. in Castel Gandolfo. Hg. v. Stephan Otto Horn u. Siegfried Wiedenhofer. Augsburg 2007, hier 152.
18 Darwin, Origin of species [s. Anm. 1], 199f.
19 Karl Rahner: Gott ist keine naturwissenschaftliche Formel [1986]. In: Ders.: Sämtliche Werke. Bd. 15. Freiburg/Breisgau 2002, 391–394, hier 391f.
20 Thomas Junker u. Sabine Paul: Der Darwin-Code. Die Evolution erklärt unser Leben. München ²2009.

Glossar

Aktualismus

Der Aktualismus, auch Aktualitätsprinzip genannt, gilt heute als die wichtigste Grundlage, um geologische Befunde und Prozesse zu interpretieren. Er geht davon aus, dass die Naturgesetze überzeitlich gültig sind und schließt daraus, dass die geologischen Prozesse der Erdvergangenheit sich nicht von den heutigen Vorgängen unterscheiden. Die Beobachtung aktueller geologischer Vorgänge erlaubt daher Rückschlüsse auf die Entstehung fossiler Strukturen. James Hutton (1726–1797) und Karl Ernst Adolf von Hoff (1771–1837) zählen zu den Vordenkern des modernen Aktualismus, den der britische Geologe Charles Lyell (1797–1875) erweiterte und nach 1830 als sogenannten Uniformitarismus, in Abgrenzung zum Katastrophismus, in der Geologie maßgeblich etablierte.

Diluvianismus

Die Grundannahme des Diluvianismus (Diluvium lat. Überschwemmung), der Ende des 17. Jahrhunderts aufkam und in vielen Varianten bis etwa 1750 populär war, besteht darin, dass der geschichtete Bau der Erde durch eine oder mehrere große Fluten entstanden sei – biblisch wurde diese Flut als die Sintflut gedeutet. Versteinerte Tiere und Pflanzen wurden dabei als Überreste und Zeugen der untergegangenen, vorsintflutlichen Welt betrachtet.

Diskordanz

Eine Diskordanz (lat. Uneinigkeit) ist eine sichtbare Lücke oder Unterbrechung in einer geologischen Schichtfolge, wobei die Gesteinsschichten unregelmäßig oder winkelig übereinanderliegen. Diskordanzen entstehen hauptsächlich durch Erosion und/oder tektonische Prozesse.

Fossilien

Fossilien (lat. Ausgegrabenes) sind körperliche Überreste und Lebensspuren von Organismen, die älter als 10.000 Jahre sind und vom Leben in der Erdvergangenheit zeugen. Vom 16. bis ins 18. Jahrhundert hinein wurden ganz allgemein Gesteine und Mineralien, aber auch ausgegrabene Merkwürdigkeiten aller Art, als Fossilien bezeichnet, später beschränkte sich die Verwendung des Begriffs auf Lebewesen. Fossilien sind u. a. eine wichtige Grundlage zur relativen Altersbestimmung von Gesteinsschichten (Leitfossilien) und unabdingbar zur Rekonstruktion urzeitlicher Lebensräume.

Geognosie

Der Begriff Geognosie (griech. Erdkenntnis) ist, allgemein betrachtet, die ältere Bezeichnung für Geologie und war zwischen dem letzten Drittel des 18. Jahrhunderts bis etwa 1850 gebräuchlich. Eingeführt wurde sie von Abraham Gottlob Werner (1749–1817), zunächst als Ersatz für den Begriff der Gebirgskunde, aber auch in Abgrenzung zur Geologie, die Werner für stark spekulativ hielt. Als Geologie galt daher die Lehre über die Entwicklungsgeschichte des Erdkörpers bis heute, die sich wesentlich auf die Geognosie stützte, also die Lehre von der Struktur und dem Bau der festen Erdkruste. In diesem Sinne wurde die Geognosie als unerlässliches Mittel zum Zweck der Geologie aufgefasst. Die frühen Geologen bezeichneten sich vor allem im deutschsprachigen Raum als Geognosten.

Geologie

Die Geologie (altgriech. Erdlehre) ist eine historisch orientierte Naturwissenschaft, die den Aufbau, die Zusammensetzung und Struktur der Erdkruste sowie die Eigenschaften der Gesteine untersucht. Anhand dieser Merkmale rekonstruiert sie nicht nur die Geschichte der Erde sowie die Entwicklung des Lebens bis heute, sondern versucht auch, die dafür maßgeblichen Prozesse und Gesetzmäßigkeiten zu ermitteln. Da die Geologie als interdisziplinäre Naturwissenschaft eng mit weiteren Fachgebieten wie der Geophysik und der Paläontologie verbunden ist, spricht man heute allgemein von Geowissenschaften.

Gestein

Gesteine bilden die Grundlage der Erdkruste und des Erdmantels. Jedes Gestein besteht im Wesentlichen aus ein oder mehreren Mineralen, unter Umständen können Gesteine auch organische Materialien wie Knochen- oder Pflanzenreste enthalten. Je nach mineralischer Zusammensetzung entstehen unterschiedliche Gesteinsarten, wobei Entstehungsumstände und Veränderungsprozesse eine entscheidende Rolle spielen. Heute wird zwischen magmatischen Gesteinen, die aus abgekühltem Magma entstehen, metamorphen Gesteinen, die durch starken Druck und hohe Temperaturen aus anderen Gesteinen neu hervorgehen, und Sedimentgesteinen, die sich unter vergleichsweise moderaten Druck- und Temperaturverhältnissen aus Ablagerungen verfestigen (Diagenese), unterschieden.

Kameralistik
Mit Kameralistik, auch Kameralwissenschaften genannt, bezeichnete man vom 17. bis zum 19. Jahrhundert ein Bündel von Wissenschaften, die Verwaltungs- bzw. Kammerbeamten notwendige Kenntnisse für ihre Arbeit in der Verwaltung absolutistischer Staaten vermittelten. Den Kern der Kameralistik bildete die fürstliche oder staatliche Finanzverwaltung, also Administration, Rechnungswesen und Steuerpolitik. Ziel war es, durch konkrete staatliche Maßnahmen den nationalen Wohlstand zu mehren, etwa durch Wirtschaftsförderung, sowie die innere und äußere Sicherheit des Staates zu gewährleisten. Auch die Verwissenschaftlichung des Bergbaus zur Erhöhung der Erzausbeute ab Mitte des 18. Jahrhunderts war Ergebnis kameralistischer Intervention.

Katastrophismus
Der Katastrophismus, manchmal auch Kataklysmentheorie genannt, war als geologische Theorie im 18. und 19. Jahrhundert populär und ging im Gegensatz zum modernen Aktualismus bzw. Uniformitarismus davon aus, dass die Oberflächengestalt der Erde nicht von langsamen, kontinuierlichen Prozessen, sondern von plötzlichen, gewaltigen „Revolutionen" oder Katastrophen gestaltet wurde, die immer wieder auftraten und zu grundlegenden Veränderungen geführt haben. Tier- und Pflanzenarten seien dabei immer wieder ausgestorben, dafür neue eingewandert oder auch entstanden. Manche Anhänger des Katastrophismus hielten die Sintflut für die letzte dieser fundamentalen Umwälzungen. Gegen Mitte des 19. Jahrhunderts wurde diese Theorie vom Aktualismus verdrängt.

Mineral
Minerale sind natürliche, bis auf wenige Ausnahmen anorganische Feststoffe mit einer charakteristischen chemischen Zusammensetzung und physikalischen Kristallstruktur. Sie können, wie Gold oder Diamant, einzelne Elemente repräsentieren, treten aber nur sehr selten in reiner Form auf und bestehen überwiegend aus unterschiedlichen chemischen Verbindungen. Abgesehen von natürlichen Gläsern und Kohlegesteinen sind alle Gesteine der Erde aus Mineralen aufgebaut. Am häufigsten kommen die sogenannten Gesteinsbildner vor, beispielsweise Quarz, Glimmer und Calcit. Minerale werden entweder durch Kristallisation aus magmatischen Schmelzen, wässrigen Lösungen und aus Luftgasen oder durch Metamorphose aus anderen Mineralen oder natürlichen Gläsern gebildet.

Mineralogie
Die Mineralogie, die Wissenschaft von den Mineralen, studiert Entstehung und Eigenschaften der Minerale als kleinste stofflich einheitliche Teile der Erde. Wie die Geologie entwickelte sich die Mineralogie, aus dem Bergbau kommend, im Verlauf des 18. Jahrhunderts zu einer modernen naturwissenschaftlichen Disziplin. Um 1800 dominierte, vor allem im deutschsprachigen Raum, noch die naturhistorische Mineralogie Abraham Gottlob Werners (1749–1817), die sich auf die Beschreibung äußerer Merkmale konzentrierte. Zeitgleich entstand, ausgehend von Schweden und Frankreich, eine Mineralogie, die auf chemischen, physikalischen und mathematischen Analysen beruhte und grundlegend wurde für das heutige moderne, chemisch-kristallographische Mineralsystem.

Naturgeschichte
Naturgeschichte, als Konzept aus der klassischen Antike kommend und bis in die Frühe Neuzeit reichend, meint die Darstellung und Beschreibung der belebten und unbelebten Natur als untrennbare Einheit. Sie gründet auf der ganzheitlichen Betrachtung der sogenannten drei Reiche der Natur, also der Steine, Pflanzen und Tiere, denen jeweils spezifische Merkmale zugeschrieben wurden. Ihr Ziel war es, das gesamte überlieferte und gesammelte Wissen über die Natur darzustellen und systematisch zu ordnen. Die Naturgeschichte kannte dabei keine evolutionäre Entwicklung in der Zeit, da sie Schöpfung und Natur als statisch betrachtete, als etwas einmalig von Gott vollkommen Erschaffenes.

Neptunismus
Die Theorie des Neptunismus, hervorgegangen aus älteren Sintfluttheorien, fand als maßgebliche Theorie der Gesteinsentstehung besonders im letzten Drittel des 18. Jahrhunderts viele Anhänger, als Hauptvertreter gilt der Bergrat Abraham Gottlob Werner (1749–1817). Ihre Vertreter meinten, dass nahezu alle Gesteine Sedimente seien, die sich vor langer Zeit in einem Ur-Ozean, der einst die gesamte Erde bedeckt habe, herauskristallisiert und abgesetzt hätten. Dabei seien nacheinander verschiedene Gesteinsformationen entstanden. Gesteine magmatischer Herkunft wie Basalt und Granit wurden nicht als solche erkannt oder – wie im Falle von Bimsstein und Lava – als nebensächliche, lokal begrenzt auftretende Erscheinungen jüngeren Datums betrachtet, was um 1800 scharfe Dispute provozierte.

Oryktognosie
Oryktognosie (griech. Gesteinskenntnis) war die im 18. und bis ins 19. Jahrhundert hinein gebräuchliche Bezeichnung für die Mineralogie im heutigen Sinne.

Paläontologie
Die Naturwissenschaft der Paläontologie (griech. Lehre vom Altseienden) beschäftigt sich auf der Grundlage von Fossilien mit der Evolution der Tier- und Pflanzenwelt vergangener Erdzeitalter und ist eng mit der Geologie sowie der Biologie verbunden. Als einer ihrer wichtigsten Wegbereiter gilt der französische Zoologe Georges Cuvier (1769–1832).

Petrefakt
Der Begriff Petrefakt (griech. pétra = Stein; lat. facere = machen) ist eine allgemeine, heute nicht mehr verwendete Bezeichnung für Fossilien, die sich aber streng genommen nur auf einen Teilbereich dieser erstreckt, da nicht alle Fossilien mineralisiert und somit versteinert sind.

Petrefaktenkunde
Petrefaktenkunde war die bis Mitte des 19. Jahrhunderts gebräuchliche Bezeichnung für die Paläontologie.

Petrographie
Die Petrographie (griech. Steinkunde) beschäftigt sich mit dem natürlichen Vorkommen, der Beschreibung und systematischen Klassifikation der Gesteine. Sie untersucht deren geologische Verbandverhältnisse im Gelände sowie deren mineralogisch-chemische Zusammensetzung und Gefüge.

Plutonismus
Die Theorie des Plutonismus behauptete, dass die – neben dem Wasser – bestimmenden geologischen Kräfte tief im Erdinneren sitzen und die Gesteine hauptsächlich durch große Hitze, Druck und aufsteigende Magmen gebildet werden. Sie geht auf den Schotten James Hutton (1726–1797) zurück, der den Gesteinskreislauf erstmals in seinen Grundzügen gültig beschrieb und die Entstehung magmatischer Gesteine im heutigen Sinne erkannte.

Rezent
Aus geologischer Perspektive bedeutet rezent (lat. jung) so viel wie gegenwärtig oder unter gegenwärtigen Bedingungen vorkommend, stattfindend oder entstanden. Biologisch betrachtet sind rezente Arten heute noch lebende oder erst kürzlich – in der geologischen Gegenwart des Holozäns – ausgestorbene Pflanzen oder Tiere.

Stratigraphie
Die geologische Disziplin der Stratigraphie (lat./griech. Schichtkunde) ist ein Zweig der historischen Geologie und befasst sich mit der räumlichen Lage und zeitlichen Abfolge von Gesteinen, u. a. um die Erdgeschichte rekonstruieren zu können. Ihr Ziel ist es, Gesteinsschichten anhand bestimmter Merkmale, z. B. enthaltener Fossilien in Sedimenten, zeitlich relativ zu ordnen und räumlich entfernte Gesteinseinheiten miteinander in Beziehung zu setzen. Grundlage der Stratigraphie ist das auf den Dänen Niels Stensen (1638–1686) zurückgehende stratigraphische Prinzip, wonach 1. Gesteine an verschiedenen Orten, aber mit gleichen Eigenschaften zur selben Schicht gehören, 2. Sedimente horizontal abgelagert werden und 3. jüngere Sedimentschichten bei ungestörter Lage stets ältere überlagern. Durch verschiedene Vorgänge kann diese Abfolge allerdings gestört sein.

Uniformitarismus
Der Uniformitarismus (engl. Uniformitarianism) bezeichnet die auf dem Aktualismus von James Hutton (1726–1797) beruhende geologische Weltsicht des britischen Geologen Charles Lyell (1797–1875), die er in Abgrenzung zur um 1830 herrschenden Ansicht, die Welt verändere sich sprunghaft durch Katastrophen, formulierte. Er ging nicht nur, wie die meisten Geologen seiner Zeit, von der Konstanz der Naturgesetze aus und schloss von gegenwärtig ablaufenden geologischen Prozessen auf vergangene, sondern behauptete darüber hinaus, dass die Erde sich seit jeher unendlich langsam, aber kontinuierlich und gleichmäßig, in kleinen Schritten und unvorstellbaren Zeiträumen wandle. Katastrophen wie Erdbeben oder Überschwemmungen hätten dabei stets nur lokale Auswirkungen, ohne die Erde dabei im Ganzen grundsätzlich zu verändern. Die Kontinuität sei aber nicht durch bloße Anschauung im Gelände erkennbar, sondern müsse interpretativ konstruiert werden. Lyells Uniformitarismus entwickelte sich mit Einschränkungen in der zweiten Hälfte des 19. Jahrhunderts zur Leittheorie der modernen Geowissenschaften und wird häufig mit dem Konzept des Aktualismus gleichgesetzt.

Vulkanismus
Die Theorie des Vulkanismus, die bereits im 17. Jahrhundert ihre Anhänger hatte, behauptete, dass Vulkane und unterirdische Feuer die treibenden Kräfte bei der Gesteinsbildung seien, wenngleich über die zugrundeliegenden Prozesse nur spekuliert werden konnte. In der zweiten Hälfte des 18. Jahrhunderts dominierte, vor allem im deutschsprachigen Raum, die Ansicht, die Gesteine seien fast ausschließlich wässriger Herkunft (Neptunismus). Im Zuge neuer Erkenntnisse um und nach 1800, die vor allem den vulkanischen Basalt und den plutonischen Granit betrafen, wandten sich zahlreiche Geologen allmählich dem Vulkanismus sowie dem Plutonismus zu.

Personenregister

Leihgeber

Berlin, akg-images
Berlin, akg-images / bilwissedition
Berlin, akg-images / De Agostini Picture Library
Berlin, akg-images / Erich Lessing
Berlin, akg-images / Pictures From History
Berlin, akg-images / Science Photo Library

Berlin, bpk-Bildagentur
Berlin, bpk-Bildagentur / Kupferstichkabinett, SMB
Berlin, bpk-Bildagentur / Nationalgalerie, SMB
Berlin, bpk-Bildagentur / RMN / Grand Palais
Berlin, bpk-Bildagentur / Smithsonian American Art Museum / Art Ressource, NY
Berlin, bpk-Bildagentur / Staatsgalerie Stuttgart
Berlin, bpk-Bildagentur / Stiftung Preußische Schlösser und Gärten Berlin-Brandenburg

Berlin, Humboldt-Universität zu Berlin

Berlin, Museum für Naturkunde Berlin. Leibniz-Institut für Evolutions- und Biodiversitätsforschung

Berlin, Staatsbibliothek zu Berlin – Preußischer Kulturbesitz: Handschriftenabteilung: Abteilung Historische Drucke; Kartenabteilung

Bochum, Montanhistorisches Dokumentationszentrum beim Deutschen Bergbau-Museum Bochum

Braunschweig, Herzog Anton Ulrich-Museum. Kunstmuseum des Landes Niedersachsen

Dresden, Sächsische Landesbibliothek – Staats- und Universitätsbibliothek Dresden

Freiberg, Technische Universität Bergakademie Freiberg: Gerätesammlung zur Mineralbestimmung, Kustodie, Sammlung historischer markscheiderischer und geodätischer Instrumente, Stiftungssammlung im Krüger-Haus

Göttingen, Niedersächsische Staats- und Universitätsbibliothek Göttingen

Halberstadt, Gleimhaus – Museum der deutschen Aufklärung in Trägerschaft des Förderkreises Gleimhaus e.V.

Halle, Deutsche Akademie der Naturforscher Leopoldina e.V. – Nationale Akademie der Wissenschaften – Abt. Archiv und Bibliothek

Halle, Martin-Luther-Universität Halle-Wittenberg, Institut für Geowissenschaften und Geographie

Halle, Martin-Luther-Universität Halle-Wittenberg, Universitäts- und Landesbibliothek Sachsen-Anhalt in Halle (Saale)

Halle, Martin-Luther-Universität Halle-Wittenberg, Zentralmagazin Naturwissenschaftlicher Sammlungen: Geowissenschaftliche Sammlung, Zoologische Sammlung

Halle, Museum Robertinum, Archäologisches Museum der Martin-Luther-Universität Halle-Wittenberg

Halle, Privatbesitz Thomas Degen

Heidelberg, Universität Heidelberg, Universitätsbibliothek

Jena, Friedrich-Schiller-Universität Jena, Thüringer Universitäts- und Landesbibliothek Jena

Lutherstadt Wittenberg, Reformationsgeschichtliche Forschungsbibliothek Wittenberg, Evangelisches Predigerseminar

München, Bayerische Staatsbibliothek

Schweinfurt, Museum Georg Schäfer

Wikidata, URL: https://www.wikidata.org/wiki/Q61610

Weimar, Klassik Stiftung Weimar, Museen

Wolfenbüttel, Herzog August Bibliothek

Zürich, ETH Zürich, ETH-Bibliothek

Zürich, Zentralbibliothek Zürich

Bildnachweis

Alamy Stock Photo / agefotostock: 238
Alamy Stock Photo / Joerg Boethling: 239
Alamy Stock Photo / Octavio Campos Salles: 237
Alamy Stock Photo / RDW Aerial Imaging: 233
Alamy Stock Photo / Ken Welsh: 231
Alamy Stock Photo / David Whitaker: 232

Berlin, akg-images: 20f., 25, 59, 79, 110f., 133, 142f., 160 rechts, 162, 181, 197, 247, 248f., 251
Berlin, akg-images / bilwissedition: 250
Berlin, akg-images / De Agostini Picture Library: 151 (Fotografie: A. Rizzi)
Berlin, akg-images / Pictures from History: 242
Berlin, akg-images / Science Photo Library: 159, 160 links, 186
Berlin, akg-images / Science Photo Library / American Philosophical Society: 243
Berlin, akg-images / Science Photo Library / Jose Antonio Penas: 254f.
Berlin, akg-images / Science Photo Library / Jim West: 244f.
Berlin, akg-images / Carl-W. Röhrig / VG Bild-Kunst: 226f.

Berlin, bpk-Bildagentur: 202, 212 links
Berlin, bpk-Bildagentur / Kupferstichkabinett, SMB: 212 rechts
Berlin, bpk-Bildagentur / Nationalgalerie, SMB: 167 (Fotografie: Karin März)
Berlin, bpk-Bildagentur / RMN / Grand Palais: 158 rechts
Berlin, bpk-Bildagentur / Smithsonian American Art Museum / Art Ressource, NY: 183
Berlin, bpk-Bildagentur / Staatsgalerie Stuttgart: 179
Berlin, bpk-Bildagentur / Stiftung Preußische Schlösser und Gärten Berlin-Brandenburg: 158 links (Fotografie: Daniel Lindner)

Berlin, Staatsbibliothek zu Berlin – Preußischer Kulturbesitz: Handschriftenabteilung: Abteilung Historische Drucke; Kartenabteilung: 199

Braunschweig, Herzog Anton Ulrich-Museum. Kunstmuseum des Landes Niedersachsen: 30, 32 links, 32 rechts, 33 links, 33 rechts , 35, 36

Freiberg, Technische Universität Bergakademie Freiberg, Kustodie: 150 links (Fotografie: Waltraud Rabich), 166 rechts (Fotografie: Tom Gärtig)

Göttingen, Niedersächsische Staats- und Universitätsbibliothek Göttingen: 23, 55, 63

Halle, Franckesche Stiftungen: 49, 154f., 163, 189, 190f., 192, 194, 200f., 205, 210f., 219, 222, 224 links, 224 rechts; Fotografien: Klaus E. Göltz: U1, 2f., 6, 9, 10, 12, 13, 14f., 16f., 18, 22, 26, 27 links, 27 rechts, 39, 40, 42, 43, 44, 45 links, 45 rechts, 47, 48, 50, 51, 52, 56, 57, 64f., 69 links, 71, 77, 82, 84f., 86f., 89, 90, 91, 92f., 94f., 96, 99, 100, 101 oben, 101 unten, 105, 107, 108, 109, 112, 114, 115, 117, 120f., 121, 122, 124, 125, 126, 127, 134, 136 links, 136 rechts, 137 links, 137 rechts, 138f., 144, 147, 149, 150 rechts, 152f., 157, 161, 164f., 166 links, 168f., 173, 174, 180, 184, 187, 193, 198, 203, 215, 216f., 220f., 223, 225

Halle, Martin-Luther-Universität Halle-Wittenberg, Institut für Geowissenschaften und Geographie, Fotografien: Klaus E. Göltz: 58, 60f., 177

Halle, Martin-Luther-Universität Halle-Wittenberg, Universitäts- und Landesbibliothek Sachsen-Anhalt in Halle (Saale): 28, 68, 69 rechts, 72f., 74, 75, 98, 106, 119, 135, 140, 141, 148, 175, 195

Halle, Martin-Luther-Universität Halle-Wittenberg, Zentralmagazin Naturwissenschaftlicher Sammlungen, Fotografien: Klaus E. Göltz: 103 oben links, 103 oben rechts, 103 unten links, 103 unten rechts, 104

Halle, Privatbesitz Thomas Degen: 185 (Fotografie: Klaus E. Göltz)

Jena, Friedrich-Schiller-Universität Jena, Thüringer Universitäts- und Landesbibliothek Jena: 146

München, Süddeutsche Zeitung Photo / Ulrich Baumgarten: 230
München, Süddeutsche Zeitung Photo / Caro / Oberhaeuser: 234f.
München, Süddeutsche Zeitung Photo / Olaf Schülke: 228

Schweinfurt, Museum Georg Schäfer: 209

Siegen, Kollektion Norbert Stötzel: 196 (Fotografie: Stefan Koch)

Wien und Schloss Ambras, Innsbruck, KHM-Museumsverband: 66

Wolfenbüttel, Herzog August Bibliothek: 102

Zürich, Zentralbibliothek Zürich: 213

Der Katalog erscheint anlässlich der Jahresausstellung

Im Steinbruch der Zeit. Erdgeschichten und die Anfänge der Geologie

Kataloge der Franckeschen Stiftungen 37

Ausstellung
20. September 2020 – 21. März 2021
Historisches Waisenhaus der Franckeschen Stiftungen

Kuratoren: Claus Veltmann und Tom Gärtig

Wissenschaftlicher Beirat:
Thomas Degen, Dirk Evers, Robert Felfe, Florian Halbauer, Norbert Hauschke, Thomas Müller-Bahlke, Kathrin Polenz, Thomas Ruhland, Rainer Slotta, Holger Zaunstöck

Konzeption der Räume:
Raum 1 Florian Halbauer, Julia Reinboth
Raum 2 Claus Veltmann
Raum 3 Claus Veltmann
Raum 4 Tom Gärtig, Claus Veltmann
Raum 5 Tom Gärtig
Raum 6 Tom Gärtig
Raum 7 Tom Gärtig, Florian Halbauer, Julia Reinboth, Claus Veltmann

Ausstellungsbüro: Claus Veltmann (Leitung), Tom Gärtig, Torsten Krüger, Maxi Pasewaldt

Stabsstelle Forschung: Holger Zaunstöck (Leitung), Thomas Grunewald

Studienzentrum August Hermann Francke – Archiv und Bibliothek: Brigitte Klosterberg (Leitung), Laura Herrmann, Helene Jung, Carmela Kahlow, Anke Mies, André Volprich

Öffentlichkeitsarbeit: Kerstin Heldt (Leitung), Andrea Klapperstück, Friederike Lippold, Miriam Becker

Museumspädagogik: Florian Halbauer (Leitung), Julia Reinboth

Ausstellungsgestaltung und -realisierung: formikat GbR (Oliver Reinecke, Matthias Zänsler), Halle

Medientechnik: Tom Hanke, pluslab, Halle

Klang Raum 1 und 7: Dominik Eulberg, Dreifelden

Videoinstallation Raum 5: Murat Haschu, Halle

Bildvorlagen Raum 7: Edward Burtynsky, Toronto, mit freundlicher Genehmigung von Galerie Springer, Berlin

Gefördert aus Mitteln der Beauftragten der Bundesregierung für Kultur und Medien und aus Mitteln des Landes Sachsen-Anhalt und mit freundlicher Unterstützung der Saalesparkasse.

Katalog
Herausgegeben im Auftrag der Franckeschen Stiftungen von Tom Gärtig und Claus Veltmann

Katalogbeiträge und Exponatlisten
Die Katalogbeiträge sind namentlich gekennzeichnet. Die Beschreibungen der Exponate: Kapitel 1 bis 3: Claus Veltmann; Kapitel 4 und 5: Tom Gärtig; Glossar: Tom Gärtig

Textredaktion: Tom Gärtig, Helene Jung, Metta Scholz, Claus Veltmann
Bildredaktion: Tom Gärtig, Maxi Pasewaldt, Claus Veltmann

Umschlag: Kat.-Nr. 3.9k | Ammonit (Detail); Frontispiz: Kat.-Nr. 5.42 | Felsformationen auf der schottischen Isle of Skye

Kataloggestaltung: Klaus E. Göltz, Halle

Umschlaggestaltung: anschlaege.de, Berlin

Lithografie: ScanColor Reprostudio Leipzig GmbH, Leipzig

Druck und Bindung: Grafisches Centrum Cuno GmbH & Co.KG, Calbe

Bibliografische Information der Deutschen Nationalbibliothek
Die Deutsche Nationalbibliothek verzeichnet diese Publikation in der Deutschen Nationalbibliografie; detaillierte bibliografische Daten sind im Internet über http://dnb.dnb.de abrufbar.
Bibliographic information published by the Deutsche Nationalbibliothek
The Deutsche Nationalbibliothek lists this publication in the Deutsche Nationalbibliografie; detailed bibliographic data are available on the Internet at http://dnb.dnb.de.

Verlag der Franckeschen Stiftungen 2020
www.francke-halle.de und www.harrassowitz-verlag.de

ISBN 978-3-447-11383-0